顶级酒庄的1000款
经典葡萄酒

〔美〕吉姆·戈登等 著；郭月等 译

U0272904

龍門書局

1000 GREAT
WINES

THAT WON'T COST A FORTUNE
FROM THE WORLD'S BEST WINERIES

Original Title: 1000 Great Wines That Won't Cost a Fortune

Copyright © 2011Dorling Kindersley Limited

图字号：01-2012-1135

图书在版编目 (CIP) 数据

顶级酒庄的1000款经典葡萄酒／（美）戈登等著；
郭月等译.-- 北京：龙门书局，2015.5
ISBN 978-7-5088-4352-0

Ⅰ.①顶… Ⅱ.①戈… ②郭… Ⅲ.①葡萄酒－品
鉴 Ⅳ.①TS262.6
中国版本图书馆CIP数据核字(2014)第186328号

责任编辑：张 婷 金 金
责任校对：宣 慧
责任印制：张 倩
装帧设计：知墨堂文化

龙门書局 出版

北京东黄城根北街16号
邮政编码：100717
http://www.sciencep.com
鸿博昊天科技有限公司印刷
科学出版社发行 各地新华书店经销

2015年5月第1版 开本：16（889×1194）
2015年5月第1次印刷 印张：22
字数：500 000

定价：188.00元

（如有印装质量问题，我社负责调换）

译者委员会：

郭 月、刘 丁、战 婧、杨晓颖、张锦兰

目录 | Contents

前 言

为什么大多数关于葡萄酒的书籍、杂志和博客都专注于世界上最稀有或最昂贵的葡萄酒？因为它们是为了千载难逢的盛会而准备的。但我们想要的，无非是今晚可以开瓶畅饮的美酒而已。

《顶级酒庄的1000款经典葡萄酒》并不属于所谓的**"主流书籍"**，本书将为你介绍超过1000种优质葡萄酒，它们的价格大多数不会超过高级餐厅的一份主菜，而且均来自全世界值得信赖的酒庄。无论是葡萄酒新手，还是资深的葡萄酒爱好者都会从中受益匪浅。本书专业的作者团队采用一种简单的规则挑选葡萄酒：**寻找全世界那些生产顶级美酒的优质酒庄，然后品尝酒庄里价格比较实惠的酒款**。他们发现了波尔多著名庄园极佳的二标葡萄酒、加利福尼亚州葡萄园中引人注目的自酿红葡萄酒、被低估的德国白葡萄酒，以及成百上千种物超所值的酒款。

本书首先是一本精彩且实用的葡萄酒购买指南，其中包括红葡萄酒、白葡萄酒、起泡葡萄酒、桃红葡萄酒、甜酒和强化葡萄酒。这本指南不仅囊括了法国、意大利、西班牙和北美等经典产区，也包含其他各个主要的酿酒国家与新兴的明星产区，如南非和阿根廷等。

每位撰稿人的任务并非找到便宜或普通的大众市场葡萄酒，而是要推荐兼具复杂性、真实性与区域特点的葡萄酒。他们并非推荐你选择可能会被抢购一空或价格易波动的杰出年份，而是选取一贯高品质且实惠的品牌、品种和类型。

葡萄酒虽然美妙，可是离开了食物、酒杯与聚会，葡萄酒又有什么意义呢？因此，本书还增加了其他内容，如食物与葡萄酒的搭配、最流行的葡萄品种简介，以及大量切实可行的建议，帮助读者尽享物超所值的葡萄酒。

虽然本书包含了海量信息，但你一定要明白一点：葡萄酒并非一种难以鉴赏的饮品。只要你愿意，尽量发掘有关葡萄品种和葡萄酒鉴赏的细节，遇到问题时可以在本书中寻找答案。最重要的是**我们希望你会采纳本书关于葡萄酒的建议来缓解购酒压力，有了这本葡萄酒指南，购买葡萄酒永远不会超支。**

Jim Gordon

解读旧世界酒标

欧洲葡萄酒的酒标往往会强调葡萄园的位置，有时甚至精准到葡萄种植的区域，而且绝大多数酒标并未说明主要的葡萄品种。因此熟知葡萄酒产区的背景知识，对读懂酒标非常必要。只有特定的葡萄品种可以种植于此，按照法律规定的标准，酿制成特定风格的葡萄酒。各地区不同的"风土条件"，造就了葡萄酒独特的个性。大多数国家的法律均要求，出售的葡萄酒需在正标、颈标或背标上标明酒精含量与酒瓶容积。

法国·波尔多

酒庄（或酒厂）的名字与葡萄种植的地区在波尔多的酒标上最突出。"酒庄装瓶（Mise en bouteille au chateau）"这一术语通常印在背标上，意思是葡萄酒装瓶的场所与其原料葡萄的生长地为同一处。

质量分级 "Cru"的字面含义为"增长"，实际上是指葡萄园的位置优越。"Grand cru classé en 1855"特指历史上一次对梅多克和上梅多克地区葡萄酒庄的分级，这些葡萄酒产自最顶级的酒庄（"Premier cru"指最高等级）。

酒名 在波尔多，葡萄酒的名字通常就是酒庄的名字。这意味着这款葡萄酒是该酒庄的正牌葡萄酒或主打产品。通常可以从名称上区分正牌葡萄酒与副牌葡萄酒或混酿葡萄酒。

年份 绝大多数的欧洲国家属于大陆性气候，对于生长在这些国家的葡萄而言，收获的年份非常重要，因为不同年份的气候差异会影响到葡萄酒的品质。

产区 说明此酒是由这一产区种植出产的葡萄酿造而成，并且符合该地区的相关法律要求。多数酒标但并非所有通常会标示为"法定产区葡萄酒"，即"AOC"。

所有权 "Vignoble"意为同时拥有葡萄园与酒庄。通常会单独列出拥有者的名字，有时也会标示酒庄的法定拥有者。

法国·勃艮第

法定产区制度除了证明法国葡萄酒的产区之外，同时也规定了酒标内容、葡萄的生长与酿酒技术。在勃艮第葡萄酒的酒标上，产区位于最显眼的位置，而年份通常标在颈标上。

勃艮第 "Bourgogne"为法语中勃艮第的写法，既代表这一产区，也代表任何产自此地区的葡萄酒。

关于酒庄的细节 "Depuis 1750 à Beaune"意思是这个公司是在1750年成立于博恩。

村庄 这是葡萄生长的村庄的名字。使用产自多个村庄的葡萄原料生产的葡萄酒标示为相对笼统的区域，比如伯恩丘。

厂址 这行小字说明酒窖位于伯恩丘城内。而伯恩丘是很多勃艮第葡萄酒企业的发源地。

名称 这款葡萄酒产自官方认证的葡萄园。"一级"是高品质葡萄园，在勃艮第排在"特级"之后。

酒庄名 家族拥有的庄园通常标示为"Pére et fils (父子酒庄)"或"Pére et fille (父女酒庄)"。

庄园 "Domaine chanson"代表酒庄拥有葡萄园的所属权。

葡萄园 "Les Caradeux"是此酒出产的葡萄园名字，位于"Pernand-Vergelesses"村庄范围内。

法国·香槟地区

香槟地区的酒标包含了葡萄酒产区与风格的详细信息，主要明确酒庄的名称与产区（位于法国东北部，被称为香槟地区）。所有香槟地区的法定产区葡萄酒均为起泡葡萄酒，气泡源自瓶中二次发酵的工艺。

香槟 葡萄及葡萄酒都产自法国的香槟地区，这是官方认证的法定产区。

酒庄名 酒庄名是"Pierre Gimonnet & fils"。

葡萄酒风格 "Blanc de Blancs"表示"白中白"，即用白葡萄品种来生产的白香槟酒。"Blanc de Noirs"是用红葡萄品种来生产的白香槟酒，深色葡萄几乎不贡献颜色。

酒庄类型 "RM"表示"Recoltant-manipulant"，意思是种植者生产其自有香槟品牌；"NM"表示"Négociant-manipulant"，意思是酒庄从种植者手中购买葡萄。"CM"、"RC"和"SR"代表香槟来自合作社。

葡萄园所在地 "Cuis 1er Cru"说明葡萄产自"Cuis"这一被评为一级（高品质地区，仅次于"特级"）的村庄或公社。

甜还是干 "Brut"是最流行的香槟酒风格，没有明显甜味的干型风格。含糖量可达到1.2%。"Brut zero"或是"Brut natural"代表完全没有添加糖分。"Extra dry"会比"Brut"稍甜，而"Demi-sec"则更甜。

容量 这是一支双瓶装，标准瓶为750毫升。大瓶的如"Jeroboam（3升）"和"Rehoboam（4.5升）"也是有的。

酒庄细节 完整的法定名称及地址。

葡萄品种 霞多丽是这支香槟酒唯一使用的葡萄品种。大多数香槟酒会混合两种或三种葡萄，而并不标示于酒标上。

德国

许多德国葡萄酒的酒标上会注明葡萄的品种，购买者通常可以据此分辨出此酒的风格。葡萄园或生产者的名字也会以大字的形式凸显。

村庄与葡萄园 德国葡萄酒的葡萄种植园通常会细化到村庄。以这瓶葡萄酒为例，它来自莫泽尔河谷，更确切的地区为"Goldgrube"。

年份 表示用于酿酒的葡萄超过85%为2007年采摘。对于价格更高或等级更高的葡萄酒来说，表示年份的比例可能高达95%。

品质 "Prädikats-wein"表示没有额外添加糖分。

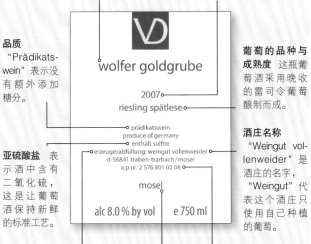

亚硫酸盐 表示酒中含有二氧化硫，这是让葡萄酒保持新鲜的标准工艺。

葡萄的品种与成熟度 这瓶葡萄酒采用晚收的雷司令葡萄酿制而成。

酒庄名称 "Weingut vollenweider"是酒庄的名字，"Weingut"代表这个酒庄只使用自己种植的葡萄。

生产商与灌装商 "Erzeugerabfüllung"是指生产商与灌装商为同一家企业。酒庄生产且灌装自产的葡萄酒可使用"Gutsabfüllung"一词，"Abfüllung"则代表灌装商或承运商。

产区 "wolfer goldgrube"葡萄园位于莫泽尔河谷地区，属于莫泽尔-萨尔-鲁维地区。

A.P.Nr. A.P.编号是这瓶酒的身份标志，包括生产商与生产日期等信息。若出现任何投诉，根据编号即可追本溯源。

意大利

与其他旧世界酒标相同，这款意大利酒标强调了法定原产地。很多意大利葡萄酒的年份也会标示在酒标或颈标上。

原产地 芭芭罗斯克位于意大利的皮尔蒙特地区，它不仅是列级的村庄与法定葡萄园，同时还是酿造这款酒原料葡萄的生长地区。

法定分级 "Denominazione d'Origine Controllatae Garantita（DOCG）"是意大利葡萄酒法定分级最高等级，其次是"DOC"，再次为"IGT"，最后是"VDT"。

酒庄名称 "Produttori del barbaresco"是酒庄的名字，下方小字说明这是一家合作社。其他酒标上的"Fattoria"和"Tenuta"是指农场或庄园，"Azienda agraria"和"Azienda agricola"是指采用自产葡萄酿酒的酒庄，而"Azienda vinicola"则表示采用购买葡萄。

灌装 "Imbottigliato all'origine dai produttori riuniti"是指葡萄酒在产地并由生产商灌装（没有运输到其他地方）。"Imbottigliato da"则表示由注明的酒厂灌装，葡萄酒可能是其他地方种植及酿造的。

解读新世界酒标

与倾向于强调葡萄园的旧世界酒标不同，新世界酒标更注重酒庄与葡萄的品种。当然葡萄酒的产区也是必要信息，有时葡萄园的名字也会出现在酒标上。新世界葡萄酒的酒商喜欢赋予葡萄酒梦幻般的名字，以此来吸引消费者，这些词汇通常不具备法律意义。谨慎对待那些使用传统旧世界葡萄酒专有名字的新世界酒标，如"杏树香槟"或"山地夏布利"——这些并不代表葡萄酒的品质。在大多数葡萄酒消费国，酒精浓度与酒瓶容积是法定的必要信息，通常会出现在正标、颈标或背标上。

南非

南非拥有超过300年的酿酒历史，尽管如此，它的酒标仍然符合新世界国家的特点，习惯强调酒庄的名称与葡萄的品种。这种直观的酒标在南非非常常见。

酒庄名称 酒庄名称是南非酒标上最重要的内容。

产区 "WO"体系包含4个系列、60多个产区，最大的被称为"地理单位"，如西开普；其次为区域，如沃克湾；再次是地方选区，如这里所示的"Elgin"。

葡萄品种 如果酿酒原料中某个葡萄品种占大多数，许多新世界葡萄酒会在酒标上单独标明葡萄品种。南非的法律规定这一比例需超过85%。

年份 在南非葡萄酒行业中，85%以上的葡萄必须是在标示年份采摘的，也可以混合早些年采摘并酿制的葡萄酒。

智利

自20世纪90年代开始，智利的酒标根据法律规定应标示年份、葡萄的品种和产区。酒庄的名字通常最显眼，葡萄的品种次之。

葡萄酒名字 "Antiguas Reservas"字面意为额外陈年，表示此酒是酒庄最好的产品，在木桶中陈年至成熟。这一词汇更多是市场需求而非法律效益。

葡萄品种 在智利标出的葡萄品种比例必须达到75%以上。

酒厂名 酒厂名只意味着葡萄酒在此灌装。葡萄酒是否由同一酒厂种植及酿造则不一定。

酒庄装瓶 这一说明表示从葡萄种植到酿造，陈年及装瓶都在同一酒厂内完成。通常代表葡萄酒拥有优秀品质。

年份 75%的原料必须使用所标示年份收获的葡萄。

原产地 官方的法定名称为"Denominación de Origen(Do)"，必须使用75%以上产自这一产区的葡萄来酿酒。

加利福尼亚州

　　加利福尼亚州的酒标是非常典型的新世界酒标，通常会突出酒厂的名字，其次是葡萄的品种，官方认证的葡萄产区同样也会标明。与旧世界葡萄酒不同，产区并不能从法律角度代表葡萄的风格、葡萄的种植方式或葡萄酒的酿造方式。

酒厂信息　酒厂所在地与建厂时间。酒厂所在地并不一定是葡萄的种植地区，从其他地区购买葡萄或原酒的做法也比较常见。

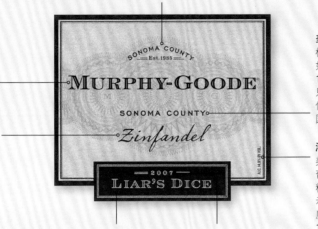

酒厂名称　除了葡萄的品种外，酒厂名称是加利福尼亚州酒标上最重要的信息。

葡萄的品种　葡萄的品种通常会标注在加利福尼亚州的酒标上，根据法律规定，酿酒采用的葡萄至少75%必须为标示的品种。有些新世界葡萄酒出产国或地区的规定更严格，如产自俄勒冈州维拉迈腾谷的黑皮乐，单品种葡萄的比例必须达到90%。

美国葡萄种植区域（AVA）　如果酒标上标有宽泛的美国葡萄种植区域，如加利福尼亚州，则此酒必须采用100%的加利福尼亚州葡萄酿造。AVA只代表葡萄的种植区域，并不保证任何产品质量或生产细节。但许多欧洲国家会指定这些内容。

酒精含量　酒标上必须标明酒精浓度。美国法律规定，酒精浓度低于14%的葡萄酒允许1.5%的标示误差；而酒精浓度高于14%时，允许有1%的标示误差。因此如果酒标上注明酒精浓度为13%，则实际的酒精浓度可能为14.5%。

葡萄酒名　葡萄酒的名字不具有法律意义，但对于这家酒厂来说是指特定的风格。这家酒厂可能也生产其他名字的仙粉黛葡萄酒。

年份　加利福尼亚州酒标上注明的年份，代表酿酒选用的葡萄至少95%是这一年采收的。

澳大利亚和新西兰

　　澳大利亚与新西兰的酒标符合新世界葡萄酒的特点，强调酒庄的名字与葡萄的品种，同时也会特别指出原产地。"The Custodian（守护者）"这类名字对于新世界葡萄酒来说非常常见，而在旧世界葡萄酒中却罕有出现。选购时，最好先关注葡萄的品种，这样可以推断葡萄酒的类型，然后通过酒厂与原产地获得品质方面的信息。

酒厂名称　通常会位于澳大利亚与新西兰酒标上最显著的位置。以这支葡萄酒为例，酒厂名称虽然处于第三或第四醒目的位置，但下方的建厂年份仍然可以提醒你这是酒厂名称。许多酒厂的名称中会包含"酒厂（Winery）"、"酒窖（Cellar）"、"葡萄园（Wineyard）"或"庄园（Estate）"等词汇，以表明这是酒厂或品牌的名字。

酿酒方法　在新世界酒标上，这类标记通常不属于法律认证。"脚踩（Foot trod）"与"篮压（Basket pressed）"代表这是一支采用传统方式酿造而成的葡萄酒。其他常见术语包括"橡木桶发酵（Barrel-fermented）"、"酒泥接触（Surlie）"——说明葡萄酒在陈年的过程中会与发酵产生的沉淀物持续接触、"未澄清（Unfined）"、"未过滤（Unfiltered）"和"未经橡木（Unoaked）"等。

产区标志（GI）　官方认证的葡萄种植地区。此酒产自迈拉伦维尔。

葡萄酒名　这支葡萄酒名为"守护者（The Custodian）"没有任何法律意义，只是描述了它是一款由黛伦堡酒庄出产且具有特定风格的歌海娜葡萄酒。

葡萄的品种　酒标上标示了葡萄的品种，意味着这是一支由单品种酿造的葡萄酒。在澳大利亚和新西兰，单品种的比例超过85%才可以这样标示。

法国 FRANCE

　　法国葡萄酒的有趣之处在于它的多样性。没有任何一个国家可以像法国一样拥有这么多种风格的葡萄酒，而且价格迥异。法国葡萄酒之旅可以从卢瓦尔开始，这里有青草茵茵的长相思和丰满的白诗南；下一站是香槟，世界顶级起泡酒之乡；然后不如去勃艮第，体会优雅的黑皮诺和复杂的霞多丽；再到阿尔萨斯，品味芳香的白葡萄酒；接着一路向南，到罗讷河谷体验辛香的希拉和以歌海娜为主的混酿；到普罗旺斯品尝精致的桃红葡萄酒；再到朗多克-鲁西永尝尝强劲的红葡萄混酿；最后去波尔多，结识具有结构感的干红、美艳的干白，以及油质的甜酒。尽管这段旅程只是浅尝辄止，但它仍会是许多葡萄酒爱好者心目中的精神家园。

波尔多 Bordeaux

在波尔多，永远要记住"年份"这个词。我们可以从普通年份里买到高性价比的葡萄酒，如2007年和2008年；而在最好的年份中，如2005年和2009年，顶级酒庄的葡萄酒通常会很贵，但那些规模较小且便宜的产区出产的葡萄酒仍值得一试。另外，波尔多的低调英雄——名庄副牌，也非常值得一试。

Château d'Agassac Cru Bourgeois, Médoc
达戈萨克庄园　士族名庄　梅多克

L'Agassant d'Agassac, Haut-Médoc (red)
上梅多克达戈萨克庄园副牌　（红）

达戈萨克是梅多克地区最小的酒庄之一。如果说酒庄规模过小是不足的话，那它的迷人之处足以弥补这个小小的不足。酒庄是建于13世纪童话般的城堡，而且是当地为数不多欢迎小朋友参观的酒庄。小孩子可以通过iPod向导在酒庄内探险，最终找到公主。这里的葡萄园非常迷人，面积39万平方米，达戈萨克庄园副牌采用90%美乐混酿，具有丝缎般顺滑的单宁和成熟的红色水果味道。与大部分梅多克产区的葡萄酒相比，达戈萨克风格独树一帜，非常迷人。

15 rue d'agassac, 33290 Ludon-Médoc
www.agassac.com

Château Beauregard Pomerol
美颜庄园　波美侯

Benjamin de Beauregard, Pomerol (red)
波美侯美颜庄园副牌　（红）

高比例的品丽珠含量，令美颜庄园副牌酒充满蔓越橘和红醋栗的果香，边缘散发着花香。葡萄园为沙质土壤，葡萄藤比较年轻，令酒的风格柔和且迷人，余香中带有白胡椒的味道。隶属于酒庄的葡萄园面积为17.5万平方米，种植比例为70%的美乐和30%的品丽珠。在这里，你可以找到波美侯地区为数不多的纯正城堡，从这座华丽的建筑你不难理解为何古根海姆家族在纽约州的长岛家乡盖了一座一模一样的复制品。自20世纪90年代以来，酒庄由葡萄园地产公司（Vignobles Foncier）拥有并管理，令美颜庄园拥有一个非常现代化的酿酒间。

1 Beauregard, 33500 Pomerol
www.chateau-beauregard.com

Château Beauséjour Premier Grand Cru Classé B, St-Emilion
博塞庄园　列级一级特等酒庄B 圣埃美隆

Croix de Beauséjour, St-Emilion Grand Cru (red)
圣埃美隆列级博塞圣十字（红）

博塞圣十字是博塞庄园的副牌，2008与2009年份的葡萄酒均拥有甜美的红色水果味道，夹杂些许榛子和杏仁等坚果风味。从2009年开始，新的酿酒团队上任，以尼古拉斯·蒂安蓬作为团队主力（他同时兼任柏菲马凯酒庄的首席酿酒师），由波尔多两位最著名的酿酒师米歇尔·罗兰和史蒂芬·德龙考特协助。葡萄园面积5万平方米，种植比例为70%的美乐、20%的品丽珠和10%的赤霞珠。葡萄园的经营团队引进勃艮第的酿酒技术，采用开罐发酵和手工压榨技术，从而令提取过程更柔和，获得的果味更丰富。

未提供参观信息
05 57 24 71 61

Château Beau-Séjour Bécot Premier Grand Cru Classé B, St-Emilion
博塞贝戈庄园　列级一级特等酒庄B 圣埃美隆

Tournelle de Beau-Séjour Bécot, St-Emilion Grand Cru (red)
圣埃美隆列级博塞贝戈庄园（红）

博塞贝戈庄园在过去几十年里曾经历起起伏伏。1986年，酒庄被地方葡萄酒协会降级，1996年又恢复原级，在最近的一次评比中，被提升为一级特等酒庄B。庄园葡萄园位于村庄西部的高地上，面积为17万平方米，种植比例为70%的美乐、24%的品丽珠和6%的赤霞珠。在采收与酿造方面，全程人工参与；在浸渍期间进行人工压榨，并采用重力法将酒移至橡木桶中。该庄园生产的同名副牌品质较高，强劲的品丽珠占了20%多的比重，这令此酒充满了暖暖的香料味。

33330 St-Emilion
www.beausejour-becot.com

🏯 Château La Bécasse Pauillac
贝卡思庄园 波亚克
🍶 *Château La Bécasse, Pauillac (red)*
波亚克贝卡思庄园（红）

对于预算较少，却又热爱波尔多葡萄酒的酒客来说，贝卡思庄园绝对会是你的中意之选。庄园主人致力于酿造高品质的好酒，没有获得分级的波亚克，葡萄酒的价格人人都可以承受。以黑樱桃和洋李子的味道为主导，酿造过程细腻精致，装瓶时未经过滤，以强调酒中单宁的自然结构感。对于贝卡思庄园的风格，应该感谢庄主罗兰·丰特诺，他从父亲手中继承了这座4.2万平方米的庄园。酒庄采用高品质的二手橡木桶对葡萄酒进行陈酿。在贝卡思庄园，所有工作都由人工完成，手工作坊的精致理念在这里永远不朽。

21 rue Edouard de Pontet, 33250 Pauillac
05 56 59 07 14

🏯 Château Belgrave Fifth Growth, Médoc
百家福庄园 1855梅多克列级五级庄 梅多克
🍶 *Château Belgrave, Haut-Médoc (red)*
上梅多克百家福庄园（红）

如今，想以合理的价格购买一瓶波尔多列级庄真的很难。但百家福庄园致力于为顾客提供最好的价格和口感。在现在的所有者都尔特购买百家福之前，庄园的表现一直欠佳。然而在最近几年中，都尔特在这片61万平方米的土地上努力耕耘，投资建设了新酒窖，包括不锈钢发酵罐。酿造过程也更精细，避免使用泵抽送葡萄。如今，百家福的葡萄酒风格独具，充满鲜明的红色水果味道，酒庄终于扬眉吐气。

未提供参观信息
www.dourthe.com

🏯 Château Belle-Vue Cru Bourgeois, Médoc
美景庄园 士族名庄 梅多克
🍶 *Château Belle-Vue, Haut-Médoc (red)*
上梅多克美景庄园（红）

文森特·穆里耶兹曾是推动美景庄园的幕后主力，他于2010年去世，现在庄园由其家族管理。美景庄园的葡萄酒含有浓郁且黏稠的单宁，但浓厚的梅子和洋李子的味道令中段口感轻盈美妙，伴随着丰富的单宁在口中滑动。这是一款很有发展前景的佳酿，价格总是那么合理。

103 route de Pauillac, 33460 Macau-en-Médoc
www.chateau-belle-vue.fr

🏯 Château Bellevue de Tayac Margaux
美景德雅克庄园 玛歌
🍶 *Château Bellevue de Tayac, Margaux (red)*
玛歌美景德雅克庄园（红）

玛歌美景德雅克庄园极具现代感，它出产的酒由美乐、赤霞珠和小味尔多混酿而成，具有浓郁的黑醋栗水果味道。该酒庄是让-吕克·图内文拥有的产业之一，图内文让人容易联想起波尔多右岸，他在那里拥有圣埃美隆列级名庄瓦伦德罗。2005年，图内文和酿酒师克里斯托弗对这片3万平方米的葡萄园进行了修整、翻土并更新了1/3的葡萄藤。加上图内文租赁的一小片土地，正在快速成长的美景德雅克庄园，年产量可达16000瓶。

未提供参观信息
www.thunevin.com

🏯 Château Bertinerie Côtes de Bordeaux
波尔蒂尼庄园 波尔多丘
🍶 *Château Bertinerie, Blaye Côtes de Bordeaux (red)*
波尔多丘布莱耶波尔蒂尼庄园（红）

波尔蒂尼庄园来自波尔多的布莱耶丘，它充分表现了"年份"对波尔多葡萄酒质量的影响。在较小的年份，这里的葡萄酒表现平平；但在非常成功的年份（如2005、2008、2009年），波尔蒂尼则会变得非常优雅，混合着甜美的红色水果味和一抹柔和感，迷人至极。庄园采用有机种植，庄园主人丹尼尔·本塔尼斯是布莱耶地区最受人尊敬的酿酒师之一。本塔尼斯明智地采用单干双臂法，这样可以增强光合作用，扩大葡萄的受光面，加速葡萄成熟。

33620 Cubnezais
www.chateaubertinerie.com

ᴍ **Château Beychevelle** Fourth Growth, St-Julien
龙船庄园 1855梅多克列级四级庄 圣朱利安

Les Brulières de Beychevelle, St-Julien (red)
圣朱利安龙船美度（红）

1855梅多克列级酒庄的价格一直朝着一个方向发展：上升！因此，酒庄的副牌酒和相关酒受到越来越多人的追捧。龙船美度拥有来自梅多克的结构感与优雅，价格只及正牌葡萄酒的一小部分。现在，由法国的啤酒和葡萄酒公司卡斯特集团（Castel）与日本的三得利（Suntory）共同拥有龙船庄园。在两家公司的合作下，龙船这个来自圣朱利安产区的庄园，在波尔多名庄之路上继续前进。

33250 St-Julien-Beychevelle
www.beychevelle.com

ᴍ **Château Brane-Cantenac** Second Growth, Margaux
布朗康田庄园 1855梅多克列级二级庄 玛歌

Baron de Brane, Margaux (red)
玛歌布朗男爵（红）

布朗男爵是一款美妙且易于饮用的红葡萄酒。与来自玛歌产区的二级酒庄兄弟相比，这款副牌酒在橡木桶中陈放的时间更短，并且只使用30%的新桶。在口感方面，它充满了李子的芳香，加入5%的品丽珠混酿，为它带来一丝紫罗兰的香味。

33460 Cantenac
www.brane-cantenac.com

ᴍ **Château Calon-Ségur** Third Growth, St-Estèphe
凯隆世家庄园 1855梅多克列级三级庄 圣埃斯泰夫

Marquis de Calon, St-Estèphe (red)
圣埃斯泰夫凯隆侯爵（红）

凯隆世家位于梅多克列级酒庄中最靠北的位置。葡萄园面积74万平方米，种植比例为65%的赤霞珠、20%的美乐和

15%的品丽珠，葡萄酒风格强劲，具有质感和深度。凯隆世家酿制的葡萄酒在全世界拥有许多粉丝，包括男星约翰尼·德普。凯隆侯爵产自庄园年轻的葡萄藤，然而它拥有细腻的风格，并带有淡淡的橡木香气，入口呈现出深邃的黑樱桃水果味。

2 Château Calon-Ségur, 33180 St-Estèphe
05 56 59 30 08

ᴍ **Château Cambon la Pelouse** Cru Bourgeois, Médoc
佩罗斯庄园 士族名庄 梅多克

Château Cambon la Pelouse, Haut-Médoc (red)
上梅多克佩罗斯庄园（红）

让-皮埃尔是庄园的拥有者，现在由他的儿子尼古拉斯管理庄园。带有纽约潮人气质的新管理者也许看起来不像传统酒农，但他的确是个天才酿酒师。佩罗斯的葡萄酒质量高且低调，带有令人愉悦的新鲜感和平衡度，且具有很高的陈年潜力。庄园酿造的葡萄酒在一些年份酒精度偏高，非常值得尝试。

5 chemin de Canteloup, Macau, 33460 Margaux
www.cambon-la-pelouse.com

ᴍ **Château Camensac** Fifth Growth, Médoc
卡门萨庄园 1855梅多克列级五级庄 梅多克

La Closerie de Camensac, Haut-Médoc (red)
上梅多克卡门萨副牌（红）

香料和烟草的香气引领着卡门萨副牌，赋予它一丝复杂感。但总体来说，这款易于入口的葡萄酒更多地呈现出夏季水果的风格，单宁十分柔和。卡门萨庄园曾和西班牙有丝缕联系。现在，卡门萨庄园的主人为让·梅勒，他和侄女席琳·维纳斯共同管理酒庄，并邀请知名酿酒师埃里克·布瓦瑟诺为酿酒顾问。葡萄园种植密度较高，约每万平方米10000株，美乐和赤霞珠的比例各占一半。

Route de St-Julien, 33112 St-Laurent-Médoc
www.chateaucamensac.com

🏛 Château Canon

Premier Grand Cru Classé B, St-Emilion

卡侬庄园 列级一级特等酒庄B 圣埃美隆

🏛 *Clos Canon, St-Emilion Grand Cru (red)*

圣埃美隆列级卡侬庄园副牌（红）

维特兄弟拥有一系列令世人羡慕的收藏，其中包括时尚品牌香奈儿和两座波尔多顶级酒庄——鲁臣世家和卡侬庄园。近几年，卡侬庄园进行了彻底的整修。庄园面积为22万平方米，葡萄酒的风格优美且顺滑。卡侬庄园副牌拥有丰富的夏季水果和成熟的单宁味道，高比例的品丽珠为葡萄酒带来微妙的辛香风格。其中一些年份的酒价可能较高，但绝对物有所值。

4 Saint Martin, 33330 St-Emilion
www.chateaucanon. com

🔹 美食与美酒 波美侯葡萄酒

波美侯是波尔多右岸一个非常精致的法定产区。这里主要出产美乐葡萄，而且是世界顶级的美乐。品丽珠有时会与美乐混酿，但比例通常较小。波美侯葡萄酒极为优雅，拥有细腻的果味和饱满的酒体，可以与众多不同风格的美食搭配。

最昂贵的顶级波美侯口感复杂，单宁细腻，拥有如勃艮第葡萄酒般的覆盆子与樱桃等果味，是罗西尼鹅肝酱牛排（将菲力牛排煎至两面金黄并烤熟，配煎鹅肝，并以鹅肝酱汁调味）的经典搭配。

柔和且实惠一些的波美侯葡萄酒口感如空气般轻柔饱满，略带泥土、李子、浆果和烟草的芳香。质地非常顺滑，味道浓郁、优雅且平衡。这类葡萄酒可与味道纯粹且质地柔软的肉类菜肴搭配，如炖牛尾或牛脸、酱汁烤里脊牛排、芥末香草羊肋骨，甚至是时髦的菜肴，如土豆裹羊排佐香草酱。

来自名气稍小的临近产区，如产自拉郎德-波美侯的葡萄酒口感更轻盈，烤鸡佐腌蘑菇、蘑菇素汉堡、味道轻淡的切德干奶酪和野餐鸭腿派等都是不错的搭配。

拉郎德-波美侯的轻盈美乐可与烤鸡共享。

Château Cantelys Pessac-Léognan
康德丽古堡 佩萨克-雷奥良

Château Cantelys, Pessac-Léognan (red and white)
佩萨克-雷奥良康德丽古堡（红和白）

以赤霞珠为主导的红葡萄酒口感华美光鲜，熏烤橡木的香气和丰富的红色莓果味道在口中蔓延。另一款精致的白葡萄酒，由长相思、灰苏维翁和少许赛美蓉混酿。

未提供参观信息
www.smith-haut-lafitte.com

Château Cantenac Brown Third Growth, Margaux
肯德布朗庄园 1855梅多克列级三级庄 玛歌

Brio de Cantenac Brown, Margaux (red)
玛歌肯德布朗副牌（红）

肯德布朗庄园充满了英伦气息。庄园的副牌酒在传统基础上建立起现代风格，陈酿阶段尽量限制新橡木桶的使用，从而令酒的风格充满丰富的果香。

33460 Margaux
www.cantenacbrown.com

Château Cap de Faugères Côtes de Bordeaux
凯普富爵庄园 波尔多丘

Château Cap de Faugères, Castillon Côtes de Bordeaux (red)
波尔多丘卡斯蒂永凯普富爵庄园（红）

波尔多丘卡斯蒂永凯普富爵庄园，是由60%的美乐和40%的品丽珠构成的辛香混酿，具有极好的集中度，展现出丰富的莓果与轻柔的熏烤香气特征，如烤板栗的味道。

33330 St-Etienne-de-Lisse
www.chateau-faugeres.com

Château Caronne-Ste-Gemme Cru Bourgeois, Médoc
圣冉姆庄园 士族名庄 梅多克

Château Caronne-Ste-Gemme, Haut-Médoc (red)
上梅多克圣冉姆庄园（红）

圣冉姆庄园的葡萄酒拥有令人期待的浓郁黑色水果香味。葡萄园的面积为45万平方米，平均树龄25年，庄园位于陡峭的圣罗兰村旁。圣冉姆的葡萄酒可以陈放许久，年轻时需要醒酒。这款经典的梅多克采用大比例的赤霞珠酿制，在橡木桶陈酿1年。

33112 St-Laurent-Médoc
www.chateau-caronne-ste-gemme.com

Château de Chantegrive Pessac-Léognan
鸣雀庄园 佩萨克-雷奥良

Château de Chantegrive, Graves (red)
格拉夫鸣雀庄园（红）

鸣雀庄园葡萄园的面积为97万平方米。鸣雀庄园的葡萄酒在橡木桶中陈酿，并将来自不同地块的葡萄分别发酵。美味的迷迭香和一丝温暖的泥土味，赋予格拉夫葡萄酒简单且迷人的风格。这款酒采用各50%的赤霞珠和美乐混酿而成。

33720 Podensac
www.chantegrive.com

Château Chasse-Spleen Cru Bourgeois, Médoc
忘忧堡 士族名庄 梅多克

L'Ermitage de Chasse-Spleen, Moulis-en-Médoc (red)
穆林梅多克忘忧堡副牌（红）

忘忧堡副牌酒是该庄园的优等之作，采用年轻的赤霞珠、美乐和小味尔多混酿。作为中级酒庄，忘忧堡的表现总能超过一些列级酒庄。忘忧堡推荐酒款的风格紧随其名字的含义：赶走忧愁。葡萄园的面积为80万平方米，以种植赤霞珠为主。

32 chemin de la Raze, 33480 Moulis-en-Médoc
www.chasse-spleen.com

🏰 Château Citran Cru Bourgeois, Médoc
西特兰庄园 士族名庄 梅多克

🍷 *Moulin de Citran, Haut-Médoc (red)*
上梅多克西特兰庄园副牌（红）

西特兰副牌酒拥有柔顺且温和的单宁，力争表现优雅与精细共存的风格。在某些年份，西特兰庄园副牌酒表现得过分清淡，果香欠缺表现力。然而，随着陈放时间的流逝，酒的表现会有大幅提高，展现出坚实的黑莓内涵。庄园规模如今已扩大到90万平方米，曾几何时它的面积只有4万平方米。

Chemin de Citran, 33480 Avensan
www.citran.com

🏰 Château Clarke Cru Bourgeois, Médoc
克拉克庄园 士族名庄 梅多克

🍷 *Rosé de Clarke, Listrac-Médoc (Bordeaux Rosé)*
利斯塔克-梅多克克拉克桃红（波尔多桃红）

相对于许多其他桃红葡萄酒来说，克拉克桃红葡萄酒更具有结构感，可展现出健康的草莓色泽，饱含覆盆子果香。克拉克城堡创建于12世纪，但在酿酒领域才刚刚起步：1978年，第一瓶克拉克庄园葡萄酒诞生，5年后庄园由埃德蒙·罗斯柴尔德男爵并购。如今，庄园由埃德蒙的儿子，本杰明男爵管理。

未提供参观信息
www.cver.fr

🏰 Château Clément-Pichon Cru Bourgeois, Médoc
克莱蒙-碧尚庄园 士族名庄 梅多克

🍷 *Château Clément-Pichon, Haut-Médoc (red)*
上梅多克克莱蒙-碧尚庄园（红）

克莱蒙-碧尚庄园近年来的一系列投入，令酒庄的状况开始得到提升。上梅多克克莱蒙-碧尚庄园由50%的美乐、40%的赤霞珠和10%的品丽珠混酿而成，拥有咖啡和巧克力的香味（由轻微烧焦的橡木桶陈酿赋予），口感平滑，果香丰富。

30 avenue du Château Pichon, 33290 Parempuyre
www.vignobles.fayat.com

🏰 Château Climens
First Growth, Sauternes
克利芒庄园 苏岱和巴萨
克列级酒庄一级 苏岱

🍷 *Cyprès de Climens, Barsac (dessert)*
巴萨克克利芒庄园副牌（甜）

作为一级列级酒庄，克利芒庄园无疑是世界著名的甜酒产区——苏岱最响亮的名字之一。庄园由贝伦妮斯·勒顿拥有，位于巴萨克，占地面积30万平方米，全部种植赛美蓉。这是一座迷人的酒庄，同时生产极好的副牌酒，价格更平易近人。正如你所预期，与正牌葡萄酒相比，克利芒副牌酒更轻盈、新鲜，但绝对不失巴萨克华丽的甜美感。它饱含多蜜的水果味道，余香充满美妙奢华的口感。总之，这是一款可带给人绝对享受的甜点酒。

2 Climens, 33720 Barsac
www.chateau-climens.fr

赤霞珠
CABERNET SAUVIGNON

波尔多地区共出产5个红葡萄品种，但只有赤霞珠才是波尔多顶级酒庄(1855年分级认证一级的5家最著名酒庄)酿酒的主要原料。

赤霞珠在顶级酒庄（如拉菲庄园和木桐庄园）葡萄酒中会呈现出非凡的品质，而在相对便宜的波尔多葡萄酒和世界其他地区的产品也毫不逊色。酒色深沉、酒体饱满、鲜明的黑加仑香气与高含量的单宁，令葡萄酒在陈酿过程中获得优雅的口感。

花期晚

与波尔多种植最广泛的美乐相比，赤霞珠在春天抽枝较晚，秋天收获也会迟一些。这有助于躲过春霜的伤害，而良好的抗病能力能让它在秋天完全成熟。

果粒小

赤霞珠以果实小而著称，这赋予了葡萄酒浓郁的味道。由于葡萄酒中大部分的风味来源于葡萄皮，小果实提高了果汁中香气化合物的浓度，经过发酵便可收获味道浓郁的葡萄酒。

家族相似性

赤霞珠葡萄的叶子与长相思非常相似,长相思是原产自波尔多的白葡萄品种。科学家已经确认,长相思与红葡萄品种品丽珠在遗传学上是赤霞珠的父本和母本。

果皮厚

酒农喜欢赤霞珠的原因之一是它的果皮厚。这个特点可使它在生长季节免受过度日晒和霉菌的伤害,但在秋天的收获季节则易受霉菌的侵扰。

世界其他产区

波尔多是赤霞珠的诞生地,这里出产最顶级且最昂贵的产品。不过消费者不必担忧,因为还有其他比较经济的选择。

在波尔多,价格低廉的葡萄酒通常只在酒标上简单标示波尔多优级、梅多克、上梅多克、两海之间、布尔丘和布莱耶丘,它们大部分比顶级酒庄酿造的葡萄酒口感清淡且柔和。在美国、智利和澳大利亚也种植赤霞珠,纳帕谷就以昂贵的赤霞珠而著称,而加利福尼亚州的其他产区和华盛顿州则出产一些比较实惠的品种。

以下是出产赤霞珠的顶级产区,可以尝试这些推荐年份的葡萄酒:

梅多克\上梅多克:2010,2009,2005

波亚克:2009,2008,2006,2005

纳帕谷:2009,2007,2006

澳大利亚:2009,2006,2005

华盛顿州哥伦比亚谷出产质优价廉的赤霞珠葡萄酒。

ᵐ Château Clos Chaumont Côtes de Bordeaux

修蒙庄园 波尔多丘

ᵐ *Château Clos Chaumont, Cadillac Côtes de Bordeaux (red)*

波尔多丘卡地亚克修蒙庄园（红）

在知名度没有那么高的波尔多丘产区，它已经成为冉冉上升的明星。酒庄主人得到凯斯·范·雷文的协助（他是白马庄园和伊甘酒庄的酿酒师，曾在奥村白手起家，为酒庄打响了名声）。庄园酿造的波尔多丘卡地亚克采用60%的美乐、22%的品丽珠和18%的赤霞珠混酿而成，拥有坚实的红色浆果香气，饱含新鲜感。这款酒无须冥思苦想，只要尽情饮用即可！

8 Chomon, 33550 Haux
05 56 23 37 23

ᵐ Château La Conseillante Pomerol

康塞隆庄园 波美侯

ᵐ *Duo de Conseillante, Pomerol (red)*

波美侯康塞隆庄园副牌（红）

康塞隆无疑是波美侯地区最出色且最令人兴奋的酒庄之一。葡萄园主要种植美乐，还有约14%的品丽珠。运营者拉波特勇于尝试各种创新，如冷浸渍、微氧化处理和双发酵技术（同时开始酒精发酵和乳酸发酵）。但无论运用何种技术，酒庄总是精益求精。随着康塞隆庄园葡萄酒的价格不断飙升，爱酒客们很高兴地看到庄园于2008年推出了同名副牌酒。这款酒酒体丰满，令人愉悦，充满果香，是一款精致的波美侯。尽管这款酒在市场中较难找到，而且需要挥霍些银子，但绝对值得一试。

130 rue Catusseau, 33500 Pomerol
www.laconseillante.fr

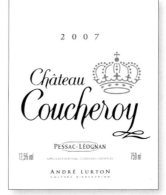

ᵐ Château Coucheroy Pessac-Léognan

酷仙庄园 佩萨克-雷奥良

ᵐ *Château Coucheroy, Pessac-Léognan (red and white)*

佩萨克-雷奥良酷仙庄园（红和白）

酷仙庄园的干红与干白都极为出色。葡萄园种植红白葡萄品种的面积分别为25万平方米和6万平方米。佩萨克-雷奥良干红由50%的赤霞珠和50%的美乐混酿而成，在橡木桶中陈酿12个月。其单宁柔软，拥有成熟的红色水果味道，只需在瓶中陈放几年，即可富于表现力。而佩萨克-雷奥良干白则更胜一筹。这款清爽的干白采用100%的长相思，均来自高密度种植的葡萄园（每万平方米8000株）。除了新鲜与活力，这款酒还具有复杂的特性。这要归功于酒庄的酿酒体制，进入橡木桶陈酿前，发酵会在不锈钢桶中低温控制进行。

c/o La Louvière, 33850 Villenave d'Ornon
05 57 25 58 58

🏛 **Château Couhins**
Grand Cru Classé de Graves, Pessac-Léognan

歌欣庄园　格拉夫列级酒庄 佩萨克-雷奥良

🏛 *Château Couhins, Pessac-Léognan (red)*
佩萨克-雷奥良歌欣庄园（红）

　　歌欣庄园并非寻常的酒庄，它由INRA（国有植物研究机构）拥有，同时还是一个研发中心。至于这里酿造的葡萄酒，自2005年之后的产品都非常值得一试。从2005年起，新的酿酒团队开始发力，2006年后出产的歌欣红具有浓密的质感与优质清脆的果香。显然，果实甄选过程的品质在这里渐渐得到提高，令庄园可以推出优质的副牌酒和三标酒。

未提供参观信息
www.chateau-couhins.fr

🏛 **Château La Croix Mouton** Bordeaux Supérieur
十字木桐庄园 波尔多优级

🏛 *Château La Croix Mouton, Bordeaux Supérieur (red)*
波尔多优级十字木桐庄园（红）

　　十字木桐庄园的产品一直物超所值，它酿造的红葡萄酒极其出色，无论其价值多少，都会提醒你在聪明的酿酒哲学下一款波尔多所能达到的高度。这款波尔多优级饱含果香，余香新鲜，能带给你愉悦的品尝体验。葡萄园的面积为50万平方米，位于圣埃美隆的边界。葡萄酒在不锈钢桶中发酵，并在橡木桶中进行乳酸发酵，最后在橡木桶中陈酿8个月。

33240 Lugon-et-l'Ile-du-Carnay
www.josephjanoueix.com

🏛 **Château de la Dauphine** Fronsac
都妃酒庄 弗龙萨克

🏛 *Delphis de la Dauphine, Fronsac (red)*
弗龙萨克都妃酒庄副牌（红）

　　位于弗龙萨克的都妃酒庄受到越来越多人的喜爱，它的确值得大家追捧。都妃酒庄在邻产区卡侬-弗龙萨克拥有子酒庄（尽管这个酒庄的葡萄酒在酒标上只显示弗龙萨克），现在都妃总共拥有32万平方米葡萄园，平均树龄33年，种植比例为80%的美乐和20%的赤霞珠。大规模的投资令酒庄面貌一新，包括新的发酵罐和地下圆形酒窖。都妃的副牌酒是对弗龙萨克魅力的温和诠释，以黑莓和香草奶油香气为主，单宁柔和，令这款酒成为早期饮用的宠儿。

33126 Fronsac
www.chateau-dauphine.com

🏛 **Château Duhart-Milon** Fourth Growth, Pauillac
都夏美隆庄园 1855梅多克列级四级庄 波亚克

🏛 *Baron de Milon, Pauillac (red)*
波亚克都夏美隆庄园三标酒（红）

　　都夏美隆庄园被人们亲切地称为"拉菲弟弟"，这一绰号既因为其地理位置紧挨拉菲庄园，又因为自1962年起，该酒庄便由罗斯柴尔德家族拥有（该家族还拥有拉菲庄园）。尽管都夏美隆庄园因其所向披靡的"拉菲哥哥"显得黯然失色，但它却拥有独特的魅力，并且也具有相当大的规模。庄园面积达73万平方米，种植比例约为70%的赤霞珠和30%的美乐，年产量240000瓶。庄园出产的三标酒当属物美价廉。

17 rue Castéja, 33250 Pauillac
05 56 59 15 33

🏰 Château de Fieuzal
Grand Cru Classé de Graves, Pessac-Léognan

佛泽庄园 格拉夫列级庄 佩萨克-雷奥良

🏛 *L'Abeille de Fieuzal, Pessac-Léognan (white)*
佩萨克-雷奥良佛泽庄园副牌（白）

　　爱尔兰人对波尔多葡萄酒具有浓厚兴趣。2001年，洛克兰·奎因成为最近购入波尔多庄园的爱尔兰商人。他聘请史蒂芬·凯里担任酒庄总经理，休伯特·德·博哈特作为酿酒顾问，并对庄园进行了一系列理性的资金投入。在最近生产的年份中，佛泽庄园的副牌酒——佩萨克-雷奥良中含有高比例的长相思，这款可靠的副牌酒展现出迷人的甜美香草的清香，口感中带有丝丝醋栗的味道。

124 avenue de Mont de Marsan, 33850 Léognan
www.fieuzal.com

🏰 Château Figeac Premier Grand Cru Classé B, St-Emilion

飞卓庄园 列级一级特等酒庄B级 圣埃美隆

🏛 *Le Grand Neuve de Figeac, St-Emilion Grand Cru (red)*
圣埃美隆列级飞卓庄园副牌（红）

　　随着飞卓庄园正牌酒的价格飞升，庄园副牌酒逐渐显现出潜在的价值与实力。正如飞卓酒庄的风格，这款副牌酒拥有在右岸不同寻常的高比例赤霞珠，同时它还拥有深沉的黑色水果香味；但并非如正牌葡萄酒一样，需要10年才能进入适饮期。

33330 St-Emilion
www.chateau-figeac.com

🏰 Château La Fleur de Boüard Lalande-de-Pomerol

博哈特美人庄园 拉郎德-波美侯

🏛 *Fleur de Boüard, Lalande-de-Pomerol (red)*
拉郎德-波美侯博哈特美人庄园 （红）

　　酒庄的酒风格开放，平易近人，入口丰富，单宁柔和，且饱含夏日红色水果的味道。这款由85%的美乐，10%的品丽珠和5%的赤霞珠混酿而成的佳酿，由卡罗琳·德·博哈特创造，她是著名的酿酒师，也是金钟酒庄主力休伯特·德·博哈特的女儿。

33500 Pomerol
www.lafleurdebouard.com

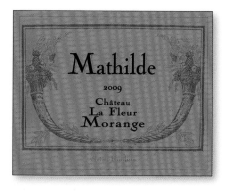

🏰 Château La Fleur Morange St-Emilion

莫朗庄园 圣埃美隆

🏛 *Mathilde, St-Emilion (red)*
圣埃美隆莫朗马蒂尔德（红）

　　让-弗朗索瓦和薇洛妮卡·朱丽安夫妇是站在高成就且小规模生产的莫朗庄园背后的完美主义者。这对夫妻采用有机种植方式，他们拥有一些非常古老的葡萄藤。葡萄园种植的品种为

70%的美乐，15%的品丽珠和15%的赤霞珠。美味的莫朗马蒂尔德是采用100%的美乐酿造，它是波尔多右岸最令人兴奋的副牌酒之一，饱含肉香和持续的红色莓果香味。

Ferrachat, 33330 St-Pey-d'Armens
www.lafleurmorange.com

Château Fonbadet Cru Bourgeois, Pauillac
枫柏庄园 士族名庄 波亚克

Château Fonbadet, Pauillac (red)
波亚克枫柏庄园（红）

派罗妮的父母家族都与波尔多顶级酒庄有联系，她在家族购入枫柏庄园后获得了机遇，如今由她管理这个20万平方米的庄园，平均树龄50年。枫柏庄园酿造的葡萄酒未经过滤，以赤霞珠为主，添加少许马尔贝克，具有深沉和辛香的余韵。这款波亚克年轻时是位沉思的巨人，需要醒酒数小时，以激发黑色水果的香味。

45 route des châteaux, St-Lambert, 33250 Pauillac
www.chateaufonbadet.com

Château Fonplégade Grand Cru Classé, St-Emilion
枫嘉庄园 列级酒庄 圣埃美隆

Fleur de Fonplégade, St-Emilion Grand Cru (red)
圣埃美隆列级枫嘉庄园副牌（红）

枫嘉庄园是圣埃美隆进步最快的酒庄之一。枫嘉庄园的主人投入大量资金对酒庄进行革新。庄园的面积为18万平方米，91%种植美乐葡萄。枫嘉庄园的酿酒风格为光鲜亮丽的奢侈感，酒液在全新的法国橡木桶中进行充足的陈酿。枫嘉庄园的副牌是一款美味的入门酒，风格简单，充满妖艳的红色莓果香味，是一款能真正被享用的葡萄酒，性价比极高。

1 fonplégade, 33330 St-Emilion
www.adamsfrenchvineyards.fr

葡萄酒百分制打分

为何葡萄酒评论家和零售商以百分制为葡萄酒打分？这一现象出现于20世纪80年代，当时美国的葡萄酒杂志《葡萄酒倡导者》（*Wine Advocate*）将美国老师给学生打分的方式运用于葡萄酒领域，用以品评酒的质量。

很快，世界最大的葡萄酒杂志《葡萄酒鉴赏家》（*Wine Spectator*）也开始采用这一方法。如今，百分制评分随处可见。对于葡萄酒评论家来说，用这种方式表达他们是否喜欢一款葡萄酒非常便捷；对销售来说也是一样，特别是那些评分在90分以上的葡萄酒。这一系统给人们带来更直观的感受，它就像对葡萄酒质量的实验测试。更确切地说，更像是对一篇散文的打分：在拥有一定知识的基础上进行综合判断。

对大多数评论家来说，90分以上的葡萄酒质量杰出且经典；80~89分的葡萄酒为优秀；70分区间的葡萄酒为可以饮用；60分或以下的葡萄酒为较差。

对于葡萄酒消费者来说，特别是美国与其他正在增长的地区，消费者特别拥护百分制系统，因为他们发现如果购买一瓶85分左右的葡萄酒，一般不会有错；而如果达到95分的话，则能获得惊喜与罕见的享受。然而，也有一些葡萄酒评论者认为这样的打分系统过于简单，前后难以一致，并且影响过大。

包括波尔多、加利福尼亚州和托斯卡纳的许多葡萄酿造者甚至会改变自己的种植和酿造方式，以期望获得高分。问题是，反对者认为只有那些具有丰富味道和明显性格的葡萄酒才能得到高分，因此对那些优雅微妙的葡萄酒来说，这一系统是不公平的。

Château Fonréaud Cru Bourgeois, Médoc
风和堡 士族名庄 梅多克
Château Fonréaud, Listrac-Médoc (red)
利斯塔克-梅多克风和堡（红）

　　这款葡萄酒平衡、复杂，边缘饱含果香，香气逐渐发展为微妙但坚定的雪松和香草等橡木赋予的特征。入口后余香新鲜，但在初始阶段会比较艰涩且具有单宁感。窖藏5年或更久，表现会有所提高。

138 Fonréaud, 33480 Listrac-Médoc
www.chateau-fonreaud.com

Château Fourcas Dupré Cru Bourgeois, Médoc
富丽庄园 士族名庄 梅多克
Château Fourcas Dupré, Listrac-Médoc (red)
利斯塔克-梅多克富丽庄园（红）

　　这款酒算不上华丽的酒款，但却拥有很好的黑色水果香，其低调的风格更能满足热爱经典波尔多风格的酒客们。葡萄酒采用赤霞珠、美乐和品丽珠混酿而成，还加入少量小味尔多。

Le fourcas, 33480 Listrac-Médoc
www.fourcasdupre.com

Château Fourcas Hosten Cru Bourgeois, Médoc
福卡酒庄 士族名庄 梅多克
Château Fourcas Hosten, Listrac-Médoc (red)
利斯塔克-梅多克福卡酒庄（红）

　　同它的邻居富丽庄园一样，近年来的一系列投资开始在福卡酒庄得到回报，它终于展现出真正的潜力。从2008年起，福卡酒庄的产品品质有了大幅提高。现在这里酿造的葡萄酒风格平滑，充满了丰富的果香且单宁紧致。

2 rue d'Eeglise, 33480 Listrac-Médoc
www.fourcas-hosten.fr

Château Franc Mayne Grand Cru classé, St-Emilion
弗朗梅诺庄园 列级酒庄 圣埃美隆
Les Cèdres de Franc Mayne, St-Emilion Grand Cru (red)
圣埃美隆列级弗朗梅诺庄园副牌（红）

　　游客一进门就可以看到顶级的精品酒店和旅游中心，凸显其现代风格。在弗朗梅诺庄园酿造的葡萄酒中，也少不了现代感特点。葡萄园的面积为7万平方米，种植90%的美乐和10%的品丽珠，酿造的葡萄酒以突出果香为主。尤其是庄园的副牌酒，拥有橡木桶赋予的柔和烘烤香的单宁，包裹着红樱桃和香草奶油的味道。然而这里并非所有东西都是新的，庄园的石灰岩酒窖可以追溯至几个世纪之前。

La Gomerie, 33330 St-Emilion
www.chateau-francmayne.com

Château La Garde Pessac-Léognan
拉格古堡 佩萨克-雷奥良
Château La Garde, Pessac-Léognan (red)
佩萨克-雷奥良拉格古堡（红）

　　1990年，都尔特公司购入拉格古堡，酒庄的高品质葡萄园占地面积54万平方米。新酒庄团队对葡萄园及土壤进行了深入的研究，帮助种植和采收更为精确。在酿酒顾问米歇尔·罗兰的指导下，拉格古堡干红由60%的美乐、赤霞珠和品丽珠均衡构成。发酵在小型不锈钢桶中进行，然后会在橡木桶中陈酿18个月。

未提供参观信息
05 56 35 53 00

Château Giscours Third Growth, Margaux
美人鱼酒庄 1855梅多克列级三级庄 玛歌
La Sirène de Giscours, Margaux (red)
玛歌美人鱼酒庄副牌（红）

现在，酒庄在荷兰人埃里克·阿尔巴达·耶尔格斯玛（他还拥有杜特庄园）的管理下，一系列大型投资令美人鱼酒庄在近几年里品质快速提升。酒庄投入的大部分资金都被用在重建83万平方米的葡萄园上，它覆盖了4座由白砂砾组成的小丘，平均树龄为40年。副牌酒由55%的赤霞珠、35%的美乐以及少数小味尔多和品丽珠组成，并因其迷人的丰富感和紧致的单宁结构而出名。酒庄副牌酒具有极高的价值，它同正牌葡萄酒一样拥有平滑且丰满的黑醋栗果香，其中，2008和2009年份尤其出色。

10 route de Giscours, Labarde, 33460 Margaux
www.chateau-giscours.com

🏰 **Château Grand Corbin-Despagne** Grand Cru Classé, St-Emilion

高班德庄园 列级酒庄 圣埃美隆

🍷 *Petit Corbin-Despagne, St-Emilion Grand Cru (red)*
圣埃美隆列级高班德庄园副牌（红）

占地27万平方米的高班德庄园拥有勤俭节约的传统，这一点已在戴斯帕家族中传承了七代。酒庄在现任庄主弗朗索瓦·戴斯帕的管理下，也有创新。管理者致力于对葡萄园实施有机种植，并且正在将葡萄园改为采取生物动力法种植的道路上前进。同时，他还致力于在葡萄园和酿酒间进行改革（包括设置激光分拣台），以期获得最好的葡萄。副牌酒具有极佳的性价比，略微烘烤的黑樱桃果香与天衣无缝的鲜美感形成完美平衡。副牌酒由75%的美乐和25%的品丽珠组成，它们均来自年轻的葡萄藤，并在不锈钢桶和橡木桶中混合陈酿。

33330 St-emilion
www.grand-corbin-despagne.com

🏰 **Château Greysac** Cru Bourgeois, Médoc

锐莎庄园 士族名庄 梅多克

🍷 *Château Greysac, Médoc (red and white)*
梅多克锐莎庄园（红和白）

巧妙的酿酒技术和先进的方式，令中级酒庄锐莎庄园出产的梅多克成为一款具有高性价比且稳定的波尔多红葡萄酒，入口后充满黑色水果的香味和少许甘草味道。庄园具有相当规模的葡萄园，占地95万平方米。庄园年产量为540000瓶酒，其中70%用于生产正牌酒，剩余30%用于酿造副牌酒。庄园还开拓出2万平方米的葡萄园，用于酿造复杂的100%长相思干白。锐莎庄园的葡萄酒在橡木桶中陈酿6个月，其中30%为新桶。

18 route de By, 33340 Bégadan
www.greysac.com

🏰 **Château Haut-Bailly** Grand Cru Classé de Graves, Pessac-Léognan

高柏丽庄园 格拉夫列级酒庄 佩萨克-雷奥良

🍷 *La Parde de Haut-Bailly, Pessac-Léognan (red)*
佩萨克-雷奥良高柏丽庄园副牌（红）

高柏丽是波尔多最先推出副牌酒的酒庄之一，创建于1967年。高柏丽庄园副牌拥有全部能从这类品质的酒庄中期待的优雅感，它具有柔和的单宁，紧实的青梅果香和可口的植物香味。如今，坐落于雷奥良高处的高柏丽庄园，已成为该地区最受欢迎的酒庄之一，它拥有30万平方米的葡萄园。作为高性价比的入门酒，高柏丽副牌也变得前所未有的重要。

Avenue de Cadaujac, 33850 Léognan
www.chateau-haut-bailly.com

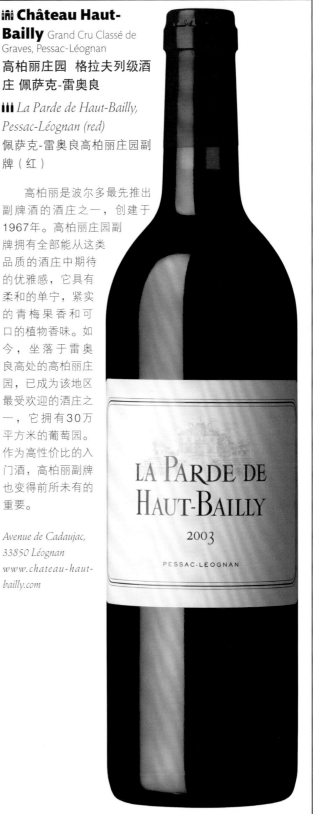

Château Haut-Bergey Pessac-Léognan
高柏格庄园 佩萨克-雷奥良

Château Haut-Bergey, Pessac-Léognan (red and white)
佩萨克-雷奥良高柏格庄园（红和白）

高柏格生产高质量的红白两种类型葡萄酒，但红葡萄的种植比例占绝大部分（38万平方米的赤霞珠和美乐，2万平方米的长相思和赛美蓉）。黑醋栗叶的香气和干净的石墨香，令高柏格干红成为一款极受欢迎且具有现代风格的红葡萄酒。经过橡木桶陈酿的高柏格干白也同样具有现代感，带有诱人的热带水果香气。

69 cours Gambetta, 33850 Léognan
www.chateau-haut-bergey.com

Château Haut Peyrous Graves
高柏若庄园 格拉夫

Château Haut Peyrous, Graves (red)
格拉夫高柏若庄园（红）

马克·达罗兹遵循全球发展线路，成为了高柏若庄园的主人。他先后在雅文邑、加利福尼亚州以及匈牙利工作，最终于2008年购入高柏若庄园。高柏若干红展现出达罗兹坚持的信念带来的收益，低产量、成熟果实且柔和的酿造方式，采用美乐、品丽珠、赤霞珠和少许马尔贝克混酿而成。高柏若具有美味的口感，烘烤红色水果的香味和柔和顺从的单宁。

未提供参观信息
www.darroze-armagnacs.com

Château d'Issan Third Growth, Margaux
迪仙庄园 1855梅多克列级三级庄 玛歌

Blason d'Issan, Margaux (red)
玛歌迪仙庄园副牌（红）

迪仙庄园副牌被评为最具有价值且最可靠的梅多克副牌酒之一。它拥有柔和的黑色水果和黑莓面包屑的味道，并有橡木为边缘带来的烟熏味道。迷人的迪仙庄园是梅多克地区最古老的酒庄之一。迪仙酒庄在第二次世界大战之后数年内，无论在酒庄规模方面还是在声誉方面均成长飞速。庄园由伊曼纽尔·克鲁斯打理，他是波尔多政坛的重要人物。1945年，克鲁斯购入迪仙庄园时面积只有2万平方米，如今葡萄园已扩张至53万平方米，其中大部分种植赤霞珠，构成庄园混酿的主要成分。

33460 Cantenac
www.chateau-issan.com

Château Joanin Bécot Côtes de Bordeaux
祖安贝嘉庄园 波尔多丘

Château Joanin Bécot, Castillon Côtes de Bordeaux (red)
波尔多丘卡斯蒂永祖安贝嘉庄园（红）

成熟的洋李子和烤香草豆的香味，为这款右岸最好的副牌酒之一注入了迷人的魔力。就像这个地区许多新出现的酒庄一样，来自临近产区酿酒世家的年轻成员会选择在这里创业。祖安贝嘉是由圣埃美隆博塞贝戈庄园的朱丽叶·贝戈创建。

33330 St-emilion
www.beausejour-becot.com

Château Kirwan Third Growth, Margaux
麒麟庄园 1855梅多克列级酒庄三级庄 玛歌

Les Charmes de Kirwan, Margaux (red); Rosé de Kirwan (Bordeaux rosé)
玛歌麒麟庄园副牌（红）；麒麟庄园桃红（波尔多桃红）

庄园由许勒家族的第八代传人继承。麒麟庄园副牌酒柔和而优雅，具有玛歌产区典型的邻家女孩风格；庄园出产的桃红酒也同样惹人怜爱。

Cantenac, 33460 Margaux
www.chateau-kirwan.com

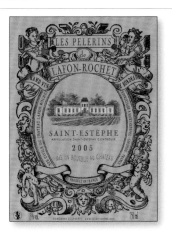

Château Lafon-Rochet Fourth Growth, St-Estèphe
拉芳罗榭庄园 1855梅多克列级酒庄四级庄 圣埃斯泰夫

Les Pelerins de Lafon-rochet, St-Estèphe (red)
圣埃斯泰夫拉芳罗榭庄园副牌（红）

拉芳罗榭庄园出色的副牌酒具有极高的价值，特别是当你衡量整个酿酒团队的专业技能时。正如圣埃斯泰夫许多副牌酒一样，拉芳罗榭副牌含有较高比例的美乐，这意味着即使在年轻时饮用，你也会信心十足地品尝。庄园占地45万平方米，种植密度高，由55%的赤霞珠、40%的美乐、3%的品丽珠和2%的小味尔多组成。

Blanquet, 33180 St-Estèphe
05 56 59 32 06

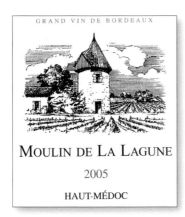

📷 **Château La Lagune** Third Growth, Médoc
拉拉贡庄园 1855梅多克列级酒庄三级庄 梅多克

ᛁᛁᛁ *Moulin de La Lagune, Haut-Médoc (red); Mademoiselle L, Haut-Médoc (red)*
上梅多克拉拉贡磨坊（红）；上梅多克L小姐（红）

副牌酒拉拉贡磨坊采用高比例的品丽珠酿制，具有独特的风格。多年来，品丽珠的比例都维持在15%左右。此酒具有柔和的芳香气息，但入口后却极具冲击力。庄园因雇佣女性酿酒师，而拥有令人骄傲的历史，现任酿酒师为卡罗琳·弗雷。

83 avenue de l'Europe, 33290 Ludon-Médoc
www.chateau-lalagune.com

📷 **Château Léoville-Las-Cases** Second Growth, St-Julien
雄狮庄园 1855梅多克列级酒庄二级庄 圣朱利安

ᛁᛁᛁ *Le Petit Lion, St-Julien (red)*
圣朱利安小雄狮（红）

拥有极佳表现的二级酒庄雄狮庄园，利用产自别家酒庄的葡萄酿造其正牌酒。2007年，庄园见证了第一批副牌酒诞生，其葡萄来自雄狮自家的土地。小雄狮充满迷人的气质，高比例的美乐赋予葡萄酒秋季水果的香气，还带有一缕夏季红醋栗，甚至接骨木花的香味。

Route Pauillac, 33250 St-Julien-Beychevelle
05 56 73 25 26

📷 **Château Léoville Poyferré** Second Growth, St-Julien
波芙庄园 1855梅多克列级酒庄二级庄 圣朱利安

ᛁᛁᛁ *Pavillon de Poyferré, St-Julien (red)*
圣朱利安波芙庄园副牌（红）

波芙庄园副牌酒是一款适宜早期饮用的美酒，它采用备受赞扬的波芙庄园中年轻葡萄藤的果实酿造而成。对这款相对便宜的梅多克来说，它试图传递正牌葡萄酒的精神，口感丝滑，有橡木桶赋予的新鲜咖啡香气。波芙庄园自1920年起，由来自法国北部的酒商古维利亚家族拥有，如今团队由迪迪尔·古维利亚引领，伊莎贝拉·戴文为全职酿酒师，米歇尔·罗兰为酿酒顾问。近年来，庄园针对土壤的大量研究，对提升酒的品质产生了积极影响。

Le Bourg, 33250 St-Julien-Beychevelle
www.leoville-poyferre.fr

🍷 **Château Lucas** Lussac St-Emilion
卢卡斯酒庄 吕萨克-圣埃美隆

🍷 *Château Lucas, Lussac St-Emilion (red)*
吕萨克-圣埃美隆卢卡斯酒庄（红）

作为吕萨克鲜为人知的酒庄，卢卡斯由福提家族掌管。在这里，福提将他的魔力施展于52万平方米的葡萄园中，种植50%的美乐和50%的品丽珠，采用可持续方式（准有机）种植。福提共负责酿造3款酒，每款都具有奥松酒庄的迷人气质，但价格更低。作为基础款的卢卡斯酒庄毫无疑问是最具价值的一款，高比例的品丽珠令它带有令人愉悦的花香味。

33570 Lussac
www.chateau-lucas.fr

🍷 **Château de Lussac** Lussac St-Emilion
吕萨克庄园 吕萨克-圣埃美隆

🍷 *Le Libertin de Lussac, Lussac St-Emilion (red)*
吕萨克-圣埃美隆吕萨克庄园副牌（红）

形容一款酒"卖弄风情"，也许听起来有些可笑，但是如果有一款酒可以用这个词形容，那便是吕萨克庄园副牌。它采用80%的美乐和20%的品丽珠混酿而成，饱含迷人的洋李子和成熟的莓果味道，略带一丝由橡木桶带来的抹茶和甘草香味。酿造这款葡萄酒的环境可以称得上"浮夸"。比利时夫妇葛利叶和埃尔维·拉维阿尔将19世纪的吕萨克城堡，改造成乡村庄园的模样，并配以镶金边的吊灯。谢天谢地，庄园的酿酒设备并没那么"轻佻"，圆形的酿酒间配备了所有现代的酿酒工具，包括一台评估含糖量的机器。

15 rue de Lincent, 33570 Lussac
www.chateaudelussac.fr

🍷 **Château Lynch-Bages** Fifth Growth, Pauillac
靓茨伯酒庄 1855梅多克列级五级庄 波亚克

🍷 *Echo de Lynch-Bages, Pauillac (red)*
波亚克靓茨伯酒庄副牌（红）

随着价格上涨，靓茨伯酒庄副牌酒变得更严肃。2008年更名后，副牌酒仍对酒庄奔放且迷人的风格有极佳的诠释。和正牌葡萄酒含有约50%的赤霞珠相比，靓茨伯副牌酒添加赤霞珠的比例较少，这意味着更柔和的美乐和品丽珠对酒的影响更多，味道更芳香，在口中呈现少许紫罗兰的味道。内部情报可帮你在波尔多寻宝时获得更多收益，卢卡斯酒庄就是很好的例子。

33250 Pauillac
www.lynchbages.com

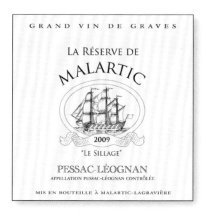

🍷 **Château Malartic Lagravière** Grand Cru Classé de Graves, Pessac-Léognan
马拉蒂克拉格维尔庄园 格拉夫列级酒庄 佩萨克-雷奥良

🍷 *La réserve de Malartic, Pessac Léognan (white); Rosé de Malartic (rosé)*
佩萨克-雷奥良马拉蒂克珍藏（白）；马拉蒂克桃红（桃红）

在过去的10年间，对葡萄园的苛求和对酒窖的投入为酒庄带来了巨大的提升。葡萄园种植了46万平方米的红葡萄品种和7万平方米的白葡萄品种。庄园物有所值的葡萄酒包括具有经典青草香气和灵巧愉悦感的马拉蒂克珍藏干白，它带有醋栗馅饼的味道，余香的提升感控制得很好；此外，还有一款极具价值且拥有美味果香味，色泽鲜艳的桃红酒。

未提供参观信息
www.malartic-lagraviere.com

🍷 **Château Manoir du Gravoux** Côtes de Bordeaux
曼诺格哈维庄园 波尔多丘

🍷 *Château Manoir du Gravoux, Castillon côtes de Bordeaux (red)*
波尔多丘卡斯蒂永曼诺格哈维庄园（红）

这座拥有19万平方米葡萄园的新星——曼诺格哈维庄园，

正在努力打造良好的口碑。葡萄园种植了88%的美乐和12%的品丽珠，采用温和且智能的种植方式。曼诺格哈维从头至尾都充满果香，饱含黑莓和洋李子的味道，余香带有一抹品丽珠赋予的轻柔芳香。

33350 St-Genes-de-castillon
www.terraburdigala.com

🏛 **Château Marjosse** Bordeaux
玛久思庄园 波尔多

🍷 *Château Marjosse, Bordeaux (red)*
波尔多玛久思庄园（红）

　　玛久思庄园由皮埃尔·勒顿拥有，他正是圣埃美隆传奇酒庄白马庄园的总经理。与白马庄园相比，这款葡萄酒具有截然不同的风格，虽然没有复杂的口感，但同白马一样拥有精湛的工艺。柔和平滑的单宁和精致的果香，令这款酒充满魅力。葡萄园的面积为80万平方米。混酿以美乐为主，占75%；另外还包括3%的马尔贝克，赋予葡萄酒辛香的气息。

33420 Tizac-de-Curton
05 57 74 94 66

🏛 **Château Mondésir-Gazin** Côtes de Bordeaux
蒙德嘉仙庄园 波尔多丘

🍷 *Château Mondésir-Gazin, Blaye Côtes de Bordeaux (red)*
波尔多丘布莱耶蒙德嘉仙庄园（红）

　　马克·帕斯科于1990年成为蒙德嘉仙庄园的主人，庄园拥有14万平方米葡萄园，平均树龄60年。这里年产的24000瓶红酒，被广泛评为布莱耶最好的佳酿之一。蒙德嘉仙酒庄出产的葡萄酒未经过滤，以此强调其厚实且坦率的结构感。这款副牌酒展现出的果香混合了野草莓和来自20%马尔贝克的辛香，60%的美乐和20%的赤霞珠则令整体更平衡。

10 le Sablon, 33390 Plassac
www.mondesirgazin.com

🏛 **Château Le Moulin** Pomerol
磨坊庄园 波美侯

🍷 *Le Petit Moulin, Pomerol (red)*
波美侯小磨坊（红）

　　面积只有2.5万平方米的磨坊庄园也许看上去规模很小，但酒庄主人米歇尔·盖尔却干劲十足，酿造出许多具有现代感的好酒。这里的土壤由黏土和砂砾组成，盖尔集中且细心地在园中工作，保持较低的产量。在酿酒方面，盖尔偏爱勃艮第

方式，压榨时木质发酵罐开放，随后的乳酸发酵和陈酿则在100%的新橡木桶中进行。庄园成功的副牌酒小磨坊，华丽且闪亮，具有现代风格。黑醋栗甜酒和无花果的味道令这款酒极具冲击力，需要醒酒约1小时以待更好地展现实力。

Moulin de Lavaud, La Patache, 33500 Pomerol
www.moulin-pomerol.com

🏛 **Château Moulin St-Georges** St-Emilion
圣乔治磨坊庄园 圣埃美隆

🍷 *Château Moulin St-Georges, St-Emilion Grand Cru (red)*
圣埃美隆列级圣乔治磨坊庄园（红）

　　圣乔治磨坊庄园有时会被称为"小奥松"，因为这两座酒庄分享同一酿酒团队。在这样的对比中，圣乔治磨坊也并不逊色。酒庄拥有7万平方米的葡萄园，种植着80%的美乐和20%的品丽珠。葡萄酒在不锈钢桶中发酵，并在100%的新橡木桶中陈酿18个月。这款葡萄酒需要时间等待其变得圆润，这样的等待是非常值得的，而且价格也极为合理。

33330 St-Emilion
05 57 24 70 26

🏛 **Château Nenin** Pomerol
列兰庄园 波美侯

🍷 *Fugue de nenin, Pomerol (red)*
波美侯列兰庄园副牌（红）

　　列兰庄园在雄狮庄园的德隆家族旗下，于过去10年一直呈上升趋势。德隆家族对列兰庄园投入了大量资金，进行恢复和革新，包括并购凯歌酒庄的前身瑟丹-吉罗酒庄，为庄园增加了4万平方米的葡萄园，令总面积达到33万平方米。酒庄经营团队采取的举措还包括：将品丽珠的种植比例提高到40%，增加郁蔽度，并根据葡萄藤的树龄决定采收日期。庄园副牌酒的品质提升显而易见，充满了黑巧克力和黑樱桃的香味。

66 route de Montagne, 33500 Libourne
www.chateau-nenin.com

如何品鉴葡萄酒

饮用葡萄酒的目的在于享受，而不是炫耀地晃动玻璃杯或将鼻子探进杯子里用力吸气。如果你对享受葡萄酒感兴趣，那需要具备一定的鉴赏力。成为鉴赏家并不意味着做一个讨厌的势利眼，而要成为一个了解葡萄酒的人。了解葡萄酒，并了解自己好恶的最佳方法，就是品尝葡萄酒并思考，而并非简单地吞咽。以下为你介绍基础的品酒六部曲，只需简单练习，就能在聚会或晚宴上不经意地展露这些技巧。

1 持握酒杯，使之倾斜成一定角度，在白纸的映衬下观察葡萄酒。随着岁月的洗练，红葡萄酒会由明亮的紫色或宝石红色，逐渐转变成砖红色；白葡萄酒的颜色会变深，加深呈金黄色的色泽。

4 品尝适量葡萄酒并专注于它的味道。品尝与闻嗅时的味道是否一致？是否更浓郁？还是出现了令人不愉快的味道？顶级葡萄酒既拥有复杂的味道，又能保持各种味道的平衡与和谐。

2 轻轻旋转并晃动酒杯，让酒液浸润到杯壁上。这会令葡萄酒的香气充分散发于空气中，更容易利用嗅觉感受酒的味道。挂杯现象代表酒液具有一定的黏度。

3 将葡萄酒放在鼻子下方，慢慢深呼吸。思考你闻到了什么？有没有水果或辛辣橡木的味道？这样可以帮助你记忆起其他类似的葡萄酒。

6 花点时间来品味余韵。品尝优质葡萄酒时，当你咽下之后（或吐掉，如果需要同时品尝大量葡萄酒时），风味仍然会留在口中；而顶级葡萄酒通常拥有更长的余韵。

5 感受葡萄酒的质地。感觉口中葡萄酒的黏度，红葡萄酒中的单宁通常会带来干燥感，甜酒则口感特别丰盈，新鲜的白葡萄酒拥有清爽的酸度。

🏛 **Château Ormes de Pez** St-Estèphe
奥德碧斯庄园 圣埃斯泰夫

🍷 *Château Ormes de Pez, St-Estèphe (red)*
圣埃斯泰夫奥德碧斯庄园（红）

奥德碧斯时髦的新酒标将生长在庄园附近的榆树也绘制其中，它正是庄园名字的由来。这款酒采用51%的赤霞珠、39%的美乐、8%的品丽珠和2%的小味尔多混酿而成，极具现代风格。庄园的主人卡泽家族同时拥有列级名庄靓茨伯酒庄。这款奥德碧斯庄园带有丰富的黑色水果香气，着重强调水果的纯净感和轻盈的触觉，品尝时会令你莞尔一笑。

Route des Ormes,
33180 St-Estèphe
www.ormesdepez.com

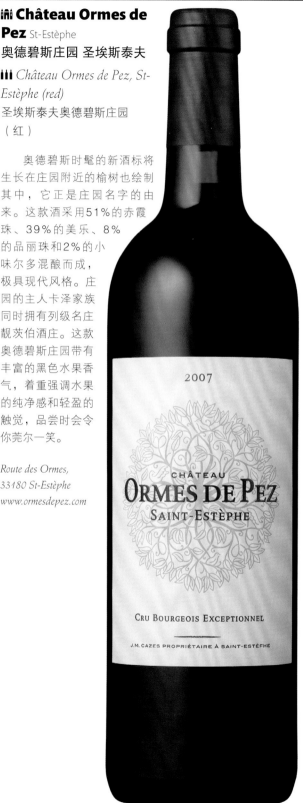

🏛 **Château Penin** Bordeaux Supérieur
贝楠堡 波尔多优级

🍷 *Château Penin, Bordeaux Supérieur (red)*
贝楠堡波尔多优级（红）

贝楠堡的主人帕特里克·卡特隆用100%的美乐酿造自家酒，树龄均超过30年以上。这是一款令人愉悦的葡萄酒，易于入口，充满新鲜的红色水果味道，尽管在橡木桶中陈酿一年，但单宁很轻。贝楠堡每年总产量达270000瓶酒，品质比人们预想的超级波尔多高出许多。

33420 Port Génissac
www.chateau-penin.com

🏛 **Château Petit-Village** Pomerol
小村庄庄园 波美侯

🍷 *Le Jardin de Petit Village, Pomerol (red)*
波美侯小村庄庄园副牌（红）

小村庄庄园由法国的安盛米莱西梅斯集团（AXA Millésimes）拥有，这个葡萄酒巨头还拥有全球众多顶级酒庄，包括波尔多的碧尚男爵庄园和著名的波特酒庄园飞鸟园。副牌酒是一款典型的波美侯葡萄酒，含有高比例的赤霞珠（18%），这也反映出园中为砾石土壤。品丽珠在此也有少量种植，但美乐仍占主要比例，混酿比例达80%之多。庄园副牌酒具有经典的波美侯风味，紫罗兰和红醋栗的味道明显。酒中也有橡木的香味，但其表现得非常低调，包裹着果香而并非掩盖香味。庄园本身也很值得观光。

33500 Pomerol
www.petit-village.com

🏛 **Château Peyrabon** Cru Bourgeois, Haut-Médoc
佩雷恩庄园 士族名庄 上梅多克

🍷 *Château Peyrabon, Haut-Médoc (red)*
上梅多克佩雷恩庄园（红）

佩雷恩庄园的葡萄来自上梅多克产区，庄园在波亚克也有一小块葡萄园，生产的中级酒庄葡萄酒命名为佩雷恩花堡。佩雷恩庄园由葡萄酒商帕特里克·伯纳德（他是奥利维尔·伯纳德的堂兄，此人拥有佩萨克-雷奥良地区著名的骑士酒庄）拥有。自伯纳德1998年购入酒庄以来，无论佩雷恩庄园还是佩雷恩花堡，均投入大量资金，这些投入可以通过酒的品质得以反映。佩雷恩庄园的上梅多克绝对是一款物有所值、精心制作的佳酿，带有令人愉快的咖啡香气和迷人的夏日水果味道。

Vignes des Peyrabon, 33250 Pauillac
www.chateaupeyrabon.com

Château Phélan Ségur St-Estèphe
飞龙世家酒庄 圣埃斯泰夫

Frank Phélan, St-Estèphe (red)
圣埃斯泰夫飞龙世家副牌（红）

红醋栗和黑樱桃的味道，以及微妙的雪松橡木香是飞龙世家副牌酒的特点。对圣埃斯泰夫来说，飞龙世家副牌酒的风格较轻，但却具有十足的独特精神和优雅感。飞龙世家酒庄的主人蒂埃里·加迪尼耶在波尔多可是出名人物，因为他还拥有位于香槟产区的兰斯古堡酒店和巴黎的塔耶旺集团。飞龙世家酒庄的面积为68万平方米，种植着47%的美乐、22%的赤霞珠和31%的品丽珠。米歇尔·罗兰是酒庄的酿酒顾问。

33480 St-Estèphe
www.phelansegur.com

美食与美酒 苏岱葡萄酒

赛美蓉原产自波尔多地区，种植历史始于18世纪，时至今日依然被广泛种植。当果实过熟并被灰葡萄孢菌（贵腐菌）感染时，赛美蓉就成为独特的苏岱葡萄酒的主要原料。这里有全世界最著名的出产甜酒的酒庄——伊甘堡。

相对较薄的葡萄皮和易感染霉菌的特性，赛美蓉葡萄在苏岱凉爽且充满雾气的天气里，更容易感染贵腐菌。菌体令葡萄皱缩，也让果汁浓缩。选用这种葡萄酿造而成的葡萄酒口感细腻甜美，散发出菠萝、桃子、羊脂、烤胡桃、白蘑菇、蜡烛与橙花的复杂香气。

这种口感细腻且幼滑的甜酒通常适合与甜点搭配，理想的选择包括焦糖蛋奶冻、桃味萨芭雍、桃派、柠檬天使蛋糕、杏仁酥、冰糖茉莉花煎饼与香蕉姜味冰激凌，但要避开巧克力。

焦烤鹅肝配煮苹果（或菠萝）是一道可与苏岱葡萄酒搭配的经典开胃菜，即使价格适中的卫星产区——蒙巴兹雅克甜酒，口感也不错。另外，与咸脆炸鸡搭配也值得一试。对于钟爱奶酪者来说，洛克福羊乳干酪与其他蓝奶酪也是不错的选择，奶酪的咸味与葡萄酒的饱满甜美会碰撞出美味的火花。

苏岱葡萄酒与咸味洛克福羊乳干酪搭配，滋味甚美。

🏛 **Château Pibran** Cru Bourgeois, Pauillac
佩兰古堡 士族名庄 波亚克

🍾 *La Tour Pibran, Pauillac (red)*

波亚克佩兰古堡副牌（红）

佩兰古堡副牌是市场上比较平易近人的一款波亚克红葡萄酒，高比例的美乐成分，意味着它无须长时间地窖藏就能展现出皮革和黑莓的味道。自安盛米莱西梅斯集团购入该酒庄后，佩兰古堡的葡萄酒品质不断提升，摆脱了曾经过时的名声。在温文尔雅的英国人克里斯蒂安·西利的管理下，新的酿酒操作间建立起来，这令酒庄的酿酒过程可以独自进行（以前葡萄都被送到碧尚庄园）。

c/o cChâteau Pichon-Longueville Baron, Route des Châteaux,
33250 Pauillac 05 56 73 17 28

🏛 **Château Plince** Pomerol
普林斯庄园 波美侯

🍾 *Pavilion Plince, Pomerol (red)*

波美侯普林斯庄园副牌（红）

普林斯庄园由莫罗家族所有，但更确切地说，它是由莫罗家族经营。这个家族还拥有右岸顶级酒庄之一的柏图斯庄园。酒庄的葡萄园面积为8.6万平方米，大面积种植美乐（72%），还有部分品丽珠（23%）与少量赤霞珠（5%）。家族对这个曾经超负荷工作的庄园（并且是波尔多为数不多采用机械收割的酒庄）进行的重要改变就是绿色采收。至于庄园的副牌酒，专业的酿酒团队令它成为一款极具结构感且带有甜美黑色水果风味的佳酿。

Chemin de Plince, 33500 Libourne
http://chateauplince.chez-alice.fr

🏛 **Château La Pointe** Pomerol
高峰堡 波美侯

🍾 *Château La Pointe, Pomerol (red)*

波美侯高峰堡（红）

高峰堡葡萄酒充满鲜明的红色水果和微妙的橡木与香草气息，是一款绝对美味且取悦人心的佳酿，丝缎般柔滑的单宁在口中流淌。杰内拉利·弗朗斯于2007年购入高峰堡，并对酒庄进行了一系列的改造。酒庄团队对葡萄园进行了深入研究，发现这里的土壤比预想的更具复杂性。葡萄园的种植比例也有所调整，如今只种植85%的美乐和15%的品丽珠。

33501 Pomerol
www.chateaulapointe.com

🏛 **Château Poujeaux**
Cru Bourgeois, Médoc

宝捷庄园 士族名庄 梅多克

🍾 *Château Poujeaux, Moulin-en-Médoc (red)*

穆林梅多克宝捷庄园（红）

最近几年对宝捷庄园来说可谓是吉年，来自圣埃美隆的富尔泰庄园的新庄园主人菲利普·古维利亚，以及新的投资令宝捷庄园收获光辉前景。古维利亚的儿子马修引领着年轻的团队，加上酿酒顾问史蒂芬·德龙考特的明智建议，令52万平方米的宝捷庄园更上一层楼。酿酒团队努力保证单宁的柔顺丝滑。在大多数年份中，以40%的美乐为主，用赤霞珠和小味尔多带来强劲的口感，让浓郁和辛香变得柔和。大量的果香和认真的态度令宝捷庄园更值得期待。

未提供参观信息
www.chateau pou-
jeaux.com

iñi **Château Preuillac** Cru Bourgeois, Médoc
普亚克庄园 士族名庄 梅多克

🍷 *Château Preuillac, Médoc (red)*
梅多克普亚克庄园（红）

在让-克里斯托弗·米奥10年精心的管理下，普亚克庄园的排名本应更靠前。米奥于1998年购入普亚克庄园，由荷兰饮料商德兹瓦格出资支持。从那时起，庄园主人采取了大量改革。普亚克酒庄每个年份的葡萄酒都有进步，充满顺滑且圆润的黑色水果味道，单宁丝滑，带有一抹红醋栗果香。

33340 Lesparre-Médoc
www.chateau-preuillac.com

iñi **Château Rahoul** Graves
哈雾庄园 格拉夫

🍷 *L'Orangerie de Rahoul, Graves (red)*
格拉夫哈雾橘园（红）

阿兰·蒂埃诺拥有哈雾酒庄已25年，他同时还是香槟品牌帝龙的创始人和拥有者。自2007年，哈雾庄园的大股东变更为波尔多及吉伦特省葡萄酒公司（CVBG）的都尔特·科瑞丝曼。葡萄园的面积为42万平方米，庄园的红葡萄酒——哈雾橘园，具有烟熏气息和黑樱桃的味道。

未提供参观信息
www.chateau-rahoul.com

iñi **Château Rauzan-Ségla** Second Growth, Margaux
鲁臣世家 1855梅多克列级二级庄 玛歌

🍷 *Ségla, Margaux (red)*
玛歌鲁臣世家副牌（红）

品尝第一口鲁臣世家副牌葡萄酒时，就能知道其背后的酿酒团队与著名的鲁臣世家正牌酒为同一组人马。或许你需要为这款副牌葡萄酒多花点钱，但回报你的将是黑醋栗甜酒和烟草

的香味，以及令口感紧实的出色结构感。

rue Alexis Millardet, 33460 Margaux
www.rauzan-segla.com

iñi **Château Raymond-Lafon** Sauternes
黑蒙拉芳庄园 苏岱

🍷 *Les Jeunes Pousses de Raymond-Lafon, Sauternes (dessert)*
苏岱黑蒙拉芳庄园副牌（甜）

如果你想寻找一款质高价廉的贵腐葡萄酒，那就试试黑蒙拉芳庄园副牌吧！与正牌酒相比，黑蒙拉芳庄园副牌更轻盈且新鲜，但仍具有较佳的酸度与甜度平衡，带有酸橙、杏和白色花朵的香味特征。

4 aux Puits, 33210 Sauternes
www.chateau-raymond-lafon.fr

iñi **Château Réal** Médoc
雷尔庄园 梅多克

🍷 *Château Réal, Médoc (red)*
梅多克雷尔庄园（红）

雷尔庄园不是梅多克地区最知名的酒庄，但绝对是一颗冉冉上升的新星。葡萄园的面积较小，只有5万平方米，种植比例为55%的赤霞珠、10%的品丽珠和35%的美乐。葡萄园采用有机种植，全部工作均由手工完成。酿酒方面也非常出色，有赤霞珠带来浓郁的黑醋栗味道，而10%的品丽珠则为葡萄酒增添了一抹迷人的花香。装瓶时未经过滤。

未提供参观信息
www.chateau-serilhan.fr

iñi **Château Reine Blanche** St-Emilion
白色皇后庄园 圣埃美隆
🍷 *Château Reine Blanche, St-Emilion Grand Cru (red)*
圣埃美隆列级白色皇后庄园（红）

这款葡萄酒具有低调且成熟的风格，以丝绸般的红色果香和丝丝抹茶余香为特征。来自大高班德庄园的天才弗朗索瓦·戴斯帕拥有这座酒庄。葡萄园的面积为6万平方米，以沙地和石质土壤为主，种植65%的美乐和35%的品丽珠。白色皇后庄园酿造的葡萄酒优美且具有内涵，外界鲜为人知，但绝对值得留意。

未提供参观信息
www.grand-corbin-despagne.com

美乐 MERLOT

在波尔多，可以说美乐与赤霞珠是共同生长的。它们是最佳伙伴，混酿出这里最优质的红葡萄酒。对酿酒师和消费者来说，这两个葡萄品种均能贡献各自的特色。

如果说赤霞珠葡萄的个性是坚韧有力，那美乐则更偏向于女性化，它拥有柔软的质地和更圆润温和的水果味道。实际上，美乐是整个波尔多大产区中，种植面积最广泛的葡萄品种；而在相对较小的波美侯和圣埃美隆产区，它的角色则更重要。

为什么叫"Merlot"？

"Merlot"在法语中的意思是"年轻的山鸟"或"画眉"。名字的来源可能因为葡萄成熟时呈蓝黑色；也可能是在收获之前，画眉喜欢吃这种葡萄。

果皮薄

美乐的果皮相对较薄，这意味着各种昆虫、菌类，甚至是雨水都能轻易令它受损。这个品种相对难以种植，但是当条件完美时，用它可以酿造出美味且优雅的葡萄酒。

花期早

几个世纪以来，波尔多酒农种植美乐的原因之一是它在早春时节就开始萌芽，在夏末或秋初时已经成熟并能采收，比赤霞珠要早几周。这意味着当破坏性的秋雨来临之际，美乐早已不再悬挂于葡萄藤上了。

易于混酿

波尔多的酿酒师之所以喜爱美乐，因为它能与其他葡萄酒混酿（主要指以赤霞珠、品丽珠、小味尔多和马尔贝克为原料酿制的葡萄酒）。美乐柔和且甜美的特性，能平衡其他葡萄品种强烈的口感。

世界其他产区

正当一些波美侯和圣埃美隆产区日常饮用的葡萄酒价格上涨时，波尔多用美乐和其他品种的葡萄酿造出价值优良的葡萄酒，瓶身上标有优质波尔多、梅多克、上梅多克、两河流域、布尔丘、布莱耶丘和其他产区的标签。

从某种程度上讲，世界各红酒产区都种植美乐，如智利，南非，意大利北部，澳大利亚，美国的加利福尼亚州、纽约州和华盛顿州。法国朗多克-鲁西永地区以及欧洲东部地区也能提供质优价廉的美乐葡萄。虽然美乐红酒不易酿造，但却各地皆有，而且价格低廉，各阶层的人都能接受，因而备受欢迎。

以下是出产美乐的顶级产区，可以尝试这些推荐年份的葡萄酒。

圣埃美隆：2009，2008，2006，2005

智利：2009，2008，2007

华盛顿州：2008，2007，2006

南非：2009，2007

美乐是酿制价格实惠的超级波尔多混酿的主要品种。

᪪ Château Reynon
Bordeaux
瑞隆庄园 波尔多

ᪧ *Château Reynon, Bordeaux Blanc (white)*
瑞隆庄园波尔多白（白）

　　丹尼·迪布迪厄可以说是波尔多最著名的白葡萄酿酒师，这款隶属于迪布迪厄家族的瑞隆庄园极具潜力。17万平方米葡萄园中，栽种比例为89%的长相思和11%的老藤赛美蓉，生产最经典的波尔多白葡萄酒。因此，其特性更多地展现出割草后的香气，而非葡萄柚的气息，余香则展现长相思的风味。清脆、干净、多汁且极易入口，适合在夏日花园中啜饮或搭配海鲜与鱼肉菜肴。

33410 Beguey
www.denisdubourdieu.fr

᪪ Château de la Rivière　Fronsac
大河庄园 弗龙萨克

ᪧ *Château de la Rivière, Fronsac (red)*
弗龙萨克大河庄园（红）

　　大河庄园在弗龙萨克具有较大的规模。这座被低估的酒庄拥有同许多圣埃美隆列级庄一样的石灰岩土壤，酿造的葡萄酒口感丝滑，具有精致的红色水果味道。悠长的余香和柔和的边缘，令这款葡萄酒成为展现弗龙萨克产区潜力的完美榜样。

33126 La Rivière, Fronsac
www.vignobles-gregoire.com

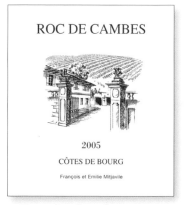

᪪ Château Roc de Cambes　Côtes de Bourg
罗克康贝庄园 布尔丘

ᪧ *Roc de Cambes, Côtes de Bourg (red)*
布尔丘罗克康贝庄园副牌（红）

　　这里的葡萄酒品质一向出色，10万平方米的圆形葡萄园由65%的美乐、25%的赤霞珠和10%的品丽珠组成。罗克康贝庄园的副牌葡萄酒与许多左岸出色的葡萄酒一样，不仅可口，还有精致的黑色水果味道和良好的骨感，单宁浓郁。

33330 St-Laurent-des-Combes
www.roc-de-cambes.com

᪪ Château Rollan de By　Cru Bourgeois, Médoc
罗兰德倍庄园 士族名庄 梅多克

ᪧ *Château Rollan de By, Médoc (red)*
梅多克罗兰德倍庄园（红）

　　罗兰德倍酒庄以种植美乐为主，结合陈酿期间大量使用新橡木桶，为这款葡萄酒带来了充满生机而美味的风格。

3 route du haut Condissas, 33340 Begadan
www.rollondeby.com

🏨 **Château Rouget** Pomerol
红鱼酒庄 波美侯

🍷 *Carillon de Rouget, Pomerol (red)*
波美侯红鱼酒庄副牌（红）

红鱼酒庄副牌的丰富果香带有勃艮第情调的纯净感觉，令这款酒极其迷人。它的性格慢热，并不刻意讨好，当果香在口中蔓延，真实的优雅感与中段具有分量的口感，会令你开怀一笑。葡萄酒带有勃艮第的特征，或许与庄园主人有关。1992年，来自勃艮第的庄园主人购入面积为18万平方米的红鱼酒庄，他们引入了一些勃艮第的酿酒方式，如开罐发酵和采用自然乳酸发酵。

6 route de St-Jacques de compostelle, 33500 Pomerol
www.chateau-rouget.com

🏨 **Château Seguin** Graves
塞甘庄园 格拉夫

🍷 *Château Seguin Cuvée Prestige, Graves (red)*
格拉夫塞甘庄园窖藏（红）

塞甘庄园窖藏是一款易于饮用，并且价值可靠的好酒。它拥有强烈的咖啡和抹茶香气，在最好的年份会与黑莓的味道完美融合。庄园主与地产集团共同拥有塞甘庄园。在庄园主的指导下，葡萄园于1988年进行全部翻新。这里的酿酒哲学是尽可能地降低人为影响，庄园种植的60%赤霞珠和40%美乐，常常是该区域最后被采收的果实。

33360 Lignan-de-Bordeaux
www.chateau-seguin.fr

🏨 **Château Sérilhan** Cru Bourgeois, St-Estèphe
塞瑞兰庄园 士族名庄 圣埃斯泰夫

🍷 *Château Sérilhan, St-Estèphe (red)*
圣埃斯泰夫塞瑞兰庄园（红）

迪迪埃·马瑟里斯是来自IT界的行外人，这个在巴黎事业飞黄腾达的人，于2003年购入塞瑞兰庄园，开始了一段未知的旅程。他重金投入，邀请两位专家——技术总管是来自庞特卡内庄园的伯纳德·弗兰克，酿酒顾问则是来自圣埃美隆金钟酒庄的休伯特·德·博哈特。他还对葡萄园和酒窖进行了革新。现在塞瑞兰庄园拥有23万平方米的葡萄园，酿造的葡萄酒具有现代感，充满丝滑的黑醋栗果香。

未提供参观信息
www.chateau-serilhan.fr

🏨 **Château Siaurac** Lalande-de-Pomerol
萧哈庄园 拉郎德-波美侯

🍷 *Le Plaisir de Siaurac, Lalande-de-Pomerol (red)*
拉郎德-波美侯萧哈庄园副牌（红）

来自萧哈年轻葡萄藤的佳酿稳定而易饮，带有平滑且愉悦的果香。庄园主人吉夏男爵夫人还拥有圣埃美隆的巴西尔庄园和波美侯的十字庄园。萧哈庄园的葡萄园占地面积为39万平方米，正好横跨波美侯和拉郎德两个产区。

33500 néac
05 57 51 64 58

🏨 **Château Smith Haut Lafitte** Grand Cru classé de Graves, Pessac-Léognan
诗密拉菲庄园 格拉夫列级酒庄 佩萨克-雷奥良

🍷 *Les Hauts de Smith, Pessac-Léognan (red)*
佩萨克-雷奥良诗密拉菲庄园副牌（红）

诗密拉菲庄园是佩萨克-雷奥良质量革新的重要酒庄。占地67万平方米的葡萄园采用有机种植，拥有现代酿酒间。诗密拉菲副牌具有强劲的单宁和甜美的李子和烘烤樱桃香。

4 chemin de Bourran, 33650 Martillac
www.smith-haut-lafitte.com

🏨 **Château Sociando-Mallet** Médoc
马利庄园 梅多克

🍷 *La Demoiselle de Sociando Mallet, Médoc (red)*
梅多克马利庄园副牌（红）

马利庄园由注重细节的让·高特罗拥有。庄园副牌酒只有20%的葡萄酒采用新橡木桶，以此保证果香占主导地位，而非长时间橡木桶陈酿带来的烟熏感和浓郁味道。

33180 St-Seurin-de-Cadourne
05 56 73 38 80

🏰 **Château Talbot** Fourth Growth, St-Julien
大宝庄园 1855梅多克列级四级庄 圣朱利安

🍶 *Caillou Blanc du Château Talbot, St-Julien (white)*
圣朱利安大宝庄园干白（白）

　　大宝庄园干白来自梅多克地区为数不多的酿造白葡萄酒的酒庄，这是一款快乐、谦逊、清脆且新鲜的白葡萄酒，饱含因橡木桶陈酿带来的芳香气息。

33250 St-Julien-Beychevelle
www.chateau-talbot.com

🏰 **Château du Tertre** Fifth Growth, Margaux
杜特庄园 1855梅多克列级五级庄 玛歌

🍶 *Haut du Tertre, Margaux (red)*
玛歌杜特庄园副牌（红）

　　通过过去10年的经营，现在杜特庄园已经成为玛歌地区风格最优雅的酒庄之一，庄园的副牌酒也毫不例外。细心甄选的葡萄为成酒带来精致柔和的水果味道，并充满黑醋栗、湿石头和泥土类的芳香。

33460 Arsac
www.chateaudutertre.fr

🏰 **Château Teyssier** St-Emilion
德诗雅庄园 圣埃美隆

🍶 *Château Teyssier, St-Emilion Grand Cru (red)*
圣埃美隆列级德诗雅庄园（红）

　　德诗雅红葡萄酒口感丰富，具有深邃的果香，相对其价格来说，结构感尤其良好。庄园主人乔纳森·穆图拥有52万平方米的葡萄园，他令这里的葡萄质量得到提高。然而，德诗雅庄园葡萄酒的风格仍带来即刻享受，适宜早期饮用。

33330 Vignonet
www.teyssier.fr

🏰 **Château Thieuley**
Entre-Deux-Mers
德隆庄园 两海之间

🍶 *Château Thieuley, Entre-deux-Mers (white)*
两海之间德隆庄园（白）

　　玛丽和西里维尔·库赛乐两姐妹掌管着德隆庄园，她们的作品是两海之间最受欢迎的白葡萄酒之一。庄园种植着30万平方米的白葡萄品种，被划分为50%的赛美蓉、35%的长相思和15%的灰苏维翁。姐妹俩采用一系列技术以突出新鲜的果香，包括冷浸渍方式和只在不锈钢桶中陈酿。因此，一款香气锋利、清爽易饮且风格清脆的白葡萄酒应运而生。

33670 La Sauve
www.thieuley.com

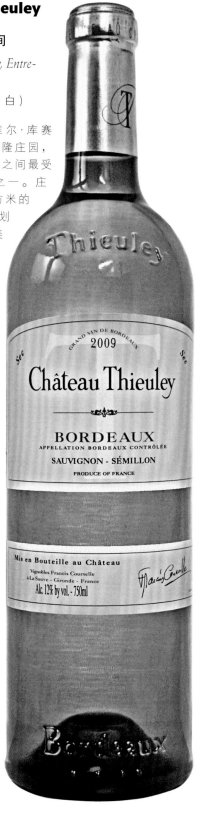

♙ Château La Tour de Bessan Cru Bourgeois, Margaux

贝桑堡 士族名庄 玛歌

♙ *Château La Tour de Bessan, Margaux (red)*

玛歌贝桑堡（红）

玛丽-洛尔·勒顿于1992年继承了贝桑堡，从那时起，她的决心与精力令每一个人印象深刻。勒顿喜欢结合现代与传统的方式，在这片19万平方米的庄园中工作。她的现代方式包括为葡萄藤增加更大的郁蔽度，并采用不锈钢发酵罐；而传统的一面则是坚持收购并采摘，并延长橡木桶的陈酿时间。在种植方面，卢顿也非常努力，如今葡萄园的种植比例为40%的赤霞珠、24%的品丽珠和36%的美乐。贝桑堡的葡萄酒充满辛香的李子味，在最好的年份还带有一些甘草和松露的味道。

Route d'Arsac, 33460 Margaux
www.marielaurelurton.com

♙ Château La Tour de Mons Cru Bourgeois, Margaux

梦塔堡 士族名庄 玛歌

♙ *Terre du Mons, Margaux (red)*

玛歌梦塔堡副牌（红）

梦塔堡副牌可以期待玛歌产区具有的优雅和经典风格。熏雪松的香气与柔和内敛的果香，为这款由60%的美乐和40%的赤霞珠混酿而成的佳酿增添光辉。作为玛歌地区最稳定的酒庄之一，它现在由一家法国银行所有。这片35万平方米的葡萄园采用全手工采摘。

未提供参观信息
05 57 88 33 03

♙ Château de Valandraud St-Emilion

瓦兰德鲁庄园 圣埃美隆

♙ *3 de Valandraud, St-Emilion (red)*

圣埃美隆瓦兰德鲁3号（红）

▮什么是生物动力葡萄酒？

生物动力葡萄酒就像会冥想的有机酒。种植者会采取一种特殊的哲学方法，细心培育葡萄生长，并尽量保持无工业环境。

生物动力种植法受到20世纪30年代奥地利哲学家鲁道夫·史代纳的启发；同时，他也是构思华德福教育（Steiner and Waldorf Schools）的创始人，如今这一教育系统为全世界的孩子提供了另一种选择。史代纳的追随者将他的教育方法转化到葡萄种植和葡萄酒酿造领域。

生物动力酒并没有特殊的口味或风格，但酿造者坚持认为它可以将风土（或者说葡萄生长地区的味道）展现得比普通葡萄酒更直接。除了包含施肥等已知的有机方法之外，生物动力法种植者还必须特别关注土地、植物、季节以及与葡萄园环境相关的诸多因素。其中最重要的目标便是完成农业循环，并只使用来自该葡萄园的物质，如动物粪肥是最基础的肥料。有时，拥护者还会使用一些更像是仪式的方法。其中之一是用牛角填满粪肥，并在冬季埋于地下，然后萃取其中的肥料，并将它与其他物质混合为溶液，在葡萄园中喷洒。

毫无意外，许多科学家对这种方法持怀疑态度。然而，有些怀疑者承认这样的方法也有可取之处，因为它可以让种植者更关心土壤健康，并尽可能与自然和谐一致。

瓦兰德鲁3号可以令人产生直接联想，事实上它确实是该庄园的第三款酒。随着酒中的单宁被去除，这款酒保留了柔和的结构，令70%的美乐得以展现夏日的果香。这座知名的庄园曾一度与"车库酒"齐名，于20世纪90年代创建。建成之初，它的规模极小，但却震惊了整个波尔多右岸的酿酒行业。

33330 Vignonet
05 57 55 09 13

⛪ **Château Vieux Pourret** St-Emilion
菲克斯颇特酒庄　圣埃美隆

🍷 *Château Vieux Pourret, St-Emilion Grand Cru(red)*
圣埃美隆列级菲克斯颇特（红）

早在其生产的葡萄酒上市之前，菲克斯颇特庄园就已经引起各界的广泛关注。不仅是因为它采用波尔多地区新兴发展的生物动力法，也因为该庄园是两位酿酒大亨——罗讷的米歇尔·塔尔迪厄和波尔多的奥利维尔·达乌哈的合资产业。他们采用严苛的酿酒方法，所有葡萄必须手工采摘，按不同产区分别酿造，因此成就了散发着野莓果味芳香的葡萄酒。

Miaille, 33330 St-Emilion
www.chateau-vieux-pourret.fr

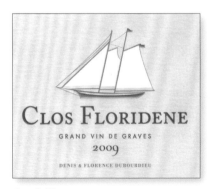

⛪ **Clos Floridène** Graves
芙劳瑞黛酒庄　格拉夫

🍷 *Clos Floridène, Graves(white)*
格拉夫芙劳瑞黛（白）

在法国乃至全球，芙劳瑞黛仍然是物超所值的代表。顶级波尔多酿酒师丹尼·迪布迪厄，在自己种植的31万平方米的葡萄园中，培育了55%的长相思、44%的赛美蓉和1%的密斯卡岱。他酿造出的格拉夫，散发着令人垂涎的清新香气。即使在温暖的气候下，依然充溢着清新的橘味芬芳。

33210 Pujols-sur-Cirons
www.denisdubourdieu.fr

⛪ **Clos Fourtet** Premier
Grand Cru Classé B, St-Emilion
弗禾岱庄园 列级一级特等酒庄B 圣埃美隆

🍷 *La Closerie de Fourtet, St-Emilion Grand Cru(red)*
圣埃美隆列级富尔泰庄园（红）

弗禾岱庄园是圣埃美隆最迷人的葡萄园之一，坐落在距离小镇教堂的不远处，自2001年为古维利亚家族所有。古维利亚家族聘请史蒂芬·德龙考特担任酿酒顾问，在占地19万平方米的庄园里，他赋予葡萄酒优雅葡萄酒的酿造风格，美乐（85%）的种植面积远远高于赤霞珠和品丽珠。富尔泰庄园副牌被诱人的带刺秋实支配着味道，但仍保持着特定的结构和单宁。

1Le Châtelet
Sud, 33330 St-Emilion
www.closfourtet.com

🏛 Clos Puy Arnaud Côtes de Bordeaux
阿和诺酒庄 波尔多丘

🍷 *Clos Puy Arnaud, Castillon Côtes de Bordeaux(red)*
波尔多丘卡斯蒂永阿和诺（红）

这款红酒采用65%的美乐、30%的品丽珠、3%的赤霞珠和2%的佳美娜混酿，一股纯净的西洋李和红醋栗的香气不禁悄悄爬上了舌尖。庄园坐落在卡斯蒂永区，自2000年起为提耶·华勒泰所有。占地面积7万平方米的葡萄园并未完全按照自然动力法种植葡萄，为了保持酒的品质，尽量避免过度采摘。

33350 Belvès de Castillon
05 57 47 90 33

🏛 Domaine de Chevalier Grand Cru Classé de Graves, Pessac-Léognan
骑士庄园 格拉夫列级酒庄 佩萨克-雷奥良

🍷 *L'Esprit de Chevalier, Pessac-Léognan(red)*
佩萨克-雷奥良骑士精神（红）

骑士精神以坚实的果肉酿造而成，酒瓶一开便香气扑鼻。骑士精神多产于年轻的植株，成熟缓慢，因此适宜在酒窖中窖藏数年再饮用。当其成熟之后，高雅的红酒香气配得上任何美味佳肴。它也是对奥利维尔·伯纳德酿酒才华的最佳诠释。奥利维尔·伯纳德在占地43万平方米的葡萄园里种植了60%的赤霞珠、30%的美乐以及少量的小味尔多与品丽珠。

102 Chemin Mignoy, 33850 Léognan
www.domainedechevalier.com

🏛 La Goulée Médoc
古垒酒庄 梅多克

🍷 *La Goulée Médoc(red)*
梅多克古垒酒庄（红）

古垒酒庄是波尔多地区的新崛起者，它迅速地为自己赢得了声誉。这并不令人感到意外，因为古垒庄园和著名的爱士图尔庄园均由雷比尔家族所有，它们拥有同样的酿酒团队。古垒酒庄品牌与时尚和现代联系在一起，名字源自葡萄园所处的吉伦特河口古垒港，被认为是可以和新西兰的云雾之湾一较高下的品牌。庄园出产的红葡萄酒价格虽然并不昂贵，但是口感丝滑，醇厚的单宁酸和少量黑莓造就了时尚现代的风格。

c/o Château Cos d'Estournel, 33180 Saint-Estèphe
www.estournel.com

🏛 Vieux Château Certan Pomerol
老塞丹庄园 波美侯

🍷 *La Gravette de Certan, Pomerol(red)*
波美侯塞丹小砾石（红）

塞丹小砾石是一款不可多得的美酒，味道和口感达到了完美的平衡，具有密集的味道和柔和的酸甜度。老赛丹庄园是波美侯地区最古老的法式城堡，由于位置毗邻帕图斯，庄园土壤中砂砾含量高于黏土，而且富含铁质。庄园中种植了60%的美乐、30%的品丽珠和10%的赤霞珠，占地面积14万平方米。

1 route du Lussac, 33500 Pomerol
www.vieux-chateau-certan.com

🏛 Vieux Château Gaubert Graves
戈伯特酒庄 格拉夫

🍷 *Vieux Château Gaubert, Graves(red and white)*
格拉夫戈伯特（红和白）

戈伯特酒庄是一座非常值得信赖的葡萄园。尽管酒庄未被正式分级，但丝毫不影响它成为最好的葡萄酒产区之一。这里同时产出红白葡萄酒，其中红葡萄品种的种植面积达20万平方米，白葡萄品种的种植面积为6万平方米。白葡萄酒散发着杏仁的香味，而红葡萄酒味道高雅、浓郁，二者均口感优雅。

33640 Portets
05 56 67 52 76

勃艮第 Burgundy

勃艮第也许不是寻找最佳性价比的地方，但仍拥有许多价格合理的好酒。可以在那些不特别知名或更大众化一些的产区，如勃艮第、伯恩丘、夜丘以及村庄酒中寻找顶级的生产者，而不是那些顶级葡萄园（特级或一级田）。当地的白葡萄品种阿利哥特具有极高的价值，来自博若莱被低估的红葡萄品种佳美也同样如此。

♔ Domaine Daniel Barraud Mâconnais
丹尼尔巴赫庄园 马贡

♔♔♔ *Mâcon-Vergisson (white)*
马贡-维松（白）

马贡的霞多丽风格偏向于轻盈且脆爽，但丹尼尔巴赫庄园的葡萄酒不止如此。这款马贡-维松拥有柠檬的香味，属于干型口感，并具有该庄园典型的丝滑质感。在丹尼尔巴赫庄园的所有葡萄酒中，非常值得比较来自明星产区的作品，如金丘的莫尔索和夏莎-蒙哈榭，丹尼尔巴赫庄园的所有葡萄均采用有机种植。

71960 Fuissé
www.domainebarraud.com

♔ Château de Beauregard Mâconnais
宝景庄园 马贡

♔♔♔ *Pouilly-Fuissé (white)*
普依富塞（白）

宝景庄园的主人是另一个来自马贡的家族，他们在这里酿造白葡萄酒以挑战金丘高价的霸主地位。庄园目前由弗雷德里克·马克·比里耶掌管，他是该家族葡萄酒事业的第五代传人。如同在北方的竞争对手一样，比里耶将注意力放在风土上，庄园酿制的葡萄酒能表现马贡子产区的白垩矿物质味道和独立的风格。在这里，庄园拥有一系列独立的葡萄园。比里耶在普依富塞地区拥有20万平方米的葡萄园，另有7万平方米位于圣维朗地区。普依富塞白葡萄酒酒体极其平衡，拥有明显的白垩风味。

71960 Fuissé
www.joseph-burrier.com

♔ Domaine Roger Belland Santenay, Côte de Beaune
罗杰白兰庄园 圣奈 伯恩丘

♔♔♔ *Santenay Rouge (red); Maranges Rouge (red)*
圣奈（红）；马朗日（红）

茱丽是罗杰白兰庄园主人的女儿，在她的监管下，这座卓越的家族酒庄提供勃艮第性价比极高的好酒。这款圆润的圣奈红来自莫尔索曾经的贫瘠之地，不仅成熟、多汁，并具有顺滑的辛香，它展现出该庄园现代且真实的风格。来自临近葡萄园的马朗日红也具有同样的甘美风格，质感迷人。这座知名度不高的酒庄，正是寻找高性价比勃艮第的肥沃之地。

3 rue de la chapelle, 21590 Santenay
www.domaine-belland-roger.com

♙ **Danjean Berthoux** Côte Chalonnaise
单让贝图庄园 夏隆内丘

♙ *Givry (red)*
吉夫里（红）

这里的葡萄酒产量很低，引来侍酒师和评论家的高度好评。20世纪90年代初，单让从父母手中继承了葡萄园，现在庄园拥有的葡萄园面积已超过12万平方米。可爱的吉夫里红酒体适中，具有诱人的红色莓果和烘烤香料的气息，这是一个品尝勃艮第红酒的极佳途径，而且无须破费太多。

Le Moulin neuf, 45 route de St-Désert, 71640 Jambles
03 85 44 54 74

♙ **Domaine Louis Boillot et Fils** Chambolle-Musigny, Côte de Nuits
路易斯伯奕乐父子庄园 香波-穆西尼 夜丘

♙ *Gevrey-Chambertin (red)*
热夫雷-香贝田（红）

路易斯伯奕乐父子庄园在热夫雷-香贝田附近，拥有6块树龄为50~60年的葡萄园。和谐的树莓和黑莓味道夹带着玫瑰、红樱桃和棕色香料的风味，余香悠长，口感丝滑，令这款酒非常悦人。路易斯·伯奕乐与吉兰娜·巴尔托喜结连理后，这对夫妻便共享香波村边的葡萄园，而他们的远见已超越葡萄本身。

21220 chambolle-Musigny
03 80 62 80 16

♙ **Maison Jean-Claude Boisset** Côte de Nuits
让-克劳德博塞庄园 夜丘

♙ *Bourgogne Pinot Noir Les Ursulines (red)*
勃艮第乌尔苏黑皮诺（红）

让-克劳德博塞庄园是勃艮第最大的葡萄酒运营商之一，

作为家族运营的酒商，直至最近才逐渐展现实力。这款勃艮第黑皮诺现在已是该地区最可靠的佳酿之一。这款新鲜且明亮的红葡萄酒具有活泼的性格，展现出黑皮诺轻柔的一面。适合单独饮用或稍微冰镇后搭配鱼肉菜肴。

Les ursulines, 5, quai Dumorey, 21700 Nuits-St-Georges
www.jcboisset.com

♙ **Bouchard Père et Fils** Beaune, Côte de Beaune
宝尚父子庄园 伯恩 伯恩丘

♙ *Meursault (white)*
莫尔索（白）

宝尚父子庄园是勃艮第另一个历史悠久且更大型的酒商与生产者，近几年采取一系列变革来展现实力。1995年，酒庄由香槟生产者约瑟夫·汉诺接管之后，该庄园有了巨大的改变。这要归功于伯纳德·赫伯特，他以敏捷的方式领导宝尚父子庄园，直至2000年末跳槽到法莱利酒庄。有了汉诺的资金支持，赫伯特在萨维尼附近投资了一个令人印象深刻的酿酒间，配备所有先进的酿酒设备；同时还对葡萄园进行彻底的修整，共拥有130万平方米葡萄园，其中许多位于特级田，雇佣了250个采摘者，以保证对不同地块的葡萄采摘均在最佳时刻进行。如同现在这款葡萄酒所展示的质量一样，莫尔索是梦想开始的地方。莫尔索白从不便宜，但这款定价适中的葡萄酒可以带给你烘烤、美味和坚果的香味享受，展现此地著名的霞多丽风格。

Château de Beaune, 21200 Beaune
www.bouchard-pereetfils.com

♙ **Domaine Jean-Marc et Thomas Bouley**
Volnay, Côte de Beaune
让-马克托马斯庄园 沃尔内 伯恩丘

♙ *Bourgogne Rouge (red); Bourgogne Hautes-côtes de Beaune Rouge (red)*
勃艮第红（红）；勃艮第上伯恩丘红（红）

让-马克托马斯庄园的勃艮第红是一款多汁、纯净且充满树莓香味的黑皮诺，不仅拥有勃艮第典型的新鲜和纯净，同时还展现出美味且友好的圆润口感。勃艮第上伯恩丘红芳香且浓郁，这款新鲜而具有内涵的黑皮诺，以成熟的水果香为核心，还拥有极好的野味。这两款葡萄酒由托马斯·布莱负责酿造，他在2002年之前曾在俄勒冈州和新西兰工作。

12 chemin de la cave, 21190 Volnay
www.jean-marc-bouley.com

Domaine Michel Bouzereau et Fils Meursault, Côte de Beaunet

米歇尔布泽父子庄园 莫尔索 伯恩丘

Bourgogne Aligoté (white); Bourgogne Blanc (white)

勃艮第阿利哥特（白）；勃艮第白（白）

　　因为受到严苛的监督，阿利哥特才能酿出活泼且新鲜的酒液，这正是让-巴蒂斯特·布泽的成就。布泽的勃艮第阿利哥特口感微妙、细腻且多汁，如同另一款勃艮第白一样。它是极为纯净且迷人的霞多丽，带有橡木桶赋予的香草之吻，质感圆滑精致，具有令人满意的成熟与新鲜的口感。

3 rue de la Planche Meunière, 21190 Meursault
03 80 21 20 74

Jean-Paul Brun Côte de Brouilly, Beaujolais

让-保罗布朗庄园 布依丘 博若莱

Brouilly Terres Dorées (red)

布依金土（红）

　　让-保罗布朗庄园的布依金土会带给你浓郁且丰富的味道，黑莓、咖啡和树莓的味道充斥于中段的口感，余香悠长而令人满意。

69380 Charnay
www.louisdressner.com/Brun

Jean-Marc Burgaud Morgon, Beaujolais

让-马克布高庄园 墨贡 博若莱

Cuvée Les Charmes, Morgon (red)

墨贡魅力园特酿（红）

　　让-马克布高庄园的魅力园特酿充满了诱惑，易饮、新鲜、紧实、多汁的红色水果味展现出佳美葡萄所有迷人之处，它是博若莱的一颗明星。这里的葡萄藤几乎直接生长在花岗岩之上，整束葡萄只浸渍10天，并在采摘后6个月内完成发酵，经过简短的陈酿之后便装瓶。

La côte du Py, 69910 Villié-Morgon
www.jean-marc-burgaud.com

Château de Cary-Potet Côte Chalonnaise

卡里-波特庄园 夏隆内丘

Bourgogne Aligoté (white)

勃艮第阿利哥特（白）

　　贝塞家族最年轻的一代延续着家族的优良传统，在泊斯的卡里波特庄园酿造出勃艮第最细腻的白葡萄酒。作为夏隆内丘最古老的庄园之一，卡里波特的酿酒历史已有200多年，庄园的酒窖可以追溯至17~18世纪。庄园还拥有13万平方米葡萄园，在蒙塔尼和夏隆内丘产区酿酒，包括其著名的勃艮第阿利哥特。酿造这款芳香且充满矿物质气息干白的葡萄，采自大萧条时期种植的葡萄藤。

Route de chenevelles, 71390 Buxy
www.cary-potet.fr

Champy Père et fils Beaune, Côte de Beaune

香皮父子庄园 伯恩 伯恩丘

Bourgogne Blanc (white)

勃艮第白（白）

　　香皮父子庄园是勃艮第最古老的酒庄之一。该葡萄园多数采用有机种植，该家族认为有机种植有助于更好地管理不同的地块，并令葡萄更成熟，减少腐烂。香皮庄园的勃艮第白清爽且干净，具有平滑且矜持的风格。

5 rue Grenier à Sel, 21200 Beaune
www.champy.com

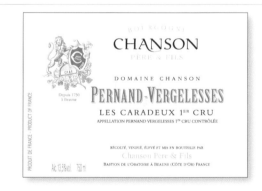

Domaine et Maison Chanson Beaune, côte de Beaune

香颂庄园 伯恩 伯恩丘

Pernand-Vergelesses Premier Cru Les Caradeaux Blanc (white)

佩尔南-韦热莱斯一级田卡拉多白（白）

　　香颂令人印象深刻的现代口碑要归功于吉勒斯·德·古瑟尔，他在2002年成为香颂庄园的总经理，但香颂庄园的复兴则从更早时说起。1999年，香槟品牌首席法兰西（Bollinger）购买了香颂庄园，不过为这座起源于1750年的古老庄园带来巨变的却是古瑟尔先生。古瑟尔改变了过去庄园买入原酒的模式，而是与葡萄种植者签订长期合同，他更看重质量而非数量。他还负责监管酿酒间的改革。酿酒间位于伯恩中世纪古城中心，酒窖则位于伯恩中世纪防御堡垒的下方，并在萨维尼附近新建一个酿酒间。这款佩尔南-韦热莱斯一级田卡拉多白口感微妙、生动、丰富而紧实，是勃艮第霞多丽的杰出代表。

Au Bastion de l'Oratoire, rue Paul Chanson, 21200 Beaune
www.vins-chanson.com

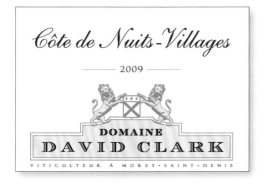

⌂ **Domaine David Clark** Morey-St-Denis, Côte de Nuits
克拉克庄园 莫雷-圣丹尼 夜丘

🍶 *Côte de Nuits-Villages (red)*
夜丘-村庄（红）

　　苏格兰人大卫·克拉克放弃了前途光明而刺激的一级方程式赛场（他曾是轨道工程师），转而投向勃艮第葡萄酒事业。由他酿造的夜丘-村庄红是一款精心手工酿造的葡萄酒，具有集中且慷慨的魅力，悠长的余香带有多汁黑色水果的香味和微妙的胡椒味道。

17 grande rue, 21220 Morey-St-Denis
www.domainedavidclark.com

⌂ **Domaine Laurent Cognard** Côte Chalonnaise
劳伦蔻纳庄园 夏隆内丘

🍶 *Montagny Premier Cru Les Bassets (white)*
蒙塔尼一级田猎犬（白）

　　劳伦·蔻纳改变其家族作为酒农为酒商提供葡萄的历史，并成功推出自己的品牌。蔻纳还改变了其家族管理葡萄园的方式，引入有机种植和生物动力法，并执行更自然的酿酒方式。这款蒙塔尼一级田猎犬口感丰富、圆润，充满熟苹果、梨和一级黄油的奶油香，还具有该庄园经典的蜂蜜特征。

9 rue des Fossés, 71390 Buxy
06 15 52 74 44

▌**美食与美酒**　勃艮第红葡萄酒

　　勃艮第黑皮诺红葡萄酒可呈现出多种风格，从女性化的香波-穆西尼，到充满异域风情的李其堡。

　　这里出产的葡萄酒以口感轻盈且柔和而著称，拥有相对较高但并不突兀的酸度，这一特性赋予它与食物的百搭能力，特别是与味道柔和或风味朴实的菜肴搭配。顶级产区最优异年份的勃艮第葡萄酒口感也会强劲有力，但即使如此，也会表现得非常含蓄。

　　与食物搭配时，最好能对葡萄酒的质地有一定的了解。散发浆果、蘑菇和泥土气息的葡萄酒最容易搭配，但很多年轻的勃艮第葡萄酒会展现出浓烈且强硬的口感，这时可以用脂肪来柔化它，如烤鸭腿肉佐土豆就非常不错。不过脂肪含量过高，会使口感过于肥腻。

　　清淡可口的牛肉类菜肴也是不错的选择，最好搭配鸭油炸薯条，鹌鹑与酒焖仔鸡也能与之相得益彰。大蒜欧芹黄油烹蜗牛，与勃艮第新酒是不错的搭配。口感更饱满的葡萄酒在陈年之后，是野味的理想搭档，当然也可与当地味道十足的伊泊斯奶酪共享。

鸭肉的肥美和甜腻平衡了黑皮诺的酸度。

🏛 Domaine Jack Confuron-Cotétidot Vosne-Romanée, Côte de Nuits

孔融蔻帝庄园 沃恩-罗曼尼 夜丘

🏛 *Bourgogne Rouge (red)*

勃艮第红（红）

　　孔融蔻帝庄园精致的勃艮第红，就像其他连梗一起压榨的葡萄酒一样，具有明显的花朵香味和口感。丝滑的树莓和黑莓果的味道精致且清晰，展现出酒庄酿酒师精湛的工艺。品尝它，让自己的味蕾享受佳酿。

10 rue de la fontaine, 21700 Vosne Romanée
03 80 61 03 39

🏛 Domaine Cordier Père et Fils Mâconnais

科迪父子庄园 马贡

🏛 *St-Véran (white)*

圣维朗（白）

　　尽管科迪父子庄园位于马贡的圣维朗地区，但这里的葡萄酒却能与普里尼-蒙哈榭或夏莎-蒙哈榭的顶级酒匹敌。酒庄的圣维兰比该地区的葡萄酒口感更丰富，香气更集中，拥有更多烘烤气息，是一款闪亮的高品质好酒。

Les Molards, 71960 fuissé
03 85 35 62 89

🏛 Domaine Daniel Dampt Chablis

丹尼尔戴姆庄园 夏布利

🏛 *Chablis Premier Cru Lys (white)*

夏布利一级田利斯（白）

　　这款一级田利斯具有优雅风格，很好地展现了夏布利新鲜且充满矿物质的一面。这款酒具有非常鲜明的柑橘和西柚味道，余香可持续很久。

1 rue des Violettes, 89800 Milly-chablis
www.chablis-dampt.com

🏛 Domaine Bernard Defaix Chablis

伯纳德菲庄园 夏布利

🏛 *Chablis (white)*

夏布利（白）

　　你可以期待从伯纳德菲庄园的夏布利中，体验柑橘水果味道的充分展现。这款葡萄酒多汁而紧致，充满了夏布利打火石和矿物质的风味特征，而且总是物美价廉。它是西尔万和蒂蒂埃·德菲共同酿造的佳作之一。他们拥有25万平方米的葡萄园，包括位于利锡山丘的一大片果园，还从酒农那里补充原料。西尔万喜欢保持典型的夏布利风格，使用旧橡木桶酿造葡萄酒。

17 rue du château,Milly, 89800 Chablis
www.bernard-defaix.com

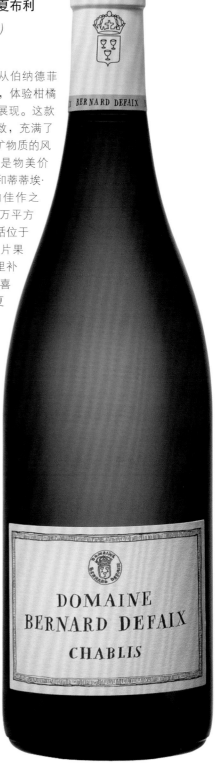

🏛 Domaine des Deux Roches Mâconnais
都好酒庄 马贡

🍷 *Mâcon-Villages (white)*
马贡-村庄（白）

　　如同金丘莫尔索的其他葡萄酒一样，都好酒庄的马贡-村庄具有坚果类的味道，散发出柑橘和苹果的香气。这是一款极其优雅，酒体适中的干型霞多丽，由两个儿时伙伴克里斯蒂安·克勒威尔和让-卢克·泰里耶共同酿造，他们共同拥有这座位于达瓦也的庄园。

Route de Fuissé, 71960 Davayé
03 85 35 86 51

🏛 Jean-Yves Devevey Demigny, Côte de Beaune
德维庄园 戴名 伯恩丘

🍷 *Bourgogne Hautes-Côtes de Beaune Blanc (white)*
勃艮第上伯恩丘（白）

　　1992年，让-伊夫·德维凭借由他酿造的基础款勃艮第白赢得了名声。德维的勃艮第上伯恩丘白总是活泼生动，在丰富的熏烤香和刺激的新鲜度之间保持着良好的张力。如同德维酿造的其他葡萄酒一样，这款优雅的霞多丽已超出一般水准。

Rue de Breuil, 71150 Demigny
www.devevey.com

🏛 Joseph Drouhin Chablis and Beaune, Côte de Beaune
约瑟夫杜鲁安庄园 夏布利和伯恩 伯恩丘

🍷 *Laforêt Pinot Noir Bourgogne (red); Chorey-lès-Beaune Rouge (red); Domaine de Vaudon, Réserve de Vaudon (white)*
勃艮第黑皮诺森林（红）；绍黑-伯恩（红）；沃顿庄园沃顿珍藏（白）

　　约瑟夫杜鲁安庄园是勃艮第最大的酒商之一，它向人们展现了大规模且高质量酿造勃艮第葡萄酒的可能性。这些酒有

的来自合作的酒农，也有的出自杜鲁安家族自有的一系列杰出葡萄园。把握杜鲁安庄园的命运是菲利普·杜鲁安目前最重要的职责，他管理葡萄园，并对合作的田地进行监管。这款轻盈雅致的黑皮诺森林，在最好的年份会展现甜美的开花水果和纯净的黑皮诺特征。在价格和口感方面同样迷人的是绍黑-伯恩红，具有柔和的收敛性，饱含成熟的红色莓果味道。杜鲁安家族在夏布利还拥有一座优质庄园——沃顿庄园，它的名字来自葡萄园边上的水磨坊。沃顿珍藏是一款简单美味的葡萄酒，带有柔和的粉红柚子香气和非常集中的纯净柑橘味道。

7 rue d'enfer, 21200 Beaune
www.drouhin.com

🏛 Domaine Faiveley Nuits-St-Georges, Côte de Nuits
法莱利庄园 夜圣乔治 夜丘

🍷 *Bourgogne Rouge Hautes-Côtes de Nuits Dames Huguettes (red)*
勃艮第上夜丘胡戈夫人（红）

　　这座1825年由皮耶·法莱利创建的庄园，它拥有120万平方米的优质葡萄园，供应公司80%的需求。埃尔文·法莱利20多岁时便继承了庄园，他是庄园复兴的主力。近几年，法莱利庄园经历了变革与复兴，它是夜圣乔治重要的酒庄之一。法莱利红展现出坚硬的单宁和烟熏的气息，被鲜美多汁而柔和的单宁取代，如同入门酒勃艮第上夜丘胡戈夫人一样，它散发着柔和的红色和黑色果香，酒体圆润多汁，余香鲜美，具有"取之不竭"的品质。

21700 Nuits-St-Georges
www.domaine-faiveley.com

🏛 Domaine J A ferret Mâconnais
J A费瑞庄园 马贡

🍷 *Pouilly-Fuissé (white)*
普依富塞（白）

　　JA费瑞庄园的历史可以追溯至1760年，近期被出售给质量一贯优秀的当地酒商——路易亚都。很容易明白为何路易亚都对该庄园感兴趣。这座受人尊敬的酒庄坐落在富塞的中心地带，拥有15万平方米的葡萄园，并且是村里第一批使用自家酒标售酒的酒庄，为同行引领了道路。它拥有几款来自单一葡萄园的佳酿。普依富塞白葡萄酒采用来自富塞圆形葡萄园的果实酿制，并在50%的法国橡木桶中陈年。这款优雅的霞多丽口感丰富而干爽，带有一丝热带水果的香味。

71960 Fuissé
03 85 35 61 56

🍶 **Domaine William Fèvre** Chablis
威廉费尔庄园 夏布利

🍷 *Chablis (white)*
夏布利（白）

　　威廉费尔庄园是香槟品牌汉诺拥有的另一座勃艮第优质庄园，它位于夏布利，包含12万平方米的一级田。事实上，它是夏布利最大的一级田酿造者，其品质从未落后于数量。1950年，庄园由与其同名者建立，出产的葡萄酒质量优秀，由技巧娴熟的蒂蒂埃·塞古耶负责酿酒。庄园的夏布利白拥有坚硬的边缘，是一款经典且具有极佳价值的干白，风格优雅，搭配贝类海鲜即可。

21avenue 'Oberwesel, 89800 Chablis
www.williamfevre.fr

🍶 **Domaine Jean-Philippe Fichet** Meursault, Côte de Beaune
让-飞利浦庄园 莫尔索 伯恩丘

🍷 *Bourgogne Aligoté (white)*
勃艮第阿利哥特（白）

　　比起村庄丰富、饱满且丰润的风格，让-飞利浦更喜欢令葡萄酒含有精确的酸度和显著的矿物质香气。这款极好的勃艮第阿利哥特白出自一位低调的酿酒师之手，杰出地展现了该品种的特质。它拥有夏布利般的精致味道，纯净，果香可口，并拥有可人的浓郁度。这是一款绝对"谦虚"的酒，表现一贯突出。

2 rue de la Gare, 21190 Meursault
09 63 20 79 04

🍶 **Domaine Germain, Château de Chorey** Chorey-lès-Beaune, Côte de Beaune
日耳曼庄园（绍黑城堡）绍黑-伯恩 伯恩丘

🍷 *Chorey-lès-Beaune (red); Pernand-Vergelesses Blanc (white)*
绍黑-伯恩（红）；佩尔南-韦热莱斯白（白）

　　尽管绍黑-伯恩红并不是该地区最便宜的葡萄酒，但却总是最好的选择之一。它拥有多汁的质感、淡淡的辛香水果香和深邃的口感。佩尔南-韦热莱斯白是一款迷人的霞多丽，混合了石头和浓郁的新鲜水果口感。

Rue Jacques Germain, 21200 Chorey-lès-Beaune
www.chateau-de-chorey-les-beaune.fr

🍶 **Vincent Girardin** Meursault, Côte de Beaune
乔丹庄园 莫尔索 伯恩丘

🍷 *Santenay Blanc (white)*
圣奈白（白）

　　尽管乔丹庄园如今位于莫尔索，但它的葡萄酒探险之旅却始于上圣奈地区。极具芳香的圣奈白拥有乔丹庄园的一切经典特征，浓郁的果香，柔和且紧致的质感。这款酒口感宽宏，但具有收敛的风格。

Les Champs Lins, 21190 Meursault
www.vincentgirardin.com

🍶 **Maison Camille Giroud Beaune,** Côte de Beaune
卡米吉鲁庄园 伯恩丘

🍷 *Santenay Rouge (red); Maranges Premier Cru Croix aux*

Moines Rouge (red)
圣奈红（红）；马朗日一级田信仰红（红）

2001年美国财团收购该酒庄后，雇佣了大卫·克鲁瓦这位富有才华的年轻酿酒师。克鲁瓦采用全新的酿酒方式，尽量减少新橡木桶的使用，如这款优质的圣奈红就是这样酿造的。这款明亮且清新的葡萄酒具有纯净的黑皮诺果香，余香干爽而清脆，很适合搭配家禽类菜肴。

3 rue Pierre Joigneaux, 21200 Beaune
www.camillegiroud.com

⚐ **Pascal Granger** Juliénas, Beaujolais
帕斯卡格兰庄园 朱丽娜 博若莱

ⅲ *Juliénas (red)*
朱丽娜（红）

这款朱丽娜结构轻盈，令人想起雅致的红醋栗水果的颜色，具有极佳的优雅感，带有柔和的红醋栗和温和的樱桃香气与口感。这款葡萄酒全部在不锈钢桶中陈酿，最好的年份还会呈现一些紫罗兰的风味。

Les Poupets, 69840 Juliénas
www.cavespascalgranger.fr

⚐ **Domaine Jean Grivot** Vosne-Romanée, Côte de Nuits
格力沃庄园 沃恩-罗曼尼 夜丘

ⅲ *Bourgogne Rouge (red)*
勃艮第红（红）

在勃艮第，极少有酿酒师可以获得如艾蒂安·格力沃一般的尊重。他酿造的葡萄酒能够展现出风土特征和雅致纯净的果味。这款备受追捧的勃艮第红也不例外。优雅，顺滑，令人欲罢不能，带有新鲜的紫罗兰和黑樱桃香气。

6 rue de la Croix Rameau, 21700 Vosne-Romanée
www.domainegrivot.fr

⚐ **Domaine Anne Gros** Vosne-Romanée, Côte de Nuits
安妮格洛庄园 沃恩-罗曼尼 夜丘

ⅲ *Haut-Côtes de Nuits, Cuvée Marine (white)*
上夜丘玛琳娜特酿（白）

20世纪80年代，当安妮·格洛还是个年轻姑娘时，她希望能以手工技艺为职业。但随后不久，她的父亲去世，令她明白酿好葡萄酒才是她的最终使命。如今，她的名字已被世界葡萄酒爱好者认可，成为沃恩最好的葡萄酒酿酒师之一。生长于沃恩-罗曼尼山丘中心地带的葡萄，赋予了这款具有异国情调的干白以柠檬、柑橘和热带水果的香气，酒体轻盈，口感带有青梅、白色花朵和柠檬脯的味道，清爽且令人享受。

11 rue des communes,21700 Vosne-romanée
www.anne-gros.com

葡萄是如何酿成葡萄酒的?

　　将葡萄变成葡萄酒的基本过程很简单，甚至无须专业的酿酒师就能完成。将成熟的葡萄放入大型容器中，各式各样的野生酵母会在几天内开始工作，并在接下来的数周里将葡萄糖转化成酒精。葡萄与酵母是这个过程中的必要原料，而大自然就能提供酵母，它们始终存在于空气中。酿酒师的工作是引导这一过程，并避免出错。这就是为什么酿酒师说，他们的工作就是寻找极佳的葡萄，并且别把它们搞砸了。

1 一旦葡萄成熟，它们会被及时采收。葡萄园的工人分选葡萄（这项工作在某些酒厂可能由机器完成），去除腐烂的果实、叶子与蜘蛛等昆虫。

4 压榨将果汁或新酒从果皮与葡萄子中分离出来。对于白葡萄来说，压榨过程会在发酵之前进行；而红葡萄正好相反。

3 对于所有葡萄酒来说，发酵过程至关重要。酿酒师加入酵母，也有许多酒厂利用野生酵母完成这一步骤。数以亿计的小细胞会忙碌着将葡萄糖转化为酒精。

2 葡萄被放入进料斗中，随后进行轻柔地破碎——只是压破果皮，以释放出果汁进行发酵。

6 灌装是最后一项工作。葡萄酒一般通过过滤程序去除沉淀与残留的微生物，随后就会被装瓶。

5 很多白葡萄酒是在不锈钢桶中进行陈酿的，而传统的红葡萄酒则会在木桶中完成这一过程。少则数月，多则3年，新酒就诞生了。

🏠 **Domaine Michel Gros** Vosne-Romanée, Cote de Nuits

米歇尔格洛庄园 沃恩-罗曼尼 夜丘

🍷 *Hautes Côtes de Nuits (red)*

上夜丘（红）

米歇尔格洛庄园是稳定可靠的生产商，它的上夜丘红来自夜丘后面的山丘。这款葡萄酒颜色深沉，香醇而圆润，凉爽的黑色水果和精细的泥土质感非常讨人喜爱。无论从口感还是价格上来说，它都很受欢迎。总体来说，米歇尔的酿酒风格非常纯净、透明，酒体流动自如，果香仿佛在其中歌唱。

7 rue des Communes, 21700 Vosne-Romanée
www.domaine-michel-gros.com

🏠 **Domaine Guffens Heynen** Mâconnais

古芬斯庄园 马贡

🍷 *Mâcon-Pierreclos Le Chavigne (white)*

马贡-皮尔克罗夏维（白）

清晰的味道与明显的矿物质香味是古芬斯庄园的标志，这两点都在马贡-皮尔克罗夏维这款葡萄酒中得以体现。这款卓越的马贡霞多丽边缘锋利，具有振奋人心的酸度和复杂的矿物质味道。这款风格清瘦且具有表现力的葡萄酒，需要搭配白肉或丰腴的鱼类菜肴，才能体现它深邃的性格。

71960 Vergisson
www.verget-sa.com

🏠 **Domaine Hudelot-Noellat** Vougeot, Côte de Nuits

鱼得乐庄园 伏旧园 夜丘

Vosne-Romanée (red)
🍷 沃恩-罗曼尼（红）

气氛友好的鱼得乐庄园是个热情好客的地方，这里的葡萄酒也一样分享着这种快乐的氛围。它们的酿造方式节制又聪明，对新橡木桶的克制使用，令这里酿造的葡萄酒可以清晰地表现出原产地的特征。同其他3个特级系列一样，鱼得乐庄园也酿造非常地道的沃恩-罗曼尼村庄酒。美味的紫罗兰、李子和红醋栗的香气，融入到黑色和红色水果的味道深处，口感和谐，令人收获良多且愉快。

21640 Chambolle-Musigny
03 80 62 85 17

🏠 **Maison Louis Jadot** Beaune, Côte de Beaune

路易亚都酒庄 伯恩 伯恩丘

🍷 *Bourgogne Pinot Noir (red)*

勃艮第黑皮诺（红）

路易亚都是勃艮第最响亮的名字之一，因其拥有众多的庄园和酒商酒而闻名世界。这是件好事，该公司对它拥有的全系列产品都坚持一如既往的可靠品质。路易亚都庄园建于1859年，路易亚都家族于1985年出售庄园，如今它在伯恩拥有一座优雅的庄园，地下是迷宫一般的酒窖，地上则是办公区；酿酒则在伯恩市郊的现代酿酒间中进行。独具个性的酿酒师负责监督复杂的酿酒过程。如今路易亚都庄园隶属科布兰德公司（Korbrand Corporation），该公司共拥有5座庄园，加起来共有154万平方米。庄园的产品从金丘延伸至马贡，包括一系列特级田。对于日常饮用酒来说，这款勃艮第黑皮诺实力相当强。这是一款矜持且传统的黑皮诺，没有过重的果味，余香细腻干爽，非常适合搭配经典的勃艮第红酒炖牛肉。

2 rue du Mont Batois, 21200 Beaune
www.louisjadot.com

🏠 **Domaine Patrick Javillier** Meursault, Côte de Beaune

帕特里克庄园 莫尔索 伯恩丘

🍷 *Bourgogne Blanc Cuvée Oligocène (white)*

勃艮第白窖藏（白）

帕特里克庄园的勃艮第白窖藏是一款复杂、充满花香且细腻的霞多丽，它具有卓越的浓郁度，风格引人入胜，口感丰富。这是一款令人难忘的且始终如一的葡萄酒，它的表现总是超越其价格。它由热情且充满活力的酿酒师帕特里克·雅维利耶酿造，在他的酒窖中，墙上的粉笔字迹到处可见，展现出渴望酿造佳酿的强烈欲望。

19 place de l'Europe, 21190 Meursault
www.patrickjavillier.com

𝍐 **Domaine Alain Jeanniard** Morey-St-Denis, Côte de Nuits

狼图腾庄园 莫雷-圣丹尼 夜丘

𝍐 *Côte de Nuits-Villages, Vieilles Vignes (red)*
夜丘-村庄老藤（红）

充分汇集了的夏日水果味道，赋予这款夜丘-村庄老藤复杂而有趣的风格。入口后，中段口感丰富圆润，余香具有真正的持久力，令这款酒极具价值，既拥有勃艮第红酒的美好味道，又价格合理。阿兰·让尼娅在此之前曾当了10年电工，直到后来学习葡萄酒的相关知识，并于2000年购入这座相对年轻的庄园。

4 rue aux Loups, 21220 Morey-St-Denis
www. domainealain jeanniard.fr

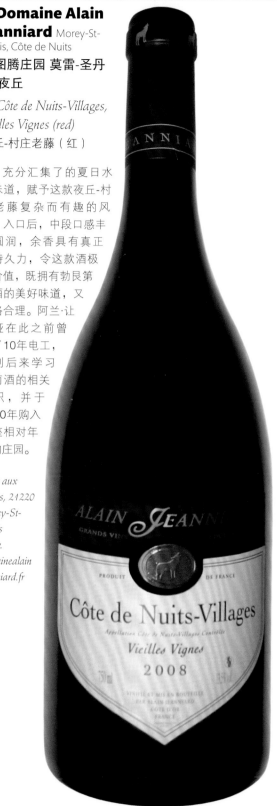

𝍐 **Domaine Emile Juillot** Côte Chalonnais

爱米尔朱约庄园 夏隆内丘

𝍐 *Mercurey Blanc (white)*
墨乔雷白（白）

来自勃艮第南部的霞多丽品质有些易变，但毫无疑问爱米尔朱约庄园的墨乔雷白具有极好的表现。这是一款酒体适中、干型且够味的佳酿，带有苹果、菠萝、柠檬和白垩土的香气。庄园拥有墨乔雷一级田的一些土地，大部分葡萄园都位于该地区的主山腰位置。

4 rue de Mercurey, 71640 Mercurey
03 85 45 13 87

𝍐 **Domaine Michel Lafarge** Volnay, Côte de Beaune

米歇尔拉法基庄园 沃尔内 伯恩丘

𝍐 *Bourgogne Passetoutgrains L'Exception (red); Bourgogne Aligoté (white)*
勃艮第巴斯特（红）；勃艮第阿利哥特（白）

这是一座家族庄园，由米歇尔·拉法基和其子运营。这对父子能够酿造出顶级的好酒，令葡萄酒具有难以琢磨却又萦绕心头的品质，因此吸引了许多好酒客。这款勃艮第巴斯特具有轻盈的酒体，以黑皮诺和佳美混酿，具有芳香而缥缈的质感。勃艮第阿利哥特采用老藤果实酿制，具有显著的深邃香气与浓郁的柠檬和柑橘味道。

15 rue de la Combe, 21190 Volnay
www.domainelafarge.fr

𝍐 **Domaine François Lamarche** Vosne-Romanée, Côte de Nuits

拉玛舒庄园 沃恩-罗曼尼 夜丘

𝍐 *Bourgogne Rouge (red)*
勃艮第红（红）

这款迷人的勃艮第红采用来自沃恩-罗曼尼村附近的9个葡萄园的果实混酿而成，具有极佳的深邃感，核心辛香，带有新鲜的紫罗兰和黑色水果味道。它平滑，充满奶油香味的口感令人振奋而享受。酒庄的名字可能暗示它受到女性风格的影响，实际上它正是由3位女性共同运营。玛丽-布兰奇·拉玛舒掌管酒庄大权，她的女儿妮可自2007年起负责酿酒，而妮可的堂姐娜塔莉则负责庄园的商业事宜。3个人为酒庄的众多优质葡萄园注入新生命，从而改变了庄园的命运。

9 rue des Communes, 21700 Vosne-Romanée
www.domaine-lamarche.com

黑皮诺PINOT NOIR

几个世纪以来，勃艮第的夜丘区拥有众多久负盛名的产区，如伏旧园、罗曼尼-康帝、塔希、香贝田和穆西尼。

与法国的大部分地区相同，这里的葡萄酒是以它们所在的葡萄园来命名的，并非葡萄的品种，而所有顶级葡萄酒均会使用到同一个葡萄品种——黑皮诺。

夜丘与南部的兄弟产区伯恩丘，在很久之前就确立了黑皮诺葡萄酒的标准：浑然天成且饱满的酒体，质感细腻柔滑的红葡萄酒，而并非如其名字一般的"黑"。

生长条件

黑皮诺葡萄对生长条件极其敏感。在夜丘，面朝东方的葡萄园能沐浴到温暖的清晨阳光；而背后的400米山峰可将其笼罩在夏末午后的阴影里，为它阻挡难以承受的高温。

花期早

黑皮诺葡萄在早春时分就开始萌芽，这令它们容易受到春霜的伤害。

少即是多

如果酒农没有修枝，以控制每株藤蔓上的果实数量，酿成的黑皮诺葡萄酒很可能口感平淡无奇，而且缺乏香味。低产量才能造就更好的葡萄酒，但这也令可销售的葡萄酒变得更少。

果皮薄

众所周知，黑皮诺葡萄的果皮很薄，这赋予葡萄酒较浅的红色和雅致的味道，但也导致这个品种在潮湿的季节里更容易受到霉菌的感染。

世界知名产区

黑皮诺的传奇已经从勃艮第的夜丘产区，传播至世界各地。如今，黑皮诺生长在意大利、德国、加利福尼亚州、俄勒冈州、新西兰、智利和南非等地区。这个品种总能反映出其生长地区的特性。

这些产区极具天赋的酿酒师可以酿造出品质极佳的黑皮诺葡萄酒，但是不易找到物廉价美的产品。

由于必须限产，所以很多黑皮诺葡萄酒酒商会提高单价，以补足差额，所以很难为你推荐物超所值的产品。购买黑皮诺葡萄酒很有挑战性，对于消费者来说，他们可以自行了解关于黑皮诺的一切或寻找一位好酒商为其推荐。

以下是出产黑皮诺的顶级产区，可以尝试这些推荐年份的葡萄酒：

夜丘：2009，2008，2005
伯恩丘：2009，2008，2005
俄勒冈州：2008，2005
新西兰：2010，2007，2006

席尔森庄园色泽明亮且果味浓郁的葡萄酒，堪称新西兰黑皮诺葡萄酒的典范。

👤👤👤 **Domaine Leflaive** Puligny-Montrachet, Côte de Beaune

乐弗拉维庄园 普里尼-蒙哈榭 伯恩丘

👤👤👤 *Bourgogne Blanc (white)*

勃艮第白（白）

如果想尝尝令人兴奋且充满活力的勃艮第顶级酒，那就试试乐弗拉维庄园的勃艮第白吧！它是来自超级巨星的入门级霞多丽，口感活泼，带有烟熏味，味道浓郁且非凡。它来自普里尼未评级的葡萄园，但价格却不高。乐弗拉维庄园由传奇的安娜-克劳德·乐弗拉维掌管，她毫无疑问是勃艮第的精英之一。乐弗拉维庄园是普里尼地区最出名的酒庄，并且是世界上第一批采用生物动力法的超级名庄之一。它向世界证明，生物动力并不古怪，而是酿造好酒的严肃方式。乐弗拉维的酿酒风格充满了自然的浓郁感，并在丰富的味道与细腻之间做出了极好的平衡。它拥有一些极好的葡萄园，包括10万平方米的一级园与非同寻常的5万平方米的超大特级园，这些是传奇且具有历史意义的葡萄园。

Place des Marronniers, 21190 Puligny-Montrachet
www.leflaive.fr

👤👤👤 **Maison Olivier Leflaive** Puligny-Montrachet, Côte de Beaune

奥利弗乐弗拉维庄园 普里尼-蒙哈榭 伯恩丘

👤👤👤 *Bourgogne Blanc Les Setilles (white); Auxey-Duresses La Macabrée Blanc (white)*

塞提勃艮第白（白）；奥克塞-迪雷塞马卡贝白（白）

1984年，奥利弗·乐弗拉维成立了同名庄园，现在该庄园已成为酿造品质如一且易于入口的勃艮第白葡萄酒的重要酒商。为了提高品质，庄园不再买入原浆进行混酿，而是买入葡萄（60%）和果汁（40%）混酿。塞提勃艮第白是一款口感平滑，充满奶油质感的霞多丽，不仅风格清新，还很好地平衡了烘烤橡木的味道与红果香，极具冲击力。奥克塞-迪雷塞马卡贝白风格更严肃，味道浓郁而持久，虽不是娇嫩的花朵香，但

却富于个性，余香持久。

Place du Monument, 21190 Puligny-Montrachet
www.olivier-leflaive.com

👤👤👤 **Benjamin Leroux** Beaune, Côte de Beaune

本杰明勒胡酒庄 伯恩 伯恩丘

👤👤👤 *Auxey-Duresses Blanc (white); Savigny-lès-Beaune Rouge (red)*

奥克塞-迪雷塞（白）；萨维尼-伯恩（红）

酒庄总部位于伯恩丘环路边的一个大仓库，它从一系列广泛的产区收取葡萄，着重特殊且高质量的葡萄园，其中1/3为有机种植。酒庄的佳作包括奥克塞-迪雷塞白。这是一款讨人喜爱且经典的伯恩丘酒，混合了成熟的柠檬、柑橘风味的果香，具有刺激的新鲜感和来自橡木桶的诱惑美味。萨维尼-伯恩红则是最近才开始运作的，它的黑皮诺来自"轻盈"的产区，单宁感不强。它具有出色的果香，具有多汁且圆润的黑皮诺特征。酿酒师着重强调它的果香，并力图保持其活力。

5 rue Colbert, 21200 Beaune
03 80 22 71 06

👤👤👤 **Domaine Sylvain Loichet** Chorey-lès-Beaune, Côte de Beaune

希尔罗榭庄园 绍黑-伯恩 伯恩丘

👤👤👤 *Ladoix Blanc (white)*

拉都瓦（白）

拉都瓦是一个鲜为人知的产区，它距离特级田寇东-查理曼不远。在希尔罗榭庄园酿制的白葡萄酒，大多数酒体饱满，具有经典的混合橡木和果香的平衡感。酒庄酿酒师鲁瓦切是位年轻的酿酒师，他酿造的葡萄酒充满活力，具有透明和纯净的特性。

2 rue d'Aloxe Corton, 21200 Chorey-lès-Beaune
06 80 75 50 67

Domaine Long-Depaquit Chablis
朗德巴吉庄园 夏布利

Chablis Premier Cru Les Vaucopins (white)
夏布利一级田沃柯畔（白）

郎德巴吉庄园位于由一个小公园环绕的宏伟城堡中，它拥有悠久的历史，可以追溯至1791年。不过现在的庄园主人伯恩酒商阿尔伯托·比肖，于20世纪70年代才购入该庄园。庄园的葡萄酒由让-迪迪埃·博施负责酿造，包括这款夏布利一级田沃柯畔。它是一款坚硬而丰富的夏布利，适合搭配白肉与精致的鱼肉菜肴。这款具有柔和白色花朵香气的葡萄酒带有芬芳气息，入口后变得丰富，并充满柠檬风味。

89800 Chablis
03 86 42 11 13

Maison Frédéric Magnien Morey-St-Denis, Côte de Nuits
弗德里克麦涅酒庄 莫雷-圣丹尼 夜丘

Marsannay Coeur d'Argile (red)
马萨内黏土之心（红）

马萨内黏土之心可传达出温暖的感觉，带有辛香的气息，拥有李子、姜和桑叶的味道；柔和且大方的余香中，徘徊着微妙的烟熏香味。

26 route nationale, 21220 Morey-St-Denis
www.frederic-magnien.com

Domaine des Malandes Chablis
玛郎德酒庄 夏布利

Chablis Premier Cru Côte de Lechet (white)
夏布利一级田利锡山丘（白）

夏布利一级田利锡山丘，带有明显的橡木香气，但霞多丽对橡木桶的适应性比其他白葡萄品种要好得多，因此这款霞多丽仍然令人愉快，并具有极高的性价比。这款葡萄酒饱满的口感，适合搭配海鲜和白色肉类菜肴。

63 rue Auxerroise, 89800 Chablis
www.domainedesmalandes.com

Domaine Jean Marechal Côte Chalonnaise
让马雷夏尔庄园 夏隆内丘

Mercurey Les Nuages (white)
墨乔雷云朵（红）

让马雷夏尔庄园的墨乔雷云朵是一款非常丰满的黑皮诺，因强劲的力量感而出名，老藤为它带来复杂的口感，略带烤橡木的香气。

20 grande rue, 71640 Mercurey
www.jeanmarechal.fr

🏛 **Domaine Alain Michaud** Côte de Brouilly, Beaujolais
阿兰米肖庄园 布依丘 博若莱

🍷 *Brouilly (red)*
布依（红）

1919年，由让·玛丽·米肖创建阿兰米肖庄园，从此由该家族一代一代传承至今。阿兰·米肖自1973年掌管庄园，葡萄园还包括位于墨贡和博若莱大区的一些小地块。庄园生产的布依红非常迷人，甚至令人垂涎欲滴，带有成熟的樱桃和夏日午后水果的味道。结构轻盈，适宜入口，又具有充分的紧实度和丰富感，令人难以忘怀。

Beauvoir, 69220 St-Lager
www.alain-michaud.fr

🏛 **Domaine Denis Mortet** Gevrey-Chambertin, Côte de Nuits
丹尼莫泰庄园 热夫雷-香贝田 夜丘

🍷 *Marsannay Les Longeroies (red)*
马萨内郎吉奥（红）

丹尼·莫泰令这座与他同名且具有现代黑皮诺风格的庄园获得了巨大成功。莫泰酒庄的葡萄酒风格亮丽，采用新橡木桶，吸引了大批现代酒客。这款马萨内郎吉奥具有爆炸般的桑叶、黑樱桃、甜树莓与紫罗兰的香味，葡萄来自马萨内最好的葡萄园之一，它在此酒庄被赋予了鲜活的生命力。

22 rue de l'Eglise, 21220 Gevrey-Chambertin
www.domaine-denis-mortet.com

🏛 **Domaine Georges Mugneret-Gibourg**
Vosne-Romanée, Côte de Nuits
谬尼略吉伯格庄园 沃恩-罗曼尼 夜丘

🍷 *Bourgogne Rouge (red)*
勃艮第红（红）

醇和、深邃且多汁的黑莓，鲜美的紫罗兰，以及满口黑樱桃的香味，令这款勃艮第红具有完美的平衡感，曲线苗条，呈现优质风格。庄园拥护酒农守护神"圣文森"的精神，并将它画在具有夏加尔风格的酒标上。

5 rue des communes, 21700 Vosne-Romanée
www.mugneret-gibourg.com

🏛 **Domaine Henri Naudin-Ferrand** Côte de Nuits
诺丹-菲朗庄园 夜丘

🍷 *Bourgogne Hautes-Côtes de Nuits Rouge (red)*
勃艮第上夜丘红（红）

有些酿酒师会在卓越的风土方面追求辉煌，而另一些人则会在不怎么知名的产区探索奇迹。克莱尔·诺丹就是后者之一。作为一位杰出的天才酿酒师，她酿造的上夜丘红具有甜美的红醋栗水果气息。结构轻盈，柔和的果味令这款酒异常迷人。

Rue du Meix Grenot, 21700 Magny les Villers
www.naudin-ferrand.com

🏛 **Domaine François Parent** Pommard, Côte de Beaune
巴杭庄园 波马尔 伯恩丘

🍷 *Bourgogne Pinot Noir (red)*
勃艮第黑皮诺（红）

在勃艮第基础酒中，有许多葡萄酒的风格太尖酸，缺少宏大的口感，但巴杭庄园绝不是这样。这款温暖且具有肉质感的葡萄酒，拥有柔和的辛香，带有随和的果味和醇厚的质感。它由弗朗索瓦·巴杭酿造，来自令人尊敬的酿酒世家第13代传人之手。1990年，他从家族继承了属于他的波马尔葡萄园，以自己的品牌"François Parent"开始酿酒。

5 grande rue, 21630 Pommard
www.parent-pommard.com

🏠 Domaine Jean-Marc et Hugues Pavelot
Savigny-lès-Beaune, Côte de Beaune

让-马克和帕维洛庄园 萨维尼-伯恩 伯恩丘

🍷 *Savigny-Lès-Beaune Blanc (white); Savigny-lès-Beaune Rouge (red)*

萨维尼-伯恩白（白）；萨维尼-伯恩红（红）

萨维尼-伯恩白来自著名的白葡萄酒产区，它是一款迷人的，带有植物和坚果香气的霞多丽，具有丰富的性格，与烤布雷斯鸡等食物搭配会非常美味。同时，从这个曾经是勃艮第性价比最佳的产区来说，庄园的萨维尼-伯恩红也会是你的明智之选。丰富的质感，甜美的果香令这款黑皮诺美味易饮。

1 chemin des Guettottes, 21420 Savigny-lès-Beaune
www.domainepavelot.com

🏠 Domaine Henri Perrusset Mâconnais
亨利普鲁塞庄园 马贡

Mâcon-Villages (white)

马贡-村庄（白）

这里的葡萄酒一如既往，表现优秀，包括这款马贡-村庄。它带有柠檬糖果、白垩土和梨子馅饼的香气，这款轻盈且友好的霞多丽适宜日常享用，最棒的是它还拥有令人难以置信的价格。

71700 Farges lès Mâcon
03 85 40 51 88

🍷 佳美 GAMAY

大多数流行的法国葡萄品种均已被其他国家效仿种植，但这种采用佳美葡萄酿制、产自勃艮第南部的博若莱乡村，具有清新与活力的红葡萄酒仍尚未被其他地方成功仿制。只有在博若莱以及卢瓦尔河谷很小一部分地区，才会以佳美葡萄作为酿酒的主要原料。

勃艮第除了以黑皮诺著称之外，博若莱葡萄酒是排名第二的红葡萄酒。得益于其相对低廉的成本和多样化的风格，博若莱葡萄酒适合在众多场合饮用。口感简单的博若莱葡萄酒拥有轻盈至中等的酒体，曾经在巴黎的咖啡馆中风靡一时。清新、如覆盆子般的味道与活跃的酸度，使博若莱葡萄酒可与很多食物搭配。博若莱新酒是市场运作的奇迹，在每年11月的第三个星期四痛饮新酒，是庆祝新年份最快乐的方式。新酒口感清淡且微甜，散发着果酱与香蕉的香气。

世界上品质最好的佳美葡萄酒被称为博若莱村庄葡萄酒和博若莱特级村庄葡萄酒，产自墨贡、朱丽娜和风车区等村庄。最好的博若莱特级村庄葡萄酒口感复杂且细腻，品质卓越。有时，由这些酒庄装瓶且拥有陈年潜力的葡萄酒，甚至可与优质的勃艮第葡萄酒相媲美。

早熟的佳美葡萄很适应凉爽的天气条件。

⚲ Domaine Jean-Marc Pillot Chassagne-Montrachet, Côte de Beaune

让-马克皮约庄园 夏莎-蒙哈榭 伯恩丘

ᵢᵢᵢ *Chassagne-Montrachet Rouge (red); Santenay Rouge (red)*

夏莎-蒙哈榭红（红）；圣奈红（红）

让-马克·皮约在伯恩著名的学校学习酿酒学之后，于1991年从父亲手中继承了家族酒庄。从那时起，他将这座广受好评的庄园提升到更高的阶层，现在它已成为夏莎生产商里的顶级军团。这款夏莎-蒙哈榭红纯净、强烈、浓厚而又柔和，是伯恩丘黑皮诺的标准水平。而另一款新鲜、充满活力的圣奈红，精致与力度在这款黑皮诺中完美结合，使其成为典型的勃艮第悖论。

21190 Meursault
03 80 21 33 35

⚲ Villa Ponciago Fleurie, Beaujolais

朋夏哥庄园 弗勒里 博若莱

ᵢᵢᵢ *Fleurie (red)*

弗勒里（红）

酿造弗勒里葡萄酒的原料来自该庄园最具价值的葡萄园，这款酒证明了，博若莱仍旧是酿造葡萄酒的重要产区。这款酒具有细腻的结构，单宁明显，但又非常收敛，丰富的樱桃香味为葡萄酒增加了质感，还略带柔和的白胡椒气息。

69820 Fleurie
04 37 55 34 75

⚲ Potel-Aviron Morgon, Beaujolais

阿维龙酒庄 墨贡 博若莱

ᵢᵢᵢ *Morgon Côte du Py (red)*

墨贡皮坡（红）

墨贡皮坡年轻时单宁较重，因此请勿以为它是一款经典轻盈而新鲜的博若莱；在一到两年内，它就会演变为优雅，且具有良好结构的佳酿。

2093 route des Deschamps, 71570 La-Chapelle-de-Guinchay
03 85 36 76 18

BOURGOGNE
APPELLATION BOURGOGNE CONTRÔLÉE
LES BONS BÂTONS
2009
DOMAINE
MICHÈLE & PATRICE RION

⚲ Domaine Michèle et Patrice Rion Nuits-St-Georges, Côte de Nuits

米歇尔帕里斯庄园 夜圣乔治 夜丘

ᵢᵢᵢ *Bourgogne Rouge Les Bon Bâtons (red)*

勃艮第权杖红（红）

帕里斯与妻子米歇尔于2000年开创了新的酒庄和酒商事业。庄园的高品质勃艮第红，源自位于香波-穆西尼附近的顶级葡萄园。这款品质一向可口的葡萄酒在每个年份都表现优秀。芬芳且充满花香，带有樱桃、树莓和红醋栗的味道。

1 rue de la Maladière, 21700 Prémeaux-Prissey
www.patricerion.com

🏛 **Domaine de Roally** Mâconnais
罗伊酒庄 马贡

🍷 *Mâcon-Villages (white)*
马贡-村庄（白）

罗伊酒庄坐落在一座石灰岩山脊上，可俯瞰索恩河。它起初由亨利·戈亚德建立，现在一部分属于维尔-克莱塞产区。这款葡萄酒的酿造风格略受争议（它含有一些残糖，这在维尔-克莱塞产区是被禁止的），只进行罐中发酵，随后直接加入酵母，具有淡淡的甜度。

Quintaine cidex 654, 71260 clessé
03 85 36 94 03

🏛 **Maison Roche de Bellene** Beaune, Côte de Beaune
罗斯德贝庄园 伯恩 伯恩丘

🍷 *Côte de Nuits-Villages, Vieilles Vignes (red)*
夜丘-村庄老藤（红）

在罗斯德贝庄园的夜丘-村庄老藤葡萄酒中，酿酒师的实力得以充分展现。这款葡萄酒优雅集中，混合了黑莓、树莓和奶油浓咖啡的味道，余香悠长而清爽，带给人极其愉快的感受。

41 rue faubourg Saint nicolas, 21200 Beaune
www.maisonrochedebellene.com

🏛 **Antonin Rodet** Côte Chalonnais
安东尼劳狄庄园 夏隆内丘

🍷 *Château de Chamirey Mercurey Blanc Premier Cru La Mission Monopole (white)*
夏米尔堡墨乔雷一级园单一园任务（白）

安东尼劳狄庄园成立于1875年，它是具有悠久历史的酒商，在全勃艮第区域酿造并分销葡萄酒。庄园经历了一系列主人的变更，如今它属于规模更大的博瓦塞（Boisset）集团。

酒庄的总部仍位于墨乔雷，并酿造自己的品牌酒。夏米尔堡风格圆润，具有奶油质感，充满苹果、梨、花朵和矿物质的香气，是一款优质的法国霞多丽，极具价值。

Grande rue, 71640 Mercurey
www.rodet.com

🏛 **Clos de la Roilette** Fleurie, Beaujolais
华莱特庄园 弗勒里 博若莱

🍷 *Fleurie, Cuvée Tardive (red)*
弗勒里晚藏（红）

华莱特庄园是阿兰·高特的家族酒庄，它酿造的弗勒里葡萄酒具有该区域深沉且亲切的特征。如这款晚藏，源自树龄50～80年的葡萄藤，在大木桶中陈年，装瓶时未经过滤。品尝时，可以期待丰富且强烈的味道，以及大量的莓果香味，还带有碎黑莓和一抹香草与肉桂的辛香。

La Roilette, 69820 Fleurie
www.louisdressner.com

🏛 **Domaine Nicolas Rossignol-Jeanniard**
Volnay, Côte de Beaune
尼古拉罗西纳庄园 沃尔内 伯恩丘

🍷 *Bourgogne Pinot Noir (red); Volnay (red)*
勃艮第黑皮诺（红）；沃尔内（红）

这款勃艮第黑皮诺充满活力且具有实力，带有罗西纳标志性的丰富香气，酒体紧实且干爽。这款酒比较庄重，需要搭配羔羊肉片或淡野味等上等佳肴。另一款沃尔内红是该地区基础酒中品质最稳定且具有个性的佳酿之一，它芳香而多汁，拥有紧实的质感和恰到好处的浓郁度。

rue de Mont, 21190 Volnay
www.nicolas-rossignol.com

🏛 **Domaine Michel Sarrazin et Fils** Côte Chalonnaise
萨拉金父子庄园 夏隆内丘

🍷 *Givry Champs Lalot (red)*
吉夫里罗田（红）

这款酒体中等的吉夫里罗田干红带有野草莓、香料和泥土的香气，展现出黑皮诺讨人喜欢且低调的一面，并具有很好的陈年潜力。

Charnailles, 71640 Jambles
www.sarrazin-michel-et-fils.fr

 **Domaine Servin**
Chablis

塞尔万庄园 夏布利

♦♦♦ *Chablis Premier Cru
Montée de Tonnerre (white)*
夏布利一级田汤尼尔（白）

弗朗索瓦·瑟文的家族在夏布利已有300年的葡萄种植历史，如今弗朗索瓦继续延续家族的优良传统。弗朗索瓦在他的美国助手，深受大家喜爱和尊敬的马克·卡梅隆的帮助下一起酿酒。两人富于思想的酿酒方式最终得到回报，就像这款夏布利一级田汤尼尔。白色花朵和多汁的梨味贯穿于这款精致的葡萄酒中，它在100%的不锈钢桶中酿造，极高的酸度暗示着这款酒具有很好的陈年潜力。

*89800 chablis
www.domaine-
servin.fr*

 **Domaine/Maison Simonnet-Febvre**
Chablis

塞蒙奈庄园 夏布利

♦♦♦ *Chablis Premier Cru Vaillons (white)*
夏布利一级田伟隆（白）

塞蒙奈庄园的历史可以追溯至1840年，它由让·费弗尔创建，他不仅是一位制桶工，还是酿造传统起泡酒的专家。如今这里仍然生产起泡酒，而且是夏布利地区唯一生产勃艮第起泡酒的庄园。这款夏布利一级田伟隆比庄园的一些其他产品要更丰腴且圆润。它具有持久的核果类味道，一抹桃花的香味柔和了柠檬的酸度。

*9 avenue d'Oberwesel, 89800 Chablis
www.simonnet-febvre.com*

 **Michel Tête (Domaine du Clos du Fief)**
Juliénas, Beaujolais

米歇尔代特（菲夫）庄园 朱丽娜 博若莱

♦♦♦ *Domaine du Clos du Fief Juliénas (red)*
菲夫庄园朱丽娜（红）

几个条件令米歇尔·代特管理的菲夫庄园成为高品质葡萄酒的生产者：首先是地理位置，葡萄园位于朱丽娜的斜面上。在这里，代特拥有一些未支架的老佳美葡萄藤。其次，酿酒方式尽可能自然而传统，采用开罐发酵，并以人工踩皮。再次，葡萄栽培采用有机种植，尽管庄园未获相关证明。最后，代特先生是位极具天赋的酿酒师，他注重细节，尽管酒庄的规模很小，但最终获得自己的产品系列。菲夫庄园朱丽娜具有很好的陈年潜力，如果你在它年轻时饮用，需要提前醒酒几小时（陈酿4年后的产品就不必如此），它具有良好的结构和紧实的单宁。老藤还为这款充满黑莓果味的葡萄酒增添了迷人的香料气息。

*69840 Juliénas
www.louisdressner.com/Tete*

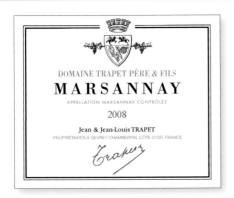

𝄞 **Domaine Trapet Père et Fils** Gevrey-Chambertin, Côte de Nuits

塔佩父子庄园 热夫雷-香贝田 夜丘

𝄞 *Marsannay Rouge (red)*

马萨内红（红）

让-路易斯·塔佩是一个热心且专注于生物动力法的酿酒者，他酿造夜丘最好的葡萄酒，如美艳而性感的马萨内红。其带有新鲜的桑葚味道和温暖的棕色香料味，从头到尾贯彻着发光的品质，具有塔佩的经典风格。这一风格就是对土地的真实感受和对酒的起源地的虔诚之心。他坚信在平和的心态下创造的酒才最好，并且酿造者应该尽可能地尊重且善待他们的工作。他还受勃艮第历史的启发，可以追溯至修道院时期的酿酒传统指引着他完成每一项操作。

53 route de Beaune, 21220 Gevrey-Chambertin
www.domaine-trapet.com

𝄞 **Domaine A et P de Villaine** Côte Chalonnais

A&P维兰庄园 夏隆内丘

𝄞 *Bourgogne Aligoté (white)*

勃艮第阿利哥特（白）

奥伯特·德·维兰是勃艮第最著名酒庄罗曼尼-康帝的主导力量，他在1970年成立A&P维兰庄园。如今，这座位于布哲隆的庄园，由奥伯特的侄子皮埃尔·德·维兰管理。这里的葡萄均采用有机种植，葡萄酒因其优雅和陈年的潜力而出名。但幸运的是，这些酒还没有沾上罗曼尼-康帝的天价特征。A&P维兰庄园的众星之一便是这款勃艮第阿利哥特。它不只是这种常被人低估的葡萄品种的经典作品，更是世界上最好的阿利哥特之一。像霞多丽一样，它拥有典型的苹果和梨的香气，还有柔和的青草味道和更重的口感。

2 rue de la Fontaine, 71150 Bouzeron
www.de-villaine.com

美食与美酒 勃艮第白葡萄酒

虽然你不会在酒标上发现霞多丽葡萄的名字，但它在勃艮第的美酒中已将自己独特的品质发挥到了极致。

在勃艮第，你能品尝到口感清爽的夏布利；含坚果与奶油味的莫尔索；柔和且略带矿物质味道的寇东-查理曼；饱满、复杂且富于层次感的蒙哈榭。

从轻盈、爽口、高酸度，到饱满、圆润、成熟，甚至类似黄油的味道，这些在勃艮第白葡萄酒中非常常见，这是由苹果酸-乳酸发酵产生的，味道强烈的苹果酸会转变成柔和的果酸。勃艮第白葡萄酒还拥有梨、苹果、柑橘、各式矿物质和橡木的香气。选用勃艮第白葡萄酒搭配食物时，在考虑酒体的同时，还要考虑它的泥土气息，蘑菇是非常不错的选择。

夏布利这种轻盈且拥有丰富矿物质气息的经典勃艮第白葡萄酒，微咸的口感与生蚝相得益彰。当地人用夏布利葡萄酒、蒜与黄油烹制蜗牛，味道也很美。中等酒体的勃艮第白葡萄酒可与口味稍重的菜肴搭配，如布列斯鸡、龙葵或芦笋炖肉松饼。即使是质感最饱满的葡萄酒，也拥有清新的柑橘和苹果气息，适合与甜面包小牛胸肉或当地美味的白查尔斯奶酪共享。

生蚝与口感清爽且富含矿物质气息的夏布利葡萄酒是经典搭配。

香槟 Champagne

世界上最伟大的起泡酒，它为世界生产者树立了典范，并成为各种庆祝场合的不二之选。香槟来自法国北部的香槟省，主要采用霞多丽、黑皮诺和莫尼耶皮诺（三选一或全部）酿造而成。它的风格多样，但最好的香槟总会将复杂的风味与动人的酸度完美结合。

Agrapart & Fils Côte des Blancs
阿格帕父子庄园 白丘

Brut Blanc de Blancs Les 7 Crus
七星干型白中白

阿格帕父子庄园的七星白中白由两个不同年份的酒混酿而成，是一款经典的霞多丽香槟。口感活泼清脆，展现出芳香，并具有梨和柑橘的花香。酿酒师坚信葡萄园的工作与酿酒同等重要，这种信念在香槟地区可并不像你想象的那么简单。这座位于阿维兹的家族庄园强调葡萄种植对环境的敏感影响，其产品可展现出极好的风土特性，特别的矿物质边缘与橡木桶带来的深邃味道相互交织。

57 avenue Jean Jaures, 51190 Avize
www.champagne-agrapart.com

L Aubry Fils Montagne de Reims
奥博瑞酒庄 兰斯山

Brut NV
干型无年份

菲利浦和皮埃尔这对双胞胎因拥护香槟区不太知名的葡萄品种而出名，他们使用常被人们忽视的阿尔巴尼、小美夜和灰皮诺品种酿造香槟。同时，他们还坚信香槟"三巨头"中最不受重视的莫尼耶比诺存在潜力。这款干型无年份就是以莫尼耶皮诺为主要原料酿造的，口感圆润、大气且多汁，酒体饱满，余香带有活泼的草莓和柑橘香气。余香带有活泼的草莓和柑橘香气。即使没有这些葡萄品种的实验，奥博瑞仍是一座有趣并具有创新精神的酒庄，因酿造极具个人色彩的酒而出名。

4 et 6 Grande Rue, 51390 Jouy-lès-reims
www.champagne-aubry.com

Bérèche et Fils Montagne de Reims
贝勒斯父子酒庄 兰斯山

Brut Réserve
干型珍藏

酒庄建于1847年，作为自家种植葡萄的酒庄，如今它已成为香槟区一颗冉冉上升的明星。这座小酒庄由贝勒斯家族掌管。近些年，家族在葡萄园的管理上更趋向采用自然方式，并在瓶中二次发酵时更多地采用橡木塞。这款干型珍藏采用霞多丽、黑皮诺和莫尼耶皮诺混酿，具有无年份香槟中非同寻常的复杂感，并拥有丰富深邃的味道与水晶般的纯净和优雅。

Le Craon de Ludes, 51500 Ludes
www.Champagne-bereche-et-fils.com

Charles Heidsieck Reims
哈雪酒庄 兰斯

Brut Réserve
干型珍藏

查尔斯-卡米勒·海德西克这个具有多彩性格的人物，于1851年成立了哈雪酒庄。很快，他便通过频繁地出差美国，成功地扩大了酒庄酿酒的知名度，并由此获得了一个外号——香槟帝查理。这款干型珍藏具有无年份香槟中不同寻常的复杂度与性格，它含有高比例的老年份酒，令它丰富芬芳，酒体紧实，极其深邃。

4 boulevard Henry Vasnier, 51100 Reims
www.charlesheidsieck.com

Chartogne-Taillet Montagne de Reims
夏托涅-塔夜酒庄 兰斯山

Brut Cuvée Ste-Anne
圣安妮干型窖藏

这款酒和谐、平滑，樱桃和李子的味道，为它带来活力与纯净感。圣安妮干型窖藏在亚历山大·夏托涅的领导下进步惊人，他酿造的香槟能表达出位于香槟产区遥远北部的梅尔菲村庄的沙质和白垩土壤的风土特征。

37 Grande Rue, 51220 Merfy
03 26 03 10 17

🍶 **Diebolt-Vallois** Côte des Blancs
狄博特-瓦卢瓦酒庄 白丘

🍾 *Brut Blanc de Blancs*
干型白中白

狄博特-瓦卢瓦在香槟区自种葡萄的酒庄中属于一流酒庄。它属于两个家族：狄博特家族自19世纪就在克拉芒地区酿酒，而瓦卢瓦家族自1400年就开始种植葡萄。酒庄的事业始于20世纪70年代，人们扩大了葡萄园，建成新的酒窖，如今由雅克·狄博特和纳迪娅·瓦卢瓦管理，他们的孩子阿诺与伊莎贝尔辅助。现在狄博特-瓦卢瓦酒庄在克拉芒拥有11万平方米的葡萄园，酿造的一系列精品白中白具有突出的纯净感与活力，优雅而轻盈。这款干型白中白是一款纯净的霞多丽香槟，是精致的典范，花果的细腻口感与白垩矿物质后味相互交织。

84 rue Neuve, 51530 Cramant
www.diebolt-vallois.com

🍶 **Doyard** Côte des Blancs
杜雅酒庄 白丘

🍾 *Brut Blanc de Blancs Cuvée Vendémiaire*
葡月窖藏干型白中白

杜雅酒庄葡月窖藏在瓶中至少带酵母泥陈酿4年，对于无年份的香槟来说，算得上非常长的。柠檬与烟熏的味道展现出细腻的复杂度与良好的平衡感，令品酒者还想再来一杯。这款酒由扬尼克·杜雅酿造，他从白丘10万平方米的葡萄园中择取最好的果实（剩余部分则卖给地方酒商）。酒庄成立于20世纪20年代，由扬尼克的祖父莫里斯·杜雅创建。

39 avenue Général Leclerc, 51130 Vertus
03 26 52 14 74

🍶 **Drappier** Aube
德拉皮耶酒庄 奥布

🍾 *Brut Nature Zéro Dosage*
自然零添加干型

德拉皮耶酒庄的自然零添加干型香槟完全采用黑皮诺酿制，口感美味成熟，充满果香，风格甘美、多汁而迷人。这款香槟还有一个不添加二氧化硫的版本（酒标上标示着"San souffre"），这个版本更活泼、复杂，值得一试。由家族运营的德拉皮耶酒庄是奥布区的顶级生产商，它由米歇尔·德拉皮耶掌管，葡萄园的面积为55万平方米，均采用有机种植（家族还外购一些葡萄），并针对不同产地的葡萄分开酿制葡萄酒。

Rue des Vignes,
10200 Urville
www.champagne-
drappier.com

香槟侍酒

　　香槟和其他起泡酒的开启过程非常复杂，甚至令人生畏，通常包括以下步骤：撕去铝箔→松开铁丝扣→去除木塞→清理溢出的酒液→斟酒。只要按照本书介绍的侍酒师常用步骤，你就能轻松开启各类起泡酒了。

　　谨记，在开启之前，香槟要充分冰镇，开启时不要剧烈摇动，否则木塞会从瓶口飞出，酒液也会溢流。最重要的是酒瓶中的压力可能导致木塞弹射，伤及他人或毁损物品。

1 帮助撕掉铝箔的小条有时并不管用，这就需要你想尽一切办法撕开或割掉铝箔，重点是露出铁丝笼。

4 用一只手握住瓶塞，另一只手托住瓶底并轻轻旋转，令瓶塞松动，瓶中的压力会将瓶塞顶出，尽量不要让瓶塞发出"嘭"的声响。随后竖直瓶身，并覆盖口布。

3 想要像专业人士一样斟酒，就必须牢记瓶身要倾斜45度，并以这个角度开启瓶塞，这样香槟就几乎不会溢出了。

2 用大拇指压住木塞，扭转铁丝扣，令铁丝笼松动。松开大拇指并取下铁丝笼，然后迅速按住木塞，避免香槟喷射。

5 轻柔且缓慢地将香槟酒倒入笛形玻璃杯中（保留气泡的最佳杯形），直至泡沫到达杯口，但不要溢出。静待泡沫消失，再次倒酒，将杯子斟满。

Gosset Épernay
古塞酒庄 艾佩尔奈

Brut Excellence
干型卓越

古塞酒庄是一座具有悠久历史的香槟酒庄，自1584年建成时，就坐落于艾镇。最近几年它才将酿酒间搬到艾佩尔奈更大的酒窖，但其与众不同的风格永远不变。未采用乳酸发酵，令古塞香槟可以很好地在力量、复杂度与细腻之间平衡。对于这款干型卓越来说也是如此。黑皮诺在这款入门级葡萄酒中占据较大比重，令它拥有丰富的口感和深色多汁水果的味道。新鲜苹果风味的酸度，令葡萄酒口感丝滑且集中。

69 rue Jules Blondeau, 51160 Aÿ
www.champagne-gosset.com

Henriot Reims
汉诺酒庄 兰斯

Brut Souverain
干型索沃伦

这款干型索沃伦采用等比例的霞多丽和黑皮诺混酿，展现出汉诺香槟丰富且饱满的风格，并拥有醇和的深度与优雅细腻的质感。汉诺酒庄于1808年建立，因擅长酿造口感丰富与饱满风格的佳酿而名声卓越。

81 rue coquebert, 51100 Reims
www.champagne-henriot.com

Louis Roederer Reims
路易王妃酒庄 兰斯

Brut Premier
一级干型

这款酒最初是为俄国沙皇亚历山大二世酿造的，如今它是世界权贵和葡萄酒内行的宠儿。然而，除了这款极其昂贵的香槟之外，路易王妃酒庄还提供很多选择。作为对路易王妃酒庄标志性的复杂、柔和与奶油般口感的诠释，这款无年份一级干型香槟展现出该酒庄一切优雅的经典风格。

21 boulevard Lundy, 51053 Reims
www.champagne-roederer.com

Mailly Grand Cru Montagne de Reims
魅力香槟合作社 兰斯山

Grand Cru Brut Réserve
特级干型珍藏

魅力香槟建成于1929年，成员们共同拥有70万平方米的葡萄园，全部位于马伊村，并因酿造结构良好的优质黑皮诺而出名。黑皮诺的品质也在这款特级干型珍藏中闪闪发光。它由75%的黑皮诺和25%的霞多丽组成，具有令人印象深刻的细腻感，红醋栗与葡萄柚的香气令它的口感活泼而紧致。

28 rue de la Libération, 51500 Mailly
www.champagne-mailly.com

Michel Loriot Vallée de la Marne
米歇尔洛希欧酒庄 马恩谷

Brut Réserve Blanc de Noirs
干型珍藏黑中白

独立酒农米歇尔·洛希欧照料着7万平方米的黏土质葡萄

园，庄园位于马恩河南岸附近。这座葡萄园主要种植莫尼耶皮诺（但不是全部），这在该地区非同寻常。洛希欧酿造一系列只含有该葡萄品种的香槟，这款干型珍藏黑中白就是其中之一。这款葡萄酒的风格庄重，展现出活泼而清晰的苹果与红莓味道，还有新鲜的烤面包味。

13 rue de Bel air, 51700 festigny
www.champagne-michelloriot.com

🍾 Pierre Gimonnet & Fils Côte des Blancs
吉莫内父子酒庄 白丘

🍾 *Brut Blanc de Blancs*
干型白中白

　　吉莫内父子酒庄在白丘广受欢迎。1935年，吉莫内父子酒庄由所有人吉莫内创建。如今，依旧由他的子孙们负责酒庄的运营，并专心酿造霞多丽。在吉莫内父子酒庄，除了一款之外，其他葡萄酒都属于白中白。吉莫内干型白中白具有该酒庄标准霞多丽的纯净风格，它生动、活泼且饱含活力，令这款具有柑橘和苹果风味的香槟口感明快而新鲜。

1 rue de la République, 51530 Cuis
www.champagne-gimonnet.com

🍾 Raymond Boulard/Francis Boulard & Fille
Montagne de Reims
雷蒙布拉尔酒庄 兰斯山

🍾 *Brut Nature Les Murgiers*
自然干型沐吉耶

　　这款自然干型沐吉耶采用70%的莫尼耶皮诺和30%的黑皮诺混酿而成，口感爽脆，却不失柔和，这要归功于其成熟的水果味道。这是弗朗西斯·布拉尔与其女戴尔芬于2010年创立新品牌后的佳酿之一。酒庄拥有10万平方米的葡萄园，跨越马恩河和埃纳河地区。

Route Nationale 44, 51220 Cauroy-lès-Hermonville
www.champagne-boulard.fr

🍾 René Geoffroy
Grande Vallée
勒内杰弗里酒庄 大谷

🍾 *Brut Expression*
干型表现力

　　勒内杰弗里酒庄常会令人与居米耶尔地区联想在一起，但事实上，酒庄已于2008年搬迁至艾镇。由让-巴普蒂斯特·杰弗里负责酿酒，这里的葡萄酒风格并未因酒庄移址而出现丝毫变化，这一点在这款干型表现力里得以体现。这款由黑皮诺主导的混酿饱含红色水果的味道，拥有外向且诱人的风格，饱满深邃的酒体中带有活泼柑橘风味的细腻感。酿酒采用的葡萄来自有机种植葡萄园，并根据不同的地块分别发酵。

4 rue Jeanson 51160 Aÿ
www.champagne-geoffroy.com

法国其他产区 The Rest of France

在经典产区之外，法国还有一些出色且价格合理的好酒。罗讷河谷是优雅的西拉和辛香的西拉歌海娜的混酿之乡；阿尔萨斯拥有一切芳香的白葡萄品种，如雷司令和琼瑶浆。在卢瓦尔，不妨试一试清脆的长相思、复杂的白诗南和茂盛芬芳的品丽珠。在朗多克-鲁西永和西南地区，你还能遇到各种迷人的红白葡萄品种。

Antech　Limoux, Languedoc
阿奈特庄园 利莫 朗多克

Blanquette de Limoux Cuvée Françoise (sparkling)
利莫弗朗索瓦窖藏（起泡）

弗朗索瓦·阿奈特在利莫经营阿奈特庄园这座家族酒庄。该区域具有酿造起泡酒的悠久历史，一些专家甚至认为传统法（在瓶中二次发酵）起源于这座1531年的圣伊莱尔修道院，随后该方法才流传至香槟产区。如今利莫的生产者仍然在延续传统酿造法，尽管混酿的品种与香槟不同，这里采用莫扎克、白诗南和霞多丽。拥有60万平方米葡萄园的阿奈特酒庄是该地区最好的酒庄之一。利莫弗朗索瓦窖藏是一款干型、清脆、具有矿物质味道且特性活泼的起泡酒，它的价格比香槟低得多，但品质却几乎相当。

Domaine de Flassian, 1150 Limoux
www.antech-limoux.fr

Cave de Mont Tauch　Fitou, Languedoc
蒙道奇酒庄 菲图 朗多克

Muscat de Rivesaltes Tradition (dessert)
传统韦萨特麝香甜白（甜）

作为朗多克地区历史最悠久的合作社酒庄之一，蒙道奇于1913年开始谱写历史，它是法国最具有远见的生产商之一。酒庄位于居尚村，250位成员拥有的葡萄园分别位于居尚、德班和维勒讷沃地区。蒙道奇一直与菲图产区保持着联系。菲图产区建于1948年，它是朗多克最古老的法定产区，蒙道奇控制着该村庄50%的葡萄酒产量。杰出且具有价值的红葡萄酒同样也来自科比埃法定产区。酿酒师麦克还酿造一些极好的甜酒，这款韦萨特麝香甜白就是很好的例子，它的风格艳丽而微妙，入口立即可展现异国香橙花混合香料和蜂蜜的气息，是一

款非常优雅的法式甜酒。

Les Vignerons Du Mont Tauch, 11350 Tuchan
www.mont-tauch.com

Caves des Vignerons de Saumur　Saumur, Saumur-Champigny, Loire
索米尔酒农联合会 索米尔 索米尔-尚皮尼 卢瓦尔

La réserve des Vignerons, Saumur Champigny (red); Les Poyeux, Saumur Champigny (red)
索米尔-尚皮尼酒农珍藏（红）；索米尔-尚皮尼朴月（红）

索米尔酒农联合会具有很大的规模，它的200名成员共拥有1800万平方米葡萄园，这些葡萄被用于酿造不同类型、各种风格的葡萄酒。酒农珍藏是一款平滑且略带奶油质感的红葡萄酒，拥有愉快的洋李子和红樱桃水果味道，略带石墨香气，并具有细腻的单宁感。朴月是一款来自单一葡萄园的迷人红酒，拥有牡丹、紫罗兰和肉桂的辛香，入口可呈现柔滑的黑醋栗甜酒，以及黑色和红色水果的味道。

Route de Saumoussay, 49260 St-Cyr-en-Bourg
www.cavedesaumur.com

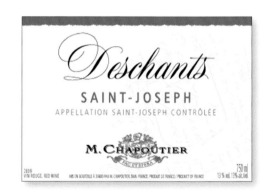

M Chapoutier　Northern Rhône
莎普蒂尔酒庄 北罗讷河谷

Deschants, St-Joseph (red)
圣约瑟夫歌声（红）

米歇尔·莎普蒂尔自1990年接手酒庄后，以卓越的远见和技巧引领这座拥有200多年历史的酒庄。莎普蒂尔是采用生物动力法的先驱，并将这种方法运用于这座位于罗讷河谷的酒庄。家族成员波利多尔·莎普蒂尔在此开始酿酒的历史可以追溯至1808年。如今葡萄园贯穿罗讷河谷，但酒庄的精神家园仍然停留在北罗讷河，就像这款卓越的圣约瑟夫歌声一样，拥

有新鲜的香气和口感，红色和黑色水果中夹杂着熏肉、鲜药草与碎橄榄的味道。

18 ave Dr Paul Durand, 26600 Tain l'Hermitage
www.chapoutier.com

🏚 Château d'Aussières Corbières, Languedoc
奥希耶古堡 科比埃 朗多克

🍷 *A d'Aussières, Corbières (red)*
科比埃奥希耶A（红）

　　1999年，波尔多的拉菲庄园购入奥希耶古堡，现在它配备全新的酿酒间，170万平方米的葡萄园重新开始种植当地的传统品种，如西拉、歌海娜、慕合怀特和佳丽酿。拉菲带来的影响可从葡萄酒的品质中反映出来，用于陈酿的橡木桶出自著名的波亚克庄园。这款奥希耶A来自科比埃法定产区，拥有多汁且活泼的果香。这款酒带有略微野性的一面，但易于入口的辛香，令它成为搭配披萨或烤鸡等周日大餐的完美选择。

Départementale613, Routedel'Abbaye de Fontfroide, 11100 Narbonne
www.lafite.com

🏚 Château La Canorgue Luberon, Southern Rhône
坎诺格庄园 吕贝宏 南罗讷河谷

🍷 *Château La Canorgue, Luberon (red)*
吕贝宏坎诺格庄园（红）

　　这座具有300年历史、设计精美且斑驳的城堡，带有一丝好莱坞的魅力：2006年，它曾作为电影《美好的一年》(A Good Year)的拍摄地而出名。庄园的葡萄酒由主人让-皮埃尔·摩根和他的女儿娜塔莉酿造。庄园的红葡萄酒风格证明了在吕贝宏，西拉所能尽情展示的自然能力，精美与纯净修饰着这款结构细腻、带有香草和植物香气的有机美酒。

Route du Pont Julien, 84480 Bonnieux
04 90 75 81 01

🏚 Château de Caraguilhes Corbières, Languedoc
卡拉极乐庄园 科比埃 朗多克

🍷 *Solus Corbières Blanc (white)*
科比埃独唱白（白）

　　采用100%有机种植的歌海娜酿造，令这款酒酒体饱满，具有奶油质感的独唱干白，拥有柠檬酒、粉葡萄柚、白玫瑰和烤坚果的香气。这座位于科比埃圣劳伦附近的庄园是科比埃-布德纳克地区的典型代表。所有成绩归功于具有远见卓识的莱昂纳尔·费弗尔，该庄园于20世纪50年代成为第一批采用有机方式种植的酒庄，如今庄园由皮埃尔·吉布森掌管，酒庄的历史可以追溯至12世纪。

11220 St-Laurent de la cabrerisse
www.caraguilhes.fr

Château Cazal Viel
St-Chinian, Languedoc

卡萨维尔庄园 圣希尼昂 朗多克

St-Chinian, Vieilles Vignes (red)

圣希尼昂老藤（红）

卡萨维尔庄园的圣希尼昂老藤采用西拉、歌海纳、慕合怀特和其他南部品种混酿而成，并在橡木桶中陈酿12个月。它具有黑莓、月桂叶和少许黑巧克力的香气，酒体中等，结构紧实，适合搭配像鸭肉类滋味浓郁的菜肴。庄园位于卡鲁山脚下的奥尔河畔，自1789年开始就由米奎尔家族拥有并传承。现在庄园由富有天赋的劳伦·米奎尔掌管，拥有135万平方米的葡萄园，是圣希尼昂地区最大的独立生产商。

Hameau Cazal Viel, 34460 Cessenon-sur-Orb
www.laurent-miquel.com

Château de Cazeneuve
Pic St-Loup, Languedoc

卡斯诺夫庄园 皮克-圣卢 朗多克

Les Calcaires, Pic St-Loup (red)

皮克-圣卢石灰石（红）

卡斯诺夫庄园的石灰石以西拉葡萄为主混酿而成，拥有迷人的莓果、普罗旺斯植物和香草气息，中等酒体中带有一丝橡木香气。庄园拥有35万平方米的葡萄园，大面积种植红色葡萄品种，如西拉、歌海娜、神索和佳丽酿，其中1/5种植白葡萄品种，如胡珊、维欧尼、玛珊，还有少许侯尔、麝香与小芒森。这些葡萄被分成30个地块，海拔150～400米。

34270 Lauret
www.cazeneuve.net

Château de Chambert
Cahors, Southwest France

香贝尔庄园 卡奥尔 法国西南

Chambert Gourmand Fruité Intense, Cahors (red)

卡奥尔香贝尔美食家（红）

香贝尔庄园并不被众人知晓，直至2007年菲利浦·勒热纳收购它之后。他还为酒窖引入新橡木桶和相关设备，并对葡萄园进行移植修复。最吸引人的是勒热纳邀请波尔多的顶级专家史蒂芬·德龙考特担任酿酒顾问，他帮助香贝尔庄园全部改用生物动力法种植。如今无论是在酿造工艺上还是在产量上，这里酿造的葡萄酒风味都更集中，这是香贝尔酿酒专家努力的成果。泥土和黑胡椒的香气主导着这款由80%的马尔贝克和20%的美乐混酿而成的葡萄酒，丰富的黑樱桃味道蕴藏其中，这是一款成功的卡奥尔现代佳酿。

Les Hauts Coteaux, 46700 Floressas
www.chambert.com

Château Clément Termes Gaillac, Southwest France
克莱蒙戴枚庄园 加雅克 法国西南
Cuvée Tradition Rouge, Gaillac (red)
加雅克传统窖藏（红）

这款传统窖藏采用加雅克传统的葡萄品种平均混酿，包括布洛克、西拉和杜拉斯，它是克莱蒙戴枚庄园的主打产品。以多刺的秋季水果香气为主导，含有大量黑莓和红醋栗果味，紧实的单宁为酒体带来很好的天然结构感；这款葡萄酒并未经过橡木桶陈酿。酒庄始建于1860年，坐落在山脊之上。如今，创始人的后代仍在掌管庄园，这座面积为80万平方米的葡萄园中种植长相思、西拉、千里目、赤霞珠和美乐等品种。

Les Fortis Rd 18, 81310 Lisle-sur-Tarn
www.clement-termes.com

Château des Erles Fitou, Languedoc
爱尔庄园 菲图 朗多克
Cuvée des Ardoises, Fitou (red)
菲图窖藏（红）

勒顿兄弟雅克和弗朗索瓦的血液中也流淌着葡萄酒，他们来自波尔多的酿酒世家。20世纪80年代，他们进入葡萄酒行业。他们曾在智利、阿根廷和西班牙历练酿酒经验，并于2001年购入位于朗多克的爱尔庄园。庄园窖藏带有果酱、植物和烧烤的香气，它是一款口感顺滑且丰富的朗多克，采用30%的西拉、40%的歌海娜和30%的佳丽酿组成，质美价廉。

Villeneuve-les-corbières 11360
www.francoislurton.com

Château d'Esclans Côtes de Provence, Provence
蝶之兰庄园 普罗旺斯丘 普罗旺斯
Whispering Angel, Côtes de Provence (rosé)
普罗旺斯丘呢喃天使（桃红）

那些怀疑桃红酒品质者，都应该试试这款蝶之兰庄园的呢喃天使。它拥有精致的结构感，以新鲜的野草莓香气为主，带有一丝奶油香味。如果你喜欢它，该庄园还有质量更优秀且价格更高的桃红。庄园的规模令人钦佩，它位于普罗旺斯东南部，占地面积267万平方米。重量级大师帕特里克·莱恩（曾在木桐庄园工作）和飞行酿酒师米歇尔·罗兰都是该庄园的酿酒顾问，蝶之兰一直在向世人证明，桃红也可以是严谨且上等的好酒。

4005 route de callas, 83920 La Motte en Provence
www.châteaudesclans.com

Château des Eyssards Bergerac, Southwest France
俄塞庄园 贝尔热拉克 法国西南
Château des Eyssards, Bergerac Blanc (white)
俄塞庄园贝尔热拉克白（白）

俄塞庄园的贝尔热拉克白风格轻盈，由高比例的长相思酿成（其他为麝香葡萄），具有突出且鲜美的白色花朵气息和新鲜的柑橘活力。俄塞庄园由帕斯卡·屈塞掌管，他酿造的葡萄酒大部分用于出口，这也证明他了解世界葡萄酒饮用者的爱好，而非只局限于地方区域。如今，俄塞庄园拥有44.5万平方米的葡萄园，种植更多的白葡萄品种。庄园还出产迷人的苏西尼涅克甜酒和霞多丽餐酒。

24240 Monestier
05 53 24 36 36

Château de Haute Serre Cahors, Southwest France
奥赛河庄园 卡奥尔 法国西南
Château de Haute Serre, Cahors (red)
卡奥尔奥赛河庄园（红）

奥赛河庄园拥有一个迷人浪漫的故事。故事的主人公为乔治·维格鲁，他在20世纪70年代早期，想寻找一个可以种植马尔贝克的地方。他发现日渐败落且产量过度的奥赛河庄园，于19世纪末受到根瘤蚜袭击之前，曾被评为法国最好的酒庄之一。因此，他决定振兴该庄园。他花了两年时间建成了卡奥尔最高的葡萄园，大部分种植马尔贝克，小部分种植美乐和丹娜。庄园的第一款年份葡萄酒诞生于1976年，随后便吸引了广泛的关注。1989年，酒庄由他的儿子接管，并再接再厉，酿造像庄园红一样的好酒。你可以在这款酒中期待丰富的美妙味道，树莓酱攀附于黑莓面包屑的味道之上，并带有轻柔的烤橡木香，自然的单宁与酸度又能很好地平衡这些香味。

46230 cieurac
www.hauteserre.fr

Château de Jau
Roussillon

博绍庄园 鲁西永

Le Jaja de Jau Syrah (red)
博绍佳佳西拉（红）

博绍佳佳西拉中"佳佳"的意思是"每天"，这款葡萄的风格与简单活泼的包装非常相符，它拥有明显的果香，热情洋溢的酒液中展现出黑莓、樱桃和李子的香气；略微冰镇后饮用，口感更佳。由西多会修士建于12世纪的博绍庄园位于卡塞德佩思地区，可以欣赏到阿格力山谷的景色。自1974年以来，道尔家族就拥有这座酒庄，如今由西蒙和埃斯特尔兄妹俩共同管理。

66000 Cases de Pène
www.chateau-de-jau.com

Château Lagrézette Cahors, Southwest France
拉格泽特庄园 卡奥尔 法国西南

La Rosé de Grézette (rosé)
拉格泽特桃红（桃红）

这款葡萄酒全部采用不锈钢桶酿造，低温发酵，葡萄全部源自手工采摘。酒液呈现丰满的覆盆子色泽，拥有红色夏日水果的味道，结构优秀，是搭配烤肉的完美搭档。

46140 Caillac
www.chateau-lagrezette.tm.fr

Château La Liquière Faugères, Languedoc
丽奇庄园 福热雷 朗多克

Sous l'Amandier Faugères Rouge (red)
福热雷杏树下红（红）

丽奇庄园的杏树下干红证明了盒装葡萄酒也同样能具有高品质。它是一款活泼、明亮且充满果香的干红，是好天气时享用的佳品。作为家族酒庄，丽奇庄园拥有60万平方米的葡萄园，种植着歌海娜、西拉、佳丽酿、慕合怀特和神索。

34480 Cabrerolles
www.chateaulaliquiere.com

Château Mourgues du Grès Costières de Nîmes, Southern Rhône
莫戈斯堡 尼姆海岸 南罗讷河谷

Les Galets Dorés, Costières de Nîmes (white); Les Galets Rosés, Costières de Nîmes (rosé)
尼姆海岸金之石（白）；尼姆海岸桃红石（桃红）

很少有价格如此合理的葡萄酒能展示出法国南部夏天的精髓，这两款新鲜且活泼的莫戈斯堡出产的葡萄酒拥有足够的派头。无论是白酒（金之石）还是桃红酒（桃红石），都带有扑鼻的矿物质香气，并充溢着果香。这两款葡萄酒，与庄园墙壁上几个世纪前镶嵌的格言完全契合："Sine Sole Nihil（阳光是万物之源）"。

Route de Bellegarde, 30300 Beaucaire
www.mourguesdugres.com

Château de la Negly La Clape, Languedoc
纳格丽庄园 克拉普 朗多克

La Falaise, Coteaux du Languedoc (red)
朗多克坡悬崖（红）

纳格丽庄园的悬崖干红风格集中而深邃，是该地区最严谨的葡萄酒之一，口感丰富且干爽，带有该地区典型的深色莓果和石灰石味道，能够搭配从鱼类到肉类的各种菜肴。

11560 Fleury d'aude
04 68 32 36 28

🏛 Château Pesquié Ventoux, Southern Rhône
佩奇庄园 旺度 南罗讷河谷

🍷 *Les Terrasses, Ventoux (rosé and red)*
旺度梯田（桃红和红）

如果优美的佩奇庄园顶级酒令你囊中羞涩，那么就为这款具有迷人价格的梯田干红欢呼万岁吧！这款极为活泼的桃红风格新鲜，另一款红葡萄酒则拥有诱人的圆润口感，还带有胡椒和植物的边缘香气。

Route de Flassan, 84570 Mormoiron
www.chateaupesquie.com

🏛 Château de Pibarnon Bandol, Provence
琵琶庄园 邦多 普罗旺斯

🍷 *Rosé de Pibarnon, Bandol (rosé)*
邦多琵琶桃红（桃红）

想寻找这座优质酒庄的入门低价酒，就试试琵琶桃红吧！它采用等比例的佳丽酿（直接压榨葡萄）和慕合怀特（一次浸渍自流汁）混酿而成。这款葡萄酒带有夏日水果的味道，具有十足的复杂感，口感深邃、丝滑而又鲜美。

Comte de Saint Victor, 83740 La cadière d'azur
www.pibarnon.fr

🏛 Château Pierre-Bise Anjou, Loire
皮尔微风庄园 安茹 卢瓦尔

🍷 *Clos Le Grand Beaupreau Savennières (white); Gamay Sur Spilite, Anjou (red)*
萨维尼埃美若园（白）；安茹细碧岩佳美（红）

萨维尼埃美若园是一款干爽、新鲜、活泼且风味集中的干白，清脆的苹果和葡萄柚味道中带有几许生姜的辛香。与博若莱不同，细碧岩佳美红可展现出卢瓦尔河凉爽的气候和细碧岩土壤带来的精瘦风格，以矿物质风味为主导，果香紧紧环绕着宝石般闪亮的酒体。

49750 Beaulieu-sur-Layon
02 41 78 31 44

▮ 美食与美酒 罗讷河谷红葡萄酒

为罗讷河谷红葡萄酒选择可搭配的佳肴时，首先要确定它是来自于罗讷河谷北部，以西拉为原料，口感纯正饱满的红葡萄酒？还是来自于南罗讷河谷，采用歌海娜与慕合怀特葡萄混酿，口感浓郁强劲的红葡萄酒？这两种红葡萄酒均可搭配种类丰富的菜肴。

罗蒂丘和埃米塔日出产世界顶级的西拉，颜色浓郁，散发着强烈的深色浆果、泥土、烟熏、培根、紫丁香花、普罗旺斯香草以及白色和粉色干胡椒的气息，这些是干型且酒体中等的葡萄酒。而相对便宜的西拉产区包括科尔纳、圣约瑟夫和格鲁兹-埃米塔日。为了能与这类葡萄酒明显的香气平衡，可以挑选口感丰富的菜肴与之搭配，如罗西尼嫩牛肉或酱汁乳鸽。

在南部的混酿葡萄酒中，西拉和歌海娜会带来悦人的草莓气息，而慕合怀特则赋予葡萄酒野味和涩味。口感轻盈且果味浓郁的罗讷丘葡萄酒可以在工作日的午餐时饮用，如搭配烤鸡、芥末酱牛腩排、火腿和格律耶尔干酪铁板三明治、南瓜香肠汤、法式洋葱汤、蒜烤布里奶酪扁豆及咸肉。口感更强劲的教皇新堡（西拉、歌海娜、慕合怀特和其他品种的混酿）则适合搭配炖牛肉、无花果蘑菇酥皮牛肉、烤乳猪与烤羊排。

牛排与口感轻盈且果味浓郁的罗讷丘葡萄酒相得益彰。

♔ **Château Plaisance**
Fronton, Southwest France

普朗桑斯庄园 富登 法国西南

♙♙♙ *Le Grain de Folie, Côtes du Frontonnais (red)*

富登丘疯狂谷物（红）

柔和的单宁和温暖的果香，编织着这款由70%的涅格列特和30%的佳美混酿而成的佳酿。发酵过程只添加了自然酵母，酿酒全部利用不锈钢桶完成，未使用橡木桶。这款疯狂谷物具有很好的酒体和紧实的中段口感，但浓郁度不高。这款具有活泼口感的佳酿出自路易斯·佩纳维尔和其子马克精心且自然的酿造方式，庄园拥有30万平方米的葡萄园，采用有机种植，年产150000瓶品质稳定且卓越的葡萄酒，已成为富登地区的典范。

Place de la Mairie,
31340 Vacquiers
www.chateau-plaisance.fr

♔ **Château La Roque** Pic Saint-Loup, Languedoc

罗克庄园 皮克-圣卢 朗多克

♙♙♙ *Coteaux du Languedoc Blanc (white)*

朗多克坡（白）

近年来，罗克庄园开始采用生物动力种植法，出产的葡萄自然且纯朴。这款口感轻盈且干爽的朗多克坡采用地方品种（玛珊、侯尔、白歌海娜、维欧尼和胡珊）混酿而成，风格活泼新鲜，带有酸橙、杏和茉莉花的香气。

84210 La Roque Sur Pernes Vaucluse
www.chateau-laroque.fr

♔ **Château de St-Cosme** Gigondas, Southern Rhône

圣科斯梅庄园 吉贡达 南罗讷河谷

♙♙♙ *St-Cosme, Côtes du Rhône (red)*

罗讷丘圣科斯梅（红）

这款圣科斯梅拥有多层次的质感，酒体紧实，具有其酿造者巴儒尔惊艳世人的吉贡达风格。作为吉贡达地区的重要人物，巴儒尔是圣科斯梅庄园的第14代传人，他的家族自1570年起拥有这座酒庄，而该庄园的酿酒历史则要更长久。巴儒尔将魅力、智慧与活力带入工作之中，他酿造的葡萄酒一贯丰富而细腻，无论是来自自家15万平方米的葡萄园，还是出自1997年建立的高品质酒商酒。

La fouille et les florets, 84190 Gigondas
www.saintcosme.com

♔ **Château St-Jacques d'Albas** Minervois, Langue-doc

圣雅客庄园 米内瓦 朗多克

♙♙♙ *Domaine St-Jacques d'Albas, Minervois (red)*

米内瓦圣雅客庄园（红）

最初，这里的葡萄会卖给地方合作社，直至2001年，英国人格雷厄姆·纳特购入该酒庄，从而改变了一切。圣雅客庄园红风格奔放，带有野草莓、李子、百里香和龙蒿叶的香气，酒体中等，是该地区性价比最佳的产品之一。

11800 Laure Minervois
www.chateaustjacques.com

▥ Château St-Martin de la Garrigue Picpoul
de Pinet, Languedoc
圣马丁庄园 贝普狄宾纳 朗多克

▥▥ *Château St-Martin de la Garrigue, Picpoul de Pinet (white)*
贝普狄宾纳圣马丁庄园（白）

1992年以前，这座庄园都处于被遗弃的状态，直到新的庄园主人接管了它。如今这里生产一系列有趣的酒，如圣马丁庄园白。这款精致的干白风格活泼，带有复杂的松针和海洋香气。

34530 Montagnac
04 67 24 00 40

▥ Chéreau Carré Muscadet Sèvre et Maine, Loire
狮吼酒庄 密斯卡岱塞汶与马恩 卢瓦尔

▥▥ *Château l'Oiselinière de la Ramée Muscadet Sèvre-et-Maine sur Lie (white); Château l'Oiselinière Le Clos du Château Muscadet Sèvre-et-Maine sur Lie (white)*
密斯卡岱塞汶与马恩欧姿丽酒庄拉梅（白）；密斯卡岱塞汶与马恩欧姿丽酒庄葡园（白）

欧姿丽酒庄拉梅是一款经典的白葡萄酒，新鲜的脆梨水果味道中带有少许微咸的口感。欧姿丽酒庄葡园源自朝南的葡萄园，带有煮梨水和香瓜的味道。

44690 Saint Fiacre sur Maine
www.chereau-carre.fr

▥ Clos de l'Anhel Corbières, Languedoc
昂埃酒庄 科比埃 朗多克

▥▥ *Le Lolo de l'Anhel, Corbières Rouge (red)*
科比埃路路（红）

葡萄园位于拉格拉斯附近，海拔220米。酒庄采用有机种植方式，避免一切化学物质。在庄园原有的佳丽酿、歌海娜、神索和西拉老藤基础上，又增添了慕合怀特和西拉。这款科比埃路路混酿充满野性，具有可口且芳香的特质。

11220 Lagrasse
www.anhel.fr

▥ Clos Mireille Côtes de Provence, Provence
米雷耶酒庄 普罗旺斯丘 普罗旺斯

▥▥ *Clos Mireille Rosé Coeur de Grain, Côtes de Provence (rosé)*
普罗旺斯丘米雷耶谷物之心（桃红）

米雷耶酒庄隶属于极为著名的奥特酒庄庄园。这座带有美丽房子和一排排整齐棕榈树的庄园，其葡萄园的面积为47万平方米，种植着赛美蓉、白玉霓、歌海娜、西拉和神索。谷物之心是米雷耶酒庄出产的两款美酒之一，它拥有可人的香橙味道，并带有普罗旺斯桃红经典的百花香气。

2 bis bd des Hortensias, 83120 Ste-Maxime
04 94 49 39 86

▥ Clos Nicrosi Cap Corse, Corsica
尼克希酒庄 科西嘉海角 科西嘉

▥▥ *Clos Nicrosi Blanc, Coteaux du Cap Corse (white)*
科西嘉海角之丘尼克希酒庄白（白）

尼克希酒庄的杰作是这款采用100%维蒙蒂诺酿成的尼克希白，清脆且优雅，酒体紧实而强烈，拥有活泼的白色花朵香气，略带一丝美味的植物味道，酒精度偏低。

Pian Delle Borre, 20247 Rogliano
04 95 35 41 17

Clos Ste- Magde- leine Cassis, Provence
马德莲酒庄 卡西斯 普罗旺斯

Rosé Cassis (rosé)
卡西斯桃红（桃红）

　　马德莲酒庄的卡西斯桃红采用歌海娜、神索和慕合怀特混酿，比大多数普罗旺斯具有更突出的粉红色晕；相应的，口感拥有更多红色水果味，而非可口的植物香味。额外的结构感，同时具备新鲜而精致的特征，令它成为很好的配餐选择。这座位于卡西斯角的美丽酒庄，在过去40年有了大幅提高，酒庄拥有20万平方米的梯田状葡萄园，直面大海。

Avenue du Revestel,
13260 Cassis
www.clossainte magde-
leine.fr

Clos du Tue-Boeuf Cheverny, Loire
途牛酒庄 舍维尼 卢瓦尔

Rouillon Cheverny (red)
舍维尼胡雍（红）

　　让-玛丽和蒂埃里是自然酿酒协会的明星，这个协会由一些酿酒师组成，致力于以最自然的方式酿酒。20世纪90年代，这对夫妻从父亲手中继承了酒庄，并保留了16万平方米葡萄园中的稀有品种。这些美味生动的葡萄酒就是对葡萄园和酒窖智慧而勇敢革新的最好证明。例如，这款舍维尼胡雍采用佳美和黑皮诺混酿而成，香味芬芳且具有夏天气息的风格，带有红樱桃、莓果和醋栗的香气。

6 route de Seur, 41120 Les Montils
02 54 44 05 06

Delas Frères Northern Rhône
德拉斯费瑞酒庄 北罗讷河谷

Domaine des Grands Chemins, Crozes-Hermitage (red)
格鲁兹-埃米塔日大路庄园（红）

　　直至最近，德拉斯兄弟才摆脱酒庄陷入平庸的命运。作为著名的酒商，德拉斯费瑞酒庄始建于1835年，但在20世纪80~90年代，其品质并不足以和地方同行媲美。然而，1996年，酒庄总经理法布斯·罗塞特，为酒庄带来了影响深远的巨变，他对基础设施和酿酒风格都进行了重大整修，更新了酿酒设备。功夫不负有心人，现在德拉斯再次成为南北罗讷河谷的优质生产商。酒庄在北罗讷河谷的顶级产区拥有一些耀眼的葡萄园（总面积为14万平方米），包括埃米塔日、圣约瑟夫和格鲁兹-埃米塔日。格鲁兹-埃米塔日大路庄园来自德拉斯的附属酒庄，这款卓越的葡萄酒具有复杂的香气和深邃且令人满足的味道。

07300 St-Jean de Muzols
www.delas.com

Denis et Didier Berthollier Savoie
丹尼迪迪酒庄 萨瓦

Chignin Vieilles Vignes, Savoie (white); Chignin Bergeron, Savoie (white)
萨瓦老藤（白）；萨瓦贝杰龙（白）

　　丹尼和迪迪是来自贝尔托利耶家族的兄弟，他们是萨瓦地区冉冉上升的明星，这要归功于他们对品质的不懈坚持。酒庄酿造的新鲜、充满活力且个性鲜明的白葡萄酒尤其受到各界的认可。萨瓦老藤这款极为柔和的干白拥有花香和高山般的新鲜感。贝尔托利耶兄弟还酿造更为丰富饱满的白葡萄酒，如由胡珊品种酿造而成的贝杰龙，它带有微微的辛香和杏的味道，边缘呈矿物质风味。

Le Viviers, 73800 Chignin
www.chignin.com

🏛 Domaine Alain Graillot　Northern Rhône
阿兰格约庄园 北罗讷河谷

🍾 *Domaine Alain Graillot, Crozes-Hermitage (red)*
格鲁兹-埃米塔日阿兰格约庄园（红）

　　格鲁兹-埃米塔日阿兰格约庄园呈深色，风格浓郁，可以搭配从腊肉到鱼肉等各种菜肴，具有格鲁兹-埃米塔日辛香红酒的标准风格。此酒是对这座于过去几十年中出现巨大变化酒庄的极好证明。庄园主精力充沛且意志坚定，曾是位化学工程师，现在他同儿子一起掌管这座拥有22万平方米葡萄园的酒庄。

Les Chênes Verts, 26600 Pont-de-l'Isère
04 75 84 67 52

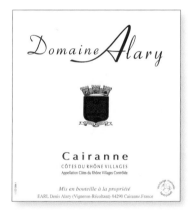

🏛 Domaine Alary　Cairanne, Southern Rhône
阿拉里庄园 凯拉纳 南罗讷河谷

🍾 *La Chèvre d'Or Côtes du Rhône Blanc (white); Tradition Cairanne, Côtes du Rhône Villages (red)*
罗讷丘金山羊（白）；罗讷丘村庄凯拉纳传统（红）

　　有机种植者丹尼斯·阿拉里在南罗讷河谷的凯拉纳地区拥有3块葡萄园，无论白葡萄酒还是红葡萄酒，都拥有着灵敏的风格。金山羊具有南罗讷河最吸引人的白葡萄酒价格，带有梨、桃、柑橘和蜂蜜类的香气，口感和谐。凯拉纳传统拥有黑莓和树莓味道，是阿拉里庄园的明星作品，有该酒庄经典的优雅风格。

Route de Rasteau, 84290 Cairanne
04 90 30 82 32

🏛 Domaine André et Michel Quenard
Savoie
安德烈米歇尔庄园 萨瓦

🍾 *Abymes, Savoie (white); Chignin Mondeuse, Savoie (red)*
萨瓦媲美（白）；萨瓦蒙德斯（红）

　　希农村的许多酒庄名字中都带有"Quenard"字样，但传承了几代的安德烈米歇尔庄园则是其中最始终如一的酒庄。如今，庄园由米歇尔掌管，他的儿子纪尧姆刚从酿酒学校毕业，帮助父亲打理酒庄。庄园的陡峭葡萄园出产一系列佳酿，其中萨瓦媲美是一款简单且新鲜的干白，可以搭配奶酪火锅或其他各种奶酪菜肴。在红酒方面，辛香深邃的蒙德斯经过大橡木桶陈酿，充满纯朴的黑莓味道。

Torméry, 73800 Chignin
04 79 28 12 75

Domaine André et Mireille Tissot Jura
天梭庄园 汝拉

Crémant du Jura (sparkling); Arbois Poulsard Vieilles Vignes (red)

汝拉科瑞芒（起泡）；阿尔布瓦老藤普萨（红）

天梭庄园的汝拉科瑞芒采用霞多丽和萨瓦涅混酿而成，是一款风格优雅且充满气泡的干型起泡酒，它带有柠檬的风味，物美价廉。这座位于阿尔布瓦、面积为40万平方米的庄园发展很快。酒庄采用生物动力法种植，勇于引进新的酿酒观念，即使与地方传统方式相悖，同科瑞芒一样，阿尔布瓦老藤普萨也非常优雅。

Place de la Liberté, 39600 Arbois
www.stephane-tissot.com

Domaine Arretxea Irouléguy, Southwest France
垒夏庄园 伊鲁来吉 法国西南

Rouge Tradition, Irouléguy (red)

伊鲁来吉传统红（红）

比力牛斯山赫然地耸立在法国西南部伊鲁来吉地区，它对该产区的葡萄酒风格具有重要影响。如垒夏庄园，它拥有的8.5万平方米葡萄园中有一半都是陡峭的梯田，其余的坡度约为40度。庄园主人是有机种植和生物动力法的忠实追随者，他们在1996年就获得了有机资格。庄园酿造一小部分白葡萄酒，但主要还是以红葡萄酒为主。这款传统红，混合了丹娜、品丽珠和赤霞珠，并在水泥罐（而非橡木桶）中陈酿。伊鲁来吉地区名气虽小，但风格着实令人愉悦，这款酒便是极好的证明。

64220 Irouléguy
05 59 37 33 67

Domaine Belle Northern Rhône
百丽庄园 北罗讷河谷

Les Pierrelles, Crozes-Hermitage (red); Blanc Les Terres Blanches, Crozes-Hermitage (white)

格鲁兹-埃米塔日皮耶（红）；格鲁兹-埃米塔日白土地（白）

百丽庄园在格鲁兹-埃米塔日地区较具规模，其拥有的20万平方米的葡萄园大部分位于该产区，小部分位于埃米塔日地区。在酿酒方面，庄园对待红白葡萄品种的方式非常不同。以传统方法酿造的红红葡萄酒，经过长时间浸渍和整套工序，就像这款皮耶红，西拉带来深沉的酒色和深邃的口感，并拥有纯净的红黑莓果香气。白葡萄酒则采用更现代的方式，如在不锈钢控温桶中进行发酵，就像这款白土地，拥有新鲜的口感，但仍保持着复杂的风格，带有柑橘味道的果香。

Les Marsuriaux, 26600 Larnage
04 75 08 24 58

Domaine de Bellivière Jasnières, Coteaux du Loir, Loire
百利维庄园 扎尼尔 卢瓦尔坡 卢瓦尔

Prémices, Jasnières (white)

扎尼尔收获（白）

可以毫不夸张地说，埃里克和克里斯汀·尼古拉斯比任何人都要努力，从而才获得扎尼尔和卢瓦尔坡的财富。这两个默默无闻的产区位于图尔以北50千米，它们几乎已被人们遗忘，直到这对夫妇在此发现了一些老葡萄园，决定对其进行重建。他们实施大刀阔斧的改革包括：大幅降低产量，并在其中一个葡萄园中实现惊人的高种植密度——每万平方米40000株。酒庄出产的一系列白诗南为这对夫妇赢得声誉，包括这款扎尼尔收获，它性格活泼，拥有令人垂涎欲滴的柑橘风味，黄李子派的味道与少许残糖完美平衡，是经典的半干型白葡萄酒。

72340 Lhomme
www.belliviere.com

⚏ Domaine Bernard Baudry Chinon, Loire
伯纳德伯德里庄园 希农 卢瓦尔

⚏ Les Granges, Chinon (red)
希农谷仓（红）

在勃艮第受过训练的酿酒师伯纳德·伯德里，是卢瓦尔河最好的红酒生产者之一。其子马修现在与父亲管理30万平方米的葡萄园，其中一部分的地理位置极佳。谷仓来自位于法国西部城市维也纳河边的葡萄园，这里种植着庄园最年轻的葡萄藤。这款希农谷仓是一款优雅、酒体中等且芳香的品丽珠，拥有明亮且美味的肉桂味道，边缘成熟并具有多汁的红樱桃香味。

9 Coteau de Sonnay, 37500 Cravant-les- cô- teaux
www.chinon.com/ vignoble/ Bernard- Baudry

⚏ Domaine Bott-Geyl Alsace
伯特-杰尔庄园 阿尔萨斯

Les Pinots d'Alsace Métiss (white)
阿尔萨斯梅提斯皮诺（白）

伯特-杰尔庄园因它极小的产量和广泛的产品系列而赢得了人们的注意。阿尔萨斯皮诺采用皮诺品种家族的4种葡萄混酿（白皮诺、灰皮诺、黑皮诺和奥赛尔）。这个四重唱令这款酒特别美味，带有深邃的口感和浓郁的矿物质余香，充满香橙和柠檬的味道，并带有一抹蜂蜜和植物的气息。

Rue du Petit-Chateau, 68980 Beblenheim
www.bott-geyl.com

⚏ Domaine Brana Irouléguy, Southwest France
博拉娜庄园 伊鲁来吉 法国西南

⚏ Domaine Brana Rouge, Irouléguy (red); Domaine Brana Blanc, Irouléguy (white)
伊鲁来吉博拉娜庄园红（红）；伊鲁来吉博拉娜庄园白（白）

让·博拉娜是伊鲁来吉地区的先锋，他是第一位在该产区复兴白葡萄品种种植的人，还是第一位与地方合作社切断关系的人。1988年，博拉娜在保持为合作社提供葡萄的基础上，酿造出属于自己的第一批葡萄酒，从那时便声名鹊起。博拉娜庄园红拥有轻快的风格，总体丰富令人愉悦。博拉娜庄园白也极出色，采用南部经典葡萄品种混酿，包括50%的大芒森、25%的小库尔布和25%的小芒森。

64220 St-Jean-Pied-de-Port
www.brana.fr

⚏ Domaine Le Briseau Jasnières, Coteaux du Loir, Loire
布溪庄园 扎尼尔 卢瓦尔坡 卢瓦尔

⚏ Patapon, Coteaux du Loir (red)
卢瓦尔坡帕彭（红）

那些坚持创新而固执的酿酒师，似乎被吸引到扎尼尔和卢瓦尔坡，将这个曾经沉睡的地方变成了葡萄酒实验的温床。布溪庄园的庄主夫妇于2002年来到这个地区，并成为这个实验现象的主要人物。这对夫妇在此地采取生物动力法种植，并于2006年获得有机证书。这款卢瓦尔坡帕彭，带有白胡椒和熏丁香的余韵，修饰着红樱桃的味道。

Les Nérons, Marçon carte, Sarthe
02 43 44 58 53

🏺 Domaine de Cazes Roussillon
卡兹庄园 鲁西永

🏺 *Muscat de Rivesaltes (dessert)*
萨尔特麝香（甜）

鲁西永卡兹家族的葡萄酒王国起源于1895年，当时米歇尔·卡兹只是将葡萄卖给地方的生产商。如今庄园在阿格力山谷拥有200万平方米的梯形葡萄园，它还是法国最大的有机和生物动力法种植酒庄。在一系列作品中，最出类拔萃者便是这款美味、充满蜂蜜气息且拥有中等甜度的萨尔特麝香。

4 rue Francisco Ferrer BP 61, 66602 Rivesaltes
www.cazes-rivesaltes.com

🏺 Domaine Chaume-Arnaud Vinsobres, Southern Rhône
肖恩-阿诺庄园 万索布尔 南罗讷河谷

🏺 *Domaine Chaume-Arnaud, Vinsobres (red)*
万索布尔肖恩-阿诺庄园（红）

肖恩-阿诺庄园于1997年获有机种植资格，并于2007年获生物动力法资格，它是万索布尔地区最好的酒庄之一。它的崛起要感谢活力且积极的瓦莱丽·阿诺。1987年，瓦莱丽·阿诺从家族手中继承了该庄园，并成功地将酒庄风格定位于风土与真实性之上。庄园的万索布尔红带有多刺的口感和细腻的酒质，其热情四射的酒体好像在舌尖跳舞，真是凯旋之作。

Les Paluds, 26110 Vinsobres
04 75 27 66 85

🏺 Domaine Combier Northern Rhône
孔必庄园 北罗讷河谷

🏺 *Domaine Combier, Crozes-Hermitage (red)*
格鲁兹-埃米塔日孔必庄园（红）

格鲁兹-埃米塔日孔必庄园极其成熟、柔软且充满肉质，在许多年份都能超过那些北罗讷河谷价格翻倍的名酒。如今庄园在格鲁兹-埃米塔日拥有22万平方米的葡萄园，采用有机方式种植西拉；在圣约瑟夫还拥有一小块2万平方米的土地，种植玛珊、胡珊和西拉等品种。

2 route de Chantemerle, 26600 Tain l'Hermitage
www.domaine-combier.com

🏺 Domaine Cosse Maisonneuve Cahors, Southwest France
科斯庄园 卡奥尔 法国西南

🏺 *Cuvée La Fage, Cahors (red)*
卡奥尔窖藏联盟（红）

科斯庄园的葡萄酒为卡奥尔产区提供了新方向，这些葡萄酒亮丽而平衡。庄园的葡萄采用生物动力法种植，并采用当地的马尔贝克酿造葡萄酒，这款窖藏联盟的性价比极佳。入口时，带有一丝熏橡木香，随即展现马尔贝克的辛香气息。

46800 Fargues
05 65 24 22 37

🏺 Domaine de la Cotellaraie St-Nicolas-de-Bourgueil, Loire
蔻特莱庄园 圣尼古拉-布尔格依 卢瓦尔

🏺 *Les Mauguerets, St-Nicolas-de-Bourgueil (red)*
圣尼古拉-布尔格依莫格（红）

圣尼古拉-布尔格依莫格优雅、柔滑且充满新鲜采摘的牡丹芳香，带有红黑樱桃和微妙的铅笔屑香气，它是蔻特莱庄园以品丽珠酿造的佳酿，也是该地区最好的品丽珠酒之一。这片葡萄园中种植着小部分长相思（10%），其余部分种植品丽珠。

2, La Cotellaraie, 37140 St-Nicolas-de-Bourgueil
02 47 97 75 53

🏺 Domaine du Cros Marcillac, Southwest France
克罗庄园 马尔希拉克 法国西南

🏺 *Cuvée Lo Sang del Païs, Marcillac (red)*
马尔希拉克洛桑窖藏（红）

克罗庄园的洛桑窖藏是一款令人着迷的葡萄酒，呈现明亮的紫色，未经橡木桶陈酿，令覆盆子的味道和一丝醋栗的香味得到完整诠释。采用100%费尔莎伐多酿造。原料产位于陡峭的山上的葡萄园，红色的土壤富含铁质。

12390 Goutrens
www.domaine-du-cros.com

🏛 **Domaine Dupasquier** Savoie
杜帕斯切尔庄园 萨瓦

🍷 *Roussette de Savoie (white); Mondeuse, Savoie (red)*
萨瓦鲁赛特（白）；萨瓦蒙德斯（红）

这款萨瓦鲁赛特采用阿特西酿造，既可在年轻时饮用，也可陈放几年。中度酒体的萨瓦鲁赛特口感干爽，充满矿物质气息，展现出精致的桃和梨的味道。萨瓦蒙德斯酒体轻盈，是一款带有黑莓味道的柔和干红。

Aimavigne, 73170 Jongieux
04 79 44 02 23

🏛 **Domaine Duseigneur** Lirac, Southern Rhône
杜塞酿庄园 利哈克 南罗讷河谷

🍷 *Antarès, Lirac (red)*
利哈克天蝎座（红）

与著名侍酒师菲利普·福尔-布雷克合作酿造的利哈克天蝎座口感极柔和，风味集中，充满现代风格，在醇和的风格中饱含层次感。其价格虽然比本书介绍的其他葡萄酒略高，但绝对物有所值。

Rue Nostradamus, 30126 St-Laurent-des-Arbres
www.domaineduseigneur.com

🏛 **Domaine de la Ferme Blanche** Cassis, Provence
白梵姆庄园 卡西斯 普罗旺斯

🍷 *Cuvée Cassis Blanc, Provence (white)*
普罗旺斯卡西斯窖藏白（白）

白梵姆庄园的卡西斯窖藏白新鲜且精致的口感，令它成为完美的夏日之选。然而，它并不只是简单，金银花的气息和柑橘糖果的香味为这款酒平添了复杂感。

Route de Marseille, 13260 Cassis
04 42 01 00 74

🍾 琼瑶浆 GEWÜRZTRAMINER

利用琼瑶浆可以酿造干型和甜型的白葡萄酒，它具有易于识别的香气和出色的水果味道，但也颇受争议。

爱琼瑶浆的人喜欢它丰富且充满异国气息的花香，如玫瑰或像梨片配蜂蜜般的水果口感。不过，有些人则觉得它的香气过重，并认为它的花香气质过于甜腻，不适合配餐（这种观点当然是错误的）。其实，干型琼瑶浆有许多配餐选择，如第戎芥末香肠；半干型的琼瑶浆可以搭配辛香的亚洲菜肴和熏三文鱼。

法国阿尔萨斯是世界顶级琼瑶浆的产地，尽管德国、澳大利亚、新西兰、美国加利福尼亚州以及其他地方也有种植，并能酿造出与顶级美酒相媲美的产品。最优质的琼瑶浆往往产自气候凉爽的地区，酿造它们的人通常同时生产雷司令。

琼瑶浆的名字由"Gewürz（德语'辛香'）"和"Tramin（意大利的北部城市托米）"组成。一种名为"塔明娜（Traminer）"的葡萄品种可以追溯到几百年前。葡萄藤科学家们认为约150年前，因这种绿皮的葡萄突变，形成了粉皮的琼瑶浆品种。

如今，琼瑶浆的低知名度反而成了优势。由于需求量较低，因此这种佳酿的价格往往更实惠。

粉色表皮的琼瑶浆最喜欢凉爽的气候。

Domaine Frantz Saumon Montlouis, Loire
弗朗茨索蒙庄园 蒙特卢伊 卢瓦尔

Minérale+ Sec Montlouis-sur-Loire (white); Un Saumon dans la Loire Romorantin Vin de France (white)
卢瓦尔蒙特卢伊矿物（白）；河中鱼地区餐酒（白）

弗朗茨·索蒙于2001年购入这座位于卢瓦尔蒙特卢伊的5万平方米葡萄园之前，曾是位护林官。也许是因为他过去的背景对酿酒有所帮助，索蒙似乎早已知道如何在酿酒过程中使用橡木桶，并且总是使用得恰如其分。在矿物白中，柑橘风味的酸度与甜睡蜜苹果味完美平衡。这款葡萄酒的风格非常清晰。另一款河中鱼地区餐酒风格紧实，香味徘徊在口中，带有可口的坚果味边缘。

15 B Che des Cours, 37270 Montlouis-sur-Loire
06 16 83 47 90

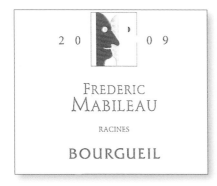

Domaine Frédéric Mabileau
St-Nicolas-de-Bourgueil, Bourgueil, Anjou, Saumur, Loire
费玛庄园 圣尼古拉-布尔格依 布尔格依 安茹 索米尔 卢瓦尔

Les Rouillères, St-Nicolas-de-Bourgueil (red); Racines, Bourgueil (red)
圣尼古拉-布尔格依胡里耶（红）；布尔格依兰新娜（红）

弗雷德里克·玛弼乐在1991年购买酒庄。他慢慢扩张葡萄园的面积，现在已拥有27万平方米的葡萄园。尽管他也酿造一些安茹白葡萄酒，但却是品丽珠红（也有一些赤霞珠）为他赢得了世界声誉。胡里耶展现了品丽珠精巧而平易近人的一面，它带有美味的红色水果和莓果味道，还有少许泥土和矿物质气息。兰新娜更具结构感，口感更佳且更强劲，外表饱含橡木桶带来的辛香与香草气息，内在充满纯净且芳香的醋栗水果味道。

6 rue du Pressoir, 37140 St-Nicolas-de-Bourgueil
www.fredericmabileau.com

Domaine Gauby Roussillon
高柏庄园 鲁西永

Les Calcinaires Blanc, Côtes du Roussillon Villages (white)
鲁西永丘村庄卡西奈白（白）

如果你觉得杰拉尔·高柏的顶级产品售价更像一瓶来自勃艮第的特级田酒，那这款卡西奈白则具有更高的性价比。采用50%的麝香、30%的霞多丽和20%的马卡贝奥混酿而成，它同所有高柏酒一样，采用自生物动力法种植。这款优雅的卡西奈白风味集中且丰富，拥有菠萝、桃和蜂蜜的香气。就是这样风格的葡萄酒令高柏庄园成为鲁西永的明星，它为年轻一代的酿酒师提供了更多的灵感，令这个产区变成激动人心的地方。高柏庄园位于距离佩皮尼昂北部20千米的卡尔斯村，1985年，杰拉尔接管了这座传承数年的家族庄园，如今，庄园拥有的葡萄园达45万平方米，其中包括一些树龄为120岁的老藤。

La Muntada, 66600 Calce
www.domainegauby.fr

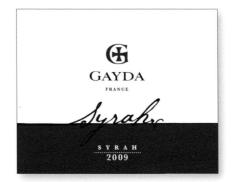

Domaine Gayda Languedoc
格达庄园 朗多克

Gayda Cépages Syrah, IGP Pays d'Oc (red)
格达西拉奥克地区餐酒（红）

格达庄园的格达西拉风格饱满，充满肉质，略带芳香的红醋栗和紫罗兰香气，还有柔和的黑胡椒气息。它平滑易饮，但在温暖的年份要注意酒精度较高。格达庄园拥有国际背景。庄园由英国人蒂姆·福特和南非人安东尼·里克共同拥有。在卡尔卡松东南部的布鲁豪利斯地区，庄园拥有11万平方米的葡萄园，另有8万平方米位于米内瓦-拉维涅斯法定产区；庄园还与朗多克和鲁西永地区的葡萄种植者有合作关系。

11300 Brugairolles
www.gaydavineyards.com

🎐 Domaine Georges Vernay Condrieu, Northern Rhône

乔治维尔奈庄园 孔德里约 北
罗讷河谷

🍷 *Le Pied de Samson, Vin de Pays des Collines Rhodaniennes Viognier (white)*
罗丹尼丘鲑鱼脚维欧尼地区餐酒
（白）

酿制维欧尼是乔治维尔奈庄园的特长，这个品种被用于酿造庄园的顶级酒，旗舰产品孔德里约就是来这个广受好评、面积小（只有8万平方米）且昂贵产区的最佳作品。另外，庄园还生产一些价格平易近人的葡萄酒，如这款罗丹尼丘鲑鱼脚地区餐酒。它拥有令人愉快的花香，果香的味道会令人联想到桃和熟瓜，新鲜的柑橘味道为余香带来平衡。如今，具有影响力的乔治·维尔奈将大权传给女儿克里斯汀，她与丈夫以及哥哥共同经营庄园。

1 route nationale, 69420 Condrieu
www.georges-vernay.fr

🎐 Domaine La Grange aux Belles Anjou, Loire

美丽谷仓庄园 安茹 卢瓦尔

🍷 *Fragile, Anjou (white); Princé, Anjou (red)*
安茹弗拉吉（白）；安茹普兰塞（红）

这两款安茹酒——弗拉吉白和普兰塞红极好地展现了庄园的酿酒风格。弗拉吉白带有令人垂涎欲滴且强烈的苹果香味，风格优雅平衡，余香悠长而口感坚定。普兰塞红是一款极细腻优雅的品丽珠，它来自庄园最好的葡萄藤，新鲜丝滑的黑色水果味道中带有令人愉悦的纯净感。

Quartier artisanal de l'églantier, 49610 Murs-erigne
02 41 80 05 72

🎐 Domaine du Grapillon d'Or Gigondas, Southern Rhône

金格拉媲庄园 吉贡达 南罗讷河谷

🍷 *Cuvée Classique, Gigondas (red)*
吉贡达经典窖藏（红）

金格拉媲庄园如今由充满干劲的赛琳·肖万特掌管，10年前她从父亲伯纳德手中继承了酒庄。伯纳德一直在帮助赛琳以传统方法酿造成熟且口感丰富的歌海娜（80%）与西拉（20%）混酿。柔和的吉贡达经典窖藏口感极佳，而且价格平易近人。尽管吉贡达地区的葡萄酒常常充满肉香，而且略带干涩，但这款酒却因丝滑的优雅感而出名。

84190 Gigondas
www.domainedugrapillondor.com

🎐 Domaine Jacques Puffeney Jura

雅各柏菲庄园 汝拉

🍷 *Chardonnay, Arbois (white); Poulsard M, Arbois (red)*
阿尔布瓦霞多丽（白）；阿尔布瓦普萨（红）

雅各柏菲庄园位于蒙蒂尼雷亚旭地区。庄园主人雅各·柏菲具有不妥协的态度，在过去10年中，他以自然为本，并对每年的气候进行对比考虑。雅各坚持自己的风格，在7.5万平方米的葡萄园中种植汝拉当地的5个品种，即灰特卢索、普萨、萨瓦涅、霞多丽和黑皮诺。阿尔布瓦霞多丽呈现出迷人的汝拉风格，它展现该地区这一品种拥有的矿物质特性，并混合了熟苹果与干爽、新鲜、优雅的味道。阿尔布瓦普萨在大桶中陈年，风格极为出色，具有惊人的力量与活力，在淡雅的宝石红色酒液中，隐藏着泥土味道的红色水果特征。

Quartier Saint Laurent, 39600 Montigny-les-Arsures
03 84 66 10 89

🏯 **Domaine de la Janasse** Châteauneuf-du-Pape,Southern Rhône

加纳斯庄园 教皇新堡 南罗讷河谷

🍷 *Domaine de la Janasse, Côtes du Rhône (red)*
罗讷丘加纳斯庄园（红）

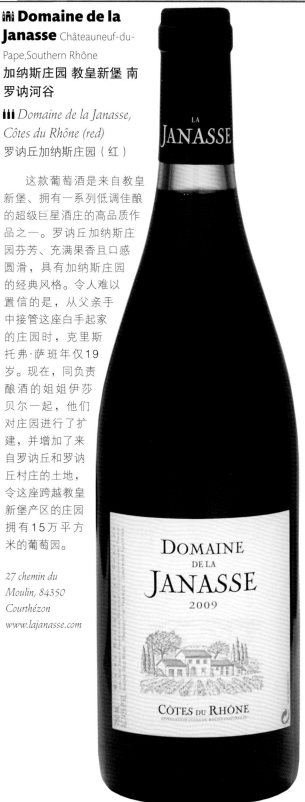

这款葡萄酒是来自教皇新堡、拥有一系列低调佳酿的超级巨星酒庄的高品质作品之一。罗讷丘加纳斯庄园芬芳、充满果香且口感圆滑，具有加纳斯庄园的经典风格。令人难以置信的是，从父亲手中接管这座白手起家的庄园时，克里斯托弗·萨班年仅19岁。现在，同负责酿酒的姐姐伊莎贝尔一起，他们对庄园进行了扩建，并增加了来自罗讷丘和罗讷丘村庄的土地，令这座跨越教皇新堡产区的庄园拥有15万平方米的葡萄园。

27 chemin du Moulin, 84350 Courthézon
www.lajanasse.com

🏯 **Domaine Jean-Luc Matha** Marcillac, Southwest France

让-吕克玛莎庄园 马尔希拉克 法国西南

🍷 *Cuvée Pèirafi, Marcillac (red)*
马尔希拉克裴毅非窖藏（红）

来自让-吕克庄园的裴毅非窖藏采用费尔莎伐多的老藤酿造，令这款极具个性的佳酿性价比极高。它在以老橡木制成的大木桶中柔和地陈酿20个月，为葡萄酒带来了质感、深度和柔软感，而并非过度的橡木味道。庄园主人让-吕克在酿酒前曾当过牧师。如今，他的思想播撒在这片16万平方米的葡萄园中，全部用于种植当地的费尔莎伐多品种，均采用有机种植。

12330 Bruéjouls
www.matha-vigneron.fr

🏯 **Domaine Jean-Luc Colombo** Northern Rhône

让-吕克哥伦布庄园 北罗讷河谷

Les Fées Brunes, Crozes-Hermitage (red)
格鲁兹-埃米塔日小精灵（红）

20世纪80年代初，年轻的让-吕克·哥伦布刚来到北罗讷河谷时曾被视为"顽童"。作为酿酒顾问的他，为这个地区带来了现代酿酒方式和种植技巧，并成为采用绿色种植、去梗发酵和使用新橡木桶等方法的先驱。如今，他仍被视为罗讷河谷现代酿酒风格的代言人，并对当地酒庄提供广泛指导。他在罗讷河谷酿造一系列自家旗下的酒庄酒和酒商酒，包括教皇新堡、南部的塔维尔、罗讷丘、圣约瑟夫、圣陪雷、格鲁兹-埃米塔日、埃米塔日、孔德里约和来自科尔纳的4款佳酿。在许多年份里，小精灵尝起来像是来自科尔纳的昂贵佳酿，而并非更实惠的格鲁兹-埃米塔日，它具有令人印象深刻的集中度和复杂的香气与味道。

La Croix des Marais, 26v600 La Roche-de-Glun
04 75 84 17 10

🏛 **Domaine de Joÿ** Côtes de Gascogne, Southwest France
快乐庄园 加斯科尼丘 法国西南

🍷 *L'Etoile, Côtes de Gascogne (white)*
加斯科尼丘星星（白）

拥有这座快乐名字的庄园的家族起源于瑞士，这个家族于20世纪早期搬到法国西南。葡萄园的面积为110万平方米，以种植白葡萄品种为主，大部分用于酿造雅文邑和加斯科尼开胃酒。他们采用现代酿造方式，在不锈钢桶中低温发酵，并强调保留新鲜的果香。星星是快乐庄园中口味轻盈、新鲜且迷人的白葡萄酒佳酿，采用50%的鸽笼白和25%的棠比内洛混合酿制，另有25%的大芒森为葡萄酒带来丰满的口感。

32110 Panjas
www.domaine-joy.com

🏛 **Domaine Laffont** Madiran, Southwest France
拉风庄园 马迪朗 法国西南

🍷 *Cuvée Erigone, Madiran (red)*
马迪朗戈涅窖藏（红）

拉风庄园的戈涅窖藏具有迷人且复杂的香气，带有深沉的黑色水果和少许迷人的咖啡和巧克力香，采用老藤丹娜酿造，产量极低，果实经过冷浸渍处理，以提取柔和的果香。这款葡萄酒更适合搭配重口味的炖肉或厚实的牛排。1993年，比利时商人皮埃尔·斯派尔购入拉风庄园。现在他拥有位于马迪朗中心莫米松地区的4万平方米的葡萄园，庄园还从另一个面积为3万平方米的葡萄园购入原料。2005年，斯派尔的葡萄园改为有机种植，现在庄园正在向生物动力法种植的目标前进。

32400 Maumusson
05 62 69 75 23

▌那些瓶中的残留物是什么？

大多数酒类在酿造过程中都会经过彻底的巴氏消毒，并经过过滤，最后瓶中只剩下平滑的液体，不会出现其他物质。然而葡萄酒却是个例外，白葡萄酒或红葡萄酒中有时会出现小块晶体，有些红酒中还会出现渣滓聚合物。

这看起来虽不迷人，但对健康无害。事实上，这两样东西都说明这些葡萄酒的酿造方式更自然，人工干涉程度较低。

白色的晶体就像海盐颗粒，你也许能在瓶底发现一勺之多。这些晶体是酒石酸，它们是葡萄中的天然副产物。它们对健康无害，并且不会影响酒的口感。侍酒时请避免倒入杯中，并且不要咽下。虽然这些酒石酸是无害的，但它们的口感可并不怎么美味。

那些被称为沉积物或酒泥的细腻纹状物，几乎只会在红酒中出现。这些物质更容易出现在未经过滤，而且陈放了几年的红葡萄酒中。随着时间的推移，这些物质会在瓶中形成。如果酒瓶平躺存放，沉淀物会附着在瓶壁上；而直立存放时，沉淀物则会在瓶底结块。少量沉淀物是优质的标志，说明这瓶红葡萄酒的状态不错；但大量的沉淀物或絮状混浊物，则说明葡萄酒可能已经变质。

饮用之前，可以通过醒酒步骤澄清酒液，以分离出沉淀物。另外，饮用一瓶年份较久的葡萄酒时，可以提前两天将酒瓶垂直放置，让杂质沉到瓶底（醒酒方法参见第148页）。

Domaine Leon Barral Faugères, Languedoc
利昂巴拉尔庄园 福热雷 朗多克

Domaine Leon Barral, Faugères Rouge (red)
利昂巴拉尔庄园福热雷红（红）

很少有人能比迪迪埃·巴拉尔更忠实于土地且注重保护生态环境了，他是朗多克这座与其祖父同名庄园的庄主。酒庄拥有25万平方米的老藤葡萄园。庄园采用生物动力法种植，也就是不使用化学制品和除草剂。牛群为土地增加肥料，完全采用犁耕田地，并促进生物多样性：葡萄园里随处可见蜘蛛、昆虫、鸟类和植物。酿酒过程也同样自然，尽量减少人为干涉，并用传统的酿造方式。这样酿出的葡萄酒口感丰富，这在庄园的福热雷红中即可感受到。它带有多刺的野生植物香气和迷人的蘑菇气息，易于入口，品尝时非常享受。

Lenthéric Faugères, 34480 Cabrerolles
www.domaineleonbarral.com

Domaine Marcel Deiss Alsace
马赛尔戴斯庄园 阿尔萨斯

Vendanges Tardives Pinot Blanc, Alsace (white)
阿尔萨斯晚收白皮诺（白）

总的来说，马赛尔戴斯庄园并不是阿尔萨斯或法国最实惠的酒庄之一，但这款晚收白皮诺却是这座具有独特风格酒庄的极佳入门酒。马赛尔·戴斯是庄园创始人的孙子，他是生物动力种植法的先锋，认为采用这种方法才能完全展现酒庄的风格。这款酒若在瓶中陈放几年，可以转化成深金色泽，香气变得更饱满，但由甜度支撑的味道却直率且浓郁，充满了蜂蜜味。这是一款极好的白皮诺，而且价格平易近人。你可以理解为何许多酒商都将马赛尔戴斯庄园的葡萄酒私下珍藏了。

68750 Bergheim
www.marceldeiss.com

Domaine du Mas Blanc Roussillon
马布朗庄园 鲁西永

Cosprons Levants, Collioure Rouge (red)
乐凡科利乌尔红（红）

马布朗庄园是巴纽尔斯最具有创新性的顶级酒庄之一，自1639年同一家族传承至今。如今，马布朗庄园由让-米希尔·帕尔塞掌管，他于1976年接管这座占地21万平方米，位于陡坡地带的梯田状老藤葡萄园，并酿造出一系列顶级巴纽尔斯和科利乌尔葡萄酒。乐凡是一款迷人的干红，可展现野莓酱、干植物和泥土的诱人气息。酿造这款酒的葡萄来自庄园最老的葡萄藤，混酿比例为60%的西拉、30%的慕合怀特和10%的古诺瓦姿。

66650 Banyuls-sur-Mer
www.domainedumasblanc.com

Domaine Michel & Stéphane Ogier Northern Rhône
奥吉尔庄园 北罗讷河谷

La Rosine Syrah, Vin de Pays des Collines Rhodaniennes (red);
Viognier de Rosine, Vin de Pays des Collines Rhodaniennes (red)
小玫瑰西拉罗丹尼丘地区餐酒（红）；小玫瑰维欧尼罗丹尼丘地区餐酒（红）

奥吉尔庄园是罗讷河谷的上升之星，庄园的规模近年才显现。作为家族传统，该酒庄以前都将葡萄卖给酒商，直至米歇尔·奥吉尔决定酿造自己的葡萄酒。如今，庄园由米歇尔和海伦的儿子史蒂芬掌管。与本书风格相符的是庄园酿造的罗丹尼丘地区餐酒，芳香且具有结构感的小玫瑰西拉品质稳定，在价格方面更是卓越，考虑到该产区葡萄酒的价格时更是如此。另外，小玫瑰维欧尼性价比也很高，它具有不同寻常的新鲜感和集中度，带有微妙的花香和令人愉悦的持续口感。

3 chemin du Bac, 69420 Ampuis
04 74 56 10 75

Domaine de Montvac Vacqueyras, Southern Rhône

蒙瓦克庄园 瓦凯拉 南罗讷河谷

Domaine de Montvac, Vacqueyras (red)

瓦凯拉蒙瓦克庄园（红）

独特的女性影响在这座占地24万平方米的蒙瓦克庄园中盛行，它的传承方式延续女性路线，从妈妈传给女儿，至今已有4代。如今的主人是赛西尔·迪塞尔，她酿造的葡萄酒具有迷人的优雅感。它们具有的平衡感和优雅感令人难忘，好似在舌尖飞舞，最后留下蒙瓦克庄园和吉贡达标志性的力量感。迪塞尔酿造快乐之酒的天赋，证明这款入门级的同名酒非常令人愉悦，流露出夏日莓果的迷人气息。

84190 Vacqueyras
www.domaine-de-montvac.com

Domaine Oratoire St-Martin Cairanne, Southern Rhône

欧拉托庄园 凯拉纳 南罗讷河谷

Réserve des Seigneurs, Cairanne (red)

凯拉纳庄主珍藏（红）

阿拉里家族在凯拉纳地区颇有名望，已有300年的酿酒历史。欧拉托庄园如今由弗朗索瓦和弗雷德里·阿拉里掌管，它是南罗讷河谷最稳定且最卓越的酒庄之一。庄园各处都充溢着传统气息，毕竟该家族有10代传承的酿酒经历。26万平方米的葡萄园采用有机种植（于1993年获得有机认证），并将葡萄园吸热的石头移走，以延缓葡萄的成熟速度，从而令酒的风格更新鲜。这款未经橡木桶处理的庄主珍藏带有矿物质丰富的风土印记，结构优雅而平衡。

Route de St-Roman, 84290 Cairanne
www.oratoiresaintmartin.fr

Domaine Paul Blanck Alsace

保罗布朗克庄园 阿尔萨斯

Pinot Noir, Alsace (red); Gewurztraminer, Alsace (white)

阿尔萨斯黑皮诺（红）；阿尔萨斯琼瑶浆（白）

保罗布朗克庄园的黑皮诺是这样一款葡萄酒，它来自阿尔萨斯顶级酒庄，带有少许草莓的新鲜和烟熏味的边缘。这款酒风格轻盈，饮用前可以稍微冰镇。迷人的琼瑶浆则具有令人陶醉的肉豆蔻、肉桂和姜的混合香味，后味带有黑胡椒和少许土耳其软糖的美味与少许甜度。

32 grand-rue, 68240 Kientzheim
www.blanck-alsace.com

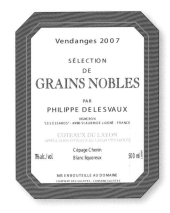

Domaine Philippe Delesvaux Coteaux du Layon, Loire

戴尔萨维庄园 莱昂坡 卢瓦尔

Domaine Philippe Delesvaux, Coteaux du Layon (dessert)

莱昂坡菲利浦戴尔萨维庄园（甜）

自1983年，来自巴黎的菲利浦·戴尔萨维购入这座10万平方米的庄园起，他便成为提升一度饱受批评的莱昂坡形象的中坚力量。如今，这座采用生物动力法种植的酒庄广受好评，它生产的甜酒风格集中，口感丰富，却又不失平衡和轻盈感。这里的所有工作，包括一系列以保持低产量为目的的严格剪枝、截芽、疏串和疏叶工作均由手工完成。莱昂坡菲利浦戴尔萨维庄园充满精致的甜味，复杂的核果和焦糖香味，具有极好的新鲜且干净的余香。它非常适合配餐，可搭配鹅肝或各种甜点和奶酪。

Les Essarts, La Haie Longue, 49190, St-Aubin-de-Luigné
02 41 78 18 71

Domaine Philippe Faury Condrieu, Northern Rhône

菲利浦弗瑞庄园 孔德里约 北罗讷河谷

Domaine Philippe Faury, St-Joseph (red)

圣约瑟夫菲利浦弗瑞庄园（红）

圣约瑟夫菲利浦弗瑞庄园红以红色水果为主，混合少许熏培根和胡椒香气，余香柔和且丝滑，风格优雅曼妙。这款葡萄酒完全采用西拉酿制，并在大小不同的橡木桶中陈酿12个月，是这座北罗讷河谷精致家族庄园的典型之作。在菲利浦·弗瑞管理期间，他对庄园进行了一系列的改革，并见证了葡萄园从2.5万平方米扩张至如今的7万平方米的辉煌过程。这些地块位于圣约瑟夫、孔德里约、罗蒂丘和IGP罗丹尼丘。

La Ribaudy, 42410 Chavanay
www.domaine-faury.fr

🏛 Domaine Philippe Gilbert Menetou-Salon, Loire
菲利浦吉尔伯特庄园 默内图-萨隆 卢瓦尔

🍷 *Domaine Philippe Gilbert, Menetou-Salon (red and white)*
默内图-萨隆吉尔伯特庄园（红和白）

菲利浦·吉尔伯特在1998年回归卢瓦尔的家族酒庄之前，曾是位剧作家。接管酒庄之后，他延续着家族自1768年开始的葡萄种植传统。葡萄园采用生物动力法种植。庄园美味的长相思带有黑醋栗芽苞和干植物的香气，并拥有成熟的桃子味道。庄园的黑皮诺带有破碎的红樱桃和红醋栗味道，经典的黑皮诺泥土气息伴随在余香之中。

Les Faucards, 18510 Menetou-Salon
www.domainephilippegilbert.fr

🏛 Domaine Pieretti Cap Corse, Corsica
皮尔蒂庄园 科西嘉海角 科西嘉

🍷 *Vieilles Vignes, Coteaux du Cap Corse (red)*
科西嘉海角之坡老藤（红）

皮尔蒂庄园是科西嘉最好的酒庄之一，它具有可靠的品质和合理的价格。来自科西嘉海角之坡的老藤是庄园的顶级产品，它采用歌海娜和涅露秋老藤混酿。优秀的酸度为这款酒带来张力，恰好的单宁含量帮助它集中黑色水果的浓郁味道。这款葡萄酒极具地方特色。这些葡萄园位于科西嘉海角的卢里港口旁，酿酒间建于1994年，离海更近。

Santa Severa, 20228 Luri
www.vinpieretti.com

🏛 Domaine de la Pigeade Beaumes-de-Venise, Southern Rhône
皮嘉德庄园 博默-弗尼瑟 南罗讷河谷

🍷 *Domaine de la Pigeade, Muscat de Beaumes-de- Venise (dessert)*
博默-弗尼瑟皮嘉德庄园麝香（甜）

如果你想提升蓝纹奶酪或水果甜点的味道，不如试试这款细腻且充满活力的皮嘉德庄园麝香。年轻时轻盈诱人，其异国荔枝和橘子的香气会随着时间的延长而加强，因此如果意志力允许的话，不如将这些葡萄酒窖藏几年。庄园42万平方米的葡萄园中3/4的面积用于种植麝香葡萄，这些葡萄被用于酿造法国最著名甜酒产区之一的佳酿。

Route de Caromb, 84190 Beaumes-de-Venise
www.lapigeade.fr

🏛 Domaine de la Rectorie Roussillon
海克图瓦庄园 鲁西永

🍷 *L'Argile Collioure Blanc (white)*
科利乌尔黏土（白）

庄园拥有27万平方米的葡萄园，跨越了30个小地块，90%的地块拥有不同的日照度。庄园主小心收获，并针对不同地块的特性分别发酵。科利乌尔黏土是一款口感丰富的干白，采用90%的灰歌海娜和少许白歌海娜混酿，经橡木桶发酵陈酿，带有白垩矿物质、桃子和蜂蜜的气息，个性强烈，并带有少许熏烤橡木桶的复杂感。

65 rue de Puig del Mas, 66650 Banyuls-sur-Mer
www.la-rectorie.com

🏛 Domaine La Réméjeanne Côtes du Rhône and Côtes du Rhône-Villages, Southern Rhône
黑梅简庄园 罗讷丘及罗讷丘村庄 南罗讷河谷

🍷 *Les Arbousiers, Côtes du Rhône (red and white)*
罗讷丘野草莓（红和白）

黑梅简庄园的葡萄酒在罗讷丘富有成就，如罗讷丘野草莓红白葡萄酒就完美地融合了迷人深邃的气质。野草莓白口感饱满却并不过重，而辛香复杂的野草莓红则可陈酿5年或更久。广受尊敬的雷米·克莱因在过去20年里致力于提高葡萄酒的品质。这座家族庄园由父亲弗朗索瓦创建于20世纪60年代初，当时这个家族刚从摩洛哥返回法国。如今克莱因在加尔省北部拥有38万平方米的葡萄园，他酿制的葡萄酒可与村庄中的任何一款佳酿媲美。这里的风景桀骜不驯，与太阳炙烤的南罗讷河谷中心地带不同，这里风更大，导致葡萄酒具有更充沛的活力和新鲜感。

Cadignac, 30200 Sabran
www.laremejeanne.com

Domaine des Remizières Northern Rhône
赫美姿庄园 北罗讷河谷

Domaine des Remizières, Crozes-Hermitage (red)
格鲁兹-埃米塔日赫美姿庄园（红）

　　对于这个价位的葡萄酒来说，格鲁兹-埃米塔日赫美姿庄园具有杰出的复杂性。它带有可人的花香和柔和甜美的味道，如红黑树莓的香味，并带有辛香香料的边缘。然而对赫美姿庄园来说，酿造杰出的葡萄酒是很平常的事。庄园已在同一家族中传承三代，在过去的数年中，酒庄增添了20万平方米的葡萄园，令葡萄园现在的规模达到30万平方米。如今，庄园的注意力主要集中在格鲁兹-埃米塔日（24万平方米葡萄园），以及圣约瑟夫和埃米塔日的一小片地块上。这里的酿造方式更现代化，大量使用橡木桶，赋予葡萄酒成熟丰富的味道。

Route de Romans, 26600 Mercurol
www.domaineremizieres.com

Domaine Ricard Touraine, Loire
理查德庄园 都兰 卢瓦尔

Le Petiot Sauvignon Blanc, Touraine (white)
都兰贝蒂长相思（白）

　　这是许多法国当代酒庄的共同历史：曾把葡萄卖给地方合作社或者酒商，直到有一天，他们开始酿造自己的葡萄酒，理查德庄园就是如此。直至1998年文森特·理查德创立这座占地17万平方米的庄园之前，他的家族一直将葡萄卖给第三方。理查德庄园位于都兰圣艾尼昂附近，在谢尔河的另一边，理查德现在拥有一系列广受好评的佳酿，包括品丽珠、马尔贝克和少许霞多丽。但庄园的长相思才是葡萄园和酿酒方面的主力，并主要用于出口。未经橡木桶处理的贝蒂长相思来自年轻的葡萄藤，如同其酒标一样，这款葡萄酒风格鲜明且天真有趣，丰富的醋栗和青苹果香味中带有一丝辛香的月桂树叶气息。

19 rue de la Bougonnetière, 41140 Thesee La Romaine
www.domainericard.com

白诗南 CHENIN BLANC

　　在世界各地的许多产区，白诗南属于物美价廉的产品，但这个美妙品种也被低估了。在相对凉爽的卢瓦尔河谷，白诗南可酿造出顶级的干型与甜型葡萄酒，其花果的香气令人想起安茹的梨子和清脆的苹果以及花香。

　　卢瓦尔河谷出产的葡萄酒酒标上并不特别标注白诗南品种，但我们可以从产区进行判断，包括安茹（通常为干型）、邦尼舒、莱昂坡、蒙特卢伊、肖姆-卡尔特、索米尔、萨维尼埃和武弗雷（通常为略甜或甜型酒）；卢瓦尔起泡酒则是另一个版本。

　　如果你只是想换换口味，并非追求全新类型，可以考虑将白诗南葡萄酒作为长相思或灰皮诺的替代品。卢瓦尔河谷出产的葡萄酒酒精含量较低，具有活跃的酸度，可以和口味清淡的沙拉、奶油浇汁的鱼肉或鸡肉，以及挞派搭配。

　　白诗南还是南非的主要葡萄品种，自早期殖民时代就开始种植，在当地约占葡萄种植面积的20%。有时，当地人也称白诗南为"Steen"。在过去几十年中，白诗南在当地着重品质的酿酒师手中得到了复兴。

白诗南是具有高酸度的葡萄品种。

🏨 Domaine Le Roc
Fronton, Southwest France

乐罗克庄园 富登 法国西南

🍷 *Le Classique, Fronton (red)*
富登经典（红）

　　红醋栗和白胡椒的香气是涅格列特品种的典型标志，它曾几乎被人遗忘，但在法国西南临近图卢兹附近的富登却找到了归属。在乐罗克庄园的经典红中，这种经典味道与更具有结构感的西拉和赤霞珠混合，令葡萄酒辛香、独特且芬芳，难怪有些人会称它为西南部的黑皮诺。乐罗克庄园由弗雷德里克·里布掌管，这位科班出身的酿酒师更喜欢进行富于创造性和艺术性的工作，甚至在酒标上和酿酒间里都带有花卉图案。

31620 Fronton
www.leroc-fronton.com

🏨 Domaine Le Roc des Anges Roussillon
罗克天使庄园 鲁西永

🍷 *Vieilles Vignes, Cotes du Roussillon Rouge (red)*
鲁西永丘老藤（红）

　　如今酒庄葡萄园已达25万平方米，低产量种植黑佳丽酿、黑歌海娜、灰歌海娜、马卡贝奥和白佳丽酿。庄园主修复了村中的一个老酒窖，并在此酿酒。酒庄利用混凝土罐，以获得更丰富的果实和风土特征，这一风格在老藤中有所体现。采用佳丽酿老藤、歌海娜和西拉混合酿造，令这款酒充满复杂且悠长的味道，柔和的质感中，带有一丝不易察觉的力度。

2 place de l'aire, 66720 Montner
www.rocdesanges.com

🏨 Domaine Rotier Gaillac, Southwest France
罗蒂庄园 加雅克 法国西南

🍷 *Renaissance Rouge, Gaillac (red)*
加雅克新生（红）

　　罗蒂庄园的新生是一款经典的加雅克酒，它采用30%的杜拉斯、30%的布洛克和40%的西拉混酿，并在橡木桶中陈酿一年。它通常需要几年才能达到最佳状态，时间带来的是一抹甘草香气，为黑色水果味道的酒体带来紧致感。庄园已经25年未使用化学肥料，而是在葡萄藤中间种大麦，以提高微生物活性。

Petit Nareye, 81600 Cadalen
www.domaine-rotier.com

Domaine des Savarines Cahors, Southwest France
萨瓦里庄园 卡奥尔 法国西南

🍷 *Domaine des Savarines, Cahors Rouge (red)*
卡奥尔萨瓦里庄园（红）

卡奥尔萨瓦里庄园红极具价值，口感美味，为绿色产品（获得有机认证和生物动力法认证），并且易于配餐。含有的20%美乐成分柔和了马尔贝克的辛香，令单宁柔软丝滑，但仍具有充足的法式泥土风味。

Trespoux, 46090 Cahors
www.domainedessavarines.com

ᛗᛗᛗ Domaine La Soumade Rasteau, Southern Rhône
苏梅庄园 拉斯托 南罗讷河谷

ᛁᛁᛁ *Cuvée Tradition, Rasteau (red); Vin Doux Naturel Rasteau, Rouge (dessert)*
拉斯托传统窖藏（红）；拉斯托天然甜红（甜）

苏梅庄园的传统窖藏是一款优雅的葡萄酒，风格豪华，但绝不黏口。庄园的天然甜也同样优雅而美妙，这款甜红拥有豪华的质感，带有罗甘梅和咖啡的飘逸香气，如果同黑巧克力或甜点搭配的话，它的表现会更出色。这些葡萄酒来自与拉斯托地区有紧密联系的家族，这个家族已数代在此种植桃子和葡萄。

84110 Rasteau
04 90 46 11 26

ᛗᛗᛗ Domaine Tariquet Côtes de Gascogne, Southwest France
塔利盖庄园 加斯科尼丘 法国西南

ᛁᛁᛁ *Tariquet Classic, Vin de Pays de Côtes de Gascogne (white)*
塔利盖经典加斯科尼丘地区餐酒（白）

塔利盖庄园拥有一系列产品，其中许多都物美价廉，但要选择一款易于入口、适合每日饮用且能广泛配餐的葡萄酒，这款略带花香，采用棠比内洛和鸽笼白混酿，未经橡木桶处理的塔利盖经典餐酒便是不二之选。它的风格含蓄且轻盈，充满了柑橘与柠檬的风味。

32800 Eauze
www.tariquet.com

ᛗᛗᛗ Domaine La Tour Vieille Banyuls, Collioure, Roussillon
旧塔庄园 巴纽尔斯 科利乌尔 鲁西永

ᛁᛁᛁ *Banyuls Vendanges (fortified)*
巴纽尔斯收获（强化）

克里斯汀和文森特·康提的旧塔庄园风景秀丽，坐落在梯田形山坡上的庄园直面地中海。葡萄园占地12万平方米，被分成巴纽尔斯和科利乌尔附近的12个地块。这些位置不同的地块的高度、日照和受风度各不相同，这为葡萄酒带来了复杂感。对于后者来说，其中一个优秀的例子是巴纽尔斯收获。这款甜酒极具波特风格，拥有樱桃、红玫瑰、焦糖和海盐的香气，其质感优美，紧实的力量为葡萄酒带来了平衡。

12 route de Madeloc, 66190 Collioure
04 68 82 44 82

ᛗᛗᛗ Domaine du Tunnel Northern Rhône
图纳庄园 北罗讷河谷

ᛁᛁᛁ *Roussanne, St-Péray (white); St-Joseph (red)*
圣陪雷胡珊（白）；圣约瑟夫（红）

图纳庄园起源于1994年，当时24岁的酿酒天才史蒂夫·罗伯特利用租赁的葡萄园酿酒。很快，他便拥有了自己的葡萄园。图纳庄园位于圣陪雷，罗伯特在此酿造该产区最好的葡萄酒，如这款圣陪雷胡珊，它诱人的香气令人联想起新鲜的花朵、烤坚果、面包皮和野花蜂蜜的气息，并带有桃子和柑橘的甘美味道。而圣约瑟夫的口感非常丰富，但风格更新鲜且集中。

20 rue de la République, 07130 St-Péray
04 75 80 04 66

ᛗᛗᛗ Domaine Yann Chave Northern Rhône
雅恩沙芙庄园 北罗讷河谷

ᛁᛁᛁ *Domaine Yann Chave, Crozes-Hermitage (red)*
格鲁兹－埃米塔日雅恩沙芙庄园（红）

雅恩沙芙庄园在格鲁兹－埃米塔日拥有15万平方米的葡萄园（主要种植西拉），并在埃米塔日拥有1万平方米的葡萄园。他酿造的葡萄酒具有说服力，复杂而美味。纯净、新鲜的红树莓和黑樱桃香味是这款极佳的格鲁兹-埃米塔日的主要驱动力，此外它还带有动人的淡胡椒气息和微妙的橡木香味。

26600 Mercurol
04 75 07 42 11

🏚 **Domaines Paul Mas** Languedoc
保尔庄园 朗多克

🍷 *La Forge Varietal Wines (Syrah and Vioginer) (white); Arrogant Frog (white)*
福日系列（西拉或维欧尼）（白）；迷雾（白）

不知疲倦且充满活力的让-克劳德·马斯将位于埃罗省的家族事业变成品质稳定的大规模酿酒商。无论在酿造方面还是推广方面，马斯都明确坚持新世界方式。福日酒庄拥有一系列法国南部佳酿，如一系列极具性价比的奥克地区餐酒。带有柔软皮革香气的西拉异常迷人，拥有杏和柠檬风味的福日维欧尼和迷雾也同样出色。

Route de Villeveyrac, 34530 Montagnac
www.paulmas.com

🏚 **Domaines Schlumberger** Alsace
舒伯克庄园 阿尔萨斯

🍷 *Riesling Grand Cru Saering, Alsace (white)*
阿尔萨斯雷司令萨玲特级（白）

舒伯克庄园的实力可以通过入门级以上的产品得到展现，这款来自优质特级园的雷司令萨玲特级便是极好的例子。如果你期待特级园的细腻与经典，这款葡萄酒可以全部为你呈现。它不仅口感极佳，还有新鲜、活泼、干净且清脆的特征，丝滑而略具重量感，余香浓郁，充满酸橙味道。

100 rue Theodore Deck, 68501 Guebwiller
www.domaines-schlumberger.com

🏚 **Ferraton Père & Fils** Northern Rhône
费通父子庄园 北罗讷河谷

🍷 *La Malinière, Crozes-Hermitage (red)*
格鲁兹-埃米塔日马利尼尔（红）

自从米歇尔·莎普蒂尔作为庄园创始人家族的朋友接管酒庄后，费通父子庄园有了卓越的提高。延续夏伯蒂的风格，葡萄园仍采用生物动力法种植，其酿造的酒商酒和庄园酒的品质都得到飞升。这款酒在橡木桶中陈酿12个月，纯净且迷人，处处都令人愉快。西拉为葡萄酒带来了新鲜与优雅感，红色莓果的香气贯穿于柔和的余香之中。

13 rue de la Sizeranne, 26600 Tain l'Hermitage
www.ferraton.fr

🏚 **François Crochet** Sancerre, Loire
弗朗索瓦柯谢庄园 桑塞尔 卢瓦尔

🍷 *François Crochet, Sancerre (white)*
桑塞尔弗朗索瓦柯谢庄园（白）

桑塞尔弗朗索瓦柯谢庄园是当今卢瓦尔长相思新鲜且精确风格的典型代表，它拥有独特的荨麻和醋栗风味，以及悠长美味的余香。这些葡萄园具有不同的风土特征，分别为硅石、石灰岩和白垩质黏土。

Marcigoué, 18300 Bué
02 48 54 21 77

François Lurton Languedoc
弗朗索瓦勒顿庄园 朗多克

Fumées Blanches Sauvignon (white); Terra Sana Syrah, Vin de Pays d'Oc (red)
白烟长相思（白）；萨那西拉奥克地区餐酒（红）

清脆与活泼的醋栗气息围绕着这款白烟长相思，它含有丰富的香味变化，并采用冷发酵法令果香突出。品尝时，不如试一试最近的年份，从中探寻新鲜的美味。萨那西拉是一款极具性价比的有机葡萄酒，干净的果实传递出黑色辛香水果的味道。

Domaine de Poumeyrade, 33870 Vayres
www.francoislurton.com

Gérard Bertrand Languedoc
伯特兰庄园 朗多克

Gris-Blanc, Vin de Pays d'Oc (rosé)
灰白奥克地区餐酒（桃红）

吉哈·伯通由橄榄球运动员转为酿酒师之后，酿制的高性价比桃红如羽毛般轻盈，暗含的糖果甜味令这款葡萄酒易于入口。无须为这款葡萄酒多费脑筋，它是夏日野餐时的完美搭配。如今，他每年销往世界的葡萄酒共计1200万瓶，在如此巨大的产量下，他也丝毫不会忽略品质。来这里参观的游客可以在他拥有的一条龙服务的酒庄中，享受这里的酒店、餐厅和葡萄酒商店。

Route de Narbonne plage, 11104 Narbonne
www.gerard-bertrand.com

E Guigal Northern Rhône
吉佳乐世家 北罗讷河谷

E Guigal, Crozes-Hermitage (red)
格鲁兹-埃米塔日吉佳乐（红）

在马塞尔·吉佳乐的驱动之下，吉佳乐世家成为法国最知名的酒庄之一。它是北罗讷河谷最重要的生产商和酒商之一（覆盖了罗讷丘和孔德里约40%的产量），并在南罗讷河谷占有重要地位。这款格鲁兹-埃米塔日美味且价格实惠，是对北罗讷河谷充满烟熏气质、性感且芳香的西拉风格的入门介绍。它的质感柔和，但充满了复杂感和个性。

Château d'Ampuis, 69420 Ampuis
www.guigal.com

🏛 **Hugel et Fils** Alsace
雨果父子庄园 阿尔萨斯

🍷 *Hugel Muscat Tradition, Alsace (white); Hugel Riesling Tradition, Alsace (white)*
阿尔萨斯雨果传统麝香（白）；阿尔萨斯雨果传统雷司令（白）

雨果父子庄园属于家族酒庄，它专注于酿造清晰且精确的单一品种，拥有65万平方米的葡萄园，是阿尔萨斯最大的土地拥有者之一。这里的葡萄园只种植贵族品种，包括琼瑶浆、雷司令、灰皮诺和黑皮诺，其中有些葡萄藤的树龄已有70年。在传统系列中，不如一试传统麝香和传统雷司令。这款雷司令具有经典、独特的类似汽油般的香气，新鲜的口感饱含橙皮和酸橙汁的味道，展现出成熟风味，少许的重量和石质边缘为葡萄酒提供良好的支撑。相反，传统麝香尽显果实活力，白葡萄、姜和香料的混合气息中带有酸橙和热带水果的味道。

68340 Riquewihr
www.hugel.com

🏛 **Jean-Louis Chave Selection** Northern Rhône
让-路易萨夫精选酒庄 北罗讷河谷

🍷 *Silène, Crozes-Hermitage (red)*
格鲁兹-埃米塔日仙草（红）

让-路易·萨夫近期才接手家族庄园，而他的父亲，备受尊敬而低调的吉哈德尽管对外宣称已退休，但仍参与酒庄事务。让-路易·萨夫既保持着萨夫庄园的顶级酒品质，还在这里开拓了与他同名的酒商事业——让-路易萨夫精选，并非出自让-路易萨夫在埃米塔日拥有的14万平方米葡萄园。萨夫的酒迷们可以在让-路易萨夫酒庄找到价格实惠，适合日常饮用的好酒，如这款仙草。它采用极富表现力且风格奔放的西拉酿制，拥有烟熏、辛香和多肉的香气。这款葡萄酒具有北罗讷河谷的经典风格，适合搭配庄重的菜肴，如红色肉类等。

37 ave St-Joseph, 07300 Mauves
04 75 08 24 63

🏛 **Josmeyer** Alsace
乔士迈庄园 阿尔萨斯

🍷 *Pinot Gris Le Fromenteau, Alsace (white)*
阿尔萨斯灰皮诺（白）

乔士迈庄园依靠两项核心原则创造了今天的声誉。第一项原则是生物动力法种植，庄园紧随该宗旨。第二项原则是酿造易于搭配食物的葡萄酒，也就是说这里的大部分产品都属于干型风格。若想对这座优质庄园的风格有初步了解，不如试试阿尔萨斯灰皮诺，它包含全部可从灰皮诺中期待的顺滑与纯净口感。本着亲身参与的酿酒方式，乔士迈庄园的一系列产品都具有优秀的品质，这款灰皮诺也不例外。它充满了苹果、柑橘和梨的香气，带有矿物质边缘，并拥有着像雷司令一样的独特余香。

68920 Wintzenheim
www.josmeyer.com

🏛 **Kuentz-Bas** Alsace
昆兹-巴斯庄园 阿尔萨斯

🍶 Pinot Gris Tradition, Alsace (white)
阿尔萨斯传统灰皮诺（白）

解决了近年来一直困扰昆兹-巴斯庄园的财务问题和家族纠纷之后，它终于酿出了与其昔日名声相匹配的好酒，如这款传统灰皮诺。这款葡萄酒充满了苹果和梨的美味，并带有撩人的咖啡边缘和一抹辛香。

14 route des Vins, 68420 Husseren-Les-Chateaux
www.kuentz-bas.fr

🏛 **Le Clos de Caveau** Vacqueyras, Southern Rhône
卡沃庄园 瓦凯拉 南罗讷河谷

🍶 Fruits Sauvages, Vacqueyras (red)
瓦凯拉野果（红）

由于较早采收，这里的葡萄要比其他瓦凯拉更新鲜。这款野果拥有樱桃白兰地的香气和撩人的果味，酒体轻盈迷人。

Route de Montmirail, 84190 Vacqueyras
www.closdecaveau.com

🏛 **Leon Beyer** Alsace
里昂拜尔庄园 阿尔萨斯

🍶 Gewurztraminer, Alsace (white); Pinot Gris, Alsace (white)
阿尔萨斯琼瑶浆（白）；阿尔萨斯灰皮诺（白）

这款阿尔萨斯琼瑶浆干白带有低调的异国香气，并带有玫瑰花瓣、橘子、菠萝和荔枝的香味。同样美味的是圆润且极易入口的阿尔萨斯灰皮诺，它的香味核心为柔和的苹果香。

Rue de la 1ère Armée, 68420 Eguisheim
www.leonbeyer.fr

🏛 **Les Vins de Vienne** Northern Rhône
维纳庄园 北罗讷河谷

🍶 Heluicum, Vin de Pays des Collines (red)
合露丘陵地区餐酒（红）

合露拥有较好的性价比。年轻的葡萄藤为葡萄酒带来朦胧的黑樱桃味道和柔和、丰富的西拉辛香，但它并不需要长时间陈年或醒酒，柔软温和的单宁令这款酒风格愉悦。

42410 Chavanay
www.vinsdevienne.com

🍷 美食与美酒 阿尔萨斯灰皮诺

很难想象口感丰盈、饱满且拥有蜂蜜味道与矿物质气息的阿尔萨斯灰皮诺，会与风格中性且不太易饮的意大利灰皮诺有密切的联系。阿尔萨斯灰皮诺因在当地充沛的阳光下成熟，不仅使得葡萄的酸度柔和，酿出的葡萄酒也比意大利的更圆润、柔且具有奶油质感。

阿尔萨斯的灰皮诺带有柠檬、烤杏仁、矿物质、蜂蜜和独特的酵母味道。这里的葡萄酒风格多样，从极干型至奢华甜型都有。晚收类型口感浓郁，通常用于酿造干型或风格突出、感染霉菌的贵腐精选葡萄酒，这些葡萄酒可以完美地搭配当地各种熟食、德国风味的酥皮、炖肉和甜点。口感优雅且朴素的类型可与微辣的亚洲菜肴搭配。

添加了洋葱、奶酪和培根烘制的洛林蛋糕（法式蛋糕），以及火腿蘑菇可丽饼等咸味挞派，是干型灰皮诺的最佳搭档。青柠黄油龙虾与柠檬鸭腿比目鱼也是不错的选择。半干型与半甜型灰皮诺中的少许糖分，令它与微辣菜肴搭配时口感也不错，因为糖分能降低火辣的刺激感。这类葡萄酒也常与焦烤鹅肝搭配。干型晚收葡萄酒适宜搭配明斯特奶酪或挞派。对于甜型灰皮诺，主厨比较偏爱搭配味道浓郁且精致的甜点，如杏挞和百香果可丽饼。

洛林蛋糕是当地搭配阿尔萨斯灰皮诺的极佳选择。

🏚 **Mas Amiel** Roussillon
埃米尔庄园 鲁西永

🍷 *Maury (dessert)*
莫里（甜）

你是否曾想过哪款葡萄酒适合搭配巧克力？好了，不要再寻找了，埃米尔庄园的莫里就是首选。这款价格实惠的甜点

酒带有巧克力、姜饼、糖浆和香蕉干的香气，入口后还多了一点点咖啡豆的香味。这款葡萄酒来自一座一直拥有高度赞誉的庄园，但在1999年皮卡冷冻食品连锁店（Picard frozen food chain）的总经理奥利弗·德塞勒购买之前，它曾经历过一段困难时期。自此，德塞勒辞去职务，全心照料埃米尔庄园。他负责监管并促成这片155万平方米葡萄园的复兴，这里不仅重新种植了大部分葡萄藤，还组建了新的酿酒团队。

66460 Maury
www.masamiel.fr

🏚 **Mas Champart** St-Chinian, Languedoc
尚帕庄园 圣希尼昂 朗多克

🍷 *St-Chinian (rosé)*
圣希尼昂（桃红）

尚帕庄园非常适合那些喜爱物美价廉法国桃红酒的酒客。它新鲜柔和，带有桑葚汁、奶油、百里香和白垩土的美妙香气。这款葡萄酒出自马修和伊莎贝尔·尚帕之手，他们于1976年来到朗多克。自从购入该庄园，二人令它焕然一新，葡萄园从8万平方米扩张至16万平方米，不仅修整了庄园，还建造了新的酿酒间。庄园酿制葡萄酒的第一个年份为1988年。

34360 St-Chinian
04 67 38 20 09

🏚 **Mas de Libian** Côtes du Rhône-Villages, Southern Rhône
利碧安庄园 罗讷丘村庄 南罗讷河谷

🍷 *Khayyam, Côtes du Rhône-Villages (red)*
罗讷丘村庄海亚姆（红）

自从接管利碧安庄园后，富于魅力的伊莲娜·蒂蓬为这座位于阿尔代什的古老狩猎庄园带来了巨变。在这片像教皇新堡一样覆盖着大石块的葡萄园中，蒂蓬采取生物动力法种植，令17万平方米的葡萄园出产迷人而值得品尝的佳酿。利碧安庄园的旗舰产品海亚姆就是这样一款迷人的美酒，以至于当你意识到它令人眩晕的香气、华丽的莓果味道和醇和的余香时，半瓶酒早已下肚了。还有什么比这款葡萄酒的品质更迷人的呢？

Quart Libian,
07700 St-Marcel
d'Ardèche
06 61 41 45 32

Paul Jaboulet Aîné Northern Rhône
嘉伯乐庄园 北罗讷河谷

Domaine de Thalabert, Crozes-Hermitage (red)
格鲁兹-埃米塔日塔拉贝尔（红）

　　建于1834年的嘉伯乐庄园，在整个20世纪为罗讷河谷带来一系列的美誉，令这一产区被世界所熟知。直至1997年杰拉尔·嘉伯乐去世之前，庄园一直都享有杰出的地位，但此后的一段时间品质逐渐下滑。当弗雷家族（波尔多拉拉贡庄园和沙龙帝皇香槟的主人）购入该庄园后，很快出现了转机。塔拉贝尔风格迷人，带有熏肉和马鞍革的香气，它令全世界许多酒客都情不自禁地爱上了罗讷河谷西拉。

Les Jalets rn7, 26600 La Roche-de-Glun
www.jaboulet.com

Pierre-Jacques Druet Bourgueil, Chinon, Loire
皮尔-雅客德鲁庄园 布尔格依 希农 卢瓦尔

Bourgueil Rosé, Les Cent Boisselées Bourgueil (rosé)
布尔格依桑泊斯布尔格依桃红（桃红）

　　庄园酒的风格混合了辛香、深邃的水果和矿物质香味。这款易于配餐的布尔格依桃红为干型，带有迷人的多叶边缘，以及精致的红樱桃和清脆的红醋栗果香。而布尔格依桑泊斯是一款由品丽珠酿造的辛香且柔和的干红，它带有多汁的黑莓和黑醋栗果味，陈年后会演变出迷人的野味。

Le Pied Fourrier, 37140 Benais
02 47 97 37 34

Producteurs Plaimont Côtes de St-Mont
普莱蒙庄园 圣蒙丘

L'Empreinte de Saint Mont Rouge (red)
圣蒙印记（红）

圣蒙印记风格单纯，令人满足，带有烘烤和泥土般的覆盆子气息。这款采用丹娜、皮南和赤霞珠混合酿制的佳酿具有极好的集中度，余香饱含甘草的味道。

32400 St-Mont
www.plaimont.com

Rimauresq Côtes de Provence, Provence
缇茂赫庄园 普罗旺斯丘 普罗旺斯

R de Rimauresq (rosé)
R缇茂赫（桃红）

　　由苏格兰人拥有的缇茂赫庄园是一座优秀而古老的酒庄。在庄园酿制的一系列葡萄酒中，高品质的R缇茂赫桃红令其他一切都黯然失色，它带有杏和桃的核果香气，还有金银花香。

Route Notre Dame des Agnes, 83790 Pignans
www.rimauresq.fr

Skalli Languedoc
斯格利庄园 朗多克

Chardonnay, Vin de Pays d'Oc (white)
霞多丽奥克地区餐酒（白）

　　斯格利庄园在当地具有重要影响，这里酿造的一系列葡萄酒能很好地在质量与数量之间取得平衡。这款霞多丽奥克地区餐酒是庄园风格的典型代表，它带有美味的熏烤香气和一丝橡木香，而丰富的新鲜柑橘味道则为葡萄酒带来轻盈感。

未提供参观信息
www.robertskalli.com

Yannick Pelletier St-Chinian, Languedoc
雅尼克庄园 圣希尼昂 朗多克

Yannick Pelletier, St-Chinian (red)
圣希尼昂雅尼克庄园（红）

　　雅尼克庄园的圣希尼昂风格独特，作为一款口感丰富的干红，它拥有黑莓、谷仓、薰衣草和烟熏的味道。如果独自品尝，它会显得略黏稠；但若搭配丰盛的荤菜，会令它变得柔和。直至2004年，佩尔蒂埃才真正在这座位于圣希尼昂北部的酒庄开创事业，但很快他酿制的葡萄酒便获得大众的高度认可。这片10万平方米的葡萄园分为几个地块和不同的土壤类型，主要种植西拉、歌海娜、佳丽酿、神索和慕合怀特。

52400 Coiffy le Haut
03 25 90 21 12

意大利 ITALY

    意大利的国土北起毗邻奥地利的阿尔托-阿迪杰，从凉爽的高山气候，延绵至阳光普照、气候温暖的西西里。因为气候变化多样，造就了丰富多样的葡萄酒风格。这里有数不清的特色葡萄品种，产区也划分为成百上千个。以意大利的红葡萄品种为例，有两种最出名：一种是产自西北皮埃蒙特，常常令人萦绕于心的内比奥罗；另外一种是来自托斯卡纳，带有樱桃和皮毛香气的桑娇维赛。意大利东北部的瓦尔波利塞拉产区，采用半干的葡萄酿制而成的红葡萄酒口味别具一格；而南部的佳酿，如著名的黑达沃拉和艾格尼科则口感饱满且香气丰富。白葡萄品种除了大家熟知的灰皮诺，还有歌蒂斯、阿内斯和维蒂奇奥等，都是酿制爽口宜人的白葡萄酒的常见品种；而带有细腻微气泡的普洛西可，常用于制作开胃酒。

Abbazia di Novacella Südtirol/Alto Adige/Eisacktaler, Northeast Italy

诺维塞拉酒庄 南提洛尔/阿尔托-阿迪杰/埃塞克坦勒 意大利东北部

Müller-Thurgau (white)

穆勒-塔戈（白）

　　诺维塞拉酒庄的历史可以追溯至1142年。它位于阿尔卑斯山脚下，风景秀丽，同时也是一座一直在运营的修道院。庄园中种植着琼瑶浆、西万尼、科纳和美味的穆勒-塔戈等芳香白葡萄品种。穆勒-塔戈葡萄口感清瘦，但矿物质感强，具有阿尔托-阿迪杰和上游奥地利、德国葡萄酒文化的典型特征。由于该品种生长在陡峭的梯田葡萄园中，它完美地结合了迷人的橘类果香和立体的石墨质感。

Via Abbazia 1, 39100 Varna
www.kloster-neustift.it

Accademia dei Racemi Puglia, Southern Italy

雷西米酒庄 普利亚 意大利南部

Puglia Rosso IGT Anarkos (red)

普利亚阿纳克地区餐酒（红）

　　雷西米是意大利南部最有活力的酒庄，这里生产的葡萄酒种类丰富，风格多样。酒庄拥有占地近200万平方米的葡萄园，种植的葡萄并非都是本土品种，在这座庄园里，种植着大片的苏苏马尼奈罗和奥塔维尔奈罗，旁边还能看到霞多丽。一款好的普利亚阿纳克地区餐酒口感强劲、酒体均衡，以深色水果果香为主，余味中带有黑莓果香，活泼持久。

Via Santo Stasi I-ZI, 74024 Manduria
www.accademiadeiracemi.it

Adriano Adami Valdobbiadene, Northeast Italy

阿达米酒庄 瓦尔多比亚代内 意大利东北部

Prosecco di Valdobbiadene Bosco di Gica (sparkling)

瓦尔多比亚代内吉卡柏思科普洛西可（起泡）

　　这里的葡萄酒具有一个共同的特点：果香活泼、酸度突出且清爽怡人，这种风格特点在吉卡柏思科普洛西可中表现得淋漓尽致。在这里，你可以品尝到普洛西可的优雅和严谨，清爽的苹果和花朵的香气，是值得品尝的最佳理由。

Via Rovede 27, 31020 Colbertaldo di Vidor
www.adamispumanti.it

Alois Lageder Alto-Adige, Northeast Italy

拉格德酒庄 阿尔托-阿迪杰 意大利东北部

Pinot Bianco Dolomiti (white)

多洛米蒂白皮诺（白）

　　拉格德酒庄的白皮诺香气浓郁且果香爽朗，以白垩岩的矿

物质口感做支撑，与空气大面积接触后，矿物质感会更明显；酒体结构平衡，回味持久。从某种角度来说，这些也正是整个拉格德酒庄的特点。

Vicolo dei Conti 9, 39040 Magrè
www.aloislageder.eu

Ampeleia Maremma, Tuscany

安培雷亚酒庄 玛里玛 托斯卡纳

Kepos IGT Maremma (red)

科波斯玛里玛地区餐酒（红）

　　安培雷亚酒庄位于托斯卡纳南部的格罗塞托附近。这座年轻的酒庄（2002年创建）没有选择波尔多风格，而是在地中海盆地寻找灵感。这款风格独特、物美价廉的科波斯，芳香活泼，充分具备这个产区地中海品种的风格特点。它采用歌海娜、慕合怀特、阿利哥特和马瑟兰葡萄混酿，口味辛香饱满，风格独特，完全不同于常规的托斯卡纳海岸葡萄酒。

Località Meleta, 58036 Roccastrada
www.ampeleia.it

Anna Maria Abbona Dogliani, Northwest Italy

安博娜酒庄 多利亚尼 意大利西北部

Dolcetto di Dogliani Sori dij But (red)

多利亚尼索利迪布特多切托（红）

酒庄的多利亚尼索利迪布特多切托红葡萄酒，原料源自多利亚尼山坡上的多切托葡萄园。这支葡萄酒不仅展现出该品种随性易饮的一面，它还平衡了深邃的浓度、饱满的果香和活泼突出的酸度，是多利亚尼产区风味醇厚的多切托中最好的新品种。

Frazione Moncucco 21, 12060 Farigliano
www.amabbona.com

🏚 Antonelli San Marco Umbria, Central Italy
圣安东尼马科酒庄　翁布里亚　意大利中部

🍾 *Montefalco Rosso (red); Grechetto dei Colli Martani (white)*
孟特法尔科（红）；卡里玛塔尼格莱切托（白）

酒庄的孟特法尔科红葡萄酒采用桑娇维赛和圣格兰提诺混酿，口感奢华且精致，它平衡了浓郁的单宁与悠长、爽朗、甘甜的樱桃香气，醒酒后最宜搭配牛排享用。这也是庄主安东尼酿酒时所想要表达的简约风格，他几乎就是为了酿酒而生。

Località San Marco 60, 06036 Montefalco
www.antonellisanmarco.it

🏚 Apollonio Puglia, Southern Italy
阿波罗尼奥酒庄　普利亚　意大利南部

🍾 *Rocca dei Mori Salice Salentino (red)*
罗卡莫里萨利斯萨兰蒂诺（红）

酒庄酿造的葡萄酒非常有趣，葡萄源自不同的法定产区，令酿造出的葡萄酒生动有趣。罗卡莫里葡萄酒是酒庄品质的代表，萨利切萨伦蒂诺则是所有产品中的亮点。酒庄严格挑选原材料葡萄，谨慎地酿造令人兴奋的萨利切萨伦蒂诺葡萄酒。它传承了黑曼罗葡萄的深色特点，带有甘草和香辛料的香气。

Via San Pietro in Lama 7, 730470 Monteroni di Lecce
www.apolloniovini.it

🏚 Argiolas Sardinia
阿吉奥拉斯庄园　撒丁岛

🍾 *Cannonau di Sardegna Costera (red)*
撒丁岛海岸卡诺娜（红）

口感醇厚的撒丁岛海岸卡诺娜红葡萄酒，犹如湿地中一颗成熟的草莓，从它身上可以领略整个撒丁岛葡萄酒的风情。明快的酸度是它的主要特点，与香肠披萨搭配则为不二之选。这款酒是阿吉奥拉斯酒庄的旗舰产品之一。

Via Roma 56, 09040 Serdiana
www.argiolas.it

🍴 美食与美酒 托斯卡纳红葡萄酒

托斯卡纳的红葡萄酒展现出桑娇维赛最精彩的一面。它们略带泥土气息，通常带有苦味，但口感馥郁。源自天然的高酸度，令酒体口感平衡，同时也让这些葡萄酒既能与托斯卡纳的传统菜肴共享，也能搭配世界各地的美食。

奇昂第作为最清淡的托斯卡纳红葡萄酒，经典搭配菜肴是蒜香鸡肝派切片。味道强烈的食物会突出葡萄酒的泥土气息，而酒中柠檬味的酸度可令口感清爽。当然与番茄类菜肴搭配也毫无问题，如番茄汤（加入罗勒和橄榄油调味）或清淡的意面（托斯卡纳传统做法，在意面中添加樱桃番茄和里科塔奶酪）。

质地轻盈或中等的经典奇昂第与更饱满的陈酿经典奇昂第的传统搭配是烤鱼（佐黄油豆、芦笋和熏肉）、嫩鸡肉（佐绿叶菜和松露油醋）或味道浓郁的意面（如炖野猪肉宽条面）。更强劲有力的蒙塔尔奇诺布鲁诺和以赤霞珠为主要原料的超级托斯卡纳，则是搭配牛排、红烩牛膝或烤羊排的最佳选择。

布鲁诺葡萄酒中的单宁可去除烤羊排的肥腻感。

♔ **Avide** Sicily
艾维达酒庄 西西里

♔ *Cerasuolo di Vittoria (red)*
维托里亚瑟拉索罗（红）

　　来自酒庄柔软且温和的瑟拉索罗葡萄酒，融合了浓郁的花香和红色水果香气，口感类似于多汁且香气浓郁的草莓。明快活泼的特点，让这款酒完全可以替代相似风格的优级法国博若莱红酒。至艾维达成为瑟拉索罗法定优质产区的优质生产基地时，这里的葡萄酒品质和产量一直都保持持续稳步地发展。

Corso Italia 131, 97100 Ragusa
www.avide.it

♔ **Badia a Coltibuono** Chianti Classico, Tuscany
巴迪亚卡提波诺酒庄 经典奇昂第 托斯卡纳

♔ *Coltibuono Cetamura Chianti (red)*
卡提波诺塞塔姆拉奇昂第（红）

　　文艺复兴时期的建筑风格，与这座美丽庄园的中古气息非常契合。1987年，托斯卡纳的伟人——安东尼家族将其归入家族产业，该家族名下的众多庄园有的远至美国华盛顿州和新西兰。这片建筑曾是一座修道院，如今已成为经典奇昂第的最佳产地。葡萄园的占地面积约50万平方米，全部用于种植桑娇维赛，不过酿造卡提波诺塞塔姆拉的葡萄却来自周围合约葡萄农的土地。虽然如此，它仍然秉承了酒庄的风格，明快且清新，带有饱满多汁的樱桃香气，回味中还有持久的薄荷香味。

未提供参观信息
www.coltibuono.com

♔ **Bellavista** Franciacorta, Northwest Italy
贝拉维斯塔酒庄 弗朗西亚科塔 意大利西北部

♔ *NV: Franciacorta Brut (sparkling)*
弗朗西亚科塔干型无年份（起泡）

　　酒庄坐落在布雷西亚和贝加莫之间，处于弗朗西亚科塔的中心地带，它是意大利采用香槟生产法（传统酿造方法）的最佳产区。庄园建立于1977年，如今，庄园的占地面积已达到190万平方米，出产精致细腻的起泡酒。弗朗西亚科塔干型起泡酒虽是该酒庄的入门级产品，但已经流露出弗朗葡萄酒普遍具有的复杂、浓郁、深邃和细腻的风格特点。清新且轻盈的葡萄酒经过瓶中发酵，产生了细腻的气泡。这款价位合理的产品是贝拉维斯塔的经典产品。

Via Bellavista 5, 25030 Erbusco
www.bellavistawine.com

♔ **Benanti** Sicily
贝奈提酒庄 西西里

♔ *Rosso di Verzella (red)*
维佐拉（红）

　　贝奈提酒庄出产的维佐拉红葡萄酒，采用当地品种——马斯卡斯奈莱洛葡萄酿制，该品种近几年已成为葡萄酒行业的时尚名词。这款酒单宁优雅、立体，散发着红苹果和樱桃的果香，香气持久。艾特娜山坡上宜人的气候，造就了这款酒的清爽度。总体来说，这里不太像地中海式气候，反而略带高山气候的特点。贝奈提3个世纪的种植经验，早已教会种植者如何利用这些优势，酿制出上等佳酿。

Via Garibaldi 475,
95029 Viagrande
www.vinicolabenanti.it

⛩ **Bisson** Liguria, Northwest Italy
比索酒庄 里古里亚 意大利西北部
🍶 *Vermentino Vignaerta (white)*
维格那尔塔维蒙蒂诺（白）

　　比索酒庄的生意是以酒屋的形式开始的，这注定了它要比别人走更多的弯路。皮尔路基·卢格诺是比索酒庄背后的男人，自1978年在里谷日安海岸的吉瓦力开设了一家零售店，出售散装酒。不久后，他们开始种植葡萄，并很快建立了自己的全线酒庄。卢格诺坚信，传统的白葡萄品种可确保酿酒的品质，如皮塔诺、白吉诺维斯和维蒙蒂诺。

Corso Gianelli 28, 16043 Chiavari
www.bissonvini.com

⛩ **Boroli** Barolo, Northwest Italy
巴罗丽酒庄 巴罗洛 意大利西北部
🍶 *Dolcetto d'Alba Madonna di Como (red)*
科摩阿尔巴圣母多切托（红）

　　巴罗丽酒庄的科摩阿尔巴圣母多切托散发着成熟蓝莓和黑莓的果香，它是一款香气浓郁且清爽宜人的红葡萄酒，回味中带有紫罗兰的香气，单宁柔和且耐人寻味。

Frazione Madonna di Como 34, 12051 Alba
www.boroli.it

⛩ **Broglia** Gavi, Northwest Italy
博雅利亚酒庄 加维 意大利西北部
🍶 *Gavi di Gavi La Meirana (white)*
加维-梅纳拉加维（白）

　　博雅利亚酒庄是加维DOCG产区品质最稳定的酿酒商之一。酒庄自1972年成立，皮耶罗·博雅利亚从父亲手中租赁了73万平方米的农场和梅纳拉葡萄园。博雅利亚的目标是酿造出带有新鲜果香，酒体纯净、明快，结构平衡且现代感十足的葡萄酒，正如这款加维-梅纳拉加维。

Località Lomellina 22, 15066 Gavi
www.broglia.eu

⛩ **Candido** Puglia, Southern Italy
卡帝都酒庄 普利亚 意大利南部
🍶 *Salice Salentino Riserva (red)*
萨利斯萨兰蒂诺珍藏（红）

　　卡帝都酒庄的萨利斯萨兰蒂诺珍藏红葡萄酒，带有浓郁的香气和土壤气息。它不仅是酒庄的主打葡萄酒，还是多年来整个法定产区的旗舰产品。珍藏级的葡萄酒是阿拉桑多和吉克莫卡帝都的主要产品，酿酒的葡萄主要选自占地140万平方米且年产量200万瓶的葡萄园。

Via Armando Diaz 46, 72025 San Donaci
www.candidowines.it

⛩ **Cantina Gallura** Sardinia
格鲁拉酒庄 萨丁岛
🍶 *Vermentino di Gallura (white)*
格鲁拉维蒙蒂诺（白）

　　格鲁拉维蒙蒂诺葡萄酒口感温和、诱人，略带苦杏和小茴香的细腻香气，在柑橘果香的基础上增添了一些复杂度。格鲁拉酒庄位于维蒙蒂诺-格鲁拉地区，是撒丁岛上唯一的DOCG产区。

Via Val di Cossu 9, 07029 Tempio Pausania
www.cantinagallura.com

⛩ **Cantina del Locorotondo** Puglia, Southern Italy
洛克隆科多酒庄 普利亚 意大利南部
🍶 *Primitivo di Manduria Terre di Don Peppe (red)*
曼杜利亚乔先生仙粉黛（红）

　　酒庄的历史可以追溯到1930年，它是意大利发展最兴旺的合作式酒庄之一。该酒庄的合作葡萄园占地面积约1000万平方米，每年可酿制超过3500万瓶、30种不同的葡萄酒。其中最值得品尝的是强劲有力的曼杜利亚乔先生仙粉黛红葡萄酒。它结构均衡，单宁有力，耐人回味，很好地支撑了成熟李子的果香，是一款可搭配丰腴肉类或烧烤类食物的红酒。

Via Madonna della Catena 99, 70010 Locorotondo
www.locorotondodoc.com

Cantina del Pino Barbaresco, Northwest Italy
皮诺酒庄 芭芭罗斯克 意大利西北部

Barbera d'Alba (red)
阿尔巴巴贝拉（红）

利纳托·维卡家族几代人都生活在芭芭罗斯克，不过他们拥有的皮诺酒庄却是这个地区酿酒行业的新成员。维卡拥有奥维罗地区最好的几处葡萄园，这里出产品质稳定且优异的芭芭罗斯克葡萄。但皮诺酒庄有着另外一个想法，就是维卡的阿尔巴巴贝拉是一个更加合算且品质优异的第二选择。这款葡萄酒拥有泥土的气息和红色樱桃的果香，酸度活泼，口感饱满，新鲜甘冽，是搭配烤猪肉的不错选择。

Via Ovello 31, 12050 Barbaresco
www.cantinadelpino.com

Cantina Terlan Alto- Adige, Northeast Italy
泰兰酒庄 阿尔托-阿迪杰 意大利东北部

Pinot Bianco Classico (white)
经典白皮诺（白）

泰兰酒庄这款经典白皮诺看似微不足道，却拥有耐人回味的深度和浓郁口感，不仅结构良好，具有活力，绿色柠檬的果香和清新的矿物质气息也相得益彰。毋庸置疑，它是物美价廉的典范，充分证明了泰兰酒庄是本地经典且具有实力的合作社酒庄。1893年，泰兰酒庄于阿尔卑斯山脚下成立，它清晰的组织结构令人钦佩。在册的100多家种植园为它供应这一产区最多的红白葡萄，其中包括许多个性活泼的品种，如琼瑶浆、长相思与白皮诺等。

Via Silberleiten 7, 39018 Terlano
www.kellerei-terlan.com

Cantina Tramin
Südtirol/Alto-Adige, Northeast Italy
托米酒庄　南提洛尔/阿尔托-阿迪杰 意大利东北部

Gewürztraminer Classic (white)
经典琼瑶浆（白）

托米酒庄紧邻泰兰酒庄，它无疑是东北部阿尔托-阿迪杰产区最好的合作社酒庄。酒庄成立于1898年，290家合作葡萄园遍布托米、新马克、孟坦和欧尔等村庄。琼瑶浆是酒庄的标志性代表，在酒庄的酿酒师伟力·司徒尔（1992年加入酒庄）手中，这个品种的复杂度得到进一步提升。它的经典酒款是整个阿尔托-阿迪杰产区琼瑶浆的酿造基准，堪称黄金葡萄酒，结合了令人陶醉的生姜香气、梨的果香和明快的酸度，回味饱满且活泼。

Strada del Vino 144,
39040 Termeno
www.tramin-wine.it

Cantine de Falco Puglia, Southern Italy
法尔科酒庄 普利亚 意大利南部

Salice Salentino Salore (red)
萨利斯萨兰蒂诺撒萝莉（红）

法尔科成立于1960年，酒庄及其办公总部位于美丽的巴洛克风格的莱切市郊。它是一家品质稳定且风格典型的普利亚酒庄，出产质优价廉的佳酿。目前，酒庄拥有25万平方米的葡萄园，年均产量为20万瓶。产品系列丰富，但最好的系列仍是萨利斯萨兰蒂诺撒萝莉。它是萨利斯萨兰蒂诺的现代款，经过小橡木桶陈酿，强调出葡萄酒持久且丰富的果香，更增添了几分豪华的结构感。

Via Milano 25, 73051 Novoli
www.cantinedefalco.it

Cantine Giorgio Lungarotti Umbria, Central Italy
吉奥朗格酒庄 翁布里亚 意大利中部

Rosso di Torgiano Rubesco (red)
托尔吉亚诺胡贝思科（红）

吉奥朗格是意大利最大的酒庄之一，年产量可达300万瓶，葡萄园占地面积300万平方米。虽然吉奥朗格酒庄酿造了许多备受好评的葡萄酒，但品质最稳定且价格最合理的产品，还是第一款使其名声大噪的托尔吉亚诺胡贝思科，它由桑娇维赛和卡娜伊奥罗葡萄混酿，这款来自意大利中部标志性的红葡萄酒果香丰富、香气明快，易于搭配肉酱意面系列。

Via Mario Angeloni 16, 06089 Torgiano
www.lungarotti.it

Cantine Gran Furor Divina Costiera di Marisa Cuomo Campania, Southern Italy
玛丽萨科莫酒庄 坎帕尼亚 意大利南部

Ravello Bianco (white)
拉维罗（白）

酒庄的拉维罗白葡萄酒是一款迷人的混酿葡萄酒，采用法兰弗娜和白莱拉两种葡萄酿制，充分显示了阿马尔菲海岸火山灰土壤的潜力。葡萄酒带有活泼的香气、持久的果香和美妙的矿物质感。

Via GB Lama 16/18, 84010 Furore
www.granfuror.it

Casa Emma Chianti Classico, Tuscany
艾玛酒庄 经典奇昂第 托斯卡纳

Chianti Classico (red)
经典奇昂第（红）

"艾玛酒庄"这个迷人的名字源自于"Emma Bizzarri"——一位佛罗伦萨贵族。20世纪90年代，她把卡斯特里那附近20万平方米的土地出售给布卡罗斯一家。如今，艾玛酒庄完美地结合新老方法：选用传统葡萄品种，用法国大橡木桶陈酿。这座酒庄的众多亮点之一便是紧实和具有土壤气息的经典奇昂第，它结合了成熟草莓和樱桃的果香，以及开胃的单宁，造就了这款酒的优雅细腻。

SP di Castellina in Chianti 3, San Donato in Poggio,50021 Barberino Val d'Elsa
www.casaemma.com

Casale del Giglio Lazio, Central Italy
吉格里奥城堡 拉齐奥 意大利中部

Lazio Bianco Satrico (white)
拉齐奥萨提科（白）

吉格里奥城堡是一座具有前瞻性的酒庄，而拉齐奥萨提科葡萄酒则是酒庄的经典款，它采用大家熟知的国际葡萄品种——霞多丽和长相思，以等比例混合，再加入更传统的棠比内洛，酿造成具有柑橘果香和花香的清爽干白。这款干白可以搭配贝类海鲜，但绝对不是纯粹主义者喜欢的风格。

Strada Cisterna-Nettuno Km 13, 04100 Le Ferriere
www.casaledelgiglio.it

🏛 Cascina Morassino Barbaresco, Northwest Italy
马若希诺酒庄 芭芭罗斯克 意大利西北部

🍷 Dolcetto d'Alba (red)
阿尔巴多切托（红）

紫罗兰的香气提升了这款阿尔巴多切托葡萄酒清新的黑莓果香，香气直接，酒体饱满却不沉重，是意式宽面的绝好搭配。马若希诺酒庄的业务总部位于芭芭罗斯克，而酒庄有3.5万平方米的葡萄园位于奥维罗顶级的地块。他们的经营方式诠释出什么是小规模的家族式酒庄。

Strada Da Bernino 10, 12050 Barbaresco
0173 635149

🏛 Castel de Paolis Lazio, Central Italy
珀莉丝城堡 拉齐奥 意大利中部

🍷 Frascati Superiore (white)
弗拉斯卡蒂优质（白）

20世纪60年代，桑塔瑞里家族买下整座庄园。今天，他已拥有13万平方米的葡萄园，位列意大利的一线酒庄。弗拉斯卡蒂优质白葡萄酒相对于其他弗拉斯卡蒂来说，非常深邃，融合了成熟芒果和梨的果香，带有一些盐类矿物质的气息，适合搭配浇淋柠檬汁的烤鱼。

Via Val De Paolis, 00046 Grottaferrata
www.casteldepaolis.it

🏛 Castello di Ama Chianti Classico, Tuscany
阿玛酒庄 经典奇昂第 托斯卡纳

🍷 Chianti Classico (red)
经典奇昂第（红）

因为阿玛酒庄位于佳奥利周围的山丘上，这里的气候造就了葡萄酒异常的清爽和自然完美的酸度。阿玛酒庄占地面积490万平方米，所有葡萄酒都非常优雅且平衡。这里的经典奇昂第精致且直接，单宁浓郁，果香成熟，怡人活泼的酸度更增添了一份清爽。

Località Ama, 53013 Gaiole in Chianti
www.castellodiama.com

🏛 Castello Banfi Montalcino, Tuscany
班菲酒庄 蒙塔尔奇诺 托斯卡纳

🍷 Rosso di Montalcino (red)
蒙塔尔奇诺（红）

班菲酒庄是一家美资酒庄，管理人花了很多精力来提升蒙塔尔奇诺在海外的地位，目前它是这个区域最大的生产商之一。酒庄建立于1978年，至今，该酒庄的占地面积为2800万平方米，其中包括一间餐厅和一个宽敞的接待中心，酒庄旁边还有一座博物馆。班菲酒庄在研究桑娇维赛葡萄的技术上已达到了科技前沿的水平，葡萄酒的品质也异常优异和稳定。作为酒庄庞大酒单的一款入门级的产品——蒙塔尔奇诺葡萄酒（包括产区本身）已经很难被人超越。这款果香型佳酿散发着凉爽迷人的薄荷香气，以及成熟的樱桃和香草香气，具有明快的果香和易于入口的特点，搭配意面是个不错的选择。

Castello di Poggio alle Mura, Località Sant' Angelo Scalo 53024
www.castellobanfi.com

🏛 Castello di Brolio Chianti Classico, Tuscany
布罗利奥城堡 经典奇昂第 托斯卡纳

🍷 Ricasoli Brolio Chianti Classico (red)
里卡索里布罗利奥经典奇昂第（红）

布罗利奥城堡是一家拥有贵族传统的托斯卡纳酒庄，是里卡索里家族的所在地，管理权由这个家族拥有。如今，在弗朗塞斯克·里卡索里的管理下，该酒庄使用一些可以在经典奇昂第中加入的国际葡萄品种混酿，如赤霞珠和美乐。里卡索里布罗利奥经典奇昂第口感顺滑、果香浓郁且结构精致，在成熟的果香中，耐人寻味的成分增添了回味的持久度，成为托斯卡纳地区最物美价廉的一款。

Cantine del Castello di Brolio, 53013 Gaiole in Chianti
www.ricasoli.it

🏛 Castello di Montepò Maremma, Tuscany
蒙泰伯酒庄 玛里玛 托斯卡纳

🍷 *Sassoalloro Toscana IGT (red)*
卡索拉罗洛托斯卡纳地区餐酒（红）

这款卡索拉罗洛托斯卡纳地区餐酒层次清晰，带有成熟李子和樱桃的果香，其中散发着烟草和薄荷的清爽。明快饱满，回味中带有红色水果的甜美。

Castello di Montepò, 58050 Scansano
www.biondisantimontepo.com

🏛 Castello di Verduno Barolo, Northwest Italy
沃杜诺城堡 巴罗洛 意大利西北部

🍷 *Verduno Pelaverga (red)*
沃杜诺派乐维格（红）

沃杜诺城堡属于伯罗托家族已长达100多年，现在名列巴罗洛酿酒商的前列。它的崛起在很大程度上归功于加布里埃拉·伯洛托和弗朗克·比昂克，以及酿酒专家马里奥·安卓永的加入。酒庄最有名气的产品是易于入口且传统的巴罗洛，产自马萨拉和蒙维格里两座葡萄园，还有出产于法塞和雷巴佳的芭芭拉斯克。派乐维格这种个性十足的葡萄土生土长于沃杜诺葡

萄园，用它酿造的红葡萄酒口感轻盈、辛香、清爽且回味持久，带有樱桃和玫瑰的香气。

Via Umberto 9, 12060 Verduno
www.castellodiverduno.com

🏛 Castello di Volpaia
Chianti Classico, Tuscany

瓦尔帕酒庄 经典奇昂第 托斯卡纳

🍷 *Chianti Classico (red)*
经典奇昂第（红）

在这座漂亮的山顶上，村庄的后面，有一家奇昂第地区最受欢迎的酒庄。从瓦尔帕酒庄可以俯瞰整座葡萄园，这里海拔为450～640米，葡萄被照料得整齐有致，并且全部采用有机种植。现在由马尔凯罗尼·斯蒂昂提家族所有，瓦尔帕酒庄酿制的奇昂第酒质精致，品质稳定。它的经典奇昂第优雅清爽，带有凉爽的土壤气息，以及往往价格高昂的葡萄酒才会拥有的活泼红色水果香气。

Di Giovanna Stianti,
Località Volpaia, 5317
Radda in Chianti
www.volpaia.it

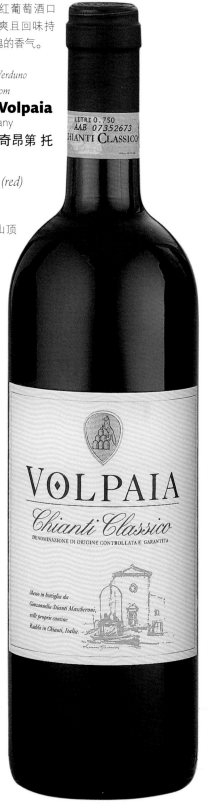

何种食物搭配何种葡萄酒？

为菜肴选择一款合适的葡萄酒，并不比为一餐选择两道主菜更具有技术性，只需要同时从传统与品尝经验出发。在得克萨斯州，传统习惯是以凉拌卷心菜佐烤牛胸肉；而在法国，红葡萄酒一直以来与烤羊排搭配。很多成功的搭配都因为葡萄酒足够强劲有力，能将口腔中食物的味道清理干净，让你准备好吃下一口。所以选择葡萄酒时要考虑菜肴滋味的饱满度或浓郁度。这没有对与错，只是累积经验，以便发现你最喜欢的组合。

海鲜

海鲜与白葡萄酒搭配历来如此，不过不同的白葡萄酒最好与不同的海鲜搭配。

▌轻盈且高酸度的白葡萄酒，如灰皮诺、雷司令、麝香和夏布利，适宜搭配简单烹调的海鲜，如生蚝、蟹肉沙拉、面托或黑豆酱黑鲈鱼。

▌浓郁型的白葡萄酒，如勃艮第白葡萄酒和其他霞多丽或成熟的雷司令，可与龙虾、大比目鱼和三文鱼等味道浓郁且脂肪含量高的海鲜共享。

蔬菜与沙拉

除了酱汁之外，蔬菜与沙拉类菜肴几乎不含脂肪，所以要避免酒体厚重且富含单宁的葡萄酒，因为它们会完全掩盖菜肴清新的味道。

▌长相思这类爽口的白葡萄酒、干型桃红葡萄酒以及清爽简单、富含果味的博若莱都是不错的选择。

肉类

为肉类选择佐餐酒时，除了要考虑肉质的口感之外，酱汁的风味与质感也不容忽略。

▌赤霞珠、美乐和西拉适宜搭配浓郁肥美的肉类，如牛肉、羊肉、鹿肉、鸭肉和野禽。

▌清淡的红葡萄酒，如博若莱、黑皮诺或勃艮第红葡萄酒；饱满的干白葡萄酒，如霞多丽和成熟的雷司令，则更适合瘦一些的肉类，如猪里脊和鸡胸肉。

奶酪

别让自己局限于红酒配奶酪的范围里。

▌清爽的白葡萄酒是新鲜里科塔奶酪的最佳搭档。

▌饱满一些的白葡萄酒，如维欧尼和霞多丽，则适合布里和塔雷吉欧奶酪。

▌甜酒最适合像帕玛森这样的咸奶酪。

▌晚收的饱满白葡萄酒可搭配蓝奶酪。

▌波特和斯提尔顿佐烤杏仁这个组合很不错，当然也可搭配传统甜酒。

甜点

用于搭配甜点的葡萄酒最好要比食物更甜一些。

▌苹果或香梨挞比较适合晚收雷司令或苏岱。

▌海绵蛋糕最好与微气泡甜酒（并非干酒）搭配。

▌超甜的巧克力与黄油冰激凌甜度会超出几乎任何葡萄酒（除了波特酒），与它们搭配时，最好试试咖啡。

百搭葡萄酒

有些葡萄酒超越了以上规则，几乎可以和任何食物搭配。

▌清淡的红葡萄酒包括勃艮第红葡萄酒、黑皮诺、博若莱、奇昂第、桑娇维赛，以及来自卢瓦尔的品丽珠，适合搭配慢炖牛肉、味道浓郁的鱼类（如烤或煎三文鱼）、蘑菇或富含蛋白质的蔬菜（如豆类、奶酪和扁豆）。

Cataldi Madonna Abruzzo, Central Italy
卡塔地蒙多娜酒庄 阿布鲁佐 意大利中部

Montepulciano d'Abruzzo (red)
阿布鲁佐蒙特普恰诺（红）

　　阿布鲁佐蒙特普恰诺红葡萄酒带有紫罗兰的芳香和浓郁的果香，粗犷的泥土气息更为它增添了一分姿色，使其浓郁深邃，是一款充满激情的美酒。它拥有足够的层次，清爽的酸度使其可以搭配肉酱意面或口味浓郁的食物。这款酒浓郁饱满的风格特点源自它所在产区的炙热温度，当地人称这里为"阿布鲁佐的烤炉"。

Località Piano, 67025 Ofena
0862 954252

Ceretto Barolo, Northwest Italy
希瑞多酒庄 巴罗洛 意大利西北部

Arneis Blangé (white)
阿内斯布兰吉（白）

　　一个被大众广泛认可的事实是，最受欣赏的巴罗洛都出自小范围且有技术的酒商手里。但事实上，也有一小部分大公司的巴罗洛值得一试，价格也相对合理。希瑞多酒庄就是其中之一。它出产的葡萄酒品质异常出色，如这款清新轻盈的白葡萄酒阿内斯布兰吉，结合了成熟梨的果香和淡淡白垩土赋予的结构，是非常不错的夏季开胃酒。

Località San Cassiano 34, 12051 Alba
www.ceretto.com

Cima Colli Apuani, Tuscany
西玛酒庄 科里-阿普阿尼 托斯卡纳

Massaretta Toscana IGT (red)
马萨瑞塔托斯卡纳地区餐酒（红）

　　土生土长的马萨瑞塔葡萄在西玛家族的葡萄园里，可以神奇地酿造出带可乐和红李香气的红葡萄酒，迷人又粗犷，明快可口，是烤猪肉的好搭档。西玛家族的葡萄园位于托斯卡纳西部的山坡上，这里地势陡峭，却是具有200年历史的好地块。目前由奥利奥·西玛负责酒庄的运营，酿酒顾问多纳托·拉那提负责酒窖的事务。这座庄园在过去几年内已经扩大变化了不少，可以说是托斯卡纳地区最好的庄园之一。

Via del Fagiano 1, Frazione Romagnano, 54100 Massa
www.aziendagricolacima.it

Collemattoni Montalcino, Tuscany
卡乐马托尼酒庄 蒙塔尔奇诺 托斯卡纳

Rosso di Montalcino (red)
蒙塔尔奇诺（红）

　　卡乐马托尼酒庄的桑娇维赛是蒙塔尔奇诺地区最物美价

廉的一款酒，它结合了紧实的单宁、泥土的芳香和突出的樱桃果香，结构良好。如果在酒窖中再存储几年，它的口感会更圆润。整个葡萄园均采用有机方式管理，以传统方式酿酒，利用长时间浸渍的方法，并使用斯拉夫尼亚的大橡木桶。

Località Podere Collemattoni 100, 53020 Sant'Angelo in Colle
www.collemattoni.it

Colonnara Marche, Central Italy
克罗纳拉酒庄 马尔奇 意大利中部

Verdicchio Lyricus (white)
利瑞卡维蒂奇奥（白）

　　这款利瑞卡维蒂奇奥白葡萄酒清新爽口，带有酸橙的爽口酸劲儿。这款酒采用马尔奇特有葡萄品种维蒂奇奥酿制，来源可以追溯到克罗纳拉酒庄的所在地——卡普瑞蒙塔纳的山丘。那里为地中海气候，同时受到阿尔卑斯山的影响，是马尔奇产区最适合生产这种葡萄酒的理想之所。

Via Mandriole 6, 60034 Cupramontana
www.colonnara.it

Contucci Montepulciano, Central Italy
康土奇酒庄 蒙特普恰诺 意大利中部

Rosso di Montepulciano (red)
蒙特普恰诺（红）

　　康土奇酒庄的历史久远辉煌，它的酒窖位于蒙特普恰诺地区中世纪的古城内，酿酒历史已有几百年了。发酵好的葡萄酒

都是使用大木桶陈年，很少使用小木桶，这使葡萄酒的结构异常柔和优雅。蒙特普恰诺红葡萄酒单宁柔和，香气浓郁，是一款迷人的传统型干红。

Via del Teatro 1, 53045 Montepulciano
www.contucci.it

𝗶𝗶𝗶 Conti Costanti Montalcino, Tuscany
康帝寇斯坦尼酒庄 蒙塔尔奇诺 托斯卡纳

𝗶𝗶𝗶 *Rosso di Montalcino (red)*
蒙塔尔奇诺（红）

　　康帝寇斯坦尼酒庄的葡萄酒一直以纯净著称，这款优秀的蒙塔尔奇诺也不例外。沉着而优雅，酸度活泼，酿成后适合陈放5年再饮用。自17世纪中叶，寇斯坦尼家族就在蒙塔尔奇诺产区的葡萄酒行业中扮演重要的角色。

Località Colle al Matrichese, 53024 Montalcino
www.costanti.it

𝗶𝗶𝗶 COS Sicily
卡斯酒庄 西西里

𝗶𝗶𝗶 *Cerasuolo di Vittoria (red)*
维托里亚瑟拉索罗（红）

　　这款卡斯酒庄的维托里亚瑟拉索罗葡萄酒可谓是西西里DOCG法定产区的标准作品，采用黑达沃拉和弗莱帕托酿造，活泼精致，果香浓郁，巧妙地平衡了新鲜果香、浓郁的土壤气息和明快的酸度，令人不禁想起顶级的博若莱红酒。在葡萄园中，经营者们采用生物动力法培植，酿酒过程中也尽量减少人为干预，目前，他们拥有占地面积25万平方米的葡萄园，与西西里第一块DOCG产区瑟拉索罗-维托里亚齐名。

SP 3 Acate-Chiaramonte, 97019 Vittoria
www.cosvittoria.it

𝗶𝗶𝗶 Cusumano Sicily
库苏马诺酒庄 西西里

𝗶𝗶𝗶 *Nero d'Avola (red)*
黑达沃拉（红）

　　迭哥·库苏马诺对家乡西西里的葡萄品种和传统持有无比的狂热和信任。自2001年起，他信心百倍地投资于此领域，目前由他经营的酒庄年产量达2500万瓶，他的努力已经取得了无数赞美和表彰。库苏马诺最喜欢的当地品种黑达沃拉，是产品的核心部分。黑达沃拉红葡萄酒品质稳定，表现优异，是当地品种的最佳代表。浓郁的果香是这款成熟干红的核心特点，直接而迷人，是披萨的完美搭配。

Contrada San
Carlo SS113, 90047
Partinico
www.cusumano.it

⚶ **DeForville di Anfosso** Barbaresco, Northwest Italy
德法威利安弗索酒庄 芭芭罗斯克 意大利西北部

⚶ *Langhe Nebbiolo (red)*
朗格内比奥罗（红）

　　德法威利安弗索酒庄生产的朗格内比奥罗红葡萄酒完美地展现了皮尔蒙特葡萄的纯净特点，葡萄酒常带有红色莓子和干牛肝菌的香气，入口顺滑，单宁柔和。酒庄采用传统方式酿酒，使用长时间浸渍的方法发酵，并利用大橡木桶发酵。

Via Torino 44, 12050 Barbaresco
0173 635140

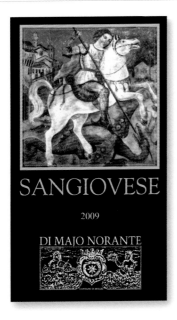

⚶ **Di Majo Norante** Molise, Central Italy
蒂马友纳兰特酒庄 莫利塞 意大利中部

⚶ *Terre degli Osci Sangiovese (red)*
特拉戴格丽欧西桑娇维赛（红）

　　蒂马友纳兰特酒庄的特拉戴格丽欧西桑娇维赛葡萄酒向大家展示了莫利塞产区的酿酒潜力，它果香丰富，酒体饱满，是意大利肉丸面或其他荤食的理想搭配，香气中包含了甜美的辛香料、成熟的樱桃和李子的果香，美味平衡。蒂马友纳兰特是莫利塞地区历史最悠久的酒庄之一，而莫利塞又是意大利最小、最年轻的产区。它在目前意大利葡萄酒行业里有一些非常规的特点，完全不同于大家熟知的皮尔蒙特、托斯卡纳，甚至是坎帕尼亚产区的现代风格。

Contrada Ramitelli 4, 86042 Campomarino
www.dimajonorante.com

⚶ **Donnafugata** Sicily
多娜佳塔酒庄 西西里

⚶ *Passito di Pantelleria Ben Ryé (dessert)*
晚收风之子甜白（甜）

　　玛莎拉加强型葡萄酒是西西里最著名的葡萄酒风格。但在1983年，它曾失宠于大众，因为关系到整个家族企业的未来，吉安科莫·瑞罗决定结束家族150年的传统风格，转向无酒精添加的葡萄酒，这场豪赌倾其所有。现在这座庄园拥有300万平方米的葡萄园，酿造的葡萄酒优雅迷人，复杂甜美。如晚收风之子甜白，呈金黄的琥珀色泽，带有迷人的花香、桃子的果香和蜂蜜的甜美。

Via San Lipari 18,
81015 Marsala
www.donnafugata.it

↟ **Elio Grasso** Barolo, Northwest Italy
艾里奥格莱索酒庄 巴罗洛 意大利西北部

↟↟↟ *Nebbiolo d'Alba Gavarini (red)*
阿尔巴格瓦里尼内比奥罗（红）

艾里奥·格莱索是意大利最有名气的酿酒师之一，他为提升皮尔蒙特产区红葡萄酒品质做出了很大的贡献。在这里，内比奥罗会经过漫长且缓慢的发酵过程，斯拉夫尼亚的橡木桶和小一些的橡木桶都会用到。这款阿尔巴格瓦里尼内比奥罗葡萄酒带有原始的清香和优雅的酒体，适合尽早饮用，清爽诱人。

Località Ginestra 40, 12065 Monforte d'Alba
www.eliograsso.it

↟ **Falesco** Umbria, Central Italy
富乐思科酒庄 翁布里亚 意大利中部

↟↟↟ *Vitiano Rosso (red)*
维迪亚诺（红）

富乐思科酒庄是全球著名意大利酿酒师里卡多·寇塔瑞拉第一次真正走向世界的地方。就在这里，卡特里拉形成了自己的现代酿酒风格。如今，卡特里拉已成为意大利全国各地很多酒庄的顾问，但富乐思科酒庄至今仍为他留下的优质葡萄酒风格而自豪，其中一款就是维迪亚诺，它混合了赤霞珠、桑娇维赛和美乐，口感丰富，带有深色李子、成熟樱桃和辛香香草的气息，单宁柔和。

Località San Pietro, 05020 Montecchio
www.falesco.it

↟ **Fantinel** Collio, Northeast Italy
凡蒂诺酒庄 科利奥 意大利西北部

↟↟↟ *Vigneti Sant' Helena Ribolla Gialla (white)*
维涅蒂圣海伦娜瑞伯拉盖拉（白）

活泼的柑橘和香料的气息，使具有饱满结构的维涅蒂圣海伦娜瑞伯拉盖拉白葡萄酒的余韵，带有突出的轻盈口感，回味中融合了矿物质的美味香气与活泼易饮的酸度。浓郁新鲜、风格现代且产品多样，使这座酒庄于1969年就在意大利西北部地区拥有不少葡萄园。如今，这座酒庄由马里奥的3个儿子罗伊斯、吉安弗朗克和洛奇亚诺接管，整个家族企业自创始以来扩张了不少面积，发展成一家品质稳定、价格合理且产品多样的酒庄。

Via Tesis 8, 33097 Tauriano di Spilimbergo
www.fantinel.com

▮ 内比奥罗 NEBBIOLO

意大利的西北部，虽然巴贝拉葡萄的种植面积更广泛，但是内比奥罗才是酿酒师们最珍视的品种。顶级葡萄酒巴罗洛和芭芭罗斯克分别采用产自同名村庄的内比奥罗酿造而成。由于其独特的风味、数十年的陈年潜力以及不同葡萄园造就的截然不同的风格，鉴赏家们认为这些昂贵、浓郁且强劲的葡萄酒才是皮尔蒙特产区的贵族。

在皮尔蒙特，巴罗洛和芭芭罗斯克范围以外的地区也可以生产极佳的葡萄酒，酒标上可以标明"格天那"或"该美"，也可以是"阿尔巴内比奥罗"，但这些酒的价格会更合理一些。世界上其他地区也偶出产内比奥罗，但几乎无法模仿意大利内比奥罗那种不可思议的玫瑰花香和覆盆子挞风味的葡萄酒。

顶级的内比奥罗口感浓郁，但并不厚重，不像教皇新堡或加利福尼亚州赤霞珠。内比奥罗的葡萄酒拥有淡淡的红色，但是大量的单宁令它尝起来有些沙口。由于特殊的酸度，它的味道清爽开胃。随着岁月的流逝，酒中的蘑菇、香草和黑樱桃的气息会逐渐呈现出来。

内比奥罗属于晚熟品种，10月中旬开始采收。

🏠 **Fattoria di Fèlsina** Chianti Classico, Tuscany
范希纳酒庄 经典奇昂第 托斯卡纳

🍷 *Chianti Classico Berardenga (red)*
贝拉丹格经典奇昂第（红）

范希纳酒庄由痴迷于桑娇维赛的吉赛贝·马佐克林经营，该酒庄出产的葡萄酒结构清晰，陈年潜力好，令人印象深刻，因此闻名遐迩。这座酒庄的葡萄园位于经典奇昂第的南端，在20世纪八九十年代重新种植修整过，从而提升了葡萄酒的质量。贝拉丹格经典奇昂第葡萄酒就是一个例子，它结合了美味酷爽的单宁和浓郁的樱桃香气，构架优雅，是一款美味且物超所值的托斯卡纳红酒。

Via del Chianti 101,
53019 Castelnuovo
Berardenga
www.felsina.it

🏠 **Fattoria Nicodemi** Abruzzo, Central Italy
尼克黛米酒庄 阿布鲁佐 意大利中部

🍷 *Montepulciano d'Abruzzo (red)*
阿布鲁佐蒙特普恰诺（红）

尼克黛米酒庄的阿布鲁佐蒙特普恰诺色泽浓郁，是一款带有深色水果果香，以及小茴香和黑胡椒香气的浓郁干红，各种香气相互平衡，是烤肉和野味的完美搭配。它结构紧实，香气迷人，可短时间陈放。这款美酒由艾莉娜·尼克黛米酿造，她于1998年从父亲布鲁诺手里接管了这座家族式酒庄。在工作中，她得到酿酒师费德瑞克·克塔斯和保罗·卡西欧格纳的帮助，使酒庄生产的葡萄酒成为阿布鲁佐产区在性价比上无可比拟的优秀代表。

Contrada Ventriglio, 64024 Notaresco
www.nicodemi.com

🏠 **Fattoria Le Pupille** Scansano, Tuscany
普比勒酒庄 斯堪萨诺 托斯卡纳

🍷 *Morellino di Scansano (red)*
斯堪萨诺莫瑞利诺（红）

莉莎贝塔·格派提一直都是斯堪萨诺令人敬佩的人物，自1985年起，她就一直掌控着斯堪萨诺附近的家族庄园，并对这个产区的整体风格做出了不小的贡献，是莫瑞利诺-斯堪萨诺葡萄合作社形成的主要的推动力量。整个产区的特点，从普比勒酒庄直率的斯堪萨诺莫瑞利诺葡萄酒中可窥见一斑。果香丰富明快，带有甜美的覆盆子香气，顺口润泽，可以搭配平日晚餐的意面或肉丸。

Piagge del Maiano 92/A, Località Istia d'Ombrone, 58100 Grosseto
www.elisabettageppetti.com

🏠 **Fattoria di Selvapiana** Chianti Rùfina, Tuscany
塞尔瓦比亚那酒庄 奇昂第-鲁菲诺 托斯卡纳

🍷 *Chianti Rùfina (red)*
奇昂第-鲁菲诺（红）

如果你正在寻找一款传统风格的经典托斯卡纳桑娇维赛葡萄酒，那塞尔瓦比亚那酒庄是一个好去处。从佛罗伦萨西北部鲁菲诺高地出产的奇昂第-鲁菲诺豪放大胆，成为山地种植桑娇维赛的典范。它具有活泼的樱桃和薄荷香气，优雅多于饱满。

Località Selvapiana, 50068 Rùfina
www.selvapiana.it

⛪ Feudi di San Gregorio Campania, Southern Italy
福地酒庄 坎帕尼亚 意大利南部

🍷 *Falanghina Campania Sannio IGT (white)*
费兰弗娜坎帕尼亚圣尼奥地区餐酒（白）

福地酒庄的费兰弗娜白葡萄酒，源自于坎帕尼亚内陆的火山岩葡萄园。这款酒酒体饱满，香气丰富，结合成熟芒果和柑橘的果香，还带有烟熏的矿物质感，很好地表现出了里卡多·寇塔瑞拉的酿酒天赋。里卡多·寇塔瑞拉是酒庄的酿酒师，在这里酿酒超过20年。他结合传统与现代的酿酒方式，使用本土葡萄品种，采用最新的酿酒技术来凸显他的创作灵感。

Località Cerza Grossa, 83050 Sorbo Serpico
www.feudi.it

⛪ Francesco Rinaldi e Figli Barolo, Northwest Italy
费格利酒庄 巴罗洛 意大利西北部

🍷 *Grignolino d'Asti (red)*
格力纽利诺阿斯蒂（红）

费格利酒庄始创于1870年，同名的开创者从祖辈继承了这片巴罗洛葡萄园，现在它仍然属于这个家族所有。酒庄采用鲜为人知的本地葡萄品种格力纽利诺，这个品种在当地非常流行，用于酿造色泽较浅、酒体较轻，却风味十足的葡萄酒。

Via U Sacco 4, 12051 Alba
www.rinaldifrancesco.it

⛪ Fratelli Alessandria Barolo, Northwest Italy
亚历山德里亚酒庄 巴罗洛 意大利西北部

🍷 *Verduno Pelaverga (red)*
维都诺派乐维格（红）

亚历山德里亚酒庄位于鲜为人知的维都诺产区，历史可以追溯至19世纪，是一家不错的巴罗洛酒庄，由吉安·巴提斯塔·亚历山德里亚和他的儿子维托里奥负责酿酒。亚历山德里亚酒庄的系列明星产品，采用比维都诺产区更鲜为人知的品种——派乐维格葡萄酿制，他们酿造的维都诺派乐维格葡萄酒最值得品尝。它带有樱桃的果香，活泼迷人，甚至你需要时刻提醒自己正在饮用一款带有酒精的饮料，否则可能会不知不觉中喝得太多！

Via Beato Valfre 59, 12060 Verduno
www.fratellialessandria.it

⛪ Fuligni Montalcino, Tuscany
弗利尼酒庄 蒙塔尔奇诺 托斯卡纳

🍷 *Rosso di Montalcino Ginestreto (red)*
蒙塔尔奇诺吉耐斯特托（红）

蒙塔尔奇诺葡萄酒若不陈5年以上，很难达到它的风味巅峰，吉耐斯特托就是一个很好的例子。它的结构紧实有力，美味的单宁完美地支撑着成熟的莓类果香，比一般蒙塔尔奇诺更具有结构感和凝聚力。正因为它，弗利尼家族才建立了百年不倒的名声。弗利尼酒庄始建于1923年，位于蒙塔尔奇诺西部（被称为是这个产区中最好且最经典的地块）。如今，所有业务由玛丽·弗拉朵·弗利尼和她的外甥罗伯特·吉瑞尼管理。

Via S Saloni 32, 53024 Montalcino
www.fuligni.it

🍷 Gulfi Sicily
古菲酒庄 西西里

🍷 Nero d'Avola Rossojbleo (red)
布里奥黑达沃拉（红）

维托·卡塔尼亚的名字和财富，在这个迅速发展的行业中发挥着重要作用，当他回到自己的家乡西西里后，在岛的最西南角开创了这一知名酒庄。卡塔尼亚非常推崇黑达沃拉这款南部经典葡萄品种，并在芝伽罗孟特-古菲附近种植了70万平方米的葡萄园，采用有机方法进行培育，布里奥黑达沃拉葡萄酒就是采用这种培植方法的优质代表。它带有树莓和李子的果香，浓郁成熟，毫无沉重感，酸度明快，果香活泼，对于任何场合都是不错的选择。

Contrada Partia, 97010 Chiara-monte Gulfi
www.gulfi.it

🍷 Hilberg-Pasquero Roero, Northwest Italy
海博格-帕斯可洛庄园 罗埃罗 意大利西北部

🍷 Barbera d'Alba (red)
阿尔巴巴贝拉（红）

庄园的葡萄种植历史非常久远，可以追溯到1915年，现在的庄园主人将它改成了自己的名字。从风格上来说，他们在寻觅一种更纯粹的巴贝拉葡萄酒。此款阿尔巴巴贝拉虽然口感上略感轻盈，而且简单直接，但色泽深沉，香气浓郁。

Via Bricco Gatti 16, 12040 Priocca
www.hilberg-pasquero.com

🍷 J Hofstätter Alto-Adige, Northeast Italy
J哈佛斯塔特酒庄 阿尔托-阿迪杰 意大利东北部

🍷 Lagrein (red)
勒格瑞（红）

不要被这款J哈佛斯塔特酒庄生产的勒格瑞深沉的色泽所欺骗，其实它是一款活泼、易于入口的清新型红酒，口感清爽淡雅，回味中带有李子的果香和美味的香料味。

Piazza Municipio 7, 39040 Tramin-Termeno
www.hofstatter.com

🍷 I Clivi di Ferdinando Zanusso Collio/Colli, Northeast Italy
科里维酒庄 科利奥/科里 意大利东北部

🍷 Galea Bianco (white)
哥利亚（白）

哥利亚葡萄酒采用许多当地品种混酿而成，其中包括弗留利和韦都佐，该酒结构强劲、复杂饱满，虽然新鲜饮用已经非常可口，但如果陈放几载，会进一步演变出更佳的风味和复杂度。

Località Gramogliano 20, 33040 Corno di Rosazzo
www.clivi.it

🏛 I Poderi di San Gallo Montepulciano, Central Italy
帕德瑞圣伽罗酒庄 蒙特普恰诺 意大利中部

🍷 *Rosso di Montepulciano (red)*
蒙特普恰诺（红）

　　帕德瑞圣伽罗是一家传统的蒙特普恰诺庄园，也是奥林匹亚·罗伯特拥有的顶级酒庄，酒庄包含两片精致的葡萄园，占地面积约7.5万平方米，全部都是最好的地块。罗伯特的酿酒风格是在发酵过程中通过长时间的浸泡产生香气，并形成浓郁的红宝石色泽和紧致的结构。蒙特普恰诺葡萄酒能很好地体现这个特点，它采用桑娇维赛和其他强劲浓郁的传统葡萄品种混酿，饱满丰腴，优雅独特地平衡了深色水果的果香和具有矿物质感的单宁，是这个产区的佳酿之一。

Via delle Colombelle 7, 53045 Montepulciano
www.ipoderidisangallo.com

🏛 Il Poggione Montalcino, Tuscany
珀吉奥内酒庄 蒙塔尔奇诺 托斯卡纳

🍷 *Rosso di Montalcino (red)*
蒙塔尔奇诺（红）

　　作为蒙塔尔奇诺规模较大的酒庄，珀吉奥内无疑会被奉为该产区葡萄酒的标准典范。这座酒庄归里奥珀尔多·弗朗赛驰所有。经营者们更注重酿造具有当地风格且风味平衡的桑娇维赛，并非将葡萄酒放入橡木桶中发酵，汲取浓重的橡木味道。这款入门级的葡萄酒出身严谨、传统，将蒙塔尔奇诺桑娇维赛特有的森林和土壤的气息表现得淋漓尽致，是一款精致而又别具一格的好酒，可以搭配松露意面或意式调味饭。

Frazione Sant'Angelo in Colle, Località Monteano, 53020 Montalcino
www.tenutailpoggione.it

🏛 Il Molino di Grace Chianti Classico, Tuscany
莫丽诺格蕾丝酒庄 经典奇昂第 托斯卡纳

🍷 *Chianti Classico (red)*
经典奇昂第（红）

　　顶级的经典奇昂第酒庄莫丽诺格蕾丝，以惊人的速度晋升到目前在该产区的崇高地位。1995年，弗朗克·格蕾丝收购了这块土地，而出生于德国的酿酒师格哈德·海默和顾问弗朗克·贝纳贝一直辅佐在他的左右，将格蕾丝成功地打造为潘扎诺的顶级庄园。这座庄园的风格精致儒雅，更贴近国际品位，但还保留了一些托斯卡纳的独特气质和单宁的魅力。这款经典奇昂第美味紧致，带有明显的矿物质感，饮用时更像高于普通水平的珍藏级好酒，令人印象深刻。

Località Il Volano Lucarelli, 50022 Panzano in Chianti
www.ilmolinodigrace.com

🏛 Inama Soave, Northeast Italy
易那玛酒庄 索阿维 意大利东北部

🍷 *Soave Classico (white)*
经典索阿维（白）

　　新晋的易那玛酒庄是意大利东北部最精致的酒庄之一，它对所在地索阿维的常规饮酒提出了不少挑战。酒庄更注重工艺，酿造的葡萄酒融合了浓郁度和结构感，注重新鲜度和入口感，不仅大获成功，而且受到广泛欢迎。这个系列的产品很丰富，经典索阿维更是专为广大葡萄酒爱好者用心酿造的一款酒，它层次丰富，悠长的回味中带有柠檬果冻和南非酸橙的果香，与空气接触后更具有深度。

Località Biacche, 50, 37047 San Bonifacio
www.inamaaziendaagricola.it

桑娇维赛
SANGIOVESE

　　桑娇维赛葡萄酒属于适合在家享用的葡萄酒。几百年来，不仅托斯卡纳能孕育出美味馥郁的桑娇维赛葡萄酒，世界的其他产区也出产不错的桑娇维赛，少数地方甚至酿造出值得世人铭记的葡萄酒。这点与法国的葡萄品种，如美乐、西拉和赤霞珠并不一样。

　　托斯卡纳是桑娇维赛的故乡。一些酿酒师将它酿成清新、简单且充满水果味的畅饮型葡萄酒，而另一些人则用它生产酒体中等至饱满的优质葡萄酒，它们能从评论家那里获得高分，并适宜陈年。

品种的尺寸

　　随着时间的不断推移，桑娇维赛逐渐培育出不同品系以及亚种。托斯卡纳奇昂第地区的桑娇维赛通常果粒较小；而蒙塔尔奇诺地区的品种则果粒较大且果皮更厚，可酿造较浓郁的葡萄酒。

结构与单宁

　　桑娇维赛葡萄果汁和果皮中的化合物富含单宁（这种物质正是茶中苦涩味的来源）和恰到好处的果酸。它不属于柔和型的红葡萄酒，但却能令人胃口大开。

多重风格

像黑皮诺一样，桑娇维赛可以通过它的味道，如实反映出不同产区的特色。在经典奇昂第产区，面北的山地葡萄园可生产出散发着胡椒香气的桑娇维赛葡萄酒，而面南区域出产的葡萄酒则会带有更多草莓的味道。

产量小

意大利以外的地区很少出产顶级桑娇维赛的原因之一是这个品种对产量非常敏感。酒农可以让西拉葡萄结出较多的果实，但桑娇维赛必须经常修枝。

世界其他产区

某些新世界葡萄酒产区，如阿根廷和美国加利福尼亚州也出产质量参差不齐的桑娇维赛，与质优又超值的意大利桑娇维赛葡萄酒相比，它们并不具有优势。

意大利中部地区也种植这种葡萄，并将其酿造成各种类型，从起泡至轻盈，酒体丰满或甜酒类型。最好的干型葡萄酒包括经典奇昂第、陈酿经典奇昂第和蒙塔尔奇诺布鲁诺；而蒙塔尔奇诺布鲁诺需要经过长时间陈年，才能达到巅峰状态。

超级托斯卡纳这类特别的葡萄酒，有时也会标示"托斯卡纳"。超值的酒款包括蒙塔尔奇布诺贵族红葡萄酒和罗马涅桑娇维赛。

下面是桑娇维赛的顶级产区，可以尝试这些推荐年份的葡萄酒：

托斯卡纳：2009，2008，2007，2006

艾米利亚-罗马涅：2009，2008，2007，2006

年轻的蒙塔尔奇诺布鲁诺或许口感粗粝，但经过陈年后会更美味。

Isole e Olena Chianti Classico, Tuscany
奥莱娜小岛酒庄 经典奇昂第 托斯卡纳

Chianti Classico (red)
经典奇昂第（红）

奥莱娜小岛位于官方认证的经典奇昂第产区的北部，这里出产的葡萄酒风格已经得到了广泛认可。这座酒庄的经典奇昂第风格简单直接，经过调配，带有泥土芳香的单宁和深色樱桃的果香，优雅平衡。

Località Isole 1, 50021 Barberino, Val d'Elsa
0558 072763

La Mozza Scansano, Tuscany
莫扎酒庄 斯堪萨诺 托斯卡纳

Morellino di Scansano I Perazzi (red)
佩睿芝（红）

意大利人莫瑞佐·卡斯戴利负责为这座占地35万平方米的酒庄酿酒。他使用桑娇维赛、西拉和阿利哥特等葡萄品种酿造的葡萄酒强劲有力。这款佩睿芝就是用桑娇维赛和其他地中海品种混酿而成，酒中有成熟李子和樱桃的果香，还有凉爽的甘草香气，是一款肥硕多汁的好酒，易于搭配食物。

Monte Civali, Magliano in Toscana, 68061 Grosseto
www.bastianich.com

Le Presi Montalcino, Tuscany
普瑞西酒庄 蒙塔尔奇诺 托斯卡纳

Rosso di Montalcino (red)
蒙塔尔奇诺（红）

提起桑娇维赛，庄主布鲁诺·凡布瑞永远是它的忠实粉丝。

普瑞西酒庄生产的蒙塔尔奇诺融合了干玫瑰和樱桃的香气，口感浓郁，紧实又有层次，是一款优质的蒙塔尔奇诺红酒代表。

Via Costa della Porta, Frazione Castelnuovo Abate, 53020 Montalcino
0577 835541

Leone de Castris Puglia, Southern Italy
里昂酒庄 普利亚 意大利南部

Salice Salentino Riserva Donna Lisa (red)
多娜丽萨萨利斯萨兰蒂诺珍藏（红）

这座酒庄具有特殊的历史意义：它由奥荣佐公爵创建，已经伫立在这里350年了。多娜丽萨萨利斯萨兰蒂诺珍藏非常具有代表性，是一款意大利南部的老式红葡萄酒，带有泥土的芳香，结合了丰富的果香、美味的单宁和高调的酸度。

Via Senatore De Castris 50, 73015 Salice Salentino
www.leonedecastris.com

Librandi Calabria, Southern Italy
丽博兰蒂酒庄 卡拉布里亚 意大利南部

Cirò Riserva (red)
希罗珍藏（红）

这款口味浓郁的希罗珍藏葡萄酒，经过温暖的阳光培育，散发着明快的樱桃和李子果香，是一款经典的意大利佐餐酒。丽博兰蒂是一家家族式的大酒庄，占地面积达250万平方米，在卡拉布里亚的葡萄酒行业里地位显著，每年出产众多优秀的葡萄酒，产品系列共有12种之多。由于深深扎根于当地，丽博兰蒂酒庄一直领导大家挽救濒临绝种的古老当地品种。

SS 106, Contrada San Gennaro, 88811 Cirò Marina
www.librandi.it

Livio Felluga Colli Orientali, Northeast Italy
利维奥范璐卡酒庄 东方科里意大利东北部

Pinot Grigio (white)
灰皮诺（白）

这款来自弗留利酿酒之星利维奥范璐卡酒庄的白葡萄酒，矿物质感鲜明，在明晰的结构感上增添了一份复杂度。回味中，成熟的苹果和梨的果香，使其更适宜搭配味道浓郁的海鲜。利维奥范璐卡酒庄现在由范璐卡的子女经营，是整个意大利东北产区现代酿酒方式的领军人物，带领大家酿造出活泼新鲜型的白葡萄酒。利维奥范璐卡酒庄在全球市场都非常活跃，目前还担任弗留利产区葡萄酒大使的职能。

*Via Risorgimento 1, 34071
Brazzano-Cormons
www.liviofelluga.it*

Majolini Franciacorta, Northwest Italy
玛尤丽妮酒庄 弗朗齐亚科塔 意大利西北部

NV: Franciacorta Brut (sparkling)
弗朗齐亚科塔干型无年份（起泡）

弗朗齐亚科塔是伦巴第布雷西亚产区的一部分，目前已发展成意大利最好的起泡酒产区，它完全采用香槟方法酿造（二次发酵的气泡在瓶中产生）。作为该产区最好的酒庄之一，玛尤丽妮酒庄对弗朗齐亚科塔的发展至关重要。酒庄位于欧米村庄，属于弗朗齐亚科塔范围内面东的位置，这里出产的起泡葡萄酒优雅且耐储存，常常有饱满的结构、迷人的奶油和苹果味，无年份的弗朗齐亚科塔永远是一款活力无限的好酒。

*Via Manzoni 3, 25050 Ome
www.majolini.it*

Marchesi di Grésy Barbaresco, Northwest Italy
马基西格西酒庄 芭芭罗斯克 意大利西北部

Nebbiolo d'Alba Martinenga (red)
阿尔巴马丁尼岗内比奥罗（红）

马基西格西酒庄的葡萄园历经几代管理人，在芭芭罗斯克产区的地位举足轻重。但作为一家现代化的酒庄，它仅仅起始于1973年。那时，阿尔伯托·格西决定不再出售自家葡萄园种植的葡萄，而开始酿造和灌装葡萄酒。这家庄园横跨朗格和蒙菲拉多两个产区，但它的核心地带还是马丁尼岗的葡萄园。酒庄以马丁尼岗收获的葡萄酿制出3款芭芭罗斯克葡萄酒，其中两种来自盖恩和坎普，主要酿制成比较严谨且橡木味道浓郁的葡萄酒。毫无疑问，最能表现当地特色的还是马丁尼岗内比奥罗葡萄酒，没有接触过橡木（这对于内比奥罗葡萄酒来说比较少见），但拥有迷人的单宁和浓郁的樱桃果香，回味中具有该品种本身的玫瑰香气，持久悠长。

*Via Rabaja Barbaresco 43, 12050 Barbaresco
www.marchesidigresy.com*

⚮ **Marco Porello** Roero, Northwest Italy
马克普瑞罗酒庄 罗埃罗 意大利西北部

⚮ *Roero Arneis Camestrì (white)*
罗埃罗卡莫斯蒂阿内斯（白）

　　马克普瑞罗酒庄的罗埃罗阿内斯葡萄酒弥补了阿内斯品种常常缺乏的两样东西：有力的酸度和温和的口感。这款酒清新悠长，回味中带有柠檬和芒果的果香。1994年，马克·普瑞罗这位年轻的酿酒师接手家族的葡萄酒事业以后，就把葡萄园的产量降低，并将位于卡奈勒的葡萄酒窖实现现代化生产。

Via Roero 3, 12050 Guarene
www.porellovini.it

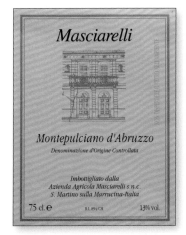

⚮ **Masciarelli** Abruzzo, Central Italy
马西亚瑞里酒庄 阿布鲁佐 意大利中部

⚮ *Montepulciano d'Abruzzo (red)*
阿布鲁佐蒙特普恰诺（红）

　　在阿布鲁佐，很少有人超越后来居上的吉安尼·马西亚瑞里的影响力和名声。一方面是因为他的经营范围很广，葡萄园的面积达到275万平方米，年产量约为300万瓶。另一方面是他孜孜不倦地宣传整个产区，发挥无穷的革新方法，并采用开放的酿酒方式。马西亚瑞里喜欢实验新的葡萄品种和酿酒方式，无论他选用什么葡萄品种以及何种酿酒方法，都不会忘记保护阿布鲁佐产区的地域特性和传统，因而成为意大利最活跃的生产商。他在没有他人引导和鼓励的情况下，一直做得很好。您可以品尝到这款阿布鲁佐蒙特普恰诺最丰腴且带有泥土气息的一面，它非常好地平衡着草莓和李子等果香与单宁，回味高调，是意面的完美搭配。

Via Gamberale 1, 66010 San Martino sulla Marrucina
www.masciarelli.it

⚮ **Melini** Chianti Classico, Tuscany
魅力尼酒庄 经典奇昂第 托斯卡纳

⚮ *Chianti Classico Granaio (red)*
格拉内奥经典奇昂第（红）

　　如果你需要一款不错的红葡萄酒来搭配披萨或意面，随处可见的魅力尼格拉内奥经典奇昂第绝对是你的首选。这款酒采用优质、坦诚且谦逊的桑娇维赛酿制，伴随着温和且美味的单宁，散发出樱桃和玫瑰的香气。现在，魅力尼酒庄隶属于意大利葡萄酒集团（GIV），是目前奇昂第产区最好的生产商。虽然近几年已经逐步现代化，但它仍然像1705年创建伊始一样，属于这个产区受传统观念影响的酒庄。

Località Gaggiano, 53036 Poggibonsi
www.gruppoitalianovini. com/melini

🍶 **Michele Chiarlo** Barolo, Northwest Italy
迈克基阿罗酒庄 巴罗洛 意大利西北部

Barbera d'Asti Le Orme (red)
奥秘阿斯蒂巴贝拉（红）

奥秘阿斯蒂巴贝拉红葡萄酒简单易饮，果香浓郁，是意面和披萨的理想搭配。该酒庄以酿造易饮型的巴贝拉而闻名。1956年，庄园由迈克·基阿罗建成，起初用于种植巴贝拉，现在这里已经发展成为皮尔蒙特产区最好的酿酒商。

Strada Nizza, Canelli, 14042 Calamandrana
www.chiarlo.it

🍶 **Montesecondo** Chianti Classico, Tuscany
蒙泰塞康都酒庄 经典奇昂第 托斯卡纳

🍷 *Toscana Rosso IGT (red)*
托斯卡纳地区餐酒（红）

蒙泰塞康都的葡萄园完全采用生物动力法培植，利用桑娇维赛和卡娜伊奥罗酿造的托斯卡纳红酒，将纯净的特点展现得淋漓尽致，不仅果香活泼、单宁紧实，而且具有矿物质的质感。

Via per Cerbaia 18, Località Cerbaia, 53017 San Casciano Val di Pesa
www.montesecondo.com

🍶 **Montevertine** Chianti Classico, Tuscany
蒙泰维蒂酒庄 经典奇昂第 托斯卡纳

🍷 *Pian del Ciampolo IGT (red)*
比昂恰帕罗地区餐酒（红）

蒙泰维蒂酒庄的葡萄酒价格不菲，这款比昂恰帕罗地区餐酒的优雅细腻香气远远盖过它的野蛮强劲，桑娇维赛的成分表现得活泼、纯净且有深度。这种理念使这里的葡萄酒品质自始至终从未改变过。

Località Montevertine, 53017 Radda in Chianti
www.montevertine.it

🍾 **美食与美酒** 皮尔蒙特红葡萄酒

皮尔蒙特是意大利最有名望的葡萄酒产区，这里不仅有酒体丰满的巴罗洛和芭芭罗斯克（均采用内比奥罗葡萄酿制），还有最常见的巴贝拉和多切托供你畅饮。

年轻的内比奥罗拥有非凡的酸度和单宁，酒体厚重的葡萄酒需要搭配口味浓郁的菜肴。产自顶级葡萄园的巴罗洛和芭芭罗斯克味道内敛而圆润，散发着橙皮、黑甘草、樱桃、紫罗兰、白玫瑰、白松露和泥土的芳香。世界知名的白松露也产自皮尔蒙特，浓郁的香气与内比奥罗搭配非常和谐。除此之外，野猪肉、小牛排和红酒炖牛肉是不错的选择，当然蘑菇配烤鸭也是一道理想佐酒菜肴。

巴贝拉和多切托这两种葡萄酒酸度较高，但口感柔和，果味浓郁，散发着李子和深色浆果的气息。通常不使用橡木桶酿制，上市即可饮用，当地的菠菜肉饺最适合与口感顺滑的巴贝拉和多切托搭配，而味道浓郁的意大利食材，如橄榄、凤尾鱼、蒜、朝鲜蓟和番茄都能与之相得益彰。

多切托与巴贝拉可以与味道强烈的、咸的凤尾鱼完美搭配。

🏠 **Morgante** Sicily
默甘酒庄 西西里

🏛 *Nero d'Avola (red)*
黑达沃拉（红）

　　自1998年起，卡梅罗·默甘就已经成为当地红葡萄品种黑达沃拉的专家。默甘的祖辈几代人都在西西里的南部高地上种植葡萄，到他这一代，已经拥有30万平方米的葡萄园，完全由自己掌控。在这片土地上，他酿造了3款不同的黑达沃拉红葡萄酒，包括一种可直接饮用的酒款。他酿造的葡萄酒一贯口感饱满丰富，结合了李子的成熟果香及结实的酒体和结构，与烤羊肉搭配非常适合。

Contrada Racalmare,
92020 Grotte
www.morgantevini.it

🏠 **Moris Farms** Maremma, Tuscany
莫里斯农场 玛里玛 托斯卡纳

🏛 *Morellino di Scansano (red)*
斯堪萨诺莫瑞利诺（红）

　　虽然莫里斯家族几代人都在玛里玛南部地区从事农业，但只是在最近才开始涉足葡萄酒行业。目前这个家族拥有两座庄园，一座位于斯堪萨诺产区，另一座位于马萨-马利提玛产区，均为酿造出质量最好的葡萄酒而建立。莫里斯农场生产的适合每日饮用且品质稳定的葡萄酒，来自斯堪萨诺产区。斯堪萨诺莫瑞利诺葡萄酒结合成熟的黑莓和李子果香，还有甘草和香料的香气，甘冽紧致，结构适中，是一款来自托斯卡纳海岸，易于搭配食物（意面或任何肉类食物）的优质红酒。

Fattoria Poggetti, Località Cura Nuova, 58024 Massa Marittima
www.morisfarms.it

🏠 **Muri-Gries** Alto-Adige, Northeast Italy
暮丽格丽酒庄 阿尔托-阿迪杰 意大利东北部

🏛 *Lagrein (red)*
勒格瑞（红）

　　暮丽格丽酒庄的勒格瑞红葡萄酒完美地阐释了勒格瑞葡萄香气浓郁、深邃的特性。它是阿尔卑斯山最强劲的红葡萄酒，带有成熟李子和辛香的味道，回味悠长。勒格瑞的原产地和它的味道一样让人琢磨不透。暮丽格丽是一座本笃会的修道院，始建于11世纪，曾经是一片森林，1407年归教堂所有。自此，这里开始酿酒，如今这座修道院已经成为博尔扎诺附近最受欢迎的几片葡萄园光荣的主人。

Grieser Platz 21, 39100 Bolzano
www.muri-gries.com

Nino Franco Valdob-biadene/Conegliano, Northeast Italy

尼诺弗朗克酒庄　瓦尔多比亚代内/科内利亚诺　意大利东北部

Prosecco Rustico (sparkling)
普洛西可乡村风味（起泡）

尼诺弗朗克的普洛西可乡村风味起泡葡萄酒，绝不仅是一款简单易饮的开胃酒。口感明快清爽，具有活泼的苹果和梨的果香，以足够的酸度来支撑到晚宴开始。这是由瓦尔多比亚代内的酒庄酿造的美酒，酒庄由安东尼·弗朗克于1919年建造，目前由他的孙子皮尔莫负责，这位年轻的酿酒师喜爱旅游。皮尔莫·弗朗克将从海外所学转变为策略，并用于他的酿酒哲学之中。

Via Garibaldi 147,
31049 Valdobbiadene
www.ninofranco.it

Orsolani Caluso, Northwest Italy

奥索拉尼酒庄　卡卢索　意大利西北部

Erbaluce di Caluso La Rustia (white)
卡卢索露丝提亚厄柏路丝（白）

厄柏路丝来自皮尔蒙特产区的北部，是一种用途广泛的白葡萄品种，酿造出的白葡萄酒风格多样。可采用厄柏路丝酿造起泡葡萄酒、晚收型葡萄酒（采用葡萄干酿制）或干白。这款清爽的厄柏路丝，可以搭配从奶酪至海鲜之间的任何食物。这个品种是奥索拉尼的特产，奥索拉尼位于皮尔蒙特的卡纳韦塞地区，紧邻都灵的北部。该酒庄成立于19世纪晚期，原来只是一座客栈和农场，现在主营酿酒，产品以好喝又有个性的厄柏路丝葡萄酒为代表。

Via Michele Chiesa 12, 10090 San Giorgio Canavese
www.orsolani.it

Pieropan Soave, Northeast Italy

皮尔洛潘酒庄　索阿维　意大利东北部

Soave Classico (white)
索阿维经典（白）

著名的皮尔洛潘酒庄生产的索阿维经典葡萄酒带有酸橙的风味与活泼的酸度，口感经典优雅、味道怡人且平衡，是烤鱼或其他海鲜的完美搭配，为这个品质并不稳定的产区树立了一个很好的榜样。皮尔洛潘是家族酒庄的领导力量，他们是一群由生产商组成的团队，致力于提升索阿维的形象，使其脱离廉价、无特点的超市产品的标签。

Via Camuzzoni 3, 37038 Soave
www.pieropan.it

Pietracupa Campania, Southern Italy

皮尔塔库巴酒庄　坎帕尼亚　意大利南部

Fiano di Avellino (white)
阿韦利诺菲亚诺（白）

萨比诺·罗浮丽都的皮尔塔库巴酒庄，葡萄园的占地面积只有3.5万平方米，坐落在坎帕尼亚的蒙特弗丹小村庄中。以这里的标准来看，酒庄的规模很小。然而因为拥有极高的信誉度，所以它在罗浮丽都声名赫赫。这里出产不错的格雷科和艾格尼科葡萄酒，白葡萄酒菲亚诺因为非常好的性价比而最受欢迎。它具有矿石的矿物质感，酸度活泼，带有成熟芒果和苹果的果香，回味紧实，打火石与火药味尤为突出。

Via Vadiaperti 17, 83030 Montefredane
0825 607418

温度那些事儿

　　滚烫的可可才好喝，冰凉的饮料最爽口，但葡萄酒可就没那么简单了。侍酒温度在很大程度上会影响葡萄酒的味道，正如温热的饮料和冰冷的可可会减少美味一样。口感浓郁的白葡萄酒、桃红葡萄酒和众多甜酒需低温饮用，但不要太冷；口感轻盈的红葡萄酒温度稍低即可。虽然看起来有些复杂，但其实很简单。你可以遵循20分钟法则：口感浓郁的白葡萄酒从冰箱中取出20分钟后饮用，而口感轻盈的红葡萄酒则在饮用前20分钟才放入冰箱冷藏。

25°C
(77°F)

20°C
(68°F)

15°C
(59°F)

10°C
(50°F)

5°C
(41°F)

0°C
(32°F)

清爽的白葡萄酒和起泡酒

侍酒温度：2℃
清新爽口的白葡萄酒（采用灰皮诺、长相思或阿芭瑞诺葡萄酿制而成）、口感轻盈的雷司令和麝香以及大部分起泡酒，均适合直接从冰箱里取出即饮，以保持它们清爽的味道。

25°C
(77°F)

20°C
(68°F)

15°C
(59°F)

10°C
(50°F)

5°C
(41°F)

0°C
(32°F)

浓郁的白葡萄酒、桃红葡萄酒、甜酒和强化葡萄酒

侍酒温度：7℃
这种风格的葡萄酒拥有更丰富的层次与口感，如果温度太低可能会掩盖这些特点。它们适合在凉爽而非冰点温度时饮用，可以在饮用前20分钟从冰箱里取出。

温度技巧

每个人的口味都不尽相同，有人喜欢喝温热的白葡萄酒、冰爽的红葡萄酒，甚至在桃红葡萄酒里加冰块，这些都是个人喜好问题。不过，遵循以下原则能让你最大限度地享受葡萄酒的美味。

通风的城堡

传统观点认为，红葡萄酒适宜在室温下饮用，不过这是在中央供暖出现之前的观点，通风的苏格兰城堡大厅的室温约为16℃。

会不会太凉了？

温度略低总比温度高要好，因为当葡萄酒被斟入杯中饮用时，温度会逐渐升高。

冰桶

在冰桶中加入适量水，这样更有助于快速降温。冰水可以完全包裹酒瓶，这比只用冰块降温速度更快。

冰柜

使用冰柜时要注意，如果葡萄酒在冰柜中放置过久，可能导致结冰，并将瓶塞顶出。其实利用冰水降温速度更快。

在冰块中加水能使酒更快冷却。

清淡的红葡萄酒

25℃ (77°F)
20℃ (68°F)
15℃ (59°F)
10℃ (50°F)
5℃ (41°F)
0℃ (32°F)

侍酒温度：13℃
采用博若莱、物美价廉的黑皮诺、奇昂第或清淡的西拉葡萄酿制而成的口感清淡的红葡萄酒，与其他红葡萄酒不一样，在低温时品尝口感清爽且味道更佳。饮用前20分钟放入冰箱或提前5分钟放在冰桶里冰镇即可。

浓郁的红葡萄酒和年份波特酒

25℃ (77°F)
20℃ (68°F)
15℃ (59°F)
10℃ (50°F)
5℃ (41°F)
0℃ (32°F)

侍酒温度：18℃
采用波尔多、勃艮第、梅多克、赤霞珠或西拉葡萄酿制而成的口感浓郁的红葡萄酒，在18℃时品尝味道最佳。饮用时取决于葡萄酒的存储条件，或许需要轻微冰镇；也许要从凉爽的酒窖中提前取出，放在温暖的房间里升温。

Pietratorcia Campania, Southern Italy
皮埃特托西亚酒庄 坎帕尼亚 意大利南部

Ischia Bianco (white)
伊斯基亚（白）

伊斯基亚白葡萄酒是一个新旧结合的好例子，它成功地展现出酒庄的独特个性：采用当地土生土长的白葡萄品种混酿，如白莱拉和弗拉斯塔，令葡萄酒带有柑橘的清新，易于搭配海鲜类菜肴。

Via Provinciale Panza 267, 80075 Forio d'Ischia
www.pietratorcia.it

Planeta Sicily
朴奈达酒庄 西西里

Cerasuolo di Vittoria (red)
维托里亚瑟拉索罗（红）

朴奈达酒庄是西西里最大的葡萄酒生产商之一，每年酿造200多万瓶葡萄酒。维托里亚瑟拉索罗红葡萄酒口感亲和，它完美地平衡了成熟樱桃和甜美覆盆子的果香与温和的酸度，是搭配披萨的好选择。

Contrada Dispensa, 92013 Menfi
www.planeta.it

Poderie e Cantine Oddero Barolo, Northwest Italy
帕得里和奥得罗酒庄 巴罗洛 意大利西北部

Barolo (red)
巴罗洛（红）

酒庄中最经典的巴罗洛红葡萄酒具有传统的甜美特点，潮湿的土壤气息、酸酸的樱桃香气和迷人的玫瑰花香。它与大多数巴罗洛红葡萄酒不同，这款酒还是趁年轻时饮用口感更好。

Frazione S Maria 28, 12064 La Morra
www.oddero.it

Produttori del Barbaresco Barbaresco, Northwest Italy
芭芭罗斯克酒庄 芭芭罗斯克 意大利西北部

Barbaresco (red)
芭芭罗斯克（红）

酒庄最初成立于1894年，如今已成为芭芭罗斯克最好的酒商之一，拥有许多优质的葡萄园，如里奥索多、奥维罗、阿斯利和雷巴佳。酒庄里每款葡萄酒都称得上物超所值，并非只有最贵的产区才能生产最好的酒。犹如这款芭芭罗斯克，结合优雅与结构于一身，是值得珍藏的超值款。

Via Torino 54, 12050 Barbaresco
www.produttoridelbarbaresco.com

Querciabella Chianti Classico, Tuscany
奎西亚贝拉酒庄 经典奇昂第 托斯卡纳

Chianti Classico (red)
经典奇昂第（红）

自20世纪70年代，卡斯提格里亚尼人开始在格莱威和雷达不断购买土地，最终奠定了如今最好的经典奇昂第生产商的基础。酒庄致力于环境对农作物的影响，亲自推进生物动力法。从奎西亚贝拉的产品目录中可以看出该方法获得的成效：无论白葡萄品种还是红葡萄品种，无论国际品种还是当地品种，均采用这种方法种植。这款标示为"庄园级"的经典奇昂第，选用的主要品种为桑娇维赛，还有少部分赤霞珠。这是一款优雅且有风度的奇昂第，带有成熟的樱桃和摩卡香气，与中度的单宁相平衡，复杂却适合年轻时享用。

Via di Barbiano 17, 50022 Greve in Chianti
www.querciabella.com

ᴉᴑᴉ **Rocca di Montegrossi** Chianti Classico, Tuscany
洛卡蒙塔格罗斯酒庄 经典奇昂第 托斯卡纳

ᴉᴉᴉ *Chianti Classico (red)*
经典奇昂第（红）

马克·里卡索里-费力多菲是洛卡蒙塔格罗斯酒庄的创始人和驱动力，这是奇昂第地区最具有影响力的家族之一。马克目前经营着洛卡蒙塔格罗斯酒庄。20世纪90年代开始，马克负责管理家族的维格奈特圣马科力诺庄园。2000年，他完成了酒庄的建设，逐渐增加了一些新葡萄藤，使葡萄园扩大至18万平方米，出产可酿制经典奇昂第的葡萄品种，如桑娇维赛和卡娜伊奥罗。酒庄生产的经典奇昂第葡萄酒品质稳定、个性优雅且带有浓郁的矿物质气息。

Località Monti in Chianti, San Marcellino, 53010 Gaiole in Chianti
www.roccadimontegrossi.it

ᴉᴑᴉ **Salcheto** Montepulciano, Central Italy
萨尔切托酒庄 蒙特普恰诺 意大利中部

ᴉᴉᴉ *Rosso di Montepulciano (red)*
蒙特普恰诺（红）

萨尔切托酒庄的前身是一座农场，于20世纪80年代开始种植葡萄，转型为酿造葡萄酒的酒庄。酒庄经理麦克·马尼里和萨尔切托，邀请酿酒顾问保罗·瓦格吉尼一起酿酒，从而掀起这片产区的新浪潮。他们酿造的葡萄酒具有经典的结构和成熟的果香，因而名声大振。萨尔切托酒庄的基础酒款中，最具代表性的就是蒙特普恰诺葡萄酒。它没有受到橡木的影响（以不锈钢桶陈年），采用令人垂涎的桑娇维赛、卡娜伊奥罗和美乐混酿而成，带有清爽的酸度，是餐桌上的好搭档。

Via di Villa Bianca 15, 53045 Montepulciano
www.salcheto.it

ᴉᴑᴉ **Sartarelli** Marche, Central Italy
桑塔雷利酒庄 马尔凯 意大利中部

ᴉᴉᴉ *Verdicchio dei Castelli di Jesi (white)*
卡斯特里耶西维蒂奇奥（白）

该酒庄出产的葡萄酒分类灌装，但每一瓶都香气浓郁且迷人，是典型的现代型白葡萄酒。卡斯特里耶西维蒂奇奥葡萄酒纯净爽口，橘香和花香明快怡人，浓郁纯净，酸度活泼。

Via Coste del Molino 24, 60030 Poggio San Marcello
www.sartarelli.it

ᴉᴑᴉ **Sassotondo** Maremma, Tuscany
萨索通铎酒庄 玛里玛 托斯卡纳

ᴉᴉᴉ *Ciliegiolo Toscana Rosso IGT (red)*
西列格里奥罗托斯卡纳地区餐酒（红）

1990年，一群勇敢的酿酒商为了证明桑娇维赛并非托斯卡纳唯一值得拥有的当地品种，于玛里玛地区成立了萨索通铎酒庄。酒庄酿造的第一批葡萄酒诞生于1997年。萨索通铎背后的好朋友——爱多阿铎和卡尔·本尼尼将注意力转向了另一个葡萄品种——西列格里奥罗，一种红色品种，可以酿造出既美味又异常出色的葡萄酒。这款酒无需橡木陈酿，个性突出，口感明快，是一款果香浓郁，让人着迷的佐餐佳酿。

Pian di Conati 52, 58010 Sovana
www.sassotondo.it

灰皮诺
PINOT GRIGIO / PIONT GRIS

意大利的灰皮诺葡萄原产自法国勃艮第地区，不过在很早以前就已经在世界各地广泛种植。在意大利，它的拼写方式为"Piont Grigio"；而在法国的阿尔萨斯，它的拼写方式为"Pinot Gris"，也曾被称为阿尔萨斯托卡伊（Tokay d'Alsace）；在德国，它被称为罗朗德（Ruländer）；在乌克兰，它的名字无法用字母表示；在美国加利福尼亚州，"Piont Grigio"与"Pinot Gris"这两种拼写方式均会使用。

对于意大利北部的酿酒师来说，这里出产的灰皮诺非常重要，具备这一国际葡萄品种的典型风格：颜色非常浅，口感清爽，拥有精致的水果风味。

灰色还是粉色？

"Gris"和"Grigio"分别是法语和意大利语"灰色"的意思。如果采用类似红葡萄酒的发酵方式，这种颜色较浅的葡萄品种可以生产出粉色或橙色的葡萄酒。

晚收

在法国北部的阿尔萨斯地区，利用灰皮诺可以酿造出美味的甜酒。直至深秋时才会采收灰皮诺，此时果实中的糖分已经浓缩，而且带有蜂蜜的香气。

变种

葡萄品种研究者发现，灰皮诺诞生于勃艮第地区，是酿制顶级勃艮第红葡萄酒的葡萄品种——黑皮诺的变种。这一变种培育出接近深色的葡萄，既非白也非黑，而呈灰色。

压榨

20世纪60年代，意大利酿酒师使用白葡萄酒技术来酿造灰皮诺，它这才变得流行起来。葡萄采收之后会立即压榨，并分离掉颜色较深的葡萄皮，单独用果汁进行发酵。

世界的其他产区

意大利的灰皮诺产区主要集中在北部，特别是特伦提诺-阿尔托-阿迪杰和弗留利-威尼斯朱利亚地区。这个品种种植在阿尔卑斯山附近气候凉爽的山地葡萄园中，葡萄的表现优异。受到意大利灰皮诺成功销售的影响，在过去20年间，很多国家的酿酒师都开始种植这一品种。在新西兰，它是种植面积排名第三的葡萄品种；自2000年，美国加利福尼亚州的种植面积已超过1/4；而在俄勒冈州，许多黑皮诺的种植者也开始种植灰皮诺。

意大利的灰皮诺口感新鲜且清淡，产自阿尔萨斯、俄勒冈州和新西兰的灰皮诺则拥有更多柑橘类水果的风味，有些甚至呈淡粉色。

以下是出产灰皮诺的顶级产区，可以尝试这些推荐年份的葡萄酒：

意大利东南部：2009，2008，2007

阿尔萨斯：2009，2008，2007

俄勒冈州：2009，2008，2007

得益于漫长且炎热的夏季，阿尔萨斯灰皮诺通常拥有非常浓郁的风味。

⋔ Scarbolo
Pavia di Udine, Northeast Italy

思佳保罗酒庄 帕维亚-乌迪内 意大利东北部

⋔ *Friulano (white)*
弗留利（白）

瓦尔特·思佳保罗是位非常有天赋的人。他既是弗拉斯卡餐厅（La Frasca，意大利最好的餐厅之一，美味的菜肴令它远近闻名）的老板，又是一位酿酒师，拥有以家族姓氏命名的小酒庄，酒庄的名声响彻整个意大利。思佳保罗的酿酒技术如同他的烹饪技巧一样，风格现代化，但并不拒绝参考传统酿制方法。他酿制的弗留利白葡萄酒口感均衡，果香浓郁，精致的酸度提升了柑橘与柠檬的果香。最好搭配烧烤火候略重的扇贝，来平衡这款酒的浓郁香气。

Viale Grado 4,
33050 Pavia di
Udine
www.scarbolo.com

⋔ Sergio Mottura
Lazio, Central Italy

瑟吉欧马图拉酒庄 拉齐奥 意大利中部

⋔ *Orvieto Classico (white)*
奥维多经典（白）

野猪是风景如画的奥维多法定产区拉齐奥的象征之一，这里的人们对当地动物有深厚的感情，以至于在所有酒标上它们都会以主角的形式出现，令酒庄具有很高的辨识度。奥维多经典是一款清爽的白葡萄酒，会带给人清新明快的感觉。这归功于它令人垂涎的酸度，搭配任何鱼类或海鲜菜肴都非常协调。

Località Poggio della Costa, 01020 Civitella d'Agliano
www.motturasergio.it

⋔ Sorelle Bronca
Valdobbiadene/Conegliano, Northeast Italy

索丽乐布隆卡酒庄 瓦尔多比亚代内/科内利亚诺 意大利东北部

⋔ *Prosecco di Valdobbiadene Extra Dry (sparkling)*
瓦尔多比亚代内普洛西可特干型（起泡）

一般情况下，普洛西可起泡酒是在完成初次发酵的基酒中添加酵母和糖分，然后在控压容器中发酵完成。但是，索丽乐布隆卡背后的团队却采用与众不同的方式，仅通过一次发酵完成。整个过程需要先冷却压榨完成的葡萄（采用有机种植的葡萄），然后装入桶中，待葡萄内的糖分发酵并释放出二氧化碳，这造就了葡萄酒自然活泼的灵动性与纯净的口感。当然，起泡葡萄酒清新甘冽的坚实口感，使其比一般的普洛西可更具深度和复杂度。这款起泡酒回味明快，是意大利火腿的理想搭配。

Via Martiri 20, 31020 Colbertaldo di Vidor
www.sorellebronca.it

⋔ Talenti
Montalcino, Tuscany

塔兰提酒庄 蒙塔尔奇诺 托斯卡纳

⋔ *Rosso di Montalcino (red)*
蒙塔尔奇诺（红）

塔兰提酒庄因出产品质上乘的传统布鲁诺和蒙塔尔奇诺葡萄酒而扬名。塔兰提酒庄的葡萄酒是为了搭配当地的美食而酿制的，蒙塔尔奇诺比布鲁诺便宜许多，可以搭配当地的众多菜肴。这款酒采用桑娇维赛酿制，口味浓郁、活泼且耐人寻味，带有脱水牛肝菌、玫瑰花瓣和淡淡的樱桃香气。就风格而言，它是一款深深扎根于蒙塔尔奇诺传统的桑娇维赛葡萄酒。

Pian di Conte, S Angelo in Colle, 53020 Montalcino
www.talentimontalcino.it

⚕ **Tasca d'Almerita**
Sicily

塔斯卡达尔梅里塔酒庄　西西里

🍷 *Regaleali Rosso (red)*
里格利亚里（红）

近200年来，很少有意大利的酒庄能打破塔斯卡达尔梅里塔优质葡萄酒保持的记录。目前，该酒庄仍然由创始家族管理，多年的经验与不断地创新，使它一直保持着出产西西里优质葡萄酒的地位。这个家族掌管着5座庄园，其中包括占地面积达400万平方米的里格利亚里庄园。它位于高地的中央地带，是酿造里格利亚里葡萄酒的原材料来源地。这款葡萄酒明快的酸度衬托着优雅的果香，虽然酒体轻盈，但高调的樱桃和李子果香，使其香气饱满，是搭配夏季烧烤的好选择。

Contrada Regaleali,
90020 Sciafani Bagni
www.tascadalmerita.it

⚕ **Tenimenti Fontanafredda** Barolo, Northwest Italy

丰塔纳弗雷达酒庄　巴罗洛 意大利西北部

🍷 *Serralunga Barolo (red)*
塞拉伦格巴罗洛（红）

皮埃蒙特庄园拥有辉煌的历史。它成立于1878年，由意大利国王维托里奥·以马利二世的私生子——米拉菲欧里伯爵创建。伯爵选择的这片土地曾是国王的狩猎庄园，它是这片产区中最好的葡萄园。庄园现由奥斯卡·法纳提掌管，他还拥有巴罗洛的伯格诺酒庄。自1999年起，由达尼洛·德罗科负责酿酒，他令这里的葡萄酒恢复了曾经的辉煌。这款价位合理的巴罗洛拥有丰富的果香，口感柔美，散发着樱桃和李子的香气，以经典的塞拉伦格单宁做支撑，回味悠长且甘美。

Via Alba 15, 12050 Serralunga d'Alba
www.tenimentifontanafredda.it

⚕ **Tenuta Belguardo** Maremma, Tuscany

贝尔格都酒庄　玛里玛 托斯卡纳

🍷 *Serrata Maremma Toscana IGT (red)*
斯洛塔玛里玛托斯卡纳地区餐酒（红）

玛里玛已经成为托斯卡纳的投资温床，酒商们为了寻求酿造波尔多风格的红酒，成群结队地涌入这片产区，玛泽家族就是其中的一员。他们在经典奇昂第拥有凤都庄园，又于20世纪90年代购买了贝尔格都酒庄，以增加在玛里玛的市场占有率。这个家族非常渴望再酿制一款以赤霞珠为主的混酿（虽然贝尔格都葡萄酒已经是这样的一款葡萄酒了）。毋庸置疑，在玛泽的玛里玛产品目录里，更有意思的一款当属斯洛塔红葡萄酒，但风格上并非属于波尔多，而是更传统的意大利风味。

Località Montebottigli, VIII° Zona, 58100 Grosseto
www.mazzei.it

Tenuta Pèppoli Chianti Classico, Tuscany
派帕里酒庄 经典奇昂第 托斯卡纳

Chianti Classico (red)
经典奇昂第（红）

派帕里酒庄出产的奇昂第低调且易于入口。如最常见的派帕里经典奇昂第，采用90%的桑娇维赛和少量的美乐与西拉混酿而成，口感饱满，散发着成熟草莓和李子的果香，还透露出甜美的香草香气，是搭配牛排的上选。

未提供参观信息
www.antinori.it

Terredora Campania, Southern Italy
泰勒朵拉酒庄 坎帕尼亚 意大利南部

Campania IGT Aglianico (red)
艾格尼科坎帕尼亚地区餐酒（红）

这款餐酒拥有紧实且芳香的单宁，它是一款需要在醒酒器中慢慢柔化单宁、释放果香的葡萄酒，适宜搭配炖肉类菜肴。酒庄葡萄园面积达125万平方米，坐落于意大利南部最好的DOCG产区。

Via Serra, 83030 Montefusco
www.terredora.com

Thurnhof Alto-Adige, Northeast Italy
瑟哈弗酒庄 阿尔托-阿迪杰 意大利东北部

Lagrein Riserva (red)
勒格瑞珍藏（红）

这是一款采用勒格瑞葡萄酿制的红葡萄酒，口感清新豪

放，拥有精致的酸度，还带有红苹果与李子的果香。与其他瑟哈弗葡萄酒一样：采用传统方式（包括使用大型橡木桶陈年），酿造出明快且具有现代感的葡萄酒。

Küepachweg 7, 39100 Bozen
www.thurnhof.com

Trappolini Lazio, Central Italy
查帕里尼酒庄 拉齐奥 意大利中部

Orvieto Classico (white)
奥维多经典（白）

酒庄采用传统方法酿造具有现代风格的奥维多葡萄酒，并因此而备受赞誉。这里的葡萄园种植的大多数都是奥维多，用于酿制白葡萄酒（也有少部分是桑娇维赛红葡萄酒）。奥维多经典是一款芬芳活泼的白葡萄酒，细腻的白垩土气息，在柑橘和青苹果的明快果香基础上，增添了复杂的口感。

Via del Rivellino 65, 01024 Castiglione in Teverina
www.trappolini.com

Triacca Valtellina, Northwest Italy
特力雅卡酒庄 瓦尔泰利纳 意大利西北部

Valtellina Sassella (red)
瓦尔泰利纳塞萨拉（红）

特力雅卡家族生产的葡萄酒具有一种特殊的瑞士风格。整个企业由来自瑞士的波斯基亚沃家族经营管理。瓦尔泰利纳塞萨拉酒采用产自瑞士边境的内比奥罗酿制，具有豪放的活力，口感温和紧实，酸度集中，香气明快，是一款迷人的好酒。

Via Nazionale 121, 23030 Villa di Tirano
www.triacca.com

Umani Ronchi Marche, Central Italy
尤曼尼龙奇酒庄 马尔凯 意大利中部

Verdicchio dei Castelli di Jesi (white)
卡斯特里耶西维蒂奇奥（白）

尤曼尼龙奇拥有的葡萄园面积达200万平方米，北部始于卡尼罗DOCG产区，南部延伸至阿布鲁佐的塔罗玛尼丘DOCG产区。年均产量达400万瓶。卡斯特里耶西维蒂奇奥白葡萄酒是一款风格饱满的维蒂奇奥，带有蜂蜜、新鲜植物和成熟苹果的混合香气，试着搭配带有浓郁奶香的奶酪一起品尝吧！

Via Adriatica 12, 60027 Osimo
www.umanironchi.com

🏛 **Valle dell'Acate** Sicily
阿卡泰山谷酒庄 西西里

🍷 *Sicilia IGT Il Frappato (red)*
费拉帕托西西里地区餐酒II（红）

贾克诺家族的葡萄种植历史非常悠久，他们拥有的土地位于阿卡泰河流旁的冲积岩空地上。这是一款清新怡人的红葡萄酒，带有玫瑰和草莓的清香，是傍晚野餐的最佳伴侣。

Contrada Bidini, 97011 Acate
www.valledellacate.it

🏛 **Velenosi** Marche, Central Italy
维勒诺思酒庄 马尔凯 意大利中部

🍷 *Rosso Piceno Superiore Il Brecciarolo (red)*
贝罗比赛诺优级II（红）

该酒庄位于比赛诺法定产区的中央地带，拥有面积为359万平方米的葡萄园。最能表现水准的要数贝罗比赛诺优级II红葡萄酒。就香气而言，这款优质的红葡萄酒初尝时似乎过于浓郁沉重，但活泼的酸度马上就会提升口感。

Via dei Biancospini 11, 63100 Ascoli Piceno
www.velenosivini.com

🏛 **Vietti** Barolo, Northwest Italy
维也提酒庄 巴罗洛 意大利西北部

🍷 *Nebbiolo d'Alba Perbacco (red)*
阿尔巴帕博克内比奥罗（红）

维也提在意大利最伟大的产区巴罗洛地区声名显赫，与这个产区的其他酒庄一样，该家族创业时规模很小。19世纪时，很多葡萄酒农把葡萄出售给葡萄酒酿造商，而这个家族在第二次世界大战结束后，就开始尝试灌装自己酿制的葡萄酒。在他们的思佳诺尼葡萄园中，以阿内斯白葡萄酒和巴贝拉红葡萄酒最出名；在巴罗洛和芭芭罗斯克地区，他们拥有无数优质皮尔蒙特葡萄酒，但因名声在外，所以价格不菲。帕博克内比奥罗红葡萄酒则是价位合理且品质突出的上乘之选。

Piazza Vittorio Veneto 5, 12060 Castiglione Falletto
www.vietti.com

🏛 **Villa Bucci** Marche, Central Italy
布奇酒庄 马尔凯 意大利中部

🍷 *Verdicchio dei Castelli di Jesi (white)*
卡斯特里耶西维蒂奇奥（白）

葡萄酒对于马尔凯产区的布奇酒庄来说非常重要。卡斯特里耶西维蒂奇奥法定产区的中央地带，约400万平方米的土地用于种植意义非凡的农作物，包括小麦、甜菜和向日葵。然而，对于这本书来说更重要的是，这片土地拥有21万平方米精心管理的有机种植葡萄园。就在这里，布奇家族以降低产量的方式，酿造这个产区最精致且最浓郁的白葡萄酒。正统的卡斯特里耶西维蒂奇奥具有明显的草本气息，使这款带有海洋气息的白葡萄酒更具深度和复杂度。当葡萄酒与空气接触之后，它的结构层次会更加舒展，与鱼类菜肴搭配相得益彰。

Via Cona 30, 60010 Ostra Vetere
www.villabucci.com

🏛 **Vittorio Bera e Figli** Asti, Northwest Italy
维托利奥贝拉费格丽酒庄 阿斯蒂 意大利西北部

🍷 *Moscato d'Asti (sparkling)*
阿斯蒂麝香（起泡）

传统观点会将麝香定义为轻酒体，而且认为其风格单一，不可能具有复杂的口感，而维托利奥贝拉费格丽酒庄对这种说法提出了挑战，并进行嘲笑。苹果和梨的果香，搭配矿物质的质感，口感耐人回味，从任何角度来说它都是一款认真酿制的好酒。这款佳酿是吉安路吉与阿勒桑卓的杰作，他们共同拥有一片葡萄园。这个由兄妹组成的团队已成为意大利天然葡萄酒队伍中的主要力量，他们和其他酿酒师一起，坚信葡萄酒应当采用有机或生物动力法培育的葡萄酿制。他们的酒庄尽量不使用化学添加剂，依靠天然酵母进行发酵。

Regione Serra Masio 21, 14053 Canelli
0141 831157

西班牙 SPAIN

　　多年以来，世界主要关注西班牙出产的三种风格葡萄酒：以橡木桶陈年、口感柔和且风味浓郁的里奥哈红葡萄酒，卡瓦起泡葡萄酒，以及品种多样的强化赫雷斯葡萄酒（又称雪莉酒），这三大类传世风格堪称经典。但在最近的20多年里，人们突然对这个国家出产的其他风格的葡萄酒兴趣大增。这些酒许多出自历史悠久的葡萄酒产区，新投资、新理念和年轻一代的酿酒师为葡萄酒注入了新鲜的活力。如加泰罗尼亚的普里奥拉和蒙桑特，出产口感复杂、有矿物气息且风格强劲的红葡萄酒；加利西亚的下海湾地区出产的新鲜且芳香的白葡萄酒；另外，还应看看杜罗河岸奢华的红葡萄酒，别尔索紫罗兰香味的红葡萄酒，以及卢埃达脆爽且芳香的白葡萄酒。事实上，你会被西班牙如此多样的"新"选择而宠坏。

📿 Abadía Retuerta
Sardon de Duero， Castillay León
阿巴迪亚雷图埃尔塔庄园
撒尔顿-杜罗 卡斯蒂利亚-莱昂

📿 *Rívola Sardon de Duero (red)*

撒尔顿-杜罗雷沃拉（红）

尽管阿巴迪亚雷图埃尔塔庄园刚好位于杜罗河岸法定产区的边界外，但其出产的葡萄酒质量应被视为杜罗河岸葡萄酒。该庄园成立于1996年，酿酒师为安赫尔·阿诺西巴尔，他是第一位取得波尔多大学酿酒学博士学位的西班牙人。这款酒成熟且圆润，带有黄香李的肉质口感，香味浓烈，采用天帕尼洛与赤霞珠大胆混酿，带有香料和香草的气息，可存放5年。

47340 Sardón de Duero, Valladolid
www.abadía-retuerta.es

📿 Abel Mendoza Rioja
阿贝尔门多萨酒庄 里奥哈

📿 *Abel Mendoza Joven (red)*

阿贝尔门多萨新酒（红）

阿贝尔·门多萨自1988建立自己的酒庄开始，他研发独特的酿酒风格，特点是将旗下超过30个小葡萄园进行仔细划分，其中有的葡萄园中种植着近80年树龄的老藤。所有酿酒使用的葡萄均生长在自有的葡萄园中，以传统葡萄品种生产风格多样的葡萄酒。经典案例之一为阿贝尔门多萨新酒，采用与法国博若莱地区相同的酿造技术，成品是一款甜美多汁、酒体中等且一上市就可以畅饮的红酒。

Carretera de Peñacerrada 7, 26338 San Vicente de la Sonsierra, La Rioja
941 308 010

📿 Acústic Montsant， Catalonia
阿库斯提克酒庄 蒙桑特 加泰罗尼亚

📿 *Acústic Blanc (white)*

阿库斯提克（白）

葡萄自身的风味是第一位的，未经橡木或过熟的味道进行过度修饰，这就是酒庄所有者——阿尔伯特·哈内·乌维达的理念。这款酒采用白歌海娜、马卡贝奥和庞萨尔葡萄混酿，是一个能展现蒙桑特白葡萄酒潜力的绝佳实例。口感非常像罗讷河谷的白葡萄酒，前期展现的水果香气不是重点，奇妙的质地和口感的复杂性才是美酒的精髓。

St Lluis 12, 43777 Els Guiamets, Tarragona
629472988

📿 Agrícola Castellana Rueda， Castilla y León
卡斯蒂利亚农协 卢埃达 卡斯蒂利亚-莱昂

📿 *Cuatro Rayas Verdejo (white); Cuatro Rayas Sauvignon Blanc (white)*

四条纹华帝露（白）；四条纹长相思（白）

卡斯蒂利亚农协始建于1935年，由30位葡萄酒种植者组成。最初建成的水泥酒槽至今仍在使用，而现代化的设施也触手可及，包括巨大的多温控不锈钢酒槽，用于生产洁净且脆爽葡萄酒。这些酒中许多均以四条纹品牌装瓶出售，每年生产1100万瓶，是西班牙最成功的品牌之一。对于卢埃达来说，幸运的是这些葡萄酒非常美味。四条纹华帝露充满青柠和奶油香，而相同标签的长相思则具有葡萄柚的余韵。

Carretera Rodilana, 47491 La Seca, Valladolid
www.cuatrorayas.org

🏛 **Agustí Torelló Mata** Cava
阿古斯蒂托雷洛玛塔酒庄 卡瓦

🍷 *Brut Reserva (sparkling)*
干型珍藏（起泡）

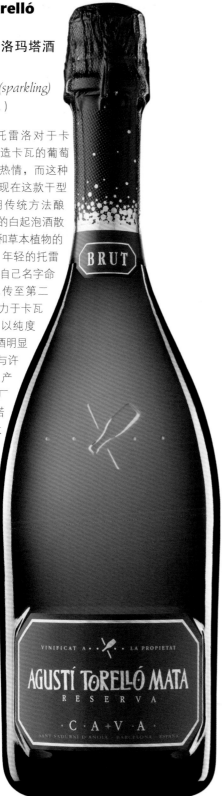

　　阿古斯蒂·托雷洛对于卡瓦，以及用以酿造卡瓦的葡萄品种怀有极大的热情，而这种热情又明确地表现在这款干型珍藏之中。采用传统方法酿造，令这款美味的白起泡酒散发出奶油、花卉和草本植物的味道。1950年，年轻的托雷洛·玛塔创办了以自己名字命名的酒厂，现已传至第二代。酒厂依然致力于卡瓦起泡酒的酿造，以纯度和精度标榜葡萄酒明显可识别的风格。与许多其他卡瓦酒生产商不同，这家酒厂避免使用黑皮诺和霞多丽，而大力弘扬经典卡瓦品种，如马卡贝奥、沙雷洛和帕雷亚达葡萄。

La Serra (Camino de Ribalata), Apartado de Correos 35, 08770 Sant Sadurní d'Anoia
www.agustitorellomata.com

🏛 **Albeti Noya** Penedès，Catalonia
阿尔贝特诺雅酒庄 佩内德斯 加泰罗尼亚

🍷 *Petit Albet (sparkling)*
阿尔贝特副牌（起泡）

　　酒庄因其绿色认证而享誉天下，它是有机酿造葡萄酒的先驱，酒庄只采用有机种植的葡萄酿酒。酒庄一贯生产品质良好的多种葡萄酒，既采用西班牙品种，也采用国际品种，其中阿尔贝特副牌是一大亮点。采用传统方法酿造，使用单一的帕雷亚达葡萄酿造，有柔和且圆润的魅力。

Can Vendrell de la Codina, 08739 Sant Pau d'Ordal, Barcelona
www.albetinoya.com

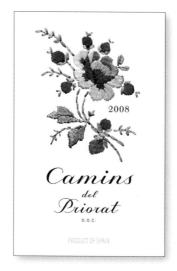

🏛 **Alvaro Palacios** Priorat，Catalonia
阿尔瓦罗帕拉西奥斯酒庄 普里奥拉 加泰罗尼亚

🍷 *Camins del Priorat (red)*
普里奥拉顽童（红）

　　阿尔瓦罗·帕拉西奥斯在普里奥拉建立了同名酒庄，并因进行的开创性的工作而声名鹊起。如今，酒庄中出产的最平民化的葡萄酒为普里奥拉顽童，属于典型的阿尔瓦罗·帕拉西奥斯风格，红酒有烤李子的香气，略带生姜和甘草的味道。

Afores, 43737 Gratallops, Tarragona
977 839 195

🏛 **Alvear** Montilla-Moriles，Andalucia
阿尔韦亚尔酒庄 蒙蒂利亚-莫利莱斯 安达卢西亚

🍷 *PX Solera 1927 (fortified)*
佩德罗-希梅内斯索莱拉1927（强化）

葡萄酒由西班牙葡萄干酿成，天然酒精含量可达到15%。PX索莱拉1927也是该企业最好的葡萄酒之一。年轻的佩德罗-希梅内斯葡萄酒的酒精含量被强化至16%，成品效果色深、柔滑、绵顺，口感分外甜美且润泽。

María Auxiliadora 1, 14550 Montilla
www.alvear.eu

⛪ **Amézola de la Mora** Rioja
阿美佐拉德拉莫拉酒庄 里奥哈

⛊ *Viña Amézola Crianza (red)*
阿美佐拉葡萄园佳酿（红）

酒庄创办人的曾孙——伊尼戈·阿美佐拉，将酒庄打造成精品酒庄。现在是他的女儿在上里奥哈阿尔塔100万平方米的葡萄园中辛勤工作。园中种植着天帕尼洛、格拉西亚诺和马苏埃洛等葡萄品种。阿美佐拉葡萄园佳酿是一款充满活力的现代型里奥哈酒，在细致的老橡木桶中陈年，为红酒带来经典摩卡味道，再融合成熟的红醋栗与一抹新鲜的柑橘气息。

Paraje Viña Vieja, 26359 Torremontalvo, La Rioja
www.bodegasamezola.net

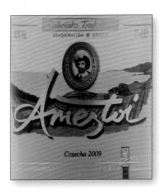

⛪ **Ameztoi** Chacolí de Guetaria， Basque Country
阿美兹托伊酒庄 查科利-赫塔利亚 巴斯克

⛊ *Chacolí (white)*
查科利（白）

阿美兹托伊家族在查科利-赫塔利亚法定产区酿酒已传至第7代。该家族酿制的查科利白，拥有活泼的柑橘类水果香气，它采用苏黎白葡萄，并添加少许当地红葡萄品种——贝尔萨葡萄酿制。凭借独特的浅绿色调与强烈的清新脆爽度，受到大众的欢迎。

20808 Getaria, Gipuzkoa
www.txakoliameztoi.com

⛪ **Anta Banderas** Ribera del Duero， Castilla y Léon
安塔班德拉斯酒庄 杜罗河岸 卡斯蒂利亚-莱昂

⛊ *a4 (red)*
a4（红）

好莱坞影明星安东尼奥·班德拉斯于2009年购买了安塔那图拉酒庄的股份，没过多久，他的名字就被纳入酒庄的新名称里。酒庄出产一系列葡萄酒，以具有神秘气息的名字为其命名。实际上，a10和a16等均表示橡木桶陈酿的时间。a4表示在法国橡木桶中陈酿了4个月。

Carretera Palencia-Aranda de Duero Km 68, 09443 Villalba de Duero
www.antabodegas.com

⛪ **Artazu** Navarra
阿尔塔祖酒庄 纳瓦拉

⛊ *Artazuri (red)*
阿尔塔祖利（红）

阿尔塔祖是阿尔塔蒂（Artadi）旗下引人注目的项目之一，于1996年开始运作，一开始就享有同母公司产品同样高的声誉。这款酒采用与位于巴尔迪扎尔贝区的村庄同样的名子，该公司在这里已建成现代化的酿酒厂。如同所有阿尔塔蒂葡萄酒一样，阿尔塔祖利致力于寻求传统价值、传统葡萄品种与现代酿酒技术之间的平衡。采用年轻的歌海娜葡萄酿造，阿尔塔祖利是阿尔塔蒂追求卓越的绝佳范例。

Carretera Logroño, 01300 Laguardia, Alava
www.artadi.com

⛪ **Baron de Ley** Rioja
莱伊男爵酒庄 里奥哈

⛊ *Finca Monasterio (red)*
芬卡修道院（红）

莱伊男爵酒庄设在一间16世纪的本笃会修道院内，不过它进军里奥哈葡萄酒界的时间比较晚。酒庄的所有者购得埃布罗河畔的伊玛庄园后，于1985年开始生产葡萄酒。庄园里包含着一些非常古老的葡萄园，同时还另外种植了约90万平方米的葡萄园，品种以天帕尼洛为主，还有一大片赤霞珠。购酒者的关注重点应为珍藏和特级珍藏级葡萄酒，均采用法国和美国橡木混合桶陈酿。芬卡修道院是一款拥有现代风格的里奥哈葡萄酒，强调鲜艳的水果香气，以奶油香草和烟熏橡木味支撑，它就是为在新酿时享用而酿制的。

Carretera Mendavia-Lodosa 5, 31897 Mendavia, Navarra
www.barondeley.com

Beronia Rioja
贝罗尼亚酒庄 里奥哈

Beronia Reserva (red)
贝罗尼亚珍藏（红）

　　贝罗尼亚酒庄自从被雪莉酒家族冈萨雷斯·比亚斯收购后，重新焕发活力。收购后，酒庄发生了巨大的变化，投资为葡萄酒带来了明显变化。贝罗尼亚珍藏带有新鲜活泼的柑橘果香与精致的橡木香，伴随着浓郁且强烈的口感。

Carretera Ollauri-Nájera, Km 1800, 26220 Ollauri, La Rioja
www.beronia.es

Bilbaínas Rioja
毕尔巴伊纳斯酒庄 里奥哈

Viña Pomal Reserva (red)
波马尔庄园陈酿（红）

　　波马尔庄园陈酿是里奥哈的经典之一，开放的中等酒体，带有优雅的烤橡木与烤红醋栗味，还有玫瑰香气，口感明快，以较干性的味道收尾。现在为卡瓦气泡酒企业柯多尔纽（Codorniu）所拥有，该企业对酒庄进行了大量革新，使酒窖的命运发生了改变。尽管如此，此款葡萄酒仍保留着经典风格。与许多里奥哈酒庄不同，本酒庄拥有大面积的葡萄园，约250万平方米。

Calle de la Estación 3, 26200 Haro, La Rioja
www.bodegasbilbainas.com

Borsao Campo de Borja Aragón
波尔绍酒庄 坎波-博尔哈 阿拉贡

Gran Tesoro Garnacha (red)
格兰泰索罗歌海娜（红）

　　歌海娜在坎波-博尔哈有很好的性价比，如波尔绍酒庄出产的格兰泰索罗歌海娜。酒庄拥有些古老的葡萄树，生长在蒙卡约山的背阴处。那里凉爽的夜晚，出产口感清新的葡萄酒。

50540 Borja, Zaragoza
www.bodegasborsao.com

Buil i Giné Priorat
Catalonia
布伊尔和吉内酒庄 普里奥拉 加泰罗尼亚

Giné Giné(red)
吉内吉内（红）

　　有谁能抗拒这个快乐的名字？有谁能以如此低廉的价格拥有普里奥拉？布伊尔和吉内酒庄的吉内吉内红酒是一款真正普里奥拉红酒，带有板岩土壤矿物质和新鲜成熟的水果味道。令人印象深刻的酒名源自于酒庄主人的祖父，与他的父辈们一样，祖父也在此酿造葡萄酒。如今这一代于1996年回到普里奥拉，他们曾经过长时间远离酿酒业，而从事食品零售行业。他们生产的第一款酒（吉内吉内）诞生于1997年，至今已扩大到蒙桑特、卢埃达和斗罗地区。对于美食，他们仍充满热情，酒庄就设有一间精致的餐厅。

Carretera Gratallops, Vilella Baixa Km 11, 5, 43737 Gratallops, Priorat
www.builgine.com

醒酒与呼吸

仅仅拔出瓶塞，并不能令瓶中的葡萄酒充分呼吸，最多只能称之为"喘口气"。葡萄酒只有与空气大面积接触，才能达到呼吸的目的。很多口感浓郁的新酿葡萄酒，如可以陈酿数年的顶级赤霞珠和波尔多，在充分接触空气后，会经历一个微氧化过程。同样的过程也会发生在口感浓郁或特别涩口的新酿白葡萄酒中，如夏布利。与空气接触后，会令葡萄酒氧化，完成化学物质的变化，这让葡萄酒的风味变得更复杂，结构也更柔顺，这正是醒酒的目的所在。

溅落

酒液与醒酒器大面积接触，有助于葡萄酒呼吸。应尽可能从高处将葡萄酒倒入醒酒器中。如果是陈年的葡萄酒，你需要用1支蜡烛照出聚集在瓶底的沉淀。

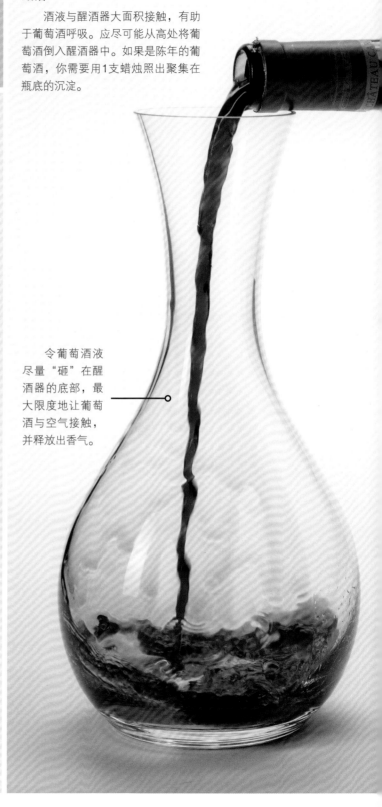

令葡萄酒液尽量"砸"在醒酒器的底部，最大限度地让葡萄酒与空气接触，并释放出香气。

旋转

让葡萄酒在醒酒器内旋转，这样更多的葡萄酒会直接与空气接触。侍酒师会对新酒着重采用这种手法，需要5~10分钟令其完成微氧化过程，口感差异显而易见。

一手呈一定角度握持醒酒器颈部晃动，另一只手在底部支撑，令葡萄酒在醒酒器内旋转。

醒酒的时机

酿制时间较短且单宁含量较高的红葡萄酒，令口感酸涩的化合物质主要来源于葡萄皮和子，这些化合物可以在醒酒过程中变得柔和。

如果这瓶葡萄酒不打算一次喝完，余下的部分想改天再喝，那就不适合进行醒酒。总的来说，廉价的葡萄酒适合立即饮用，而且不会因为醒酒而变得更好喝；而高品质的葡萄酒则一定能从醒酒过程中，获得更佳的口感。

年份超过10年的高品质红葡萄酒，在醒酒过程中动作应轻柔，以便让瓶底或瓶壁上的沉淀物留在瓶中。

适宜醒酒的高品质葡萄酒包括：

优质红葡萄酒

阿马罗内Amarone

芭芭罗斯克Barbaresco

巴罗洛Barolo

波尔多Bordeaux

赤霞珠Cabernet Sauvignon

经典奇昂第Chianti Classico

马尔贝克Malbec

内比奥罗Nebbiolo

罗讷河谷Rhône

杜罗河岸Ribera del Duero

里奥哈Rioja

西拉/设拉子 Syrah/Shiraz

天帕尼洛Tempranillo

仙粉黛Zinfandel

优质白葡萄酒

阿尔萨斯雷司令Alsace Riesling

阿尔萨斯灰皮诺Alsace Pinot Gris

波尔多Bordeaux

勃艮第Burgundy

夏布利Chablis

霞多丽Chardonnay

普伊芙美Pouilly-Fumé

萨维尼埃Savennières

iñi **Campo Viejo** Rioja
坎普比埃霍酒庄 里奥哈

iñi *Campo Viejo Reserva (red)*
坎普比埃霍珍藏（红）

没有任何品牌能比坎普比埃霍与里奥哈地区结合得更紧密了。这一品牌属于法国保乐力加饮料集团（Pernod Ricard drinks group，旗下还拥有澳洲葡萄酒品牌杰卡斯和新西兰的布兰克特酒庄），该品牌在推广的同时，也向消费者介绍着里奥哈，整个系列的品质始终保持稳定。这款珍藏级葡萄酒的性价比非常高，是一支成熟的里奥哈流行基本款，3年窖龄，带有烤红醋栗味道的天帕尼洛，带来更深邃的口感与香草的味道。

Camino de Lapuebla 50, 26006 Logroño, La Rioja
www.campoviejo.com

iñi **Casa de la Ermita** Jumilla， Murcia
埃尔米塔酒庄 胡米利亚 穆尔西亚

iñi *Viognier (white)*
维欧尼（白）

酒庄生产面向国际市场口味的葡萄酒，虽然这类酒现已遍布全球，但埃尔米塔的葡萄酒均物有所值。性价比最出色的产品当属维欧尼。酒庄采用新品种（相对西班牙而言）的维欧尼葡萄酿造维欧尼，口感微妙而平衡，充满软糯甜杏与白桃的味道，为全系列葡萄酒再增添一个美味品种。

Carretera del Carche, Km. 11,5, 30520 Jumilla, Murcia
www.casadelaermita.com

iñi **Castaño** Yecla， Murcia
卡斯塔尼奥酒庄 耶克拉 穆尔西亚

iñi *Hecula (red)*
爱酷拉（红）

1950年，当拉蒙·卡斯塔尼奥开始他的葡萄酒业务时，耶克拉还不具备生产一流葡萄酒的实力。当时，在西班牙东海岸，这个以同名村庄命名的小产区，生产者更注重的是数量而并非质量。但卡斯塔尼奥与其他人不同，他一直坚持走在耶克拉的发展前列。在拉蒙·卡斯塔尼奥的指导下，酒庄为生产优质葡萄酒采用了一切必要措施，如温控发酵罐和分拣台。浓郁且带有香料味道的红醋栗果香，慕舍怀特在卡斯塔尼奥风华绽放，爱酷拉就是现代耶克拉红葡萄酒的绝佳代表。经过6个月美国橡木桶陈酿，葡萄酒呈现出圆润、成熟与烘烤气息的个性。

Carretera Fuentealamo 3, 30510 Yecla, Murcia
www.bodegascastano.com

iñi **Castell d'Encus**
Costers del Segre， Catalonia
恩库斯城堡 塞格雷河岸
加泰罗尼亚

iñi *Susterris Negre (red)*
黑苏斯泰利斯（红）

在葡萄酒行业的谱系里，恩库斯城堡可谓历史悠久，可追溯至11世纪，现在这里仍然能看到住在这里的僧侣们曾用于酿造葡萄酒的石盆。现在僧侣们已经离开了，它成为桃乐丝的前酿酒师——劳尔·波贝雄心勃勃的新项目，位置设在塞格雷河岸原产地命名地区高海拔葡萄园（800~1000米）。融合了波尔多品种与少许西拉的黑苏斯泰利斯，无疑是波贝伟大的开端。

Carretera Tremp a
Sta. Engracia, Km
5, 25630 Talarn,
Lleida
www.encus.org

Castell del Remei Costers del Segre, Catalonia
德尔莱美堡 塞格雷河岸 加泰罗尼亚

Gotim Bru (red)
高丁布鲁（红）

19世纪后期，波尔多对德尔莱美堡产生了巨大的影响。20世纪之后，酒庄质量有所下降，直到库西内家族于1982年收购该产业。该家族重塑了德尔莱美堡昔日的辉煌，今天，他们酿制一系列优质酒，活泼且极有个性的高丁布鲁是最特别的亮点之一。采用天帕尼洛、歌海娜、赤霞珠和美乐混合酿制，成就了这款口感强烈，集中各种成熟水果与香甜香料味的美酒。

Finca Castell del Remei, 25333 Penelles, Lleida
www.castelldelremei.com

Castillo de Monjardin Navarra
蒙哈丁城堡 纳瓦拉

Castillo de Monjardin Barrel Ferment Chardonnay (white)
蒙哈丁城堡木桶发酵霞多丽（白）

霞多丽在纳瓦拉地区遍地开花，勃艮第白葡萄酒对此地的酿酒师显然具有强大的影响力。在蒙哈丁城堡，情况也是如此。酒厂建在山坡上，酿酒师充分利用地形优势，靠重力让葡萄酒在各个生产环节向下流动。霞多丽葡萄在蒙哈丁勃艮第风格的桶内发酵，效果非常成功。葡萄酒在橡木桶中陈放3个月，赋予了美酒奶油般的质感，并带点异国情调。

Viña Rellanada, 31242 Vilamayor de Monjardin
www.monjardin.es

Castillo Perelada Empordà, Catalonia
佩雷拉达城堡 恩波迪亚 加泰罗尼亚

Castillo Perelada Brut Reserve (sparkling); 5 Fincas Empordà (red)
恩波迪亚原味珍藏（起泡）；恩波迪亚5园（红）

在加泰罗尼亚布拉瓦海岸的海滩上度假时，如果想到处走走，很可能会被佩雷拉达城堡吸引。除酒厂外，保存完好的城堡里还拥有不错的酒店、水疗中心和餐厅。恩波迪亚原味珍藏起泡酒采用三大经典卡瓦品种（马卡贝奥、沙雷洛和帕雷亚达葡萄），以传统方法酿制，口感纯粹、充满活力且清新爽利。恩波迪亚5园优选5个葡萄园中6种不同的葡萄混酿，带有强烈的黑莓风味，还有少许香料的味道。

Plaça del Carme 1, 17491 Perelada, Girona
www.castilloperelada.com

Castrocelta Rías Baixas, Galicia
卡斯特罗塞尔塔协会 下海湾 加利西亚

Albariño (white)
阿芭瑞诺（白）

由20位种植者和生产者组成的卡斯特罗塞尔塔，建立虽不到10年，但它已经吸引了人们的注意。卡斯特罗塞尔塔位于萨尔内斯谷地区域，名称可以追溯至该地区的原住民——凯尔特人。协会拥有的阿芭瑞诺，面积共37万平方米，出产的卡斯特罗塞尔塔阿芭瑞诺出色地表现了这种葡萄的特色，令饮酒人印象深刻。美酒既拥有明媚阳光带来的蜜桃香气，又表现出受到强大的海洋气候影响，具有凉爽的夜晚和轻柔的海风才能带来的清新感。

LG Quintáns, 17 Sisán
36638, Ribadumia
www.castrocelta.com

🏛 **Celler de Capçanes**

Montsant, Catalonia

卡普萨内斯酒庄 蒙桑特 加泰罗尼亚

🍷 *Mas Collet (red)*

科莱特农庄（红）

卡普萨内斯的酒窖始建于1933年，今天已是一家西班牙顶级合作社，许多人认为它是最好的。它曾以一款"洁净"葡萄酒而成名（应巴塞罗那犹太社区的要求定制），此后人们便将它出产的葡萄酒，与物有所值和制作精良联系在一起。科莱特农庄由歌海娜、佳丽酿、天帕尼洛和赤霞珠葡萄混酿，在橡木桶中陈放8个月，口感平易近人，适合在新酿时饮用。带有温暖的香料与黑莓味，清脆多汁，有颗粒般的质感。

Carrer Llaberia 4,
43776 Capçanes, Tar-
ragona
www.cellercapcanes.
com

🏛 **Chivite** Navarra

史威特酒庄 纳瓦拉

🍷 *Chivite Gran Feudo Reserva Especial (red)*

史威特格兰富都特别珍藏（红）

在波尔多混酿中加入天帕尼洛——将国际元素与西班牙特色相混合，这就是纳瓦拉的一贯追求。酒庄在格兰富都特别珍藏上确实做得不错，这款混酿充满纯粹且充满活力的水果味道。史威特就是纳瓦拉葡萄酒的象征，自1647年至今，它是西班牙最古老的酿酒世家之一。最近，家族的兴趣已扩展到里奥哈、卢埃达和杜罗河岸，但仍以原来的家园为根据地。

Ribera 34, 31592 Cintruenigo
www.bodegaschivite.com

🏛 **Cillar de Silos** Ribera del Duero，Castilla y Léon

西嘉德希洛斯酒庄 杜罗河岸 卡斯蒂利亚-莱昂

🍷 *El Quintanal (red)*

金塔纳（红）

酒庄的金塔纳只经过短短3个月法国橡木桶的陈化，是一支应在新酿时享用的葡萄酒：年轻、充满活力且适合开瓶即饮，浓郁的香气，完全符合人们对它的期待。这款酒由知名的家族酒庄酿造，酒庄位于金塔纳·德尔·皮提奥和古梅尔·麦卡托森林间的坡地上，拥有约48万平方米的葡萄园，种植着天帕尼洛。

Paraje el Soto, 09370 Quintana del Pidio, Burgos
www.cillardesilos.es

🏛 **Codorníu** Cava

柯多尔纽酒庄 卡瓦

🍷 *Codorníu Pinot Noir Rosé (sparkling)*

柯多尔纽黑皮诺桃红（起泡）

1872年，由约瑟普·拉文托斯建立的柯多尔纽酒庄，对卡瓦起泡酒的发展起了至关重要的作用。拉文托斯一直潜心研究传统香槟的酿造方法，他下定决心要让家乡——加泰罗尼亚，拥有优质的起泡酒。因此他进行了必要的投资，聘请高迪的学生为产品设计包装，还建起一家酿酒厂。直至今天，这里仍是佩内德斯葡萄酒旅游行程中的著名景点。柯多尔纽号称是第一个使用黑皮诺酿造卡瓦起泡葡萄酒的厂家，这是否是事实已无关紧要，因为香槟的葡萄品种在这款酒里成功移植到西班牙。起泡酒的颜色清淡，但浆果味十足。

Avenida Jaume Codorníu, 08770 Sant Sadurní d'Anoia
www.codorniu.es

CVNE Rioja
北西班牙葡萄酒公司 里奥哈

CVNE Reserva (red)
库奈珍藏（红）

北西班牙葡萄酒公司（Compañia Vinícola del Norte de España，简称CVNE）是历史悠久的里奥哈生产商，从1879年开始酿造葡萄酒。现在它的拥有者是两位创始人的直系后代——尤西比奥和雷蒙多·雷阿尔·阿苏阿兄弟。总部仍设于哈罗镇火车站区的家中，那里也是其他许多里奥哈伟大家族的总部。今天来这里的酒窖参观，还能看到该地区的原貌，但这并不意味着酒厂停留在过去。库奈珍藏是酒窖中最受欢迎的葡萄酒之一，中等的酒体与爽脆的红色水果，被柔软且略带淡淡奶油香的烟草味所包裹。它属于里奥哈经典且深受酒客喜爱的风格，马上饮用就很好喝，也可以放在酒窖里陈酿两三年。

Barrio de la Estacíon, 26200 Maro, La Rioja
www.cvne.com

Dehesa Gago Toro，Castilla y León
德萨佳阁酒庄 斗罗 卡斯蒂利亚-莱昂

Dehesa Gago (red)
德萨佳阁（红）

敬业的泰尔莫·罗德里格斯可以说是西班牙葡萄酒的火车头，他自称为"巡行酿酒师"。不过罗德里格斯更喜欢坚守故土，他花了大量时间驾车行驶于不同的葡萄园间。他既为自己的品牌酿酒，也为那些属于零售商的品牌酿酒。罗德里格斯的成名作品是重振自家葡萄园的里迈路里。德萨佳阁就是罗德里格斯努力的成果。正是他重振斗罗地区强劲的斗罗红葡萄（天帕尼洛）的声望，创造出一款豪爽、风味浓郁、色深、含有乡土气息且略带摩卡味道的美酒。

未提供参观信息
www.telmorodriguez.com

美食与美酒 里奥哈天帕尼洛葡萄酒

西班牙的葡萄酒与天帕尼洛葡萄密切相关。里奥哈出产优雅且类似波尔多风格的干型红葡萄酒，这些葡萄酒酒体平衡，具有表现力且口感柔和。大多数天帕尼洛拥有紧实的口感且单宁感结构强，通常源自长时间的橡木陈年。葡萄酒的风格可以从精致、女性化的草莓、樱桃和香草味道，变化成粗犷的橄榄、炖肉、烟草和雪松气息。

以猪肉与羔羊肉为原料的菜肴，是里奥哈葡萄酒的理想搭配。如简单且经典的土豆炖西班牙辣香肠，辣椒洋葱焖猪排，番茄酱猪肉佐西班牙甘椒和胡椒。豆类、洋葱和培根香肠烩菜非常适合口感轻盈的里奥哈，而多汁的烤羊排则应搭配最饱满且最成熟的里奥哈。

周日晚餐时，为里奥哈葡萄酒配餐，可以考虑粗犷质朴的食材，并采用红辣椒、番茄、洋葱和蒜调味的菜肴，如炖菜、墨西哥牛肉、辣味肉丸或更朴实的牛肝菌烩饭。

奶酪也是里奥哈葡萄常见的搭配食材。里奥哈与果味浓郁的穆尔西亚酒奶酪（或"醉山羊"）有特殊的密切关系，这种完美的葡萄味奶酪可浸泡在陈年红葡萄酒中品味；硬质奶酪，如陈年车打，也是不错的选择。

烤猪排是经典里奥哈葡萄酒的完美搭配。

Descendientes de J Palacios Bierzo，Castilla y Léon
J帕拉西奥斯世家酒庄 别尔索 卡斯蒂利亚-莱昂

Pétalos (red)
花瓣（红）

　　别尔索法定产区是颗冉冉上升的新星，产区中的克鲁隆有项特别的项目。J帕拉西奥斯世家酒庄，由两位"后代"——阿尔瓦罗·帕拉西奥斯和他的侄子里卡多·佩雷斯共同运作。酒庄于1999年建立，拥有约30万平方米的葡萄藤，现在采用生物动力法种植。帕拉西奥斯和佩雷斯已经证明，采用本地品种门西亚葡萄，也可酿制出色的红葡萄酒。这款花瓣酒令人印象深刻，已成为别尔索的名片。葡萄酒拥有花香和烟熏的香味，口感微妙，似在口中跳舞，新鲜且提神，带有挥之不去的优雅尾韵。这款酒看上去像本酒庄的入门级葡萄酒，胜过很多酒庄的"顶级"葡萄酒。

Avenida Calvo Sotelo 6, 24500 Villafranca del Bierzo, León
987 540 821

Dominio de Tares Bierzo，Castilla y Léon
塔雷斯庄园 别尔索 卡斯蒂利亚-莱昂

Baltos (red)
巴尔托斯（红）

　　塔雷斯庄园的总部坐落于工业区内，与其他西班牙美丽且历史悠久的酒庄建筑相比，毫无魅力。但在这里落户是有原因的，别尔索的葡萄园散布在法定产区的各处，偏僻又遥远，在任何一个葡萄园中建立酒厂，只会给其他葡萄园造成运输困难。但这里出产的葡萄酒真的很棒。塔雷斯庄园是别尔索法定产区内位列前三四名的生产者。巴尔托斯葡萄酒采用25～40年的门西亚葡萄老藤酿造，成品颜色深重且口感浓郁，酒体平衡，有红色水果的鲜脆，又有矿物味道主调的支撑。

Los Barredos 4, 24318 San Román de Bembibre, León
www.dominiodetares.com

Dominio de Valdepusa Vinos de Pago，Castilla-La Mancha
瓦尔德普萨庄园 法定特定风土园 卡斯蒂利亚-拉曼恰

El Rincón Vinos de Madrid (red)
马德里埃尔林孔葡萄酒（红）

　　提到"先锋"这个词，人们通常会联想到酿酒师。在西班牙，没有谁比卡洛斯·法尔科的名头更大。因为他的产业不在原产地命名区内，因此不受规则的约束，他尝试了许多不同的葡萄品种和葡萄栽培技术，如滴灌和大棚管理等。在马德里原产地命名葡萄酒的埃尔林孔园区，他累积的所有知识都应用在一款深色的西拉上，其中含10%歌海娜。果实成熟，法国橡木又为它添加了顺滑和魅力，堪称马德里的明星之一。

Finca Casa de Vacas, 45692 Malpica de Tajo, Toledo
www.pagosdefamilia.com

Edetària Terra Alta，Catalonia
埃戴塔利亚酒庄 泰拉-阿尔塔 加泰罗尼亚

Via Edetana (red)
埃戴塔纳之路（红）

　　埃戴塔利亚酒庄使用本地的红葡萄品种，酿制出埃戴塔纳之路，效果非常出色，产品带有丰富的果香、意大利香醋气息和纯净的矿物味道。

Finca El Mas, Carretera Gandesa, Vilalba, 43780 Gandesa, Tarragona
www.edetaria.com

Elias Mora Toro，Castilla y León
埃利亚斯莫拉酒庄 斗罗 卡斯蒂利亚-莱昂

Elias Mora (red)
埃利亚斯莫拉（红）

　　斗罗的葡萄酒从来不乏粗犷，但经过法国和美国橡木桶12个月的培养，强壮的埃利亚斯莫拉红酒逐渐发展出细腻质地，由美味且精致香料和甘草味环绕。

San Román de Hornija, 47530 Valladolid
www.bodegaseliasmora.com

Emilio Moro Ribera del Duero，Castilla y Léon
埃米利奥莫罗酒庄 杜罗河岸 卡斯蒂利亚-莱昂

Emilio Moro (red)
埃米利奥莫罗（红）

　　20世纪80年代中后期设立酿酒厂后，酒庄主人埃米利奥·

莫罗的风格发生了很大演化。莫罗拥有约70万平方米的天帕尼洛葡萄园，他不再使用陈酿和特别陈酿这两种类别，而宁愿赋予自己生产的每种酒一个名字与身份。采用莫罗自己的名字命名的酒，是一款水果香气中混合着法国和美国橡木桶带来的茴香与香料气息的红葡萄酒。

Valoria, Peñafiel Road, 47315 Pesquera de Duero, Valladolid
www.emiliomoro.com

Estancia Piedra Toro，Castilla y León
艾斯坦西亚彼德拉酒庄 斗罗 卡斯蒂利亚-莱昂

Piedra Azul (red)
蓝色彼德拉（红）

强力爆发的蓝色彼德拉，是该地区最令人兴奋的新酒庄的作品，它是一款没用过橡木桶的天帕尼洛。酒体饱满，像一桶带有香醋和黑巧克力味道的黑樱桃。

Carretera Toro-Salamanca Km 5, 49800 Toro
www.estanciapiedra.com

Etim Montsant，Catalonia
埃蒂姆酒庄 蒙桑特 加泰罗尼亚

Etim Negre (red)
黑埃蒂姆（红）

蒙桑特的葡萄酒价格是出了名的高。在这背景下，埃蒂姆生产的葡萄酒应当说性价比不错。一系列伟大的高性价比葡萄酒都在这里生产，黑埃蒂姆无疑是最物有所值的一款。在这里，仅使用几个月橡木桶，歌海娜和佳丽酿葡萄就会变成一款带果香的深色葡萄酒，夹杂着美味香料的味道。

Calle Miquel Barceló 13, 43730 Falset, Tarragona
977 830 105

Faustino Rioja
福斯蒂诺酒庄 里奥哈

Faustino 1 Gran Reserva (red)
福斯蒂诺1号特别珍藏（红）

福斯蒂诺1号特别珍藏具有非常经典的里奥哈风格：轻盈至中等酒体，精致的樱桃果香，明快如柑橘般的新鲜感，伴随着只有时间才会带来的复杂味道，是本地最著名的品牌之一。

Carretera de Logroño, 01320 Oyón-Oion, Alava
www.bodegasfaustino.es

Finca Sandoval
Manchuela，Castilla-La Mancha
桑多瓦尔庄园 曼楚埃拉 卡斯蒂利亚-拉曼恰

Salia (red)
萨利亚（红）

这在任何领域都很少见：评论家以前只负责写，现在则越界，亲手创造他以前评论的东西。这就是维克多·德·拉·塞尔纳——西班牙最受尊敬的葡萄酒记者之一，自2000年以来在桑多瓦尔庄园的所作所为，不过他还做得不错。西拉葡萄在这里蓬勃发展，萨利亚红葡萄酒的颜色深沉，生动地糅合了黑加仑、摩卡和柑橘的芳香，为您带来800~1000米高海拔葡萄园的清新感觉。

16237 Ledaña,
Cuenca, Castilla-
La Mancha
616 444 805

天帕尼洛
TEMPRANILLO

虽然在酒标上几乎看不到它的名字，不过天帕尼洛却是西班牙最有名的葡萄品种之一，它是里奥哈和杜罗河岸葡萄酒的主要成分。用天帕尼洛可以酿造出年轻且充满果味的实惠葡萄酒；也可以成就深沉、饱满且拥有陈年潜力的酒庄装瓶红葡萄酒。它是西班牙种植面积最广泛的葡萄品种。

天帕尼洛能赋予葡萄酒中等至饱满的酒体，与赤霞珠和美乐这些波尔多葡萄品种的水果香气类似，不过它还拥有草药与皮革的香气。天帕尼洛的风味与橡木桶陈年的味道能完美地融合在一起。

花期早

虽然天帕尼洛拥有与赤霞珠类似的香气，但它的成熟习性与赤霞珠并不相似。天帕尼洛成熟得非常早，这一点很像美乐，所以酿酒师能在秋季到来之前，就获取他们期待的味道。

团队精神

天帕尼洛非常适合与其他品种混酿。西班牙里奥哈的酿酒师喜欢将其与歌海娜和马苏埃洛等葡萄品种混酿，以获得复杂的风味，并加入更丰富的单宁结构。

果粒小

酿酒师会将红葡萄的果皮、果汁、子和果肉混合在一起，进行发酵。由于更小的果粒可提高果皮在混合物中的比例，降低果汁的比例，而果皮拥有大部分的风味化合物，所以小果粒意味着浓郁的风味。

多样性

在葡萄牙的多罗河谷（与西班牙的杜罗河是同一条河），天帕尼洛被称为"罗丽丝"。在那里，它与其他葡萄品种可被酿成著名的加强型葡萄酒或甜波特酒，也可以酿成干型红葡萄酒。

世界其他产区

虽然西班牙葡萄酒的狂热者已经喝了几百年天帕尼洛葡萄酒，但他们可能并不知晓是什么葡萄品种，酿制出他们最喜欢的葡萄酒。

天帕尼洛被认为原产自西班牙北部，正是里奥哈与杜罗河岸地区。在纳瓦拉、佩内德斯和巴尔德佩纳斯也出产以天帕尼洛为原料的葡萄酒，葡萄品种的名字会越来越多地出现在酒标上。

美国俄勒冈州和加利福尼亚州正处于天帕尼洛流行的热潮中，几十年间，这些地区住植了大面积的天帕尼洛，当地称其为"巴尔德佩纳斯"。在过去，这些葡萄主要用于生产廉价的葡萄酒。阿根廷、智利和墨西哥也是不错的产区。

以下这些是出产天帕尼洛的顶级产区。可以尝试这些推荐年份的葡萄酒：

里奥哈：2009，2008，2006

杜罗河岸：2009，2006

纳瓦拉：2010，2009，2008，2007

一些俄勒冈州的酒庄，如阿贝塞拉，以出产高品质的天帕尼洛著称。

ﬁ Finca Valpiedra Rioja
巴尔皮德拉庄园 里奥哈

ﬁﬁﬁ *Cantos de Valpiedra (red)*
巴尔皮德拉诗章（红）

巴尔皮德拉庄园坐落在埃布罗河的拐弯处，是里奥哈最壮观的庄园之一。卜汉达家族的所有权已延续至第五代，庄园以技术取胜，又以审美扬名，每株葡萄藤及其土壤都已被精准测绘。酿酒也同样认真，所以葡萄酒一直保持高水准。诗章这款副牌酒，色泽浓郁，带着烟、雪松和花香味。酒体庞大，但纹理细腻，充满黑加仑的味道，带有脆爽的新鲜度。

Término Montecillo, 26360 Fuenmayor, La Rioja
www.familiamartinezbu-janda.com

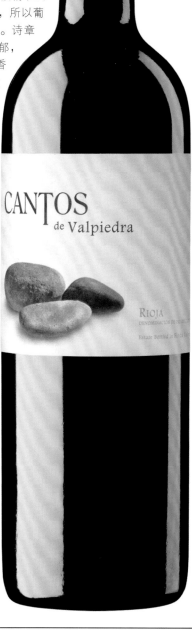

ﬁ Freixenet Cava
菲斯奈特 卡瓦

ﬁﬁﬁ *Freixenet Excelencia Brut (sparkling)*
菲斯奈特卓越干型（起泡）

菲斯奈特卓越干型是一款现代化的卡瓦起泡酒，它采用传统的卡瓦葡萄品种，酿制出清新的柑橘和纯粹的苹果风味，收尾美好且柔顺，圆润又滑腻。费雷尔家族自1914年开始制作卡瓦起泡酒。

Joan Sala 2, 08770 Sant Sadurní d'Anoia
www.freixenet.com

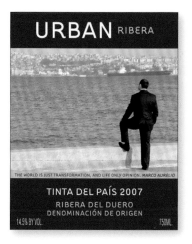

ﬁ O Fournier Ribera del Duero, Castillay Léon
奥富尼耶酒庄 杜罗河岸 卡斯蒂利亚-莱昂

ﬁﬁﬁ *Urban (red)*
乌尔班（红）

乌尔班明亮、活泼且有魄力，绝对是一款平民葡萄酒，红色水果混合着摩卡、甘草与香料的酿制风格，适合即时饮用。它由富尼耶家族制造，他们在智利和阿根廷也拥有产业。

Finca El Pinar, 09316 Berlangas de Roa, Burgos
www.bodegasofournier.com

ﬁ González Byass Jerez-Xérèz-Sherry
冈萨雷斯比亚斯酒庄 赫雷斯

ﬁﬁﬁ *González Byass Tío Pepe Fino (fortified); GonzálezByass Viña AB (fortified)*
冈萨雷斯比亚斯提奥佩佩菲奴（强化）;冈萨雷斯比亚斯 AB葡萄园（强化）

冈萨雷斯比亚斯在整个西班牙都有葡萄酒产品，拥有巨大的销售网络。其中名气最大的当属雪莉酒，提奥佩佩菲奴是他最知名的品牌。这是一款典型的轻柔风格菲奴雪莉酒。而AB葡萄园酒体更重，坚果味更浓，但口感仍旧新鲜。

Calle Manuel Maria González 12, 11403，Jerez de la Frontera
www.gonzalezbyass.com

ᵚᵚᵚ **Gramona** Cava
格拉莫纳酒庄 卡瓦
ᵚᵚᵚ *Gramona Imperial Gran Reserva Brut (sparkling)*
格拉莫纳帝国特别陈酿干型（起泡）

地方品种沙雷洛和马卡贝奥葡萄，从霞多丽之中轻盈地脱颖而出，赋予信心十足的格拉莫纳帝国特别陈酿干型起泡酒，以经典饼干香气和令人舒心的悠长口感。

Calle Industria 36, 08770 Sant Sadurní d'Anoia
www.gramona.com

ᵚᵚᵚ **Hidalgo-La Gitana** Jerez-Xérèz-Sherry
伊达尔戈-吉普赛女郎酒庄 赫雷斯
ᵚᵚᵚ *Pastrana Manzanilla Pasada (fortified)*
帕斯特拉纳老龄曼萨尼亚（强化）

曼萨尼亚是在圣路卡地区熟化的菲奴雪莉，"老龄"的意思是陈酿的时间更长。这种风格最好的例子，无一能出伊达尔戈-吉普赛女郎其右。采用单一葡萄园出产的葡萄酿造，此酒具有令人印象深刻的美味和深层次的坚果味。

Calle Clavel 29, 11402 Jerez de la Frontera
www.emiliohidalgo.es

ᵚᵚᵚ **Inurrieta** Navarra
伊努列塔酒庄 纳瓦拉
ᵚᵚᵚ *Inurrieta Norte (red)*
北伊努列塔（红）

此酒采用国际葡萄品种美乐、赤霞珠与少量小味尔多葡萄酿造，纳瓦拉的北伊努列塔在橡木桶中仅仅陈酿5个月，这保证了它的果香充满活力，色深，但绝对年轻。这款美酒证明，这间成立于2001年，相对年轻的酒厂已通过几年的实践，找到了自己的位置。这是一个家族酒庄，伊努列塔享有相当大的优势，可以从自有的约230万平方米葡萄园中收获葡萄。

Carretera de Falces-Miranda de Arga Km 30, 31370 Falces
www.bodegainurrieta.com

ᵚᵚᵚ **Jiménez-Landi**
Méntrida，Castilla y Léon
希门尼斯-兰迪酒庄 门特力达 卡斯蒂利亚-莱昂
ᵚᵚᵚ *Sotorrondero (red)*
索托隆泰洛（红）

希门尼斯-兰迪的索托隆泰洛，是一款以最少干预为理念生产的葡萄酒，主要采用有机种植的西拉葡萄酿造，未经过滤装瓶。因此酒味成熟，略带熏烤味，美味且含有矿物气息。如果在窖中继续存两三年，口感会更好。这是一家西班牙的新锐酒庄，2004年，希门尼斯-兰迪在建于17世纪的民宅中开始创业。目前，在门特力达大陆性气候地域，已拥有27万平方米的葡萄园。这款葡萄酒优雅且富有表现力，在国际也享有一定的声誉。

Avenida de la
Solana, No 45, 45930
Méntrida, Toledo
www.jimenezlandi.
com

Joan d'Anguera Montsant， Catalonia
若安丹盖拉庄园 蒙桑特 加泰罗尼亚

La Planella (red)
普拉内拉（红）

200年来，若安丹盖拉庄园酿造出无数品质优异的葡萄酒。对于加泰罗尼亚蒙桑特地区特有的耐人寻味的味道，普拉内拉混酿红葡萄酒对丹盖拉风格进行了完美的诠释。深色且富于表现力，这款酒采用赤霞珠、歌海娜、西拉和马苏埃洛葡萄混酿，在美国橡木桶中陈存6个月。

C/Major, 43746 Darmós, Tarragona
www.cellersjoandanguera.com

José Pariente Rueda， Castilla y León
何塞帕里安特庄园 卢埃达 卡斯蒂利亚-莱昂

José Pariente Verdejo (white)
何塞帕里安特维德和（白）

在何塞帕里安特庄园，维多利亚·帕里安特打理着山坡上的葡萄园，那里寒冷的夜晚、凛冽的冬天与多卵石的土壤，正是生产明快且清新口感葡萄酒的理想环境。维多利亚已故的父亲何塞，曾在这里管理维德和葡萄园，现在维多利亚是使用维德和的明星酿酒师之一，这一品种开始享誉全球，何塞帕里安特维德和说明了原因。口感纯净、鲜亮、清新且脆爽，这支葡萄酒会让味蕾跳舞。

Carretera de Rueda Km 2.5, 47491 La Seca, Valladolid
www.josepariente.com

Juan Gil Jumilla， Murcia
胡安吉尔酒庄 胡米利亚 穆尔西亚

Juan Gil Monastrell (red)
胡安吉尔慕合怀特（红）

胡安·吉尔于1916年建立了用自己名字命名的酒庄。如今，在重孙管理下，以一种更精细的方式坚持家族传统。核心葡萄品种为慕合怀特，这一品种在西班牙非常普及。你会发现胡米利亚的胡安吉尔慕合怀特老藤耐人寻味的风情。采用沙质土壤中低产量的老葡萄树的果实酿造，在橡木桶中短期存放，红酒散发出带有摩卡气息的葡萄干和黑莓的浓郁果香。

Portillo de la Glorieta 7, Bajo, 30520 Jumilla, Murcia
www.juangil.es

Juvéy Camps Cava
尤文和坎普酒庄 卡瓦

Cinta Purpura (sparkling)
辛塔普尔普拉（起泡）

辛塔普尔普拉起泡酒，混合了传统三大卡瓦葡萄品种，采用传统方法酿造，并作为年份葡萄酒销售。它散发着花朵和烤面包香气，酒体饱满，口感平衡，带有奶油般质感的泡沫。尤文家族传承了悠久的传统，他们生产卡瓦起泡酒始于1921年。

Calle de Sant Venat 1, 08770 Sant Sadurní d'Anoia
www.juveycamps.com

La Báscula Yecla and Jumilla, Murcia
巴斯库拉酒庄 耶克拉和胡米利亚 穆尔西亚

Turret Fields Jumilla (red)
胡米利亚图来地块（红）

巴斯库拉是英国葡萄酒大师——埃德·亚当斯和南非酿酒师——布鲁斯·杰克的合作项目。这款强壮且风格大胆的红酒采用慕合怀特和西拉葡萄混酿而成。它的风格自信且现代，出厂时带着青春棱角的印记，如果窖藏几年则会变得柔顺。

未提供参考信息
www.labascula.net

La Rioja Alta Rioja
上里奥哈葡萄酒公司 里奥哈

Viña Alberdi (red)
阿尔韦迪葡萄园（红）

公司成立于1890年，由5户葡萄农组成上里奥哈葡萄酒公司。今天，酒厂拥有面积约360万平方米的庞大葡萄园。生产大量不同种类的葡萄酒，并使用不同的标签，既有非常传统的代表，也有更现代的阵营。无论是什么风格，所有葡萄酒都值得我们关注。例如，阿尔韦迪葡萄园，性价比非常高，它是上里奥哈公司唯一在全新橡木桶陈年的酒，品质优雅且轻快，带有丰富的红色水果味道。

Avda de Vizcaya 8, 26200 Haro, La Rioja
www.riojalta.com

路易斯卡纳斯酒庄 里奥哈 Luis Cañas Rioja

路易斯卡纳斯家庭精选（红） Luis Cañas Seleccion de la Familia (red)

1989年，胡安·路易斯·卡纳斯从父亲手中继承了事业，并取得了巨大的成功。1994年，他建立了新的酿酒厂，并在他的高品质酒窖阵营里增加新品种。路易斯卡纳斯家庭精选就是这样一款红葡萄酒。大方，具有现代感，口感柔顺且圆润，带有红色的樱桃和香草味。

Carretera Samaniego 10, 01307 Villabuena, La Rioja
www.luiscanas.com

卢世涛酒庄 赫雷斯 Lustau Jerez-Xérèz-Sherry

帕罗卡塔多仓主之藤（强化）；艾米琳麝香（强化） Palo Cortado Vides Almacenista (fortified); Emilin Moscatel (fortified)

仓主系列葡萄酒是卢世涛品牌中价格昂贵的明星产品系列。这些都来自"仓主"，即股东，他们购买雪莉酒或葡萄原汁，然后在自己的酒窖中熟成。帕罗卡塔多仓主之藤，属于干型，紧致，巧克力和烤核桃的香气又令口感柔和。艾米琳麝香是一款伟大的甜型葡萄酒，气味芬芳，花香四溢，口感柔滑。

Calle Arcos 53, Apartado Postal 69, 11402 Jerez de la Frontera
www.emilio-lustau.com

所有起泡酒都是香槟吗？

全世界都出产起泡酒，但真正的香槟只产自法国北部的香槟产区。这并不意味其他地方出产的起泡酒口感不佳、没有壮阔的历史或不能获得评论家的好评，它们只是不能被正式称为"香槟"。

你想象自己是一位在古老的法国城市兰斯，从事葡萄酒贸易的商人，情况就会更容易理解。悠久的葡萄酒贸易商包括酩悦、泰亭哲、凯歌和玛姆。当这些酒农和生产商看到美国、澳大利亚或中国的酒厂，借用他们家乡的名字来促销一款产自别处的产品会多么生气！

尽管如此，购买轻盈的意大利普洛西可、柔顺的西班牙卡瓦和德国的塞科特来代替香槟并不算犯罪。世界上有很多顶级的起泡酒，都使用与香槟酒同样的生产工艺和葡萄品种。这种工艺包括二次发酵、酵母和糖会被加入酒瓶中以产生香气和气泡。香槟都是使用这种方式来生产的，但其他起泡酒并不必如此。如果你想要类似香槟风格的葡萄酒，可以在酒标上面寻找"Bottle-fermented（瓶中发酵）"或"Método classico/Méthode classique（经典酿造法）"等字样。

菲斯奈特使用传统香槟酿造法，生产优质的卡瓦起泡酒。

🏛 **Malumbres** Navarra
马龙布雷斯酒庄 纳瓦拉

🍷 *Malumbres Garnacha(red)*
马龙布雷斯歌海娜（红）

　　歌海娜葡萄的热度正在上升，马龙布雷斯就是一个大胆且创新的例子，可以证明这种葡萄在西班牙能达到何种高度。成熟度高，像盛满黑色和红色水果的篮子，它是一款制作精良且美味的红葡萄酒。在动荡战乱的1940年，公司的创始人维森特·马龙布雷斯开创葡萄酒业务，那时已采用了这个品牌。公司销售了半个世纪的散装酒，直到1987年，酒庄才开始面向现代化，注重质量。维森特的儿子——哈维尔，采用环境可持续发展的方式生产葡萄酒，并在酿酒时尽可能减少人工干预。

Calle Santa Bárbara
15, 31591 Corella
www.malumbres.com

🏛 **Marqués de Cáceres** Rioja
卡塞雷斯侯爵庄园 里奥哈

🍷 *Marqués de Cáceres Reserva (red)*
卡塞雷斯侯爵陈酿（红）

　　卡塞雷斯成立于1970年，波尔多著名的酿酒顾问埃米尔·佩诺，为其带来了革新的酿酒技术：引进不锈钢桶，进行发酵温度控制，缩短在法国新橡木桶中的陈放时间，不使用旧的美国橡木桶。他的风格在今天的里奥哈酒窖中处处体现。一支芳香诱人的红酒，带着美味可口的柑橘芬芳，柔顺且细滑的口感。

Carretera Logroño, 26350 Cenicero, La Rioja
www.marquesdecaceres.com

🏛 **Marqués de Riscal** Rioja
瑞格尔侯爵酒庄 里奥哈

🍷 *Marqués de Riscal Rueda Blanco (white)*
瑞格尔侯爵卢埃达（白）

　　瑞格尔侯爵在西班牙有着悠久的酿酒历史，它曾是第一批受到波尔多酿酒方式影响的酒庄之一，法国酿酒方式在19世纪后期席卷整个地区。今天，众多的葡萄酒依然使用着它们带有贵族血统的名字。瑞格尔侯爵出自该公司位于卢埃达的产业。它被制成年轻的风格，带有微妙的热带风味，不似本地其他生产商出品的葡萄酒，带有活泼的青柠和绿叶味道。

Calle Torrea 1, 01340 Elciego, Alava
www.marquesderiscal.com

🏛 **Martín Códax** Rías Baixas, Galicia
马丁考达酒庄 下海湾 加利西亚

🍷 *Martín Códax Albariño (white)*
马丁考达阿芭瑞诺（白）

阿芭瑞诺已成为非常流行的葡萄品种，用它酿制的葡萄酒，已成为世界各地众多餐厅酒单上的重要内容。作为对阿芭瑞诺魅力的诠释，马丁考达众多可作为典范的酒款可以说是最佳范例。令人生津的刺激感，挤压柑橘的清新感，结合圆润且滑腻的质感，足以表现阿芭瑞诺的吸引力。

Burgans 91, 36633 Vilariño Cambados, Pontevedra
www.martincodax.com

🍶 **Maurodos** Toro， Castilla y León
毛罗多斯酒庄 斗罗 卡斯蒂利亚-莱昂

🍷 *Prima (red)*
普利马（红）

对许多人来说，马里亚诺·加西亚是西班牙最好的酿酒师。1999年，他和哈维尔·萨嘎尼尼共同创办了该酒庄。作为圣罗曼品牌的副牌酒，普利马是由年轻些的天帕尼洛酿制而成。它也许相对年轻一些，酒体更轻盈，但它仍旧丰满旺盛，散发着独具魅力的香气。

Paraje Valjeo de Carril, 47360 Quintalla de Arriba
www.aalto.es

🍶 **Muga** Rioja
慕卡酒庄 里奥哈

🍷 *Muga Rosado (rosé)*
慕卡桃红（桃红）

酒庄生产备受推崇的红白葡萄酒，若论日常饮用，可媲美里奥哈慕卡桃红葡萄酒的为数不多。颜色略显清淡，但拥有令人惊讶的韵味。它含有丰富的草莓和樱桃香气，清新扑鼻。这款酒证明，在里奥哈，除了橡木以外还有更多选择。

Barrio de la Estación, 26200 Haro, La Rioja
www.bodegasmuga.com

🍶 **Mustiguillo** Vino de la Tierra de Terrerazo， Valencia
穆斯提基略酒庄 泰来拉索地区酒 巴伦西亚

🍷 *Mustiguillo Mestizaje (red)*
穆斯提基略混酿（红）

深沉的颜色，饱含橡木香气，穆斯提基略混酿是采用波巴尔葡萄酿造红酒的绝佳范例。它与天帕尼洛、西拉和赤霞珠葡萄混酿，由穆斯提基略酒庄生产。该公司的总部设在瓦伦西亚东部，葡萄园的位置可以放在乌提埃尔-雷盖纳原产地命名区域内。但穆斯提基略更愿意不受原产地命名的限制，而享有更大的灵活性，因此，此酒级别为泰来拉索地区餐酒。

Carretera N-330, Km 195, 46300, Las Cuevas de Utiel, Valencia
962 304 483

🍶 **Naia** Rueda， Castilla y León
纳亚酒庄 卢埃达 卡斯蒂利亚-莱昂

🍷 *Naia (white)*
纳亚（白）

近10年来，纳亚已成为卢埃达的明星。酒庄成立于2002年。这款与酒庄同名的葡萄酒展示出了维德和在精细的酿酒技术下，所能带来的深度。它的基调有柚子皮的余韵，但也带有丰富奶油的圆润感。

Camino San Martín, 47491 La Seca
www.bodegasnaia.com

🍶 **Nekeas** Navarra
奈克阿斯酒庄 纳瓦拉

🍷 *El Chaparral de Vega Sindoa Garnacha (red); Nekeas Crianza Tempranillo-Cabernet (red)*
埃尔查帕拉尔平原辛多阿-歌海娜（红）；天帕尼洛-赤霞珠奈克阿斯培养酒（红）

辛多阿-歌海娜完美地结合辛多阿清爽、美味且鲜活的水果口感，以及歌海娜有的香料味道。天帕尼洛-赤霞珠奈克阿斯培养酒，则是一款彻底的现代化纳瓦拉混酿，充满活力的黑色和红色水果，尾韵带有烟草和香料的回味，这是在法国和美国橡木桶中陈酿一整年的结果。

Calle Las Huertas, 31154 Añorbe
www.nekeas.com

Ochoa Navarra
奥查娅酒庄 纳瓦拉

ochoa Tempranillo Crianza (red)
奥查娅天帕尼洛培养酒（红）

　　口感明快而圆润，奥查娅天帕尼洛培养酒是适合新酿时饮用的葡萄酒。它结合了典型的樱桃香气，以及通过橡木桶陈化获得的香草与烟草的气息。其纯正的味道与随和的魅力，很大程度上反映出它的酿造者——阿德里安娜·奥查娅的个性。她从父亲哈维尔手中接管了这座纳瓦拉的酒庄。哈维尔是该地区酿酒研究的领导者之一，也是在该地区中备受尊敬的人物。阿德里安娜凭借自身的才华，也吸引了葡萄酒界相当大的关注。

Alcalde Maillata, No 2,31390 Olite
www.bodegasochoa.com

Pago de los Capellanes Ribera del Duero, Castillay Léon
神父单园 杜罗河岸 卡斯蒂利亚-莱昂

Pago de los Capellanes Joven (red)
神父单园新酒（红）

　　天帕尼洛与少量的美乐和赤霞珠葡萄混酿成这款杜罗河岸神父单园新酒，这款葡萄酒具有丰富的特色，是一款非比寻常的"新酒"。虽然同所有新酒一样，最适合陈酿时饮用，但它值得花些时间来细细品味，享受其复杂的味道。

Camino de la Ampudia, 09314 Pedrosa de Duero, Burgos
www.pagodeloscapellanes.com

Palacios Remondo Rioja
帕拉西奥斯雷蒙多酒庄 里奥哈

Montesa (red)
蒙特萨（红）

　　阿尔瓦罗·帕拉西奥斯是当代西班牙葡萄酒界最伟大的名字之一，他因在普里奥拉创建自己酒庄而享誉世界。蒙特萨是里奥哈品种的混酿，丰满多汁的歌海娜占主导地位，分别在大木桶和小橡木桶中进行陈酿。蒙特萨是一款饱满而独具魅力的红酒，回味复杂且口感丰富。

Avenida Zaragoza 8, 26540 Alfaro, La Rioja
941 180 207

Parés Baltà Penedès, Catalonia
帕雷斯巴尔塔酒庄 佩内德斯 加泰罗尼亚

Mas Petit Penedès (red)
佩内德斯小农庄（红）

　　帕雷斯巴尔塔的佩内德斯小农庄是一款由赤霞珠和歌海娜

混酿而成的葡萄酒,由拥有这个家族酒庄的两兄弟的妻子们酿造。她们使用有机种植的葡萄,创造出一款散发着馥郁水果香气且酒体中等的葡萄酒。这是一座成立于1790年的老庄园,帕雷斯巴尔塔由霍安·库西内·希尔于1978年购买。他的儿子既为继任者,也是公司里的活跃分子。

Masía Can Balta, 08796 Pacs del Penedès, Barcelona
www.paresbalta.com

⚗ **Peique** Bierzo, Castilla y Léon
佩盖酒庄 别尔索 卡斯蒂利亚-莱昂

▓ *Tinto Mencía Bodegas Peique (red)*
佩盖酒庄门西亚红(红)

祖孙三代均在酒庄工作,他们致力于采用本地红葡萄品种门西亚来酿造精品葡萄酒。家族生产的别尔索佩盖酒庄门西亚红葡萄酒口感纯净、特点鲜明,而且未使用橡木桶,使葡萄的品种特性能充分展现出来。此酒散发着浓烈的果酱和红色浆果的味道,交织着几许草木的清香。

24530 Valtuille de Abajo, Villafranca del Bierzo, León
www.bodegaspeique.com

⚗ **Pesquera** Ribera del Duero, Castilla y Léon
佩斯克拉酒庄 杜罗河岸 卡斯蒂利亚-莱昂

▓ *El Vinculo La Mancha (red)*
链接拉曼恰(红)

亚历杭德罗·费尔南德斯力求证明西班牙葡萄酒,不仅局限于几个著名的产区。酒庄位置极佳,紧邻维加西西里亚,但费尔南德斯酿造的葡萄酒风格大不同。链接拉曼恰是一款色泽浓重、味道浓郁、质感柔软且有香料味的红葡萄酒。一切足以证明,在能人手中,拉曼恰能够与西班牙任何产区的葡萄酒竞争。

Calle Real 2, 47315 Pesquera de Duero, Valladolid
www.pesqueraafernandez.com

▌歌海娜 GRENACHE

歌海娜(西班牙语为 Garnacha)葡萄是一种人们通常不会意识到他们正在饮用的葡萄酒中含有的品种。它出现于一些西班牙葡萄酒中,如普里奥拉、教皇新堡和罗讷河谷,不过歌海娜的名字极少出现在酒标上。

歌海娜没有成为明星一直是个谜,不过它能酿造出极好的葡萄酒,通常拥有不错的性价比。这种多产且风格多样的葡萄被认为是罗讷河谷的品种,因为它原产自法国的罗讷河谷,并且是这个产区南部地区最受欢迎的品种。

西班牙种植者则认为这种葡萄更像西班牙品种,歌海娜由西班牙北部逐渐绵延至南部。它是西班牙的第三大葡萄品种,由于普里奥拉老藤歌海娜的复兴,酿制出引人注目的浓郁葡萄酒,并获得了世界的关注,直至近年才获得葡萄酒饮用者的尊重。

歌海娜葡萄酒拥有丰富的成熟水果味道,较高的酒精度,与其他饱满酒体的红葡萄酒相比,它的结构更柔和。由于歌海娜的颜色较浅,单宁含量也不高,所以酿酒师通常会将其与深色或单宁重的品种(如西拉或佳丽酿葡萄)进行混酿。在澳大利亚,歌海娜与西拉和慕合怀特混酿时,会标示"GSM"字样。

歌海娜能在相对干旱的环境中生长。

Portal del Mont-sant Montsant，Catalonia
蒙桑特之门酒庄 蒙桑特 加泰罗尼亚

Brunus (red)
布鲁努斯（红）

建筑师阿尔弗雷多·阿里瓦斯在新千年伊始，开始了自己在普里奥拉名为"大门"的葡萄酒酿造项目。没过两年，阿里瓦斯在蒙桑特建立了第二个酒庄。酿酒团队由里卡多·洛菲斯坐镇，2007年，澳大利亚著名酿酒师史蒂夫·潘内尔加入团队协助。在他们的带领下，团队酿造出了一系列充满个性的葡萄酒，其中包括布鲁努斯。此酒展现出蒙桑特前所未有的风格，它散发着黑色水果的特质，香料与橡木的香气，随后是甘草和亮皮水果的香气，最后是坚定爽快的回味。

Carrer de Dalt, 43775 Marçá, Priorat
www.portaldelprio-rat.com

Rafael Palacios Valdeorras，Galicia
拉斐尔帕拉西奥斯酒庄 瓦尔德奥拉斯 加利西亚

Louro Godello (white)
卢洛哥戴罗（白）

帕拉西奥斯家族可谓人才辈出。伟大的阿尔瓦罗·帕拉西奥斯是西班牙普里奥拉和里奥哈红葡萄酒毋庸争辩的国王，他享有世界声誉；他的兄弟拉斐尔·帕拉西奥斯，同样证明了自己也是擅长酿酒的老手。拉斐尔应用自主研发的技术，采用当地白葡萄品种（如哥戴罗）酿酒。他的酿酒风格与他的兄弟完全不同：阿尔瓦罗的整体风格强劲，拉斐尔则优雅与力度并存。最明显的区别表现在，拉斐尔·帕拉西奥斯在瓦尔德奥拉斯采用纯哥戴罗葡萄酿造的卢洛哥戴罗，如歌声般清爽。

Avenida Somoza 81, 32350 A Rúa, Ourense
www.rafaelpalacios.com

Raimat Costers del Segre，Catalonia
莱玛特酒庄 塞格雷海岸 加泰罗尼亚

Viña 24 Albariño (white)
24号葡萄园阿芭瑞诺（白）

对于加泰罗尼亚塞格雷海岸原产地命名区而言，莱玛特的影响是巨大的。酒庄崛起的背后，驱动力是曼努埃尔·拉文托斯，他曾是家族负责人，拥有卡瓦起泡酒酒庄柯多尔纽。拉文托斯于1914年购入一座破败的葡萄园，然后逐渐将它变成优质的葡萄园。在独具魅力的新产品中，塞格雷海岸的莱玛特24号葡萄园阿芭瑞诺最为出众。它采用西班牙东海岸的单一品种阿芭瑞诺葡萄酿造，散发出酸橙和柠檬挞的新鲜味道，结尾时略有一点点刺激感。

Carretera Lleida, 25111 Raimat
www.raimat.com

Ramón Bilbao Rioja
拉蒙毕尔巴鄂酒庄 里奥哈

Ramón Bilbao Reserva (red)
拉蒙毕尔巴鄂珍藏（红）

过去10年里，新的生命力被注入进里拉蒙毕尔巴鄂。1999年，由经理兼酿酒师鲁道夫·巴斯蒂达经营酒庄。拉蒙毕尔巴鄂珍藏是一款充满活力的现代风格葡萄酒，适合新酿饮用。果香明朗浓郁，平衡着橡木带来香草和香料气息，还带着几许柑橘的味道，支撑整个酒体。

Avenida Santo Domingo 34, 26200 Haro, La Rioja
www.bodegasramonbilbao.es

🎏 **Raventós i Blanc**
Cava

拉文托斯与布朗酒庄 卡瓦

🎏 *L'Hereu Brut (sparkling)*
埃雷乌干型（起泡）

埃雷乌干型是一款品质值得信赖的卡瓦起泡酒，采用传统方式，选用当地3个葡萄品种（马卡贝奥、沙雷洛和帕雷亚达）酿造，经过15个月的陈酿。此酒散发出坚果的气息，有清脆的苹果香和丰富的气泡。葡萄来自环绕在周围的自家葡萄园，这块地与柯多尔纽优雅的总部隔街相望。这很方便，因为同由拉文托斯家族拥有。此酒庄非常年轻（成立于1986年，对面的柯多尔纽成立于1551年），但质量却并不逊色于老牌酒庄。

Placa del Roure, 08700 Sant Sadurní d'Anoia
www.raventosi-blanc.com

🎏 **Señorío de Sarría** Navarra
萨利亚贵族酒庄 纳瓦拉

🎏 *Señorío de Sarría Rosado (rosé)*
萨利亚贵族（桃红）

就在圣地亚哥-德孔波斯特拉朝圣之路旁边，秘密掩藏着一个迷人的美丽庄园。萨利亚贵族是一块不为人知的宝石。这里拥有多年的葡萄酒生产历史，直到最近品质才与这里华丽的环境相匹配。今天，产品来自种植在佩尔冬山坡地上的葡萄园，面积共210万平方米。萨利亚贵族桃红是纳瓦拉最优秀的现代风格桃红葡萄酒，拥有丰富的色彩和充满活力的浆果味道，口感一点也不腻，十分平衡，有美味的收结。

Señorío de Sarría, 31100 Puente la Reina
www.bodegadesarría.com

🎏 **Tandem** Navarra
坦登酒庄 纳瓦拉

🎏 *Ars in Vitro (red)*
艺术琉璃（红）

与萨利亚贵族一样，此酒产于通往圣地亚哥-德孔波斯特拉朝圣路线的中心地带。酒庄专注于天帕尼洛、赤霞珠和美乐的研发，葡萄酒主调是清新水果气息，在水泥发酵槽和法国橡木桶中陈年。尽管坦登酒庄的历史不过10余年，但这里已经被确认为纳瓦拉的顶级酒庄之一。

Carretera Pamplona-Logroño, Km 35,9, 31292 Lácar
www.tandem.es

🎏 **Tobia** Rioja
托比亚酒庄 里奥哈

🎏 *Oscar Tobia (red)*
奥斯卡托比亚（红）

奥斯卡·托比亚曾经先后接受过农艺师和酿酒师的培训，回归圣阿森西奥后，决心利用家族土地上40～50岁的老藤果实，打造现代风格的里奥哈代表作。他的第一项革新就是翻新酒窖。在这里，他引进了全新的酿酒措施：去梗，以提高果实的清新度；引进新的法国橡木桶，以增强深度和质感。这一切仔细酿酒的结果是获得一款大胆且充满现代感的葡萄酒，一如奥斯卡托比亚的里奥哈，强烈表现出深色水果与橡木桶结合的韵味。

Carretera Nacional 232, Km 438, 26340 San Asensio, La Rioja
www.bodegastobia.com

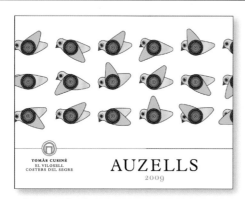

🏛 **Tomàs Cusiné** Costers del Segre, Catalonia
托马斯库西内酒庄 塞格雷海岸 加泰罗尼亚

🍾 *Auzells (white)*
奥塞尔斯（白）

从成分来讲，奥塞尔斯是一款奇妙且复杂的混酿白葡萄酒，采用马卡贝奥、长相思、帕雷亚达、维欧尼、霞多丽、穆勒-塔戈、麝香、雷司令、阿芭瑞诺等葡萄酿成。从口味上讲，的确很复杂，但实际上，试图从杯沿分辨味道和香气可能是愚蠢的，也许更好的做法是细细品味它的优雅与清新，以及这支酒的酿酒师——托马斯·库西内的神奇工作。托马斯库西内的第一个年份，是他辞去德尔莱美堡和塞尔沃来思堡的工作后，仅仅开始于2006年的与他同名的单独项目。

Plaça de Sant Sebastià 13, 25457, El Vilosell, Lleida
www.tomascusine.com

🏛 **Torres** Catalonia
桃乐丝酒庄 加泰罗尼亚

🍾 *Viña Esmeralda (white); Gran Coronas (red)*
绿宝石园（白）；特级王冠（红）

米格尔·桃乐丝是西班牙葡萄酒界的传奇人物，一位真正的先驱，他建立了一个全球性的帝国，在西班牙及多个国家出产葡萄酒。他拥有规模可观的产品帝国，而在此之前，我们甚至故意不去提及他们物美价廉的葡萄酒单品。这其中包括的葡萄酒如绿宝石园，一款广受欢迎的夏日白葡萄酒，采用芳香葡萄品种酿制，口感清新且酒精含量低（11.5%ABV）。另外一款是特级王冠，桃乐丝的现代经典混酿红葡萄酒，由赤霞珠和天帕尼洛葡萄混酿，在美国和法国橡木桶中陈年，含有丰富的香草与摩卡气息，混合着美味的深色水果味道。

M Torres 6, 08720 Villafranca del Penedès
www.torres.es

🏛 **Txomin Etxaniz** Chacolí de Guetaria， Basque Country
切奥明爱恰尼兹酒庄 查科利-赫塔利亚 巴斯克

🍾 *Chacolí (white)*
查科利（白）

寒冷的西班牙北部海岸出产的葡萄酒，都具有刺激得让人流泪的特性。然而，微微的气泡和低酒精度（11.5%ABV），使切奥明爱恰尼兹生产的水晶般清冽的查科利，成为搭配海鲜的明智之选。切奥明爱恰尼兹的历史可追溯到1649年。在圣塞瓦斯蒂安以西，它拥有若干位于大西洋岬角上的精美葡萄园。这里只种植两种葡萄：宏达力比苏黎和宏达力比贝尔萨。

谢绝访客
www.txominetxaniz.com

🏛 **Valdelosfrailes** Cigales， Castilla y León
巴尔德洛斯弗莱莱斯酒庄 西加尔 卡斯蒂利亚-莱昂

🍾 *Vendimia Seleccionada (red)*
年份特选（红）

巴尔德洛斯弗莱莱斯采用家族葡萄园（库比亚和秦塔尼亚·德·特里盖罗斯葡萄园）中种植的天帕尼洛、维德和和歌海娜葡萄，酿造一系列葡萄酒。年份特选是典型的西加尔现代特色的葡萄酒。在这款100%天帕尼洛中，圆润、明朗且成熟的浆果味道，被橡木桶带来的烤面包和奶油味所补充。

Renedo-Pesquera Road, Km 30, 47359 Valbuena de Duero
www.matarromera.es

🏛 **Valdespino** Jerez-Xérèz-Sherry
巴尔德斯皮诺酒庄 赫雷斯

🍾 *Candado PX (fortified)*
挂锁PX（强化）

酒标以挂锁为装饰，此款PX是巴尔德斯皮诺众多珍品之一，是甜腻肉感的佩德罗-希梅内斯风格的甘美范例，散发着浸透在蜜浆里的葡萄和无花果的气息，但仍带有清新感。作为雪莉地区质量最受推崇的酒厂之一，巴尔德斯皮诺是埃斯特韦斯雪莉酒集团（Grupo Estevez sherry group）的一员，集团在整个雪莉地区囊括了五大顶级酒庄和700个葡萄园。

Carretera National IV, Km 640, 11408 Jerez de la Frontera
www.grupoestevez.es

⌂ **Viñas del Vero** Somontano，Aragón
德尔维罗葡萄园 苏蒙塔诺 阿拉贡

⌂ *La Miranda de Secastilla (red)*
米兰达赛卡斯迪加（红）

苏蒙塔诺原产地命名区给人一种东拼西凑的印象。在该地区种植着很多葡萄品种，包括琼瑶浆、霞多丽、美乐、黑皮

诺、赤霞珠、歌海娜和西拉。对于某些人来说，这种多样性是该地区身份危机的证明；另一些人则认为这流露出本地区重点和想象力的缺失。米兰达赛卡斯迪加，采用歌海娜与新种植的西拉和帕拉莱塔葡萄混酿，它非常有表现力，中等酒体，带有黑李香味，具有极其悠长的尾韵和令人回味的收尾。

Carretera de Naval Km 3, 722300 Barbastro
www.vinasdelvero.es

⌂ **Viñedos de Nieva** Rueda，Castilla y León
尼耶瓦葡萄园 卢埃达 卡斯蒂利亚-莱昂

⌂ *Blanco Nieva Verdejo (white)*
尼耶瓦维德和（白）

在卢埃达，最古老的藤蔓可在尼耶瓦葡萄园找到。它们生长在多石的土地上，其中一些海拔高达850米，而且很多都是原生砧木（这在欧洲很少见，大多数葡萄藤均需嫁接到美洲砧木上，这种砧木对19世纪横扫欧洲的病虫害更有抵抗力）。尼耶瓦使用这里的维德和酿制有冲击力与强劲表现

力的葡萄酒。其中，尼耶瓦维德和是一款年轻且率直的维德和，但仍然爆发出独具个性的柚子风味和柑橘鲜香。

Camino Real, 40447 Nieva, Segovia
www.vinedosdenieva.com

⌂ **Vinos Valtuille** Bierzo，Castilla y Léon
巴图乐葡萄园 别尔索 卡斯蒂利亚-莱昂

⌂ *Pago de Valdoneje Mencía (red)*
巴尔多奈赫单园门西亚（红）

许多葡萄酒厂被称作小型或精品，人们认为这表明它具有某种手工制作的魅力。其中有些生产商实际与"精品"毫不相干，但小小的巴图乐葡萄园却与这一名称十分相配。马科斯·加西亚·阿尔巴是这个家族企业的负责人。他自己承担了大部分的工作，管理20万平方米的葡萄园，在自家酒厂自学酿酒技艺。自2000年开始，他以巴尔多奈赫单园标签生产葡萄酒。他把自己经过几年的私人酿酒经验所获秘诀带入其中。他的专长是善用门西亚，一般来说它有些粗糙，但在阿尔巴手里则表现非凡，拥有了优雅的花香和细腻的结构。

La Fragua, 24530 Valtuille de Abajo, León
987 562 112

⌂ **Virgen de la Sierra** Calatayud，Aragón
山中圣女酒庄 卡拉塔尤德 阿拉贡

⌂ *Cruz de Piedra Garnacha (red)*
克鲁斯德彼德拉歌海娜（红）

卡拉塔尤德是目前西班牙最时髦的葡萄酒产区之一。回溯至20世纪50年代，山中圣女起步的时期，该地区还没有注册。事实上，该地区曾如此模糊，成立只有60年，山中圣女则是卡拉塔尤德最古老的生产商之一。不过，在相对寂寂无名的状态下，经过多年坚持酿造优质葡萄酒，山中圣女在最近10年里终于获得了世人瞩目。与大多数本产地命名区的生产商一样，该公司是合作形式，它使用大量百岁（或以上）单株种植的老藤果实生产葡萄酒，它们在极端的温度下，在干燥且多石的土壤中茁壮成长。红葡萄中，歌海娜占主导地位，而老藤能够酿出独具特色且口感浓郁的葡萄酒，最重要的是，性价比非常不错。卡拉塔尤德的克鲁斯德彼德拉歌海娜是表明卡拉塔尤德身份的绝佳例证。它是为新酿时饮用而酿造的，味道丰满，特点突出。

Avenida de la Cooperativa 21-23, Villarroya de la Sierra, 50310 Zaragoza
www.bodegavirgendelasierra.com

葡萄牙PORTUGAL

虽然葡萄牙因其伟大的强化葡萄酒——波特酒和马德拉酒而享誉世界，但它的普通葡萄酒却并未享有被世界那样重视的程度，不过这一情况正在迅速改变。葡萄牙的葡萄酒生产商们最大限度地采用独特的原生葡萄品种，酿造出美味且富有特质的葡萄酒。最引人注目的，也许当属杜罗河谷精美的红葡萄酒，采用与波特酒相同的葡萄品种（而且通常是同一酿酒商），带着相同的力度和复杂的混合果香。但其邻近的杜奥出品的带有奇妙芳香和结构的红葡萄酒也毫不逊色，还有火热的阿连特茹出产的香料味十足且酒体丰满的葡萄酒。对于那些喜欢清脆、清新且特别爽口的白葡萄酒爱好者，应该到北边的米纽地区看看，那里是葡萄牙绿酒的老家。

⛩ **Afros** Vinho Verde
阿芙罗斯酒庄 绿酒产区

⛏ *Vinhão*，*Vinho Verde (red)*；
Loureiro，*Vinho Verde (white)*
维尼昂绿酒（红）：洛雷罗绿酒
（白）

　　阿芙罗斯的葡萄酒均采用生物动力种植法，它是顶级红色和白色绿酒的酿造者。在卡萨尔德帕苏庄园约20万平方米的土地上，种植着白葡萄洛雷罗和红葡萄维尼昂（也称苏桑）。采用维尼昂酿出的葡萄酒令人瞩目，几乎呈不透明的暗色。酒液芳香扑鼻，散发着黑莓、李子和覆盆子的香气，与类似食物的味道相互融合，这虽不寻常，但非常精彩；口感明快且清新的洛雷罗则呈现出如柠檬般的新鲜度与轻盈感。这是经典的绿酒，与菜肴高度相配。

Quinta Casal do Paço,
Padreiro (S Salvador), 4970-
500 Arcos de Valdevez
www.afros-wine.com

⛩ **H M Borges** Madeira
HM博尔热斯酒庄 马德拉

⛏ *5 Year old Sweet Madeira (fortified)*
5年陈酿马德拉甜酒（强化）

　　恩里克·梅内塞斯·博尔热斯于1877年建立了酒庄，现在由这个家族的第四代拥有。他们制作多个系列的大量产品，其中一些相对普通，另外一些则很出色。10年和15年陈酿，以及科黑塔（单一年份的葡萄酒，但没有陈年到可以被称为年份马德拉酒）就属于后者。这款价格更低的5年陈酿马德拉甜酒也属于此列。这非常罕见，一款质优价廉的马德拉酒，口感却非常复杂。它味甜，像葡萄又像葡萄干，拥有很好的酸度支撑。有点海洋的味道，清新，又富有表现力。

Rua 31 de Janeiro, No 83, 9050-011 Funchal
www.hmborges.com

⛩ **CARM** Douro
马德拉罗贝罗度农舍 杜罗

⛏ *Reserva*，*Douro (red)*
杜罗珍藏（红）

　　企业的全称是马德拉罗贝罗度农舍，通常缩写为"CARM"。马德拉家族在上杜罗地区拥有62万平方米的葡萄园，横跨6个庄园。自1995年开始有机种植，这使他们的酒款在这一地区受到收藏家们的追捧。这款杜罗珍藏口感成熟、多汁且果香丰富，将饮者的注意力集中在浆果和肉质的美味上，这是体现酿酒师鲁伊·马德拉典型风格的例子——以时尚和果香为主导。

Rua da Calábria, 5150-021 Almendra
www.carm.pt

⛩ **Churchill Estates** Douro
丘吉尔庄园 杜罗

⛏ *Tinto*，*Douro (red)*
杜罗红酒（红）

　　丘吉尔庄园的杜罗红酒，是该地区最具性价比的红葡萄酒吗？它肯定是这殊荣的候选酒款之一。丘吉尔庄园的杜罗红酒是一款真正严肃表达杜罗风情的葡萄酒，在黑樱桃和李子的味道下，拥有宜人的明晰结构，带有混合香料的回味。此酒也值得继续窖藏几年。

Rua Da Fonte Nova 5, 4400-156 Vila Nova De Gaia
www.churchills-port.com

Conceito Douro
概念酒庄 杜罗

Contraste Tinto，Douro (red)
杜罗反差红酒（红）

反差红酒是一款充满活力且表现生动的杜罗红酒，散发着可爱的浆果和樱桃香气。细腻的单宁和明快的酸度，令它适合马上饮用；但也值得等待，静观其陈年后的变化。概念酒庄酿造了这款美酒，它是上杜罗的一家新厂商，年轻且富于才华的丽塔·费雷拉·马尔克斯是它的酿酒师，她使用母亲卡拉·费雷拉提供的葡萄酿酒。她的母亲在泰雅谷里拥有3个葡萄园：维嘉庄园和尚德佩雷罗庄园，各20万平方米；卡比多庄园，23万平方米；此外，在峡谷上游还有10万平方米，用于种植白葡萄。

Largo da Madalena 10, Cedovim 5155-022
www.conceito.com.pt

Dourum Douro
杜鲁姆酒庄 杜罗

Dourum Tinto，Douro (red)
杜罗杜鲁姆（红）

杜鲁姆系列汇集了天才酿酒师何塞·玛丽亚·苏亚雷斯·佛朗哥和若望·波图加尔·拉莫斯的心血。这款酒多年来一直是杜罗河地区最出色，也是最昂贵的餐酒。酒庄的名字在拉丁文中的意思是"来自两处"，这也适用于说明原料来源：果实来自两个地区——上科尔戈地区和上杜罗地区。杜鲁姆红酒质量超群，浓郁且新鲜。

Estrada 222, 5150-146 Vila Nova de Foz Coa
www.duorum.pt

Fonseca Guimaraens Douro
芳塞卡吉马良斯酒庄 杜罗

NV: Terra Prima (fortified)
无年份上选之地（强化）

一般来说，杜罗地区没有真正的有机葡萄栽培，采用有机葡萄酿制而成的波特酒，绝对是凤毛麟角。但无年份上选之地则是个"异类"。或许它只是一款不起眼的宝石波特，但它拥有非常不错的品质、可爱的活力、良好平顺的甘美、纯净的黑莓和李子味道，而且带有高级香料的尾韵。

Rua Barão de Forrester 404, Vila Nova de Gaia
www.fonseca.pt

Graham's Douro
格雷姆酒庄 杜罗

Crusted Port (fortified)
陈渣波特（强化）

陈渣波特的风格有点像年份波特，将高品质波特在木桶中储存较短时间，然后装瓶，让葡萄酒在瓶中继续陈化。它通常是融合了多个年份的波特酒，而陈渣波特则是最经典的作品之一。深沉的香料味，深色水果特有的浓烈美味，收尾时带有淡淡的薄荷味道。格雷姆家族于1820年开始波特酒贸易，但自1970年，产业已并入了西明顿家族帝国。它至今依旧维持着顶级波特生产商的声誉，核心业务在马尔维度庄园。

Rua Rei Ramiro 514,
Vila Nova de Gaia
www.grahamsport.
com

Herdade do Mouchão Alentejo
穆邵庄园 阿连特茹

Dom Rafael Tinto，Alentejo (red)
阿连特茹堂拉斐尔红酒（红）

这是阿连特茹最有趣的酒庄之一，雷诺家族拥有穆邵庄园已经超过1个世纪。堂拉斐尔是一款更便宜，而且可以更早饮用的红葡萄酒。它非常美味，散发着浓郁的樱桃和李子香味，带有可爱的新鲜度和香料气息的回味。

7470-153 Casa Branca
www.mouchaowine.pt

Lavradores de Feitoria Douro
农协酒厂 杜罗

Três Bagos Sauvignon Blanc，Douro (white)；**Três Bagos Tinto**，Douro (red)
杜罗三果长相思（白）；杜罗三果红（红）

三果长相思，是一支罕见且品质卓越的作品。葡萄种植在本区内比较凉爽的地域，它能有效地捕捉到长相思的新鲜度、活力和果香，令成品非常美味。这款融合了樱桃和浆果特点的杜罗三果红，拥有明显的杜罗个性，新鲜且令人愉悦，物有所值！

Zona Industrial de Sabrosa, Lote 5, apartado 25, Paços, 5060 Sabrosa
www.lavradoresdefeitoria.pt

Niepoort Douro
尼耶波特酒庄 杜罗

Drink Me! Douro (red); Sénior Tawny Port (fortified); Junior Ruby Port (fortified)
喝我！杜罗（红色）；高级茶色波特（强化）；初级红宝石波特（强化）

德克·尼耶波特体格强壮且才华横溢，他将家族企业转型成葡萄牙最成功的葡萄酒生产商之一。他的所有作品都很有意思，无论红白葡萄酒，还是波特酒，尼耶波特的风格永远非常纯净且口感适宜。"喝我！杜罗"的包装很幽默，是尼耶波特及其精彩系列中普通人也能负担得起的酒款，它充分集合了香浓的深色水果味和充满香料气息的美味。另外，高级茶色波特是一款带有奇妙香料味道的波特酒，用不贵的价格呈现茶色波特的风格。此酒与初级红宝石波特相对比，完美展现出两种风格的差别。

Quinta de Nápoles, Tedo, 5110-543 Santo Adriao
www.niepoort-vinhos.com

Quinta do Ameal Vinho Verde
阿米亚尔庄园 绿酒产区

Quinta do Ameal Branco Loureiro，Vinho Verde (white)
阿米亚尔庄园洛雷罗绿酒（白）

阿米亚尔庄园采用洛雷罗葡萄，制作出一款极佳的芳香白绿酒，特点是带有微妙的桃和梨的味道，以协调的酸度保持新鲜感，收尾时带有温柔的矿物质味道。在历史上，这个地区一直以生产价格低廉却易入口，但口感沉闷且质量普通的混合酒为主。庄园降低产量，在工作中无论是否采用橡木，都最大限度地在酒中成功彰显出浓郁度和细腻度。

4990-707 Refóios do Lima, Ponte do Lima
www.quintadoameal.com

Quinta do Côtto Douro
库托庄园 杜罗

Paço de Teixeiro，Vinho Verde (white)
泰赛罗宫绿酒（白）

反传统的米格尔·尚帕里默不惧行事与众不同，作为富有创新精神的餐酒生产商之一，他将总部设在下科尔加，致力于将杜罗河这段比较凉爽的地区，打造成高级酒区。尚帕里默不畏卷入争议，因他在葡萄牙第一个采用螺旋盖，而备受批评（葡萄牙是软木工业的大本营，使用量远超出其他国家）。他生产一小批特别出色的酒，包括泰赛罗宫绿酒。这是绿酒的经典酒款，清新且亮丽，采用阿维索和洛雷罗葡萄混酿。与此区通常的做法不同，一部分采用橡木桶陈酿，这使酒中增加了少许矿物味道和柑橘类水果气息，令口感更丰富。与传统绿酒相比，此酒拥有更深层次的味道和更饱满的酒体。

Quinta do Côtto，Cidadelhe, 5040-154 Mesão Frio
www.quintadocotto.pt

🏛 **Quinta do Crasto** Douro
克拉斯托庄园 杜罗

🍷 *Branco*，*Douro (white)*
杜罗白（白）

　　虽然杜罗地区最出名的是红葡萄酒，但克拉斯托庄园充满自信且清爽的白葡萄酒——混合了拉比加图、古维约和卢培罗3种葡萄，表明本地的白葡萄酒也可以极其出色。很难抗拒这种带有西柚、百香果和柠檬风味的葡萄酒，它出色的性价比更令人关注。克拉斯托庄园由罗盖特家族拥有，它是杜罗地区最美丽和受人尊敬的酒庄之一，在著名的皮尼昂火车站的瓷砖壁画上也有描述。庄园拥有约130万平方米的葡萄园，在上杜罗还有100万平方米。酿酒师为澳大利亚人多米尼克·莫里斯，马努埃尔·路宝提供协助。

Gouvinhas, 5060-063
Sabrosa
www.quintadocrasto.pt

🏛 **Quinta das Maias** Dão
玛雅斯庄园 杜奥

🍷 *Tinto*，*Dão (red)*
杜奥红酒（红）

　　玛雅斯庄园与罗克斯庄园为姐妹酒庄，二者均位于杜奥。罗克斯庄园于1997年买下此酒庄（持有94%的股份）。玛雅斯庄园约有35万平方米葡萄园，比罗克斯葡萄园的海拔更高，位于星星山山脚下。今天，两个酒庄共享相同的酿酒团队，由路易斯·卢伦索领导。此款优雅的红葡萄酒彰显出杜奥的独特风格，新鲜、少许胡椒气息且带有坚实的黑樱桃水果味。

Rua da Paz, Abrunhosa do Mato, 3530-050 Cunha Baixa
www.quintaroques.pt

🏛 **Quinta Nova de Nossa Senhora do Carmo**
Douro
卡尔穆圣母新园 杜罗

🍷 *Pomares Tinto*，*Douro (red)*
杜罗波马雷斯红酒（红）

　　波马雷斯红酒以其独特的酿造方式而著称。在风格上，它属于新鲜、多汁且富有表现力的杜罗红酒，樱桃和浆果的果香令其脱颖而出。但它不只是简单的水果炸弹，也暗含着复杂性。此酒的美妙口感同时映射出酿造它的酒庄的美好。卡尔穆圣母新园是个很可爱的地方，距上游上科尔戈的克拉斯托庄园，只是一趟快船的距离。

Largo da Estação, 5085-034 Pinhão
www.quintanova.com

🏛 **Quinta do Noval** Douro
诺瓦尔庄园 杜罗

🍷 *Unfiltered Late Bottled Vintage Port (fortified); Cedro do Noval*，*Douro (red)*
未过滤晚装瓶年份葡萄酒（强化）；杜罗诺瓦尔雪松（红）

　　经过20世纪80年代的困难时期，在布里特·克里斯蒂安·西利的带领下，伟大的诺瓦尔庄园重新焕发活力，生产出不负盛名的葡萄酒。未过滤晚装瓶年份葡萄酒是一款高品质的波特酒，以压制软木塞封瓶。此酒口感丰满，香气非常浓郁，深色甜水果和精美的结尾，几乎拥有等同年份波特的质量。诺瓦尔雪松是一款优雅且富有表现力的红葡萄酒，樱桃和浆果的味道，覆盖在新鲜的矿物质框架上，口感稍带一丝复杂性。

Rua do Vale, 5060 Sabrosa
www.quintadonoval.com

选择正确的酒杯

　　选购材质轻薄且形状优雅的酒杯，并不只是为了装点晚宴餐桌，它能让葡萄酒在品尝时更觉美味。酒杯的生产商与酿酒师共同研究表明，特定形状和尺寸的玻璃杯可令对应的葡萄酒展现出最佳品质。你可以购买预算内的酒杯，而且无须一次置办齐全这里提及的所有种类。一套6只或8只标准椭圆形的大玻璃杯，就是非常棒的开始。杯子是否有握持的杯梗均可。购买本书介绍的酒杯不仅能更好地装点你的餐桌，也会令葡萄酒更美味。

笛形酒杯

　　这些细长高挑的玻璃杯，非常适合各类起泡酒。液面与空气的接触面积较小，意味着气泡可以持续更长时间。细长的杯身非常适合盛装起泡酒，因为气泡能让香气更充分地散发。使用这款杯子饮酒时，可以倒满美酒。

清爽白葡萄酒杯

　　小型且收口狭窄的杯子能提高表现新鲜感的酸度，并让清爽的白葡萄酒风味更鲜明，如灰皮诺、长相思或葡萄牙绿酒。倒酒至杯子的1/3处即可。

饱满白葡萄酒杯

比清爽白葡萄酒杯稍大的碗状酒杯，可以加速空气与葡萄酒的反应，带来更复杂的香气，使醇厚、饱满酒体的白葡萄酒在品尝时更美味，如新世界出产的霞多丽、白勃艮第、维欧尼、成熟的雷司令和白诗南（还有桃红）均适合。

波尔多杯

这种常见的椭圆形酒杯适合盛装酒体饱满的红葡萄酒，如波尔多、美乐、赤霞珠、西拉和仙粉黛，以及意大利、法国南部与西班牙大部分的葡萄酒风格。因为较大的液面，意味着更多葡萄酒会暴露在空气中，从而释放酒的香气。倒酒至杯子的1/3处即可。

勃艮第杯

勃艮第红葡萄酒习惯盛装在杯口更宽的酒杯中，有时甚至有一个外翻的边缘帮助葡萄酒铺至舌面上。正如所有红葡萄酒杯一样，更大的杯身能加速空气与酒的反应，从而释放出香气。倒酒至杯子的1/3处即可。

甜酒与强化型酒杯

甜酒和加强型葡萄酒通常饮用量较小，这类葡萄酒的香气浓郁，无须大杯身来提升香气，使用小尺寸的经典郁金香杯效果就很好。

♔ **Quinta de la Rosa** Douro
罗萨庄园 杜罗

♙ *douROSA Tinto (red)*
杜罗萨红酒（红）

罗萨庄园是座漂亮的庄园，由波尔克韦斯特家族拥有，历史已超过百年，距离皮尼昂河很近，沿河而行即到。酒庄现由索菲亚·波尔克韦斯特管理，自2002年以来，技艺高超的酿酒师若尔日·莫雷拉开始为她酿酒。这款酒巧妙地起名为杜罗萨（杜罗和罗萨的结合）的红酒，显示出充沛的活力。富于表现力的樱桃和浆果气息，美妙的口感平衡，便宜的价格，略带香料气息的余韵，均使其魅力非凡。它拥有莫雷拉酿酒典型的优雅特征，是一款可爱且价格不贵的葡萄酒。

Pinhão 5085-215
www.quintadelarosa.com

♔ **Quinta de Sant'Ana** Lisboa
圣安娜庄园 里斯本

♙ *Alvarinho，Lisboa (white)*
里斯本阿芭瑞诺（白）

圣安娜庄园是一家英德合璧的酒庄，位于鲜为人知的里斯本地区。圣安娜庄园是家族企业，属于英国人詹姆斯·弗罗斯特和他的德国妻子安。夫妇二人现拥有11.5万平方米的葡萄园，与家族所拥有的44万平方米地产，包括林地、果园和开放牧场等地域交织在一起。这家超常发挥的酒庄目前生产一系列红白葡萄酒，受到的好评如潮，打破了里斯本地区不具有酿造高端酒潜力的成见。在其系列酒款中，明星酒款当属这支新的阿芭瑞诺，一款活跃且芳香的干白，带有白桃和青柠的亲切味道，清新、浓郁、沉稳而优雅。

2665-113 Gradil, Concelho de Mafra
www.quintadesantana.com

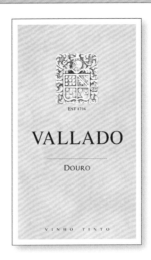

♔ **Quinta do Vallado** Douro
瓦拉多庄园 杜罗

♙ *Tinto，Douro (red)*
杜罗红（红）

瓦拉多庄园的杜罗红，拥有你所期待的低价与杜罗河红酒的一切好品质。酒中凸显片岩土壤所具有的矿物特征，同时蕴含黑樱桃和黑莓果的独特个性，包裹于美味与肉感之中，令此酒独具魅力。瓦拉多位于杜罗河地区的下科尔戈，自19世纪初就由费雷拉家族拥有。20世纪60年代，若尔日·玛丽亚·卡布拉尔·费雷拉对葡萄园进行了重大改造，他去世后，由他的妹夫——吉列尔梅·阿尔瓦雷斯·里贝罗接手这项工作。

Vilarinho dos Freires, 5050-364 Peso da Régua
www.wonderfulland.com/vallado/

♔ **Ramos Pinto** Douro
拉莫斯平托酒庄 杜罗

♙ *Duas Quintas，Douro (red)*
杜罗双园（红）

拉莫斯平托的双园是一款优雅、富有表现力且价格不贵的红葡萄酒，带有诱人的纯粹黑樱桃味道。某些香料与矿物味道的点缀，增加了它的复杂性。它的引人之处在于纯粹的水果味道，酿造过程中不使味道发生改变。这是拉莫斯平托的一款经典优质葡萄酒，公司做出了巨大的努力，使杜罗河葡萄酒呈现出现在的蓬勃状态。公司采用旗下4个庄园的葡萄，酿造一系列出色的波特酒和餐酒，其中两个位于上杜罗地区，另外两个在皮尼昂和上科尔戈附近。

Quinta do Bom Retiro
www.ramospinto.pt

Sogrape Vinho Verde
苏加比酒庄 绿酒产区

Callabriga Tinto， *Douro (red); Quinta de Azevedo*， *Vinho Verde (white)*

杜罗卡拉布利卡红酒（红）；阿泽维多庄园绿酒（白）

苏加比是葡萄牙非常重要的生产商之一。全球无处不在的马特乌斯桃红（Mateus Rosé）葡萄酒品牌，令这个名字家喻户晓。公司的卡拉布利卡品牌展示了这种多区域方式带来的效果，酒品出自杜罗、杜奥和阿连特茹。杜罗卡拉布利卡在整个系列中最物超所值，清新、亮丽且口感浓郁。这支价格便宜的杜罗红酒拥有黑樱桃和李子的水果味道，辅以良好的酸度和略紧致的余韵。同样成功的产品还有阿泽维多庄园绿酒，这是绿酒的标准参照酒，它显示了激光般尖锐的柑橘类水果的清新度，带有一丝烈酒的气息和敏锐的酸度。

Apartado 3032, 4431-852 Avintes
www.sograpevinhos.eu

Symington Family Estates Douro
西明顿家族酒庄 杜罗

Altano Organically Farmed， *Douro (red)*

杜罗阿尔塔诺有机种植（红）

阿尔塔诺是著名的西明顿家族为其餐酒系列所起的名字，而这一家族是隐藏于诸多大牌（如陶氏、格雷姆和瓦尔）背后的著名英国波特酒王朝。杜罗阿尔塔诺有机种植，与同酒庄出品的普通阿尔塔诺相比高出一个层次，它拥有新鲜的、充满活力的黑樱桃果香和令人钦佩的纯度。

5130-111 Ervedosa do Douro， *S João da Pesqueira*
www.chryseia.com

Taylor's Douro
泰莱酒庄 杜罗

Taylor's Late Bottled Vintage Port (fortified)

泰莱晚装瓶年份波特（强化）

1958年，在瓦杰拉斯庄园，泰莱第一个引入单一庄园波特的概念；1965年，他第一个向市场推出了晚装瓶年份波特（LBV）。事实证明，它是非常受欢迎的一种风格。庄园位于上杜罗地区，拥有位于上科尔戈和泰拉费塔与容克的两块田产。泰莱晚装瓶年份波特是一款非常平衡的波特酒，香甜适口，融合了香料的味道，纯正的深色水果带有软甜的口感。

Rua do Choupelo 250, Vila Nova de Gaia
www.taylor.pt

▌寻找更小的产区

有一种好方法能在设定的价格区间内，提高找到最高品质葡萄酒的胜算。那就是牢记，对于葡萄酒产区来说，越小越好。

例如，在美国加利福尼亚州，如果葡萄的酒标仅仅显示其产自加利福尼亚州，则有可能风味平凡且普通。若酒标注明为中央海岸，加利福尼亚州下辖的产区之一，则有可能风味会好些。若酒标注明为圣伊内斯谷，中央海岸下辖的产区之一，风味可能更好。所以如果一支标志为"加利福尼亚州"霞多丽的葡萄酒与一支标志为"圣伊内斯谷"的霞多丽价格相当，那最好选择圣伊内斯谷那一瓶。

对于法国的产区来说同样如此，如勃艮第，等级从通用的大区级（勃艮第）到特定的子产区（勃艮第夜丘或伯恩丘），以及村级（如莫尔索或波玛），上升至最小也是最好的"产区"，一级庄园和特级庄园，这些是官方授予的最好的葡萄园。

酿酒选用的葡萄原料出产地被称为"葡萄酒产区（Appellations）"。在主要的葡萄酒出口国，这些产区名由政府机构管理并保护，以防酒厂欺诈。

产区体系承认葡萄酒的品质主要来源于葡萄，而葡萄的品质很大程度上取决于葡萄园的位置、当地气候、土壤状况和地形走向。

随着时间的流逝，持续出产高品质葡萄的葡萄园所在区域会变得更昂贵，因为人们愿意为这些地区出产的葡萄酒支付高昂的价格；从这些区域购入葡萄的酒厂也必须支付更多。因为这个原因，酒厂为了酿造相对便宜的葡萄酒，通常会为他们的葡萄寻找不太昂贵的地区。然而，这个规则也有例外。所以当你找到这些例外时，那些稀有却价格实惠、产自优质小产区的葡萄酒，你就应当买进并存储起来。

德国GERMANY

德国是全世界公认最伟大的葡萄品种——雷司令的家乡。采用这种在凉爽气候下表现良好的耐寒葡萄品种，可以酿造出其他品种无法企及的葡萄酒风格。由于雷司令可以表现出生长地区的特色，因而备受酿酒师的钟爱。

虽然雷司令备受瞩目，但德国还拥有其他令人感兴趣的葡萄酒，从轻盈多汁的黑皮诺（在德国称之为"Spätburgunder"），到采用舍尔贝、西万尼、白皮诺和灰皮诺（也被称为"Weissburgunder"或"Grauburgunder"）酿造的芳香爽口干白。

Aldinger Württemberg
艾丁娜酒庄 符腾堡

Untertürkheimer Gips Spätburgunder Trocken QbA (red)
温特凯玛石膏黑皮诺干型QbA（红）

1492年，艾丁娜家族就开始在符腾堡种植葡萄，时至今日它依然属于家族管理式企业，由三代人共同经营。酒庄酿造众多优秀酒款，温特凯玛石膏黑皮诺QbA（"Qualitätswein"的缩写，即"法定葡萄酒产区优质葡萄酒"）是其中的代表作。它是一款风格复杂，以橡木桶陈酿的黑皮诺，酒体中等，干型，拥有樱桃和雪松的香气。

Schmerstrasse 25, 70734 Fellbach/Württemberg
www.weingut-aldinger.de

Friedrich Altenkirch Rheingau
弗雷德里希阿腾契尔氏酒庄 莱茵高

Weissburgunder QbA (white)
白皮诺 QbA（白）

2007年，酒庄的酿酒工作交给日本酿酒师栗山智子负责，葡萄酒的品质得到前所未有的提高，评论界的赞誉也随之而来。她的作品细腻且富有冲击力，没有比白皮诺QbA更能代表这种风格了。这款干白风格简单明了，使用易开启的螺旋盖封瓶，酒体中等，散发着活泼的柠檬、奶油和榛果香气。

Binger Weg 2, 65391 Lorch
www.weingut-altenkirch.de

Karl Friedrich Aust Sachsen
卡尔弗里德里希奥斯特酒庄 撒克逊

Müller-Thurgau Sächsischer Landwein (white)
穆勒-塔戈撒克逊餐酒（白）

坐落于撒克逊地区的卡尔弗里德里希奥斯特酒庄虽然小了点，但它的历史不容忽视。只要参观酒庄中央的美丽房屋，就能从中了解这处历史遗产。过去10年间，主管兼酿酒师弗里德里希·奥斯特重新开发了许多古老的梯田，凭借细腻且具创新的撒克逊白葡萄酒赢得了声誉。弗里德里希出产的最佳葡萄酒均为干型，简单的穆勒-塔戈撒克逊餐酒也不例外。它的味道独特，散发出草本植物、苹果与西柚的芳香，少许矿物质味道为葡萄酒增添了复杂度。

Weinbergstrasse 10, 01445 Radebeul, Sachsen
www.weingut-aust.de

Bassermann-Jordan
Pfalz
巴萨曼-乔丹酒庄 法尔兹

Riesling Trocken QbA (white)
干型雷司令QbA（白）

持续的高品质是精致的法尔兹酒庄的标志。这个产区1/4的产量属于当地商人阿希姆·尼德柏格。巴萨曼-乔丹酒庄占地超过50万平方米，由总经理冈瑟·浩克和酿酒师乌尔里希·梅尔这对老搭档明智且具有创意地管理着。虽然这里也能找到琼瑶浆、穆思卡得、黄金密思卡岱和长相思，但整个产区依然是雷司令的天下。这款经典的干型雷司令QbA口感活泼，果香浓郁，酒体中等，散发着青柠、杏、矿物质和白胡椒的气息，完全没有甜味。

Kirchgasse 10, 67146
Deidesheim
www.bassermann-jordan.de

iii Bickel-Stumpf Franken
比克尔-施通普夫酒庄 弗兰肯

iii *Buntsandstein Silvaner Kabinett Trocken (white)*
斑砂干型珍藏西万尼（白）

马蒂亚斯·施通普夫酿造的葡萄酒拥有令人难以置信的细
腻与完美的平衡。斑砂干型珍藏西万尼葡萄酒是一款中等酒体
的干白，口感圆润，散发着轻盈的花香和植物与香料气息。

Kirchgasse 5, 97252 Frickenhausen
www.bickel-stumpf.de

iii Klaus Böhme Saale-Unstrut
克劳斯博梅酒庄 萨勒-温斯图特

iii *Bacchus Dorndorfer Rappental Trocken QbA (white)*
多恩阿鹏泰巴库斯干型QbA（白）

这款轻盈的多恩阿鹏泰巴库斯干型QbA拥有亚洲梨、醋栗
与白玫瑰的芳香，酸度不如大多数德国白葡萄酒那么高，但是
风味饱满，非常可口。

Lindenstrasse 43, 06636 Kirchscheidungen
www.weingut-klaus-boehme.de

iii Brüder Dr Becker Rheinhessen
贝克尔博士兄弟酒庄 莱茵黑森

iii *Ludwigshoher Silvaner Trocken QbA (white)*
路德维希高干型西万尼QbA（白）

酒庄采用橡木桶陈酿的干型西万尼QbA，酒体中等，干
型，风格爽口且怡人，伴有少许香料气息。

Mainzer Strasse 3-7, 55278 Ludwigshöhe
www.brueder-dr-becker.de

iii Georg Breuer
Rheingau
格奥尔格布鲁尔酒庄　莱茵高

iii *GB Spätburgunder Rouge QbA (red)*
GB黑皮诺红QbA（红）

格奥尔格布鲁尔GB黑皮诺QbA是一款优雅、干型且轻盈的红葡萄酒。品尝时，野草莓、干蘑菇和蔓越莓的气息会弥漫于口中，伴随着酒庄标志性的矿物质气息。这款酒充分证明，自2004年5月特瑞萨·布鲁尔于父亲去世接管酒庄后，令莱茵高地区颇具名望的酒庄仍然保持着良好的品质。常驻酿酒师赫尔曼·史木汉斯给予她巨大的帮助，并为这个传统守旧的产区带来创新的风格。

Grabenstrasse 8,65385 Rüdesheim
www.georg-breuer.com

🏚 **Reichsrat von Buhl** Pfalz
布尔参议员酒庄 法尔兹

🍶 *Sauvignon Blanc Trocken QbA (white)*
干型长相思QbA（白）

这款干型长相思QbA可能不如桑塞尔优雅，不如新西兰热情洋溢，但却表现得恰如其分。它活泼多汁，散发着醋栗和草本植物的气息，以德国葡萄酒独特的酸度作为支撑。

Weinstrasse 16, 67146 Deidesheim
www.reichsrat-von-buhl.de

🏚 **Dr Bürklin-Wolf** Pfalz
柏克林-沃尔夫博士酒庄 法尔兹

🍶 *Riesling Trocken QbA (white)*
干型雷司令QbA（白）

柏克林-沃尔夫博士是法尔兹最有名望的酒庄，葡萄园和酒庄里均采用生物动力法。酒庄拥有80万平方米的葡萄园，是德国最大的生物动力生产商。不过酒庄也出产适宜日常饮用的葡萄酒，如这款带有矿物质气息且口感紧实的干型雷司令QbA，就是一款物超所值的白葡萄酒。

Weinstrasse 65, 67157 Wachenheim
www.buerklin-wolf.de

🏚 **Clemens Busch** Terrassenmosel, Mosel
克雷门斯布什酒庄 梯田摩泽尔 摩泽尔

🍶 *Trocken Mosel (white)*
摩泽尔干型葡萄酒（白）

克雷门斯布什酒庄总渴望证明，摩泽尔的干白也能像这里传统的半干与甜葡萄酒一样有趣。这款摩泽尔干型葡萄酒的原料来自德国的新产区，它轻盈、新鲜且拥有矿物质味道，特点鲜明，并且不甜。

Kirchstrasse 37, 56862 Pünderich
www.clemens-busch.de

🏚 **Castell** Franken
卡斯泰尔城堡 弗兰肯

🍶 *Schloss Castell Silvaner Trocken (white)*
卡斯泰尔城堡干型西万尼（白）

卡斯泰尔城堡，出产顶级品质的西万尼葡萄已有差不多400年的历史。所有者费迪南·卡斯泰尔伯爵的祖先，于1659年第一个在德国种植这个品种。这款可口的卡斯泰尔城堡干型西万尼葡萄酒的原料正出自这些葡萄园，它充满柔和的果香，清新、饱满，完全不甜，拥有悦人的奶油质感。

Schlossplatz 5, 97355 Castell
www.castell.de

🏚 **A Christmann** Pfalz
克里斯特曼酒庄 法尔兹

🍶 *A Christmann Riesling QbA (white)*
克里斯特曼雷司令QbA（白）

史蒂芬·克里斯特曼是德国葡萄酒界的领军人物，作为德国名庄联盟（VDP）的主席而家喻户晓。克里斯特曼在法尔兹拥有自己的酒庄，出产的葡萄酒绝对符合VDP标准。最近采用生物动力方式管理后，克里斯特曼酒庄的葡萄酒变得更优雅，酒精度提高了一点，拥有前所未有的深度与复杂度。可以通过品尝平价的克里斯特曼雷司令QbA来了解这一系列的优质葡萄酒。它散发着桃、杏和鼠尾草的悦人芳香，这款轻盈酒体的白葡萄酒充分展现出拥有异域特色的法尔兹雷司令的风格。

Peter-Koch-Strasse 43, 67435 Gimmeldingen
www.weingut-christmann.de

🏚 **Crusius** Nahe
克鲁修斯酒庄 那赫

🍶 *Crusius Traiser Weissburgunder Trocken QbA (white)*
克鲁修斯泰瑟尔干型白皮诺QbA（白）

克鲁修斯泰瑟尔干型白皮诺QbA是一款干净、清新，中等酒体的干白，散发着粉红葡萄柚、烤苹果、烘烤杏仁和矿物质气息；酿酒的葡萄来自那赫地区的优质葡萄园。在最近10年里，这里再次酿造出符合其悠久历史的佳酿，纯净、集中、优雅且圆润地融合了精致的果味和矿物质的深度。创建于1586年的克鲁修斯酒庄，拥有巴斯泰和赫特菲斯这样的顶级葡萄园，种植穆勒-塔戈、西万尼与大量的雷司令，还有一些白皮诺和灰皮诺。

Hauptstrasse 2, 55595 Traisen
www.weingut-crusius.de

⛫ **Schlossgut Diel** Nahe
施劳斯古特迪尔酒庄 那赫
**🍷 *Diel de Diel QbA (white)*
迪尔QbA（白）**

当德国葡萄酒爱好者想起施劳斯古特迪尔时，马上会联想到极具影响力的记者亚明·迪尔。实际上，现在是迪尔的女儿卡罗琳负责这座那赫优质酒庄的酿酒工作。卡罗琳为了提升干型葡萄酒的品质做出了许多努力，令它们和甜型葡萄酒一样备受喜爱。如这款中等酒体的迪尔QbA，采用灰皮诺、白皮诺和雷司令混酿而成，干型，拥有柠檬般的浓郁香气，伴随无花果酱、蜂蜜和肉豆蔻的味道。在卡罗琳有才能的管理下，施劳斯古特迪尔酒庄依然是德国最出色的酒庄之一。

*Burg Layen 16-17, 55452
Burg Layen*
www.schlossgut-diel.com

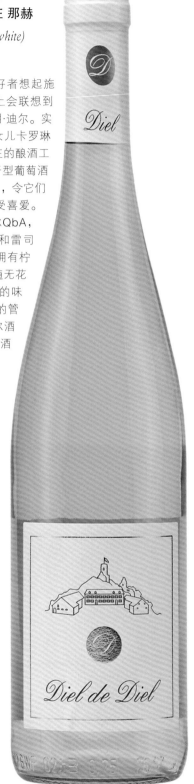

⛫ **Dönhoff** Nahe
杜恩浩夫酒庄 那赫
**🍷 *Dönhoff Riesling QbA (white)*
杜恩浩夫雷司令QbA（白）**

德国真正伟大的葡萄酒生产商之一。从入门级到最顶级，杜恩浩夫的独特品质体现于整个系列的葡萄酒中。中等酒体的干型杜恩浩夫雷司令QbA，拥有令人满足的柔滑与奶油质感，伴随桃、薄荷和浓郁的菠萝般的香气，具有清新的酸甜回味。

Bahnhofstrasse 11, 55585 Oberhausen
www.doennhoff.com

⛫ **Bernhard Ellwanger** Württemberg
伯恩哈德艾王格酒庄 符腾堡
**🍷 *Trollinger Trocken Gutswein (red)*
托林格干型葡萄酒（红）**

酒庄由一群年轻的符腾堡酿酒师组成，他们都是"青年斯瓦比亚"的成员。凭借他们拥有的巨大能量和丰富想象力，生产出德国最迷人的葡萄酒。这款托林格干型葡萄酒风格直率，带有李子与香料的味道。

Rebenstrasse 9, 71384 Grossheppach/Württemberg
www.weingut-ellwanger.com

⛫ **Karl Erbes** Mittelmosel, Mosel
卡尔俄宾斯酒庄 中摩泽尔 摩泽尔
**🍷 *Ürziger Würzgarten Riesling Spälese Mosel (white)*
摩泽尔香料园晚收雷司令（白）**

1967年，卡尔·俄宾斯在摩泽尔建立了以自己名字命名的酒庄。这些葡萄酒突出自然酸度，浓郁的水果风味、香气与天然葡萄甜味相融合。这款香料园晚收雷司令非常可爱，开放的果香中伴有香蕉、苹果、芹菜和蜂蜜的香气。

Würzgartenstrasse 25, 54539 Urzig
www.weingut-karlerbes.com

Eva Fricke Rheingau
伊娃弗里克酒庄 莱茵高

III *Lorcher Riesling Trocken (white)*
洛尔希干型雷司令（白）

伊娃·弗里克的全职工作是在莱茵高的生产商约翰内斯·莱茨那里担任运营经理，兼职在自己的小酒厂中酿造洛尔希干型雷司令。这款干白产自洛尔希优质的老藤葡萄，纯净、爽口、口感活泼，充满青苹果、番石榴与海盐的风味。

Suttonstrasse 14, D 65399 Kiedrich
www.evafricke.com

Rudolf Fürst Franken
鲁道夫福斯特酒庄 弗兰肯

III *Riesling Pur Mineral Trocken QbA (white)*
纯矿干型雷司令QbA（白）

保罗·福斯特和他的儿子塞巴斯蒂安是弗兰肯酒农组织（创立于1638年）的成员。现在，保罗和塞巴斯蒂安一同酿造弗兰肯地区最具创新风格的葡萄酒。大部分葡萄酒都是在木桶中发酵和陈酿，但它们从不缺乏魅力。例如，这款纯矿干型雷司令QbA，浓郁而美味，散发着香梨挞、温柏与白垩土的诱人风味。

Hohenlindenweg 46, 63927 Bürgstadt
www.weingut-rudolf-fuerst.de

Garage Winery Rheingau
车库酒庄 莱茵高

III *Wild Thing Riesling Spälese (white)*
狂野晚收雷司令（白）

安东尼·哈蒙德不是普通的德国酿酒师，他是美国人。哈蒙德的异国情调（对德国葡萄酒而言），让很多评论家忽略了他，但哈蒙德的葡萄酒好极了。他发布有争议的葡萄酒，如这款狂野晚收雷司令持续为业界带来震撼。此酒中等甜度，甜美芳香混合着泥土气息，令人信服。

Friedensplatz 12, D 65375 Oestrich
www.garagewinery.de

Geil Rheinhessen
盖尔酒庄 莱茵黑森

III *Bechtheimer Geyersberg*
Grüner Silvaner Trocken Spälese
"S" (white)
"S" 贝希泰姆格耶伯格西万尼晚收干型葡萄酒（白）

盖尔酒庄是业界领袖之一。它的 "S" 贝希泰姆格耶伯格西万尼晚收干型葡萄酒，对于不讲德语的人来说，可以简称为 "'S'西万尼"，"S" 代表 "珍藏"。这款干白是才华横溢又谦虚的酿酒师乔纳斯·盖尔的作品，口感丰腴、层次丰富又甘美，是莱茵黑森新派葡萄酒的华丽代表，称得上是西万尼葡萄酒的标准范例。这个葡萄品种常常被低估，但是当栽培和酿酒方法都正确时，它具有酿造杰出葡萄酒的实力。

Kuhpfortenstrasse11, 67595
Bechtheim
www.weingut-geil.de

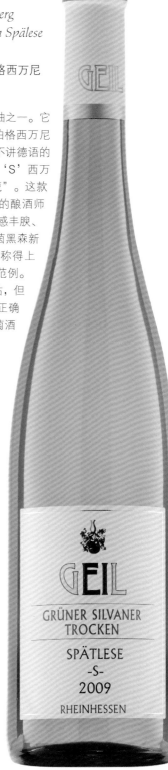

Forstmeister Gelt-Zilliken Saar, Mosel
森林格兹丽根酒庄 萨尔 摩泽尔

Butterfly Riesling Mosel (white)
摩泽尔蝴蝶雷司令（白）

森林格兹丽根出产的摩泽尔蝴蝶雷司令拥有姜味啤酒、柠檬奶冻、博斯克梨和云母香气，是这个酒庄高品质的代表。汉诺·兹丽根为这座拥有11万平方米葡萄园的酒庄酿酒。

Heckingstrasse 20, 54439 Saarburg
www.zilliken-vdp.de

Gies-Düppel Pfalz
吉斯-杜波酒庄 法尔兹

Späburgunder Illusion Weissherbst Trocken (rosé)
幻象干型黑皮诺（桃红）

杰出的法尔兹酿酒师沃克·吉斯掌握着酿造任何他关注风格优质葡萄酒的诀窍。这款美味的干型桃红葡萄酒酒体轻盈，散发着野草莓、粉红葡萄柚和紫罗兰的香气。

Am Rosenberg 5, 76831 Birkweiler
www.gies-dueppel.de

Gunderloch Rheinhessen
贡德洛酒庄 莱茵黑森

Diva Riesling Spälese (white)
迪瓦晚收雷司令（白）

迪瓦葡萄酒的风格属于中等甜度，但又拥有锋利的酸度，带有油桃与蜜瓜的香气。酒庄主人还拥有一支杰出的酒款，获得美国葡萄酒杂志《葡萄酒观察家》三次满分。

Carl-Gunderloch-Platz 1, 55299 Nackenheim
www.gunderloch.de

Fritz Haag Mittelmosel, Mosel
弗里茨海牙酒庄 中摩泽尔 摩泽尔

Riesling Trocken QbA Mosel (white)
摩泽尔干型雷司令QbA（白）

这款活泼的摩泽尔干型雷司令QbA酒精度较低，如同在这里酿造的其他酒一样，微妙的香气中带有桃、杏、粉红葡萄柚和白垩土的气息。

Dusemonder Strasse 44, 54472 Brauneberg
www.weingut-fritz-haag.de

美食与美酒 德国雷司令

15世纪时，雷司令就已经在德国境内广泛种植，尤其是在摩泽尔-萨尔-鲁文、莱茵高和法尔兹地区，这个品种的历史很可能追溯至古罗马时期。

优质的德国雷司令在19世纪晚期至20世纪初品质更佳。今天所见的产品通常都是商业化的甜葡萄酒。实际上，德国的顶级生产商会酿造生动、纯净且极富表现力的葡萄酒，除了浓郁的干型风格，还有不同甜度等级的葡萄酒。

所有这些葡萄酒都具有强烈的酸度和相对低的酒精度，这让它们可以搭配亚洲、美洲和印度的辣味菜肴。它们通常散发着青苹果、桃子与热带水果的香气，以及白垩土的矿物质味道。

随着酒龄的增长，汽油、羊毛脂、蜡和金银花的味道会逐渐显现。摩泽尔地区的葡萄酒口感最轻盈，它们适合搭配口感细腻的菜肴，如蟹饼或柠檬奶油酱鳕鱼豌豆芽；当然，搭配辣咖喱南瓜、四川炒虾或蛋卷也不错。在莱茵高地区，这里的葡萄酒风格更浓郁，可以搭配洋葱肉饼、大虾野菜天妇罗、泰式炒面、寿司或生鱼片。香料味道浓郁的法尔兹雷司令会让菜肴口感更清新，如布丹、印第安秋葵、香肠和芥末、苹果和酸菜猪肉。甜酒则适合与甜点共享，如覆盆子挞、木瓜酥或黑森林蛋糕。

以纯净爽口的雷司令搭配口味清淡的日式寿司。

Reinhold Haart Mittelmosel, Mosel
莱因霍尔德哈特酒庄 中摩泽尔 摩泽尔
Heart to Haart Riesling QbA Mosel (white)
摩泽尔哈特之心雷司令QbA（白）

这款有趣名字的摩泽尔哈特之心雷司令QbA，适合每日狂饮，是该酒庄的佳作。它非常丰腴，散发着桃、薄荷、鼠尾草和矿物质的气息，使用螺旋盖封瓶。

Ausoniusufer 18, 54498 Piesport
www.haart.de

Hensel Pfalz
亨泽尔酒庄 法尔兹
Aufwind St Laurent Trocken QbA (red)
乌芬德干型圣洛朗QbA（红）

亨泽尔是一家以多彩的名字和不寻常的混酿而著称的小型生产商。亨泽尔很快因为脱离雷司令的阵营，转酿造德国不常见的宏大、成熟、饱满且风味浓郁的红葡萄酒而闻名。在亨泽尔众多产品中，最容易亲近的就是这支乌芬德干型圣洛朗QbA。这是一款赏心悦目、轻柔且新鲜的红葡萄酒，散发着蘑菇、莓果和玫瑰花瓣的芳香，拥有极佳的平衡感。

In den Almen 13, 67098 Bad Dürkheim
www.henselwein.de

Heymann-Löwenstein Terrassenmosel, Mosel
海曼-吕恩斯坦酒庄 梯田摩泽尔 摩泽尔
Schieferterrassen Riesling Mosel (white)
摩泽尔板岩梯田雷司令（白）

摩泽尔板岩梯田雷司令，充分表达了海曼-吕恩斯坦的葡萄酒风格。这款干白葡萄酒酒体轻盈，充满香料气息，以独特的矿物质感展现出产区特点。酿酒葡萄种植于这一区域最陡峭的山坡板岩土壤中。

Bahnhofstrasse 10, 56333 Winningen
www.heymann-lowenstein.de

Hofmann Franken
霍夫曼酒庄 弗兰肯
Spätburgunder Trocken QbA (red)
干型黑皮诺QbA（红）

于尔根·霍夫曼是陶伯谷的青年酿酒师。陶伯谷是一个经常被评论家忽视的地方，可能是因为这里分属3个产区：弗兰肯、巴登和符腾堡。霍夫曼为提高这个产区的产品辨识度，做出了很多努力，包括酿造一系列红白葡萄酒，其中就有这款物超所值的干型黑皮诺QbA。可口、干净、果味浓郁且非常平衡的黑皮诺，在这个价位里很难找到，但是霍夫曼正是擅长酿造这种芳香、性感的红葡萄品种的专家。

Strüther Strasse 7, 97285 Rötlingen
www.weinguthofmann.de

von Hövel Saar, Mosel
余尔酒庄 萨尔 摩泽尔
Oberemmeler Hütte Riesling Kabinett Mosel (white)
摩泽尔吴伯小屋珍藏雷司令（白）

埃伯哈德·冯·库诺在萨尔地区并不像其他酿酒师那样引人注目。但这对于葡萄酒爱好者来说却是个好消息，因为相对于这个出产昂贵葡萄酒的产区来说，余尔酒庄生产的葡萄酒的价格被错误地低估了。例如，酒庄酿造的珍藏雷司令产自吴伯小屋的单一园，绝对物超所值，酒休轻盈、活泼，散发着杨桃、柠檬奶冻和生姜的香气。

Agritiusstrasse 5-6, 54329 Konz-Oberemmel
www.weingut-vonhoevel.de

Achim Jähnisch Baden
阿希姆耶尼士酒庄 巴登
Gutedel Trocken QbA (white)
古德尔干型QbA（白）

夏瑟拉葡萄也许在瑞士最出名，在那里可以酿出爽口且精致的白葡萄酒。这一品种在巴登也有种植，不过被称为"古德尔"，阿希姆·耶尼士将它酿造成可口且轻盈的干白葡萄酒。阿希姆·耶尼士从盖森海姆葡萄酒学校毕业后，于20世纪90年代末建立了这座小酒庄。现在，他已成为巴登南部最优秀的白葡萄酒生产商之一。他以使用橡木桶闻名，但因为从不使用新桶，所以这些桶几乎不会影响酒的风味，只会增加结构感与深度。

Hofmattenweg 19, 79238 Kirchhofen
www.weingut-jaehnisch.de

⛪ **Schloss Johannisberg** Rheingau
约翰尼斯伯格城堡 莱茵高
🍷 *Riesling Gelblack Trocken QbA (white)*
格尔普莱克干型雷司令QbA（白）

约翰尼斯伯格城堡具有鲜明的历史沉积感。最早这里是本笃会修道院，18世纪20年代早期，这里开始种植雷司令，被普遍认为是当代德国雷司令的发源地。20世纪后期，酒庄挣扎求存，难以维系其经典形象。从2006年开始，酒庄的主管克里斯蒂安·维特让状况有所改观，令这家杰出的生产商恢复了往日的荣光。即使是入门级葡萄酒，如格尔普莱克干型雷司令QbA的表现也不俗。它是一款标准的拥有经典莱茵高风格的白葡萄酒，性价比非常不错，酒体中等，果味浓郁。

Schloss Johannisberg, 65366 Johannisberg
www.schloss-johannisberg.de

⛪ **Toni Jost** Mittelrhein
托尼约斯特酒庄 莱茵中部
🍷 *Riesling Bacharacher Kabinett Trocken (white)*
巴哈拉赫干型珍藏雷司令（白）

托尼和林德·约斯特夫妇的巴哈拉赫干型珍藏雷司令比招牌酒的价格高出一档，但这款复杂且成熟的白葡萄酒，拥有桃、杨桃和蜂蜜的悦人风味，轻盈且爽脆。

Oberstrasse 14, 55422 Bacharach
www.tonijost.de

⛪ **Juliusspital** Franken
朱丽叶施皮塔酒庄 弗兰肯
🍷 *Würzburger Silvaner Trocken QbA (white)*
维尔茨堡干型西万尼QbA（白）

品尝维尔茨堡干型西万尼，可以感受到它是一款带有泥土气息的干白葡萄酒，散发着橙子、香料与矿物质风味。结构圆润柔软，易于入口且容易开启（酒庄使用螺旋盖进行封瓶）。

Klinikstrasse 1, 97070 Würzburg
www.juliusspital.de

⛪ **Karlsmühle** Ruwer, Mosel
卡尔兹穆勒酒庄 鲁文 摩泽尔
🍷 *Kaseler Nies'chen Riesling Kabinett Mosel (white)*
卡尔兹尼森摩泽尔珍藏雷司令（白）

这款雷司令展现出鲁文葡萄酒的饱满与香料感。它具有黑加仑、柠檬果酱和碎板岩的风味，酒体轻盈，干型。酿酒师彼德·盖本是鲁文最具有魅力的酿酒师之一，他酿造雷司令颇有即兴的味道，风格偏向强劲、浓缩，而非微妙、精致。

Im Mühlengrund 1, 54318 Mertesdorf
www.weingut-karlsmuehle.de

Karthäuserhof/ Tyrell Ruwer, Mosel

卡蒂斯霍夫/蒂雷尔酒庄 鲁文 摩泽尔

Karthäserhof Eitelsbacher Karthäuserhofberg Riesling Fein-herb Mosel (white)

雅致摩泽尔雷司令（白）

卡蒂斯霍夫/蒂雷尔酒庄非常幸运地拥有卡蒂斯霍夫堡19万平方米的葡萄园，酒庄出产的所有葡萄酒都出自这片单一葡萄园。这是个美丽的地方，葡萄园周围有许多古老的建筑。主管克里斯托夫·蒂雷尔与资深酿酒师路德维希·百灵擅长酿造散发着诱人芳香的纯净白葡萄酒，采用自然的甜感和一丝酒精感，烘托出水果的风味与精妙的酸度。这款雅致摩泽尔雷司令属于半干型，散发着诱人的红苹果、干草堆、柠檬和蜂蜜的香气。酒体轻盈，伴随香料气息带来的新鲜感。

Karthäserhof, 54292 Trier-Eitelsbach 06515 121
www.weingut-karlsmuehle.de

Kees-Kieren Mittelmosel, Mosel

基斯-基伦酒庄 中摩泽尔 摩泽尔

Mia Riesling Lieblich QbA Mosel (white)

米娅摩泽尔可爱雷司令（白）

基斯兄弟恩斯特和维尔纳，以对细节的不懈追求而著称。兄弟俩酿造出的米娅摩泽尔可爱雷司令是一支经典、微甜的摩泽尔雷司令，它轻盈、新鲜，带有橙子、香草的丰富香气。

Hauptstrasse 22, 54470 Graach
www.kees-kieren.de

KELLER

2010

Grauer Burgunder trocken

RHEINHESSEN

Keller Rheinhessen

凯勒酒庄 莱茵黑森

Grauer Burgunder Trocken QbA (white)

干型灰皮诺QbA（白）

富乐绅-岱乐绅镇在葡萄酒产业中曾是鲜为人知的地区。不过，现在不再如此。在最近10年中，克劳斯·凯勒在儿子克莱斯-彼德的协助下，于他们拥有的小型家庭酒庄中创造了奇迹，这让莱茵黑森出了名。这款诱人的柠檬芳香干型灰皮诺QbA拥有多层次的果香与矿物气息，口感比采用这一品种酿制的其他大部分葡萄酒都要复杂。

Bahnhofstrasse 1, 67592 Flösheim-Dalsheim
www.keller-wein.de

August Kesseler Rheingau

奥古斯特凯瑟勒酒庄 莱茵高

Riesling R QbA (white)

R雷司令QbA（白）

奥古斯特凯瑟勒的R雷司令QbA让品尝者有机会以不错的价格感受来自莱茵高洛尔希、洛尔希豪森和吕德斯海姆葡萄园老藤的魅力。得益于葡萄园的优良血统，此酒品质优异，酒庄的活泼风格展现于这款轻盈的干型雷司令中。这是奥古斯特·

凯瑟勒和酿酒师马提亚·西姆史泰德的杰作。

Lorcher Strasse 16, 65385 Assmannshausen
www.august-kesseler.de

Reichsgraf von Kesselstatt Ruwer, Mosel
帝国伯爵凯西施塔德酒庄 鲁文 摩泽尔

RK Riesling QbA (white)
RK雷司令QbA（白）

　　帝国伯爵凯西施塔德是德国的顶级酒庄，拥有占地约35万平方米的葡萄园。价格平易近人的RK雷司令QbA酒体中等、半干，酿酒葡萄来自河岸最陡峭山坡上的酒庄自有葡萄园，散发着多汁、诱人的苹果、大茴香和片岩的香气。

Schlossgut Marienlay, 54317 Morscheid
www.kesselstatt.com

Kloster Eberbach Rheingau
埃伯巴赫修道院 莱茵高

Rüdesheimer Berg Roseneck Riesling Feinherb (white)
吕德斯海姆伯格半干雷司令（白）

　　埃伯巴赫修道院是德国最大的酒厂之一。尽管拥有新设备，具有历史意义的总部依然保留在中世纪的修道院中，这座建筑因为作为由肖恩·康纳利主演，改编自安伯托·艾柯小说《玫瑰之名》的电影取景地而出名。吕德斯海姆伯格半干雷司令是中等酒体的半干葡萄酒，柔顺诱人，散发着浓郁的香梨挞、柠檬酱和百合花香气，是野餐的绝妙搭档。

Kloster Eberbach, 56346 Eltville
www.weingut-kloster-eberbach.de

Knebel Terrassenmosel, Mosel
克内贝尔酒庄 梯田摩泽尔 摩泽尔

Riesling Trocken Mosel (white)
摩泽尔干型雷司令（白）

　　尽管克内贝尔酒庄以小产量的贵腐甜酒著称，但酒庄的干白也一样不错。如这款摩泽尔干型雷司令，轻盈、不甜、爽脆，散发着油桃、香梨、羊毛脂、蜂蜡和少许矿物质气息。

August-Horch-Strasse 24, 56333 Winningen
www.weingut-knebel.d

Koehler-Ruprecht Pfalz
克勒-鲁普雷希特酒庄 法尔兹

Weissburgunder Kabinett Trocken (white)
干型白皮诺珍藏（白）

　　论起物超所值，没有哪款酒能与干型白皮诺珍藏相比。与旧式的德国葡萄酒相比，这款白皮诺表现得非常华丽，充满奶油质感，圆润，散发着黄香蕉、苹果、烤杏仁的香气。

Weinstrasse 84, 67169 Kallstadt
06322 1829

Korrell/Johanneshof Nahe
柯海尔/约翰尼斯霍夫酒庄 那赫

Müller Thurgau QbA (white)
穆勒-塔戈QbA（白）

　　这款穆勒-塔戈QbA具有非常高的酒精度，但口感非常柔和、甜美且圆润。这款可口而独特的白葡萄酒散发着香梨、橙花和温柏的香气。

Parkstrasse 4, 55545 Bosenheim
www.korrell.com

🏛 **Kruger-Rumpf** Nahe
克鲁格-朗夫酒庄 那赫

🍶 *Schiefer Riesling Feinherb (white)*
席费尔半干雷司令（白）

20多年里，斯蒂芬·朗夫一直都是那赫最好的生产商之一，借助于顶级的葡萄园，如明斯特、道恩法兰泽和彼得斯伯格，他始终如一地酿造高品质的葡萄酒。现在，他在儿子格奥尔格的协助下，酿造可表现出那赫个性特点，并融合力度、纤巧与独特矿物质感的葡萄酒。席费尔半干雷司令是一款轻盈的白葡萄酒，散发着香梨、青柠和苔藓的香气，带有一丝板岩气息。

Rheinstrasse 47, 55424 Münster-Sarmsheim
www.kruger-rumpf.com

🏛 **Peter Jakob Kühn** Rheingau
彼德雅各布屈恩酒庄 莱茵高

🍶 *Oestrich Riesling Trocken QbA (white)*
奥斯塔西干型雷司令（白）

彼德·雅各布·屈恩酿制的葡萄酒，拥有不同于世俗的独特个性。1979年，屈恩和他的太太安吉拉开始管理家族企业，将它从散装酒生产商转型成备受尊重的酒庄，并于2001年成为德国顶级酒庄联盟的一员。这款强劲的奥斯塔西干型雷司令，原材料产自采用生物动力法耕种的奥斯塔葡萄园，散发着杏干、迈耶柠檬、苹果派和白垩土的气息。酒瓶使用螺旋盖，方便开启。

Mühlstrasse 70, 65375 Oestrich
www.weingutpjkuehn.de

🏛 **Franz Künstler**
Rheingau
弗朗茨昆斯勒酒庄 莱茵高

🍶 *SpätburgunderTradition (red)*
传统黑皮诺（红）

甘特·昆斯勒在加利福尼亚州品酒时获得的灵感，成为转变弗朗茨昆斯勒酒庄酿造风格的动力。回到德国后，他开始让葡萄成熟得更好，为葡萄酒增添力量、果味和矿物感，正如这款传统黑皮诺。昆斯勒在霍莱葡萄园的一部分区域种植黑皮诺，用于酿造紧实、拥有良好结构感，但仍然轻盈的果香葡萄酒，此酒散发着黑加仑、黑莓和蘑菇的香气。

Geheimrat-
Hummel-
Platz1a,65239
Hochheim am
Main
www.weingutk-
uenstler.de

⛻ **Alexander Laible** Baden
亚历山大莱普乐酒庄 巴登

⛻ *Spätburgunder Rosé Trocken QbA*（*rosé*）
干型黑皮诺QbA（桃红）

　　酒庄归亚历山大·莱普乐所有，他在家乡杜尔巴赫买下了这间之前作为面包店的建筑和周边的土地，酒庄生产葡萄酒的第一个年份是2007年。此后，酒庄的声誉日益提升，莱普乐也成为新一代酿酒师中的一员，改变着德国的传统酿酒方式。他酿制很多葡萄酒，如霞多丽、白皮诺和灰皮诺。例如，这支干型黑皮诺QbA，名字就和它爽脆的口感一样，简单明了。

Unterwewiler 48, 77770 Durbach/Baden
www.weingut-alexanderlaible.de

⛻ **Langwerth von Simmern** Rheingau
兰维特冯瑟曼酒庄 莱茵高

⛻ *Erbacher Marcobrunn Riesling Kabinett (white)*
艾巴赫马可布恩珍藏雷司令（白）

　　兰维特冯瑟曼是一座杰出的莱茵高贵族酒庄。最近10年间，在冯瑟曼和太太安德里亚的带领下，酒庄开始复兴。现在这里出产的葡萄酒又重新拥有了酒庄标志性的优雅与平衡。此款微妙的艾巴赫马可布恩珍藏雷司令，非常轻盈、活泼，更偏向于摩泽尔河谷的风格，散发着油桃、白胡椒和矿物质气息。

Kirchgasse 6, 65343 Eltville
www.langwerth-von-simmern.de

⛻ **Peter Lauer** Saar, Mosel
彼德劳尔酒庄 萨尔 摩泽尔

⛻ *Riesling Fass 6 "Senior" (white)*
法斯6号老藤雷司令（白）

　　彼德劳尔酒庄是个参观的好地方，酒庄里有个不错的餐厅，可以品尝到该家族生产的一系列干型或半干葡萄酒。由于彼德·劳尔的努力，该酒庄成为萨尔地区最有趣的酒庄之一。2008年，劳尔的儿子佛罗莱恩参与酒庄工作以后，这里的葡萄酒品质更上一层楼。这款法斯6号老藤雷司令是一支华丽的半干型、中等酒体雷司令，强健、集中，散发着月桂、红苹果和小茴香子的气息，浓郁风味源自80年历史的老藤。

Trierstrasse 49, 54441 Ayl
www.lauer-ayl.de

⛻ **Josef Leitz** Rheingau
约瑟夫莱茨酒庄 莱茵高

⛻ *Rüdesheimer Drachenstein Dragonstone Riesling QbA (white)*
吕德斯海姆龙石雷司令QbA（白）

　　虽然它从一家小型家族酒庄扩大成32万平方米的产业，还从其他种植者那里收购葡萄，可约瑟夫莱茨葡萄酒的质量水准从未下降过。吕德斯海姆龙石雷司令QbA拥有极佳的表现力，酒体中等，被公认为是最物有所值的德国雷司令。

Theodor-Heuss-Strasse 5, 65385 Rüdesheim
www.leitz-wein.de

⛻ **Loch** Saar, Mosel
洛赫酒庄 萨尔 摩泽尔

⛻ *Qua Saar (white)*
第四纪萨尔（白）

　　第四纪萨尔不是典型的萨尔葡萄酒，它成熟、丰满，拥有多汁的苹果和柑橘果香，夹杂着羊毛脂和白垩土气息。克劳迪娅和曼弗雷德·洛赫夫妇于1992年偶然间开始以有机方式耕种3万平方米的小葡萄园，将洛赫打造成萨尔最小的一流酒庄。

Hauptstrasse 80-82, 54441 Schoden
www.lochriesling.de

⛻ **Carl Loewen** Mittelmosel, Mosel
卡尔勒文酒庄 中摩泽尔 摩泽尔

⛻ *Quant Riesling Mosel (white)*
匡特摩泽尔雷司令（白）

　　卡尔勒文酒庄的摩泽尔有机雷司令，令人印象深刻。以价值来说，几乎鲜有能与匡特媲美的葡萄酒。它轻盈、新鲜、微甜，散发着桃、杏和芒果的气息，还有新鲜青苹果般的酸味。

Matthiasstrasse 30, 54340 Leiwen
www.weingut-loewen.de

雷司令 RIESLING

　　种植在风景如画的德国莱茵高和摩泽尔河谷，雷司令以迷人的苹果和桃子香气以及活泼的质感而著称。这些葡萄酒可以很好地陈年，特别是晚收型的甜葡萄酒。5年、10年或20年，葡萄酒会展现出圆润且如坚果般饱满的口感。几百年来，雷司令都是德国顶级的葡萄品种。

　　根据葡萄园的地理位置，酿酒师可以将雷司令酿造成各种风格。从轻盈且香气扑鼻，到优雅精致，甚至饱满、甜蜜以及极富陈年潜力。它是为数不多受众人喜爱的淡甜风格佐餐葡萄酒。

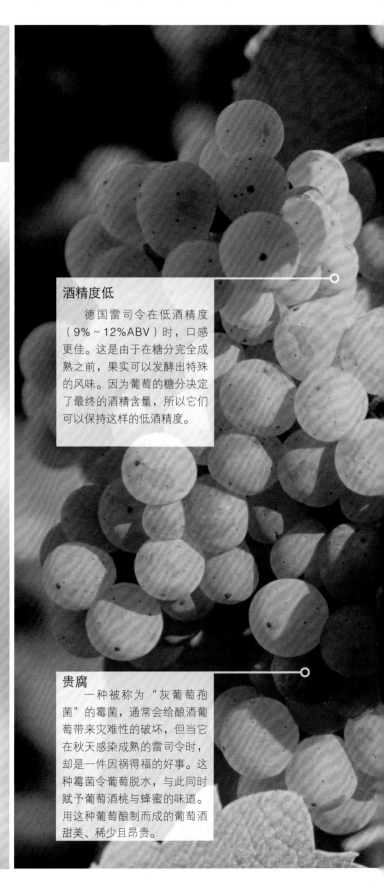

酒精度低

　　德国雷司令在低酒精度（9%～12%ABV）时，口感更佳。这是由于在糖分完全成熟之前，果实可以发酵出特殊的风味。因为葡萄的糖分决定了最终的酒精含量，所以它们可以保持这样的低酒精度。

贵腐

　　一种被称为"灰葡萄孢菌"的霉菌，通常会给酿酒葡萄带来灾难性的破坏，但当它在秋天感染成熟的雷司令时，却是一件因祸得福的好事。这种霉菌令葡萄脱水，与此同时赋予葡萄酒桃与蜂蜜的味道。用这种葡萄酿制而成的葡萄酒甜美、稀少且昂贵。

山地品种

几个世纪之前，德国的葡萄种植者就学会了在陡峭的河谷上种植雷司令葡萄。这个国家的夏季短暂，正午的阳光可以加速葡萄成熟，因而朝南的山坡往往备受珍视。

正流行

长久以来，雷司令葡萄酒一直深受消费者与鉴赏家的欢迎，现在终于能获得全世界的关注。侍酒师、酒商和葡萄酒评论家非常乐于见到他们喜爱的雷司令能受到更多人的喜欢。

世界其他产区

德国声称雷司令是他们的独有品种，不过德国南部边界毗邻的法国阿尔萨斯产区也以此品种而著称，种植量超过20%。

奥地利、南非、智利和一些东欧国家都出产雷司令。在条件允许的情况下，美国安大略湖产区、英国哥伦比亚和加拿大会仿照德国的方法，在严寒的冬季，采用留在葡萄藤上的冻葡萄来生产冰酒。在美国，纽约州的芬格湖产区以出产高品质的雷司令而著称；而在西岸，华盛顿州大量种植雷司令，并出产实惠且新鲜的葡萄酒。

以下是出产雷司令的顶级产区，可以尝试这些推荐年份的葡萄酒：

德国：2010，2009，2008，2007

阿尔萨斯：2010，2009，2008，2007

纽约州：2010，2008，2007

产自温暖的法尔兹地区的雷司令口感非常饱满，如巴斯曼-耀丹。

🏛 **Dr Loosen** Mittelmosel, Mosel
露森酒庄 中摩泽尔 摩泽尔

🍷 *Dr L Riesling (white)*
露森雷司令（白）

20多年里，恩斯特·露森将无限的智慧与能量投入到改变世界对德国酒的认知中。位于摩泽尔的酒庄拥有很多顶级葡萄园，如贝尔卡斯特勒莱、加贺希默尔赖希、日晷园、艾登纳主教园和艾登纳天阶园，因此他酿造出一系列极佳的雷司令葡萄酒。除此之外，他在法尔兹还有一间酒厂，在华盛顿州也酿酒。露森系列以入门级的价格提供与顶级葡萄酒相似的风格和不错的品质。这款露森雷司令属于半甜且轻盈的白葡萄酒，散发着青苹果、柠檬、柏油和黄玫瑰的芳香。

St Johannishof, 54470 Bernkastel
www.drloosen.com

🏛 **Fürst Löwenstein** Rheingau
勒文斯泰因侯爵酒庄 莱茵高

🍷 *CF Riesling QbA Trocken (white)*
CF干型雷司令QbA（白）

著名的勒文斯泰因侯爵酒庄坐落于莱茵高哈尔加尔滕，进入21世纪以来，因保持酒的品质杰出而闻名。哈尔加尔滕（相对高海拔）雷司令标志性的高酸度，因晚收的成熟度而调和。这款CF干型雷司令酒精度为12.5%，比其他干型葡萄酒饱满，散发杏、香梨和白花的香气，尾韵中酸度活泼且清新。

Niedertwaldstrasse 8, 65375 Hallgarten
www.loewenstein.de

🏛 **Maximin Grünhaus/von Schubert** Ruwer, Mosel
翠绿酒庄 鲁文 摩泽尔

🍷 *Herrenberg Superior Riesling QbA (white)*
赫伦贝格优级雷司令QbA（白）

经历过艰难的几年，总监卡尔·舒伯特博士和酿酒师斯蒂芬·卡姆终于将翠绿酒庄（包含31万平方米的葡萄园）带入正轨，3座葡萄园中的两座属于一级园。布德伯格赋予葡萄酒黑莓、赫伦贝格莓果和草本植物的气息。葡萄园的品质通过酒庄的产品得以体现，包括这款赫伦贝格优级雷司令QbA。这款干型的轻盈白葡萄酒拥有矿物质、草本植物和粉红葡萄柚的香气。这是一款可爱、易饮且清新的葡萄酒。

Hauptstrasse 1, 54318 Mertesdorf
www.vonschubert.com

🏛 **Herbert Messmer** Pfalz
赫伯特梅斯默酒庄 法尔兹

🍷 *Spätburgunder Trocken QbA (red)*
干型黑皮诺QbA（红）

格雷戈尔·梅斯默拥有非凡的酿酒天赋，最近20年他打造了一系列令人羡慕的一流酒款。这些葡萄酒由不同的葡萄品种酿成，红（黑皮诺和圣洛朗）和白（雷司令、白皮诺、灰皮诺和霞多丽）葡萄酒在每个年份中都有进步，让这位经验丰富的酿酒师成为永远上升的新星。如果想了解梅斯默的作品，可以尝试一升装的干型黑皮诺QbA，此款价格不错的干型轻盈红葡萄酒散发着诱人的红樱桃、柠檬皮和石榴香气。

Gaisbergstrasse 5, 76835 Burrweiler
www.weingut-messmer.de

🏛 **Meyer-Näkel** Ahr
迈耶-妮可酒庄 阿尔

🍷 *Spätburgunder Illusion Trocken QbA (rosé)*
幻象干型黑皮诺QbA（桃红）

在阿尔，一流品质黑皮诺的出现是最近的事。以迈耶-妮可为例，这个产区最早开始酿造优质黑皮诺的杰出生产商，也只始于20世纪80年代。在这里，酿酒是一项家族事务，维尔纳·妮可以前是初中数学教师，约5年前大女儿迈耶开始酿酒；2008年，妹妹德特也加入进来。姐妹俩都毕业于德国一流的酿酒学校盖森海姆。她们的加入，让酒的品质更稳定，而勃艮第的影响也显而易见。家族将位于维尔乌兹莫卡特伯格、德奥尔发维纳特和巴特诺因阿尔索南伯格15万平方米葡萄园的产量控制得极低，并尽量减少酿酒过程中的人为干预。幻象干型黑皮诺QbA是一支微甜的桃红葡萄酒，拥有樱桃、温柏香气和甜酸的口感。

Friedenstrasse 15, 53507 Dernau
www.meyer-naekel.de

Theo Minges Pfalz
西奥明奇斯酒庄 法尔兹

Riesling Halbtrocken QbA (white)
半干雷司令QbA（白）

　　酒庄庄主明奇斯管理的15万平方米葡萄园，包括格莱斯威乐赫勒和福乐姆灵格武格施普，种植的品种包括琼瑶浆、黑皮诺、白皮诺和灰皮诺，其中以雷司令最著名。这款半干雷司令QbA是对其风格完美而含蓄的诠释，它活泼、强劲、充满果味且微甜，是温暖午后或傍晚的最佳选择。

Bachstrasse 11, 76835 Flemlingen
www.weingut-minges.com

Markus Molitor Mittelmosel, Mosel
马库斯莫利托酒庄 中摩泽尔 摩泽尔

Haus Klosterberg Riesling QbA (white)
豪斯修道院雷司令QbA（白）

　　1984年，20岁的马库斯·莫利托接管了家族酒庄，此后风格独特的葡萄酒为酒庄赢得了良好的声誉。现在，拥有的38万平方米（起初仅有3万平方米）优质葡萄园坐落于不同的地块，最大的位于日晷园和维尔纳修道院。豪斯修道院雷司令QbA是一款干型葡萄酒，拥有稍高的酒精度和特别的奶油口感，散发着接骨木花、干菠萝、青葡萄和板岩的气息。

Haus Klosterberg, 54470 Bernkastel-Wehlen
www.markusmolitor.com

Mosbacher Pfalz
莫斯巴赫尔酒庄 法尔兹

Forster Riesling Kabinett (white)
福斯特珍藏雷司令（白）

　　法尔兹的雷司令以饱满的水果风味、成熟且甜美多汁而著称，最好的作品还能展现出细腻、优雅和良好的陈年潜力，莫斯巴赫尔就能酿造出这样的葡萄酒。现在，酒庄由家族的第三代——萨宾·莫斯巴赫尔-杜灵纳和她的丈夫于尔根·杜灵纳共同管理。酒庄继承自萨宾的父亲理查德·莫斯巴赫尔，20世纪60年代，他让酒庄崭露头角，现在仍然贡献着自己的经验。葡萄源自家族拥有的18万平方米葡萄园，位于福斯特一流的地域之中。福斯特珍藏雷司令带有酒庄商标志性的优雅和矿物感。这款轻盈的干型葡萄酒，散发着白桃、蜜橘和芹菜子的芳香。

Weinstrasse 27, 67147 Forst
www.georg-mosbacher.de

Müller-Catoir Pfalz
穆勒-卡托尔酒庄 法尔兹

Muskateller Kabinett Trocken (white)
密思卡岱珍藏干型葡萄酒（白）

　　20世纪七八十年代，酒庄所有者海因里希·卡托尔和总经理汉斯·君特·施瓦兹凭借一系列杰出的干型和甜型葡萄酒，令穆勒-卡托尔酒庄赢得了法尔兹产区的卓越地位。今天，菲利普·卡托尔和总经理马丁·弗兰岑组成了类似的活力组合，他们在这座具有历史意义的庄园中酿造的葡萄酒（绰号"MC2"），再次成为德国葡萄酒顶级俱乐部中的一员。密思卡岱珍藏干型葡萄酒是一款标准的密思卡岱，可能是全世界酿造的最好的密思卡岱。它酒体饱满，干型，拥有香料气息，以独具特色的酸度为骨架，与动人的饱满热带水果风味达成半衡。

Mandelring 25, 67433 Haardt
www.mueller-catoir.de

🏛 Egon Müller-Scharzhof/Le Gallais Saar, Mosel

伊慕施华/加莱酒庄 萨尔 摩泽尔

🍷 *Scharzh of Riesling QbA Mosel (white)*

摩泽尔施华雷司令QbA（白）

奇妙的传统与历史感弥漫在这座双生酒庄伊慕施华/加莱。这里的葡萄酒无论何种风格，都非常纤细、微妙且精致。它们是备受尊敬的埃贡·穆勒四世的作品，他被公认为萨尔地区最杰出的酿酒师之一，酒庄的顶级葡萄酒能卖到非常高的价格。然而，酒庄中也有很多可以满足日常消费预算的产品，尤其是这款摩泽尔施华雷司令QbA。此酒带来的第一感觉是缥缈，它拥有曼妙的结构，散发着桃子、蜂蜜和花的香气，夹杂少许矿物质感。从技术角度讲它不是干型，穆勒不酿造干型葡萄酒，但是完美的平衡从不会让你注意到甜味。

Scharzhof, 54459 Wiltingen
www.scharzhof.de

🏛 Pfeffingen/Fuhrmann-Eymael Pfalz

普费芬根/福曼-艾梅尔酒庄 法尔兹

🍷 *Pfeffo Estate Riesling Kabinett Halbtrocken (white)*

普费庄园半干珍藏雷司令（白）

这款中等酒体的半干珍藏雷司令，在强劲和结实的第一印象之后，会逐渐变得柔顺，散发出柑橘、矿物质和甜瓜的动人果香。酒的名字源自"普费"，第一位定居在法尔兹的罗马人，他的旧居曾是普费芬根酒庄的总部所在地。

Pfeffingen 2, 67098 Bad Dürkheim
www.pfeffingen.de

🏛 Joh Jos Prüm Mittelmosel, Mosel

普朗酒庄 中摩泽尔 摩泽尔

🍷 *Riesling Kabinett Mosel (white)*

摩泽尔珍藏雷司令（白）

酒庄的美誉是普朗家族几代人共同努力的结果。自约·乔斯开始，1911年他继承了现在家族酒庄的一半。他的儿子塞巴斯蒂安、孙子曼弗雷德与现在的管理者——曾孙女卡塔琳娜，都依次为酒庄添砖加瓦，逐步改进。这款价格实惠、品质可靠的摩泽尔珍藏雷司令，为德国葡萄酒的学习者提供了极好的标杆。这是摩泽尔雷司令典型的优雅表现，轻盈、精妙，散发着青苹果、白胡椒、百合和温柏的香气。它果味浓郁，但属于干型。

Uferallee 19, 54470 Wehlen
www.jjpruem.com

🏛 S A Prüm Mittelmosel, Mosel

SA普吕姆酒庄 中摩泽尔 摩泽尔

🍷 *Essence Pinot Blanc Trocken QbA Mosel (white)*

摩泽尔干型精华白皮诺 QbA（白）

不要和普朗酒庄混淆，SA普吕姆是另一家优秀的摩泽尔酒庄，最近几年中成长迅速。现有资产包括位于著名的日晷园和加贺希默尔赖希的一些土地，还有新近购入的香料园和艾登纳天阶园的几片葡萄园。父女组合酿造白皮诺，在这个区域挺少见的。这款中等酒体的摩泽尔干型精华白皮诺QbA口感圆润，散发着柠檬与香草气息。

Uferallee 25-26,54470 Wehlen
www.sapruem.com

🏛 **Schloss Saarstein** Saar, Mosel
萨尔施泰因城堡 萨尔 摩泽尔

🍷 *Pinot Blanc Trocken QbA (white)*
干型白皮诺QbA （白）

1956年，迪特尔·艾伯特收购酒庄后，为它赢得了良好的声誉。艾伯特看中萨尔施泰因城堡10万平方米葡萄园的潜力，这里曾是顶级酒庄联合会的创造者，但有些在战争中被毁坏。艾伯特迅速着手重建酒庄与修复萨尔河岸上陡峭的梯田，将其打造成这一产区最稳定且杰出的生产商之一。他的儿子克里斯蒂安，1986年接管了酒庄，在太太安德里亚的协助下，他酿造出少量（年产量5000箱）品质极佳，成熟且新鲜的白葡萄酒。干型白皮诺QbA是酒庄性价比非常不错的产品，新鲜、可口，散发着苹果和干果风味。

Schloss Saarstein, 54455 Serrig
www.saarstein.de

🏛 **St Urbans-Hof** Mittelmosel, Mosel
圣优-荷夫酒庄 中摩泽尔 摩泽尔

🍷 *Urban Riesling Mosel (white)*
摩泽尔乌尔班雷司令（白）

一些酿酒师擅长酿制产量较小，但品质极佳的葡萄酒；也有一些人擅长生产产量大，而品质不错的葡萄酒。极少有人能同时做到，摩泽尔的明星尼克·魏斯就是其中之一。圣优-荷夫酒庄的32万平方米家族葡萄园坐落于中摩泽尔，在这里，魏斯酿造出令人眼花缭乱的顶级葡萄园佳酿。然而，他每年也生产成百上千瓶价格实惠，但品质不错的庄园雷司令。摩泽尔乌尔班雷司令是一款入门级的雷司令，原料选自魏斯酒庄附近的葡萄园。它轻盈，酒精度低，清新，半干，散发着丁香、云母、博斯克梨和板岩的气息。很难想象能以如此低的价格找到这样一款不错的开胃酒。

Urbanusstrasse 16, 54340 Leiwen
www.urbans-hof.de

▌如何保持已开瓶葡萄酒的新鲜口感？

保持已开瓶葡萄酒口感新鲜，最简单又可靠的方法就是把它放在冰箱里，这种方法适用于起泡酒、红白葡萄酒，甚至强化酒。当葡萄酒开瓶后，酒与空气接触出现的某些化学反应，有可能在一天的时间里令葡萄酒变质，低温可以减缓化学物质的反应速度。

氧气是造成开瓶葡萄酒最终不能饮用的罪魁祸首。葡萄酒中被称为酚类的化学物质暴露在空气中，会导致酒的香气、颜色和味道丧失。而在低温环境下，这一反应会被大大减缓。

零售商提供了各种设备来保存这些未饮用完的葡萄酒，如向瓶中充氮气的罐子或从瓶中抽出空气的手动泵。这两种方式都是让葡萄酒与空气隔绝，远离氧气这个影响酒质新鲜的大敌。但是这些设备可能难以操作或并不非常有效。不如把瓶塞塞好，再放入冰箱中。不要迷信把汤匙放入起泡酒瓶中的方法，这种阻止起泡消失的做法是杜撰出来的，不过特殊的起泡酒瓶塞效果不错。

倒酒之后，剩下半瓶的白葡萄酒、桃红或起泡酒应该直接放入冰箱里。很多红葡萄酒，特别是风格清淡的红葡萄酒，可以在开瓶后冰镇，直到下一次饮用时再取出，如博若莱和便宜的黑皮诺。如果一瓶红葡萄酒的温度过低，可以让它在室温中升温或提前20分钟倒入酒杯中。如果香气不明显，可以小心地使用微波炉加温，一杯红葡萄酒可加热10秒。少数具有陈年潜力的红葡萄酒或白葡萄酒，在开瓶1～2天后仍可饮用，甚至口感更好。一支半瓶的年轻且富含单宁的波尔多葡萄酒在室温下过夜，口感会变得柔和，这大概相当于它陈年数年的效果。

⛪ **Horst Sauer** Franken
霍斯特绍尔酒庄 弗兰肯

🍷 *Escherndorfer Lump Silvaner Kabinett Trocken (white)*
艾什木多夫鲁姆普干型西万尼珍藏（白）

多年来，弗兰肯的酿酒师总感觉自己像是德国葡萄酒世界中的二等公民。但在最近十年中，因霍斯特绍尔这样的革新生产商的推动，情况已经出现了变化。庄主绍尔凭借带有强烈果香、优雅中伴有独特矿物质气息的葡萄酒，于20世纪90年代声名鹊起。艾什木多夫鲁姆普干型西万尼珍藏葡萄酒拥有明显的酒庄风格，这款白葡萄酒产自历史悠久的德国特级葡萄园，散发着桃、香梨和白垩土气息，尾韵带来精妙的酸度。

Bocksbeutelstrasse 14, 97332 Escherndorf
www.weingut-horst-sauer.de

⛪ **Willi Schaefer** Mittelmosel, Mosel
威利谢弗酒庄 中摩泽尔 摩泽尔

🍷 *Graacher Domprobst Riesling Kabinett (white)*
加贺多普斯特珍藏雷司令（白）

威利·谢弗和儿子克里斯托弗在拓展业务方面非常谨慎。多年以来，他们持续收购了若干块葡萄园，但位于加贺希默尔赖希和多普斯特的葡萄园总面积，只有4万平方米。对于全世界的葡萄酒爱好者来说，酒庄葡萄酒的潜在客户比他们的年产量要多多了。这些客户被酒庄的风格所吸引，精妙的酸度支撑着天然的葡萄甜味。这些葡萄酒充满生命、活力和个性。果香型的加贺多普斯特珍藏雷司令略带咸感的矿物质味，恰好能平衡亚洲梨和葡萄柚派般的甜美风味。

Hauptstrasse 130, 54470 Bernkastel-Graach
06531 8041

⛪ **Selbach-Oster** Mittelmosel, Mosel
泽巴赫-奥斯特酒庄 中摩泽尔 摩泽尔

🍷 *Riesling Kabinett Fish Label (white)*
鱼标珍藏雷司令（白）

约翰内斯·泽巴赫全身心投入于推广德国和摩泽尔雷司令的事业中。然而，泽巴赫葡萄酒的贡献并不比他本人差。甜型珍藏和晚收葡萄酒，的确比同区其他酒庄的产品大大减少了甜度，充满矿物质感与活力，酿酒的葡萄来自采尔廷根。这款活泼新鲜的鱼标珍藏，散发着草莓、芒果和青苹果的香气。

Uferallee 23, 54492 Zeltingen
www.selbach-oster.de

⛪ **Rudolf Sinss** Nahe
鲁道夫森思酒庄 那赫

🍷 *Spätburgunder Trocken QbA (red)*
干型黑皮诺QbA（红）

自约翰内斯·森思加入酒庄，协助父亲鲁道夫，现在它已成为那赫地区的重要酒庄，以生产雷司令、白皮诺和灰皮诺干白葡萄酒而著称。不过，他也是该产区最杰出的红葡萄酒生产商之一，特别是酿造黑皮诺。这款中等酒体的干红，呈淡淡的铜粉色，散发着可口的草莓、樱桃和香料气息，结构圆润而柔顺。

Hauptstrasse 18, 55452 Windesheim
www.weingut-sinss.de

⛪ **Spreitzer** Rheingau
施普赖策酒庄 莱茵高

🍷 *Riesling 101 QbA (white)*
101雷司令QbA（白）

应该为莱茵高地区最耀眼的两位酿酒天才：施普赖策兄弟——贝恩德和安德里亚斯，坚持自己的风格而非随波逐流而喝彩。当众多莱茵高的同行在该产区的南部重复饱满、成熟的干型风格时，施普赖策兄弟回归轻盈的半干型白葡萄酒风格。此酒充满了柠檬糖、成熟香梨和姜饼的香气，酒精度中等。

Rheingaustrasse 86, 65375 Oestrich
www.weingut-spreitzer.de

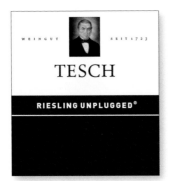

Tesch Nahe
特希酒庄 那赫

▲▲▲ *Unplugged Riesling Kabinett Trocken (white)*
干型珍藏雷司令（白）

　　马丁·特希在德国葡萄酒界是一位有争议的人物，他运用营销技巧和摇滚精神来生产和销售葡萄酒，因此震动着这个保守的世界。从他接手酒庄的那一刻起，就持续革新，每次都背离惯例。他的产品包括一系列以颜色编码的单一园葡萄酒，每支的风味和包装都不相同，干型珍藏雷司令可以作为了解他与众不同风格的门径。正如名字所表述的，这是一款尽可能减少人为干预酿造的葡萄酒。纯净、未经过滤的干型雷司令，散发着悦人的苹果、柏油和水果蛋糕香气。

Naheweinstrasse 99, 55450 Langenlonsheim
www.weingut-tesch.de

Dr H Thanisch – Erben Thanisch Mittelmosel, Mosel
达尼酒庄 中摩泽尔 摩泽尔

▲▲▲ *Bernkasteler Badstrube Riesling Kabinett (white)*
普绿园珍藏雷司令（白）

　　酒庄出产的葡萄酒一直以优雅和精致而闻名。不过，在最近10年间，他们提升了酒的浓郁度。这是一家著名酒庄，出自贝恩卡斯特的葡萄酒知名度很高，但是价格从来不高。普绿园珍藏雷司令是一款轻盈的干白葡萄酒，散发着矿物质和成熟香梨的气息，口感诱人、丰腴，微微有点甜。

Saarallee 31, 54470 Bernkastel-Kues
www.thanisch.com

Daniel Vollenweider
Mittelmosel, Mosel

丹尼尔沃伦威德尔酒庄 中摩泽尔 摩泽尔

▲▲▲ *Wolfer Goldgrübe Riesling Spätlese (white)*
沃谷园晚收雷司令（白）

　　时髦的瑞士年轻人丹尼尔·沃伦威德尔，是个彻底的局外人。他第一次来摩泽尔时，对葡萄酒一无所知。决定开始酿酒后，于2000年贷款买下了1.6万平方米的沃谷园。它位于陡峭的山坡上，具有悠久的历史，但却荒芜很久，这成为他同名酒庄发迹的开端。随后，沃伦威德尔以优质的雷司令，超越了那些更有经验的同行。沃谷园晚收雷司令是一款柔美的半甜白葡萄酒，轻盈、活泼，散发着桃子、香梨和矿物气息。

Wolfer Weg 53, 56841
Traben-Trarbach
www.weingut-vollenweider.
de

创建酒窖

即使你没有酒窖，在家保存一些喜欢的葡萄酒也不是难事。对于储存场所来说，自然越凉爽越好，不过并不是指冰冷的地方。理想的温度相当于深地窖中，约13℃。尽量寻找家中最凉爽的地方，远离阳光，靠近或放在地板上、衣橱里或床下都可。如果有温控的独立酒柜，效果相当不错。

葡萄酒并不合适放在厨房里的高架上，不太昂贵的货架就非常实用。如果酒瓶是用木塞封瓶的，谨记一定要平放储存，否则木塞会干燥、开裂并导致葡萄酒变质。希望下面这个百瓶葡萄酒建议可以帮你创建属于自己的酒窖（以酒窖保存100瓶葡萄酒为例）。

▍饱满的红葡萄酒

在酒窖的百瓶葡萄酒中，约有35瓶可以是饱满酒体的红葡萄酒，它们可以即刻享用，也可以陈年后等味道变得更复杂时再饮用。大部分波尔多，即使是相对便宜的酒款，也拥有数年的陈年潜力。其他国家的赤霞珠、高价的勃艮第和意大利与西班牙的红葡萄酒都在此列。

▍轻盈的红葡萄酒

大部分超市中常见的，以品种命名的红葡萄酒都归于此列。除此之外，还包括桃红、博若莱、简单的奇昂第和一般的勃艮第红葡萄酒。其中很多葡萄酒都是披萨和意大利面的最佳搭配，不过它们很少能够陈年，所以这类酒的目标数量是20瓶。购买后，趁它们还新鲜且富含果味时尽早喝掉。

▍饱满的白葡萄酒

这类在餐前饮用或用于佐餐的饱满酒体白葡萄酒，可以占酒窖中15瓶的空间。大部分适合即刻饮用，少数优质勃艮第白葡萄酒或高品质霞多丽、德国雷司令与卢瓦尔白诗南可以陈放1年，以感受它们的变化。一些丰腴的白葡萄酒可陈放数年。

▍起泡酒

包括香槟在内的起泡酒不只是为了特殊场合准备，它既是开胃酒，也能与头盘或鱼类菜肴共享。起泡酒一般在适饮期投放市场，所以通常没必要陈年。然而，一些顶级的香槟在陈年后味道会变得更精彩。所以，酒窖应该给起泡酒留出10瓶的空间。

▍轻盈的白葡萄酒

一年中的任何时候，特别是温暖的天气里，轻盈且新鲜的白葡萄酒都是最佳选择。长相思、阿芭瑞诺与灰皮诺等非常适合与午餐或头盘共享。这些葡萄酒适合新鲜饮用，你的酒窖里应该有10瓶。

▍甜酒和强化酒

包含少量甜酒与餐后酒，可以在你的酒窖中存放10瓶，这些酒令你的晚餐丰富多彩。苏岱、晚收雷司令和圣酒中的糖分，以及雪莉、波特和马德拉酒中额外的酒精，让它们适合陈年。

吉内吉内(Giné Giné)产自西班牙加泰罗尼亚的普里奥拉产区

咆哮梅格黑皮诺(Roaring Meg Pinot Noir)产自新西兰中奥塔哥产区

赫斯精选霞多丽(Hess Select Chardonnay)产自加利福尼亚州蒙特雷产区

路易王妃无年份干型香槟(Louis Roederer Brut Premier Champagne NV.)

马丁寇达斯阿芭瑞诺(Martin Códax Albariño)产自西班牙加里西亚的海外产区

泰莱晚装瓶年份波特(Taylor's late Bottled Vintage Port)产自葡萄牙

♔ **Schloss Vollrads** Rhein-gau

弗拉德城堡 莱茵高

♙ *Riesling Kabinett Feinherb (white)*

珍藏半干雷司令（白）

弗拉德城堡珍藏半干雷司令是一款可口、风味独特、散发着柠檬气息的半干型白葡萄酒，持续位列最合算的德国雷司令葡萄酒，在全球的商店和餐厅酒单上都能找到它，非常适合作为开胃酒或在温暖季节饮用。这家历史悠久的酒庄，毗邻美丽古堡，自1211年开始运营，宣称是世界最老的酒厂。近年来，在欧怀德·赫普的管理下，品质迅速提升。虽然每年出产约50万瓶葡萄酒，但是一直注重品质，很多同规模的酒庄根本做不到。酒庄共拥有60万平方米的葡萄园，只出产雷司令。

Vollradser Allee, 65375 Winkel
www.schlossvollrads.de

♔ **Wagner-Stempel** Rheinhessen

瓦格纳-施滕佩尔酒庄 莱茵黑森

♙ *Silvaner Trocken QbA (white)*

干型西万尼QbA（白）

瓦格纳-施滕佩尔干型西万尼QbA复杂而令人印象深刻。中等酒体，散发着可爱的苹果、桃和苔藓气息，展示了莱茵黑森的新风格。此酒由德国酿酒师丹尼尔·瓦格纳酿造。多年来，他的作品呈现集中、精妙且浓郁的风格，用以打破莱茵黑森只能酿造平淡无奇葡萄酒的偏见。新近的年份已经表现出瓦格纳处于事业的巅峰期。

Wöllsteiner Strasse 10, 55599 Siefersheim
www.wagner-stempel.de

♔ **Wegeler** Rheingau and Mosel

韦格勒酒庄 莱茵高和摩泽尔

♙ *Gutssekt Riesling Brut (sparkling)*

干型雷司令起泡（起泡）

近年来，发愤图强的汤姆·戴斯伯格博士令韦格勒酒庄大幅改善。原名韦格勒-丹赫的酒庄，在戴斯伯格接手后状况明显好转，赋予葡萄酒层次更丰富的香气。这家酒庄凭借与世界最优秀的餐厅供应著名的干型雷司令而著称。而酒庄酿制的干型雷司令起泡酒也不错。酿酒的葡萄来自酒庄自有的贝恩卡斯特（位于摩泽尔）和奥斯塔西（位于莱茵高）葡萄园。这款物超所值的起泡酒，经过15个月的带酒泥陈酿，优雅、柔软、芳香而活泼。

Friedensplatz 9-11, 65375 Oestrich
www.wegeler.com

♔ **Dr Wehrheim** Pfalz

韦赖姆博士酒庄 法尔兹

♙ *Chardonnay Spätlese Trocken (white)*

珍藏干型霞多丽（白）

世界各地有很多酿酒师获得了超出他们能力的名望，但也有为数不多的被过分低估，如卡尔-海因茨·韦赖姆，他一次又一次地证明自己是位非常杰出的酿酒师。如果有幸品尝过他酿制的葡萄酒，不能否认那是当下德国葡萄酒中最出色的作品之一。韦赖姆的声誉集中在风格各异的特级白皮诺葡萄酒上，他的天赋也运用于其他酒款和葡萄品种上。如这款珍藏干型霞多丽葡萄酒，酒体中等，可口，散发着热带水果、黄油和香草的风味。

Weinstrasse 8, 76831 Birkweiler
www.weingut-wehrheim.de

iii **Robert Weil** Rheingau
罗伯特威尔酒庄 莱茵高

iii *Riesling Trocken QbA (white)*
干型雷司令QbA（白）

罗伯特威尔是现代莱茵高生产商的典范，它归属于威尔海姆·威尔和日本饮料集团三得利。酒庄拥有的73万平方米葡萄园，位于基德里希、芬贝格、图尔姆伯格和克洛斯特伯格。这里出产的葡萄可以酿造出各种类型的葡萄酒，从干型到甜美，甚至华丽的甜酒风格。酒庄的核心任务（占绝大部分产量）是生产干型雷司令QbA。每年出产成百上千瓶华丽且甘美的干型雷司令，口感浓郁、强劲、精妙、新鲜、集中且生动，散发着诱人的杨桃、番石榴和蜂蜜香气，回味干净。

Mühlberg 5, 65399 Kiedrich
www.weingut-robert-weil.com

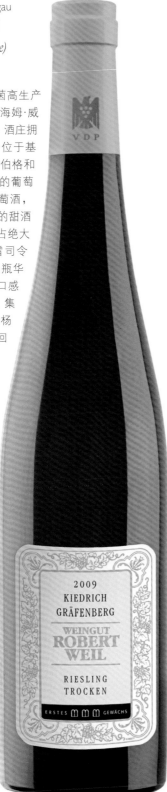

iii **Winter** Rheinhessen
温特酒庄 莱茵黑森

iii *Silvaner Trocken QbA (white)*
干型西万尼QbA（白）

斯蒂芬·温特是个值得关注的酿酒师。这位年轻的酿酒师于2003年凭借莱克伯格雷司令（译为"美味之山"）入行之前，几乎没人听过他的名字。这款物超所值的干型西万尼QbA，酒体中等饱满，散发着亚洲梨、白垩土和香料的风味。

Hauptstrasse 17, 67596 Dittelsheim-Hessloch
www.weingut-winter.de

iii **J L Wolf** Pfalz
J L沃尔夫酒庄 法尔兹

iii *Villa Wolf Gewürztraminer QbA (white)*
维拉沃尔夫琼瑶浆QbA（白）

这款经典的半干琼瑶浆，售价只有阿尔萨斯的几分之一，独特而充满香料风味，同时散发着玫瑰花瓣的芳香和麝香气息。

Weinstrasse 1, 67157 Wachenheim
www.jlwolf.de

iii **Zipf** Württemberg
齐普夫酒庄 符腾堡

iii *Blauer Trollinger Steillage Trocken QbA (red)*
布劳尔陡坡托林格干型QbA（红）

布劳尔陡坡托林格干型QbA是一款轻盈、柔软且充满果香的干红，采用生长在陡坡上葡萄酿制而成，稍微冰镇，作为开胃酒饮用非常美味。

Vorhofer Strasse 4, 74245 Löwenstein/Württemberg
www.zipf.com

奥地利AUSTRIA

最近20年中，奥地利凭借世界最出色的几款白葡萄酒，重新跻身于国际葡萄酒的队伍，这场复兴运动的核心是这个国家具有代表性质的白葡萄品种——绿菲琳娜。绿菲琳娜在世界其他地区产量极少，采用它酿制的白葡萄酒异常出色，目前已经在全世界的餐厅酒单上有了自己的固定位置。虽然绿菲琳娜非常成功，也非常好喝，但不要忘记，奥地利还有其他顶级的白葡萄酒。从干型到奢华的甜型，尤其是来自下奥地利瓦豪产区的雷司令葡萄酒，可以与来自阿尔萨斯和德国的同品种产品相媲美。精致感性的白葡萄酒还包括霞多丽、白皮诺和长相思。同时，多采用来自勃艮兰东部地区的国际和本土品种混酿（如兰弗兰克）的红葡萄酒，品质也越来越好。

🏛 **Alzinger** Wachau
阿尔金格酒庄 瓦豪

🍷 *Federspiel Frauenweingarten Grüner Veltliner (white)*
凡德斯皮耶福罗恩威格顿绿菲琳娜（白）

里奥父子组合和里奥·阿尔金格的酿酒方法，意味着很多阿尔金格葡萄酒的价格都比本书介绍的许多酒要高出很多，但这款凡德斯皮耶福罗恩威格顿绿菲琳娜绝对是一款物美价廉的好酒。这款经典绿菲琳娜具有细腻的口感、胡椒的辛香和草莓的果香，还有一些罕见的小扁豆和大黄的香气。

Unterloiben 11, 3601 Dürnstein
www.alzinger.at

🏛 **Bründlmayer** Kamptal
布德梅尔酒庄 坎普山

🍷 *Zobinger Heiligenstein Riesling (white)*
祖冰海利根斯坦雷司令（白）

伟力·布德梅尔酿造的葡萄酒品质优异，名声远扬，酒单里的任何一款都可以展示出他的优秀酿酒才能。他已经从事酿酒20余载，每年产量高达35万瓶，但品质始终如一。祖冰海利根斯坦雷司令就是一个很好的例子，值得存储多年。它拥有

活泼的酸度、简约的花香和明快的果香，随着在瓶中陈年的时间推移，这些香气会慢慢变得更丰富。老年份的葡萄酒前味更复杂，有杏与柑橘的果香和花香。

Zwettlerstrasse 23, 3550 Langenlois
www.bruendlmayer.at

🏛 **Christian Fischer** Thermenregion
克里斯琴费希尔酒庄 温泉产区

🍷 *Premium Chardonnay (white)*
优质霞多丽（白）

克里斯琴费希尔优质霞多丽口感明快美妙、风格和谐、酒体饱满且香气丰富，散发着柑橘和香草的香气。近几年，温暖且干燥的温泉产区成为奥地利红葡萄酒的特色产区，这款霞多丽足以与它出产的任何红酒相媲美。

Hauptstrasse 33, 2500 Sooss
www.weingut-fischer.at

🏛 **Domäne Wachau** Wachau
瓦豪酒庄 瓦豪

🍷 *Terraces (white); Grüner Veltliner Achleiten Smaragd (white)*
梯田（白）；阿诗雷顿司马拉德绿菲琳娜（白）

瓦豪酒庄梯田葡萄酒表现优异，充分代表了这个注重品质的小产区绿菲琳娜葡萄酒的风格。而阿诗雷顿司马拉酒体更厚重，更饱满有力，更能凸显绿菲琳娜自身的香气特点。

Domäne Wachau, 3601 Dürnstein
www.domaene-wachau.at

🏛 **Ernst triebaumer** Burgenland
恩斯地堡 勃艮兰

🍷 *Triebaumer Sauvignon Blanc (white); Triebaumer Blaufränkisch (rosé)*
特里博美长相思（白）；特里博美兰弗兰克（桃红）

恩斯地堡出产的葡萄酒具有活泼明快的显著个性。特里博美长相思明快活泼，散发着浓郁的接骨木花和青草的清香，其中不乏柚子类的酸爽。紧实的口感是特里博美的典型特征，在同名的桃红葡萄酒中也可以感受到。特里博美兰弗兰克桃红葡萄酒口感圆润，易于入口，一丝辛香的口感更增添了少许活泼感，果香以草莓味为主。

Raiffeisenstrasse 9, 7071 Rust
www.triebaumer.com

Feiler- Artinger
Burgenland
费勒-安婷哲酒庄 勃艮兰

Blaufränkisch (red)
兰弗兰克（红）

一勺黑莓汁，加一点红醋栗汁，再加几颗樱桃，增添一点橡木味，便转化成美味的费勒-安婷哲兰弗兰克红酒。这里的葡萄全部采自自家葡萄园，保证了葡萄酒的优异品质，而且令价位平易近人。美酒背后的人物是科特·费勒，他主要酿造红葡萄酒和优质的甜酒，他为勃艮兰产区鲁斯特今天的葡萄酒声誉做出了不小的贡献。

Hauptstrasse 3, 7071 Rust
www.feiler-artinger.at

Gerhard Markowitsch Carnuntum
格哈德马克韦士酒庄 卡农图姆

Pinot Noir (red); Carnuntum Cuvée (red)
黑皮诺（红）；卡农图姆特酿（红）

色泽淡雅的黑皮诺，口感轻盈且紧实，带有香料和覆盆子等红色水果的复杂香气，是烤鸡的顶级搭配。另一款风格更严谨的卡农图姆特酿葡萄酒，混合了黑皮诺和当地葡萄品种茨威格，风格柔和而优雅，带有野莓和香料味。

Pfarrgasse 6, 2464 Göttlesbrunn
www.markowitsch.at

Heidi Schröck Burgenland
海蒂诗洛克酒庄 勃艮兰

Weinbau Weissburgunder (white); Furmint (white)
万宝白皮诺（白）；福尔明（白）

万宝白皮诺的口感带有明显的酵母香气，果香中透露出一丝辛香和矿物质味道，清爽而饱满，是物美价廉的诗洛克结构型美酒。同样出色的还有福尔明，这个品种在匈牙利的托卡伊产区之外并不常见。

Rathausplatz 8, 7071 rust
www.heidi-schroeck.com

Hiedler Kamptal
海德勒酒庄 坎普山

Löss Grüner Veltliner (white)
罗斯绿菲琳娜（白）

路德维格·海德勒的有机葡萄园出产两种风格的葡萄酒：饱满、大气而严谨或清淡、优雅而个性。海德勒的罗斯绿菲琳娜应当归入后者，它的风格淡雅且清新。这款绿菲琳娜酒体适中，带有一丝甜美，为圆润易饮的口感增添了一番风味。

Am Rosenhügel 13,3550 Langenlois
www.hiedler.at

Johanneshof Reinisch Thermenregion
约翰尼斯霍夫蕾妮诗酒庄 温泉产区

Pinot Noir Reserve Grillenhuegel (red); Rotgipfler (dessert)
格力雷胡戈黑皮诺珍藏（红）；红基夫娜（甜）

　　酒庄的葡萄酒颠覆了早期人们对奥地利红葡萄酒的看法。无论是采用国际品种还是本地品种，该酒庄都能保持独有的奥地利特征。这款格力雷胡戈黑皮诺珍藏葡萄酒品质大气、味道浓郁、香气集中且极具个性，是一款现代风格的奥地利红葡萄酒。蕾妮诗是家族的第四代传人，管理距离维也纳约30千米的家族庄园。这个庄园的红基夫娜采用本土的白葡萄品种酿造，香气浓郁，作为开胃酒表现完美。庄园始建于1932年，当时只拥有占地5000平方米的葡萄园。如今，面积已经扩展到40万平方米，大部分葡萄园位于塔滕多夫附近，在格木帕德斯基森和格姆斯塔穆多夫附近也有不少的土地。

Im Weingarten 1, 2523 Tattendorf
www.j-r.at

Jurtschitsch Sonhof Kamptal
优奥车杰松霍夫酒庄 坎普山

Stein Grüner Veltliner (white)
斯坦绿菲琳娜（白）

　　2006年，坎普山优奥车杰松霍夫酒庄开启了新纪元。那一年，这座具有悠长光辉历史的家族酒庄，决定将拥有的72万平方米土地完全转换成有机栽培方式；酒窖也采用完全自然无干预的方法，逐渐将酵母转换成为非人工的野生酵母发酵。年轻的酿酒师阿尔文·优奥车杰是支持这场变革的主导前锋，而最能充分展示新生代积极表现的、带有的浓郁矿物质口感的佳酿，便是斯坦绿菲琳娜。它带有浓郁的果香和烘焙胡椒的辛香，酒体轻盈，清新激爽。

Rudolfstrasse 39, 3550 Langenlois
www.jurtschitsch.com

Laurenz V Kamptal
罗兰薇酒庄 坎普山

Grüner Veltliner Friendly (white); Silver Bullet Grüner (white)
友谊绿菲琳娜（白）；银色子弹绿菲琳娜（白）

　　罗兰薇酒庄很多低价位的葡萄酒都值得一试，友谊绿菲琳娜不仅仅价位平易近人，也易于与食物搭配。不仅香气浓郁，在桃、梨和苹果的系列果香中，还带有一抹胡椒的味道，别有一番风味。银色子弹绿菲琳娜就价位来说更具有吸引力，虽然只有500毫升装，但绝对是物美价廉的好酒。倒上一杯，这款酒散发出浓郁的白胡椒和白色花朵的香气，非常可爱顺滑，绝对值得选购。酒庄能否成为国际级酒庄的绿菲琳娜品牌？让我们拭目以待。

Mariahilfer Strasse 32, 1070 Wien
www.laurenzfive.com

ᄈᄈᄈ Loimer Kamptal
卢瓦莫酒庄 坎普山

ᄈᄈᄈ *Riesling Terrassen (white);*
Grüner Veltliner (white)
露台雷司令（白）；绿菲琳娜
（白）

在过去几年里，弗莱德·卢瓦莫的酿酒方法发生了明显改变，他倾向在非常优异的葡萄酒基液上，增添不同层次的浓郁度、矿物质感和辛香味。2005年，他创建了一座令人瞠目的酒庄，像一个高科技的黑匣子，用于储存他的酿酒设备。卢瓦莫酒庄出产的露台雷司令干白，酿酒葡萄采自不同的葡萄园，精彩又富有个性。这款酒陈酿后酸度明显，口感完美平衡，但又透露出一丝可爱的花香。另一款同样优秀的庄园级绿菲琳娜，融合了香辛料、桃子果香和白胡椒的香气，不仅爽口、清新，浓度与酸度也达成完美平衡，并且充分融合。

Haindorfer Vögerlweg 23,
3550 Langenlois
www.loimer.at

ᄈ 绿菲琳娜 GRÜNER VELTLINER

绿菲琳娜是世界公认的可酿造出风格独特葡萄酒的葡萄品种，长久以来，它在奥地利是非常受欢迎的品种，也是种植面积最广泛的品种。使用它酿造的葡萄酒，口味可以从清瘦至丰腴、辛辣，一切都取决于葡萄园的位置和葡萄酒的酿造技术。

对许多消费者来说，绿菲琳娜还很陌生，但它在侍酒师和酒商中早已广泛流行。它比较流行的叫法是"Gru Vee"，因为它的名字对于很多不说德语的人来说很难发音。

绿菲琳娜的酒体通常从轻盈至中等，非常清爽，易于入口，与长相思的酒体类似。不过它的香气中含有更多的辛辣、白胡椒和矿物质味道，而并非长相思的药草与柑橘类水果味道。侍酒师喜欢绿菲琳娜，因为它具有新鲜的酸度，能与各式菜肴搭配，特别是辛辣的泰式菜肴、越南菜、各种海鲜，甚至是日式寿司。

临近的斯洛伐克和捷克共和国出产大量的绿菲琳娜，而美国和其他新世界国家也有少量种植。

绿菲琳娜的风味取决于它种植在哪里。

Meinklang/Michlits Burgenland
梦珂兰/米柯利斯酒庄 勃艮兰

Pinot Noir Frizzante Rosé (sparkling)
黑皮诺微起泡桃红葡萄酒（起泡）

沃纳·米柯利斯严谨地致力于生物动力酿酒法，目前很多奥地利原始而又纯正的美酒都出自他的庄园。虽然这里有些奇怪的现象，如他使用鸡蛋形的发酵罐酿造圣劳伦斯，但味道绝对纯正。如果你想寻找一些特别且独具个性的美酒，黑皮诺微起泡桃红葡萄酒绝对值得留意。

Hauptstrasse 86, 7152 Pamhagen
www.meinklang.at

Moric Burgenland
莫利克酒庄 勃艮兰

Blaufränkisch (red)
兰弗兰克（红）

整个庄园由魅力男人罗兰·威力克管理。威力克于2001年初建立莫利克酒庄，他处理兰弗兰克的方式引起了很多人的关注。他采用这个品种酿制出很多不同年份的葡萄酒，葡萄有的采自鲁兹曼博格附近致密土壤的葡萄园，有的采自具有片岩土壤的耐肯马克葡萄园。他的酿酒风格始终强调原始的果香、花香和辛香特点，并非橡木的味道。兰弗兰克成功地结合了成熟的红色水果香，略带橡木的内涵和甜美柔顺的结构。

Kirchengasse 3, 7051 Grosshölein
www.moric.at

Nikolaihof Wachau
尼克兰霍夫酒庄 瓦豪

Vom Stein Federspiel Riesling (white)
沃姆斯坦凡德斯皮耶雷司令（白）

奥地利可以说是生物动力法培植葡萄的温床，这项运动之父——鲁道夫·史代纳就是奥地利人。尼克兰霍夫是首位实践这种方法的人，虽然在当时这种方法并未流行。酒庄的历史可以追溯至公元470年，从那时起就开始酿酒，如今由萨斯家族管理。尼可拉斯·萨斯负责酿酒，这里出产的葡萄酒是瓦豪地区最出色的葡萄酒。这款尼克兰霍夫酒庄的沃姆斯坦凡德斯皮耶雷司令，富含矿物质感，具有钢铁般的干爽，细腻的果香平衡了极高的酸度，不仅品质突出，而且值得陈年。此酒可在瓶中产生更多的香气变化，如精致的青草香味和酸橙的果香。

Nikolaigasse 3, 3512 Wachau
www.nikolaihof.at

Prieler Burgenland
普瑞勒酒庄 勃艮兰

Familie Prieler Blaufräkisch Ried Johanneshöe (red)
普瑞勒家族瑞德乔安尼索兰弗兰克（红）

普瑞勒酒庄的兰弗兰克非常特别。过去，这款酒会被人称作"一口粗糙"，然而，今天它越来越优雅，酒体更饱满，单宁更顺滑，带有成熟的深色水果果香，是令人愉悦的美酒。

Hauptstrasse 181, 7081 Schützen am Gebirge
www.prieler.at

Rainer Wess Wachau
瑞纳维斯酒庄 瓦豪

Grüner Veltliner (white)
绿菲琳娜（白）

2003年，瑞纳·维斯创建了这座微型酒庄，葡萄园的面积仅3万平方米，相距瓦豪地区上一座新酒庄成立相隔476年之久。维斯从当地的葡萄农手中采购部分葡萄，与自己种植的葡萄混酿。这家酒庄的代表作是基本款绿菲琳娜，它散发着杏和青苹果的果香，其间萦绕着白胡椒的辛香。

Kellergasse, 3601 Unterloiben
www.weingut-wess.at

Sepp Moser Kremstal
赛普莫泽酒庄 克雷姆斯

Breiter Rain Grüner Veltliner (white); Sauvignon Blanc (white)
布莱特润绿菲琳娜（白）；长相思（白）

赛普莫泽酒庄出产的布莱特润绿菲琳娜葡萄酒，酒体浓厚、风格独特、口感饱满且香气迷人。另一款长相思口感半甜，单独饮用堪称完美，在略微明显的甜味口感下，充分发挥了长相思的所有水果特征：散发着青梅、葡萄柚和醋栗的果香。

Untere Wienerstrasse 1, 3495 Rohrendorf bei Krems
www.sepp-moser.at

Umathum Burgenland
尤玛特姆酒庄 勃艮兰

ııı Zweigelt (red); Traminer (white)
茨威格（红）；琼瑶浆（白）

尤玛特姆茨威格酒体厚重，个性十足，口感强劲，带有深邃的森林果香，饱满浓郁。尤玛特姆琼瑶浆则是一款具有异域风情的白葡萄酒，酒体饱满，散发着甜美的玫瑰香气，口感干爽。

St-Andrär Strasse 7, 7132 Frauenkirchen
www.umathum.at

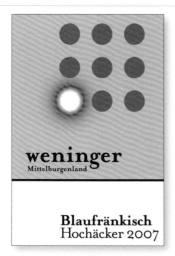

weninger
Mittelburgenland

Blaufränkisch
Hochäcker 2007

Weninger Burgenland
万宁格酒庄 勃艮兰

ııı *Blaufräkisch Hochäcker (red)*
霍克科尔兰弗兰克（红）

万宁格酒庄的霍克科尔兰弗兰克，足以作为代表勃艮兰产区的一款优质产品，优雅中透露着迷人的柔软和温暖质感，散发着李子和深色水果的果香，令人流连。

Florianigasse 11, 7312 Horitschon
www.weninger.com

Zull Weinviertel
祖尔酒庄 威非尔特

ııı *Lust & Laune Grüner Veltliner (white); Lust & Laune Blauer Portugieser (red)*
洛思特与洛尼绿菲琳娜（白）；
洛思特与洛尼葡萄牙人（红）

这座酒庄由维纳·祖尔和他的儿子菲利浦管理，酿造的葡萄酒异常优雅清新，完美地融合了成熟的果香和细致的花香，恰到好处地表现出常被忽略的威非尔特产区的潜力。此酒的优异表现，出自被细心照料的葡萄园。在这里，追求品质永远是种植葡萄的指导方针。这里推荐的两款酒很容易辨认，酒标带有特别的多色条纹。就品质而言，很少有产品可以击败这款美妙、轻盈且活泼的洛思特与洛尼绿菲琳娜。周末时，开启一瓶柔软、甜美且略带辛香的葡萄牙人干红，再合适不过了。

Schrattenthal 9,2073
Schrattenthal
www.zull.at

北美地区
NORTH AMERICA

　　北美葡萄酒产区主要集中在加利福尼亚州，如今该州已成为世界生产高品质葡萄酒的一大胜地。由于别具特色的葡萄藤生长区域广泛绵延，加利福尼亚州生产的葡萄酒具有独特的风格，如纳帕谷赤霞珠干红、索诺玛霞多丽干白以及鲜美多汁遍及全州的红仙粉黛和粉红仙粉黛。除了加利福尼亚州，美国西北太平洋的华盛顿州和俄勒冈州分别受波尔多葡萄酒和勃艮第葡萄酒的启发，也酿造极其美味的红酒；而产自纽约州芬格湖区的雷司令更是口味非凡。位于美国北部的加拿大，也酿制一系列优质干白、干红和美妙香甜的冰酒。

加利福尼亚州 California

　　加利福尼亚州充沛的阳光使这片土地上出产的葡萄酒风味俱全，纳帕谷赤霞珠干红和索诺玛霞多丽干白是这里最负盛名的葡萄酒品种。葡萄藤遍及全州，那些令人情迷的葡萄酒通常是由许多不同品种的葡萄混酿而成。这些葡萄的生长区域跨越整个加利福尼亚州，从南部的特曼库拉直至北部的门多西诺。

🏛 **Acacia** Carneros
金合欢酒庄 卡内罗斯

🍷 *Chardonnay, Carneros(white)*
卡内罗斯霞多丽（白）

　　金合欢酒庄通过控制新橡木的用量，使卡内罗斯霞多丽蕴含成熟菠萝和热带水果的浓郁香气，伴有丰富的奶油香。这种霞多丽质量上乘且价格实惠，口感清爽，令人回味无穷。金合欢酒庄成立于1979年，一度成为生产上等霞多丽和黑皮诺的主要厂家，也是帮助卡内罗斯建立声望的中坚力量。在酿酒师马修·格林的领导下，金合欢酒庄仍然保持着盛产优质且价格合理葡萄酒的风格。

2750 Las Amigas Rd, Napa, CA 94559
www.acaciavineyard.com

🏛 **Acorn Winery/Alegria Vineyards**
Russian River Valley, Sonoma
橡果酒庄/阿莱格里亚葡萄园 俄罗斯河谷 索诺玛

🍷 *Rosato, Russian River Valley(rosé)*
俄罗斯河谷玫瑰红（桃红）

　　混合种植的做法曾经在全球一度盛行，也就是在一座葡萄园中种植多种不同种类的葡萄，然后统一进行收获和酿造。橡果酒庄是美国极少数进行混合种植的生产者之一。阿莱格里亚葡萄园归比尔·纳克勃和贝琪·纳克勃所有，他们种植了各类仙粉黛以及意大利和法国葡萄品种。精美绝伦的粉红葡萄酒证明了这种方法的可行性。它蕴含各种芳香，如玫瑰、草莓、奶油、西瓜和爽口柑橘的清香。

12040 Old Redwood Highway, Healdsburg, CA 95448
www.acornwinery.com

🏛 **Anaba** Sonoma Valley, Sonoma
阿纳巴酒庄 索诺玛谷 索诺玛

🍷 *Corial Red Rhone Blend, Sonoma Valley(red); Corial White, Sonoma Valley(white)*
索诺玛谷科瑞尔罗讷河谷红葡萄混酿（红）；索诺玛谷科瑞尔干白（白）

　　科瑞尔罗讷河谷红葡萄酒酒体饱满，由多汁的罗讷葡萄品种混酿而成；科瑞尔干白酒采用维欧尼混酿，带有桃和清爽柑橘的香气，遥遥领先于熟柑橘和矿物质的混合奶香味。

60 Bonneau Rd, Sonoma, CA 95476
www.anabawines.com

🏛 **Artesa** Carneros
阿尔特萨酒庄 卡内罗斯

🍷 *Pinot Noir, Carneros(red)*
卡内罗斯黑皮诺（红）

　　目前，酒庄在纳帕谷的许多地方生产不同种类的葡萄酒，其中来自卡内罗斯的黑皮诺成为独特的象征。它的产量虽大，却丝毫不影响酒的品质。更确切地说，这种口感柔和均衡，散发着红樱桃味道、层次微妙的黑巧克力和丁香气息的黑皮诺，是想节省开支消费者的最佳选择。

1345 Henry Rd, Napa, CA 94559
www.artesawinery.com

🏛 **Au Bon Climat** Santa Barbara County, Central Coast
奥邦酒庄 圣芭芭拉郡 中央海岸

🍷 *Pinot Noir, Santa Barbara County(red)*
圣芭芭拉黑皮诺（红）

　　酿酒师吉姆是加利福尼亚州的重量级名人，一旦捕捉到可能将成为流行时尚的元素，他就会紧随其后。然而，他的作品似乎不支持"葡萄酒能直接反映出酿酒师性格"这句名言，他在奥邦酒庄酿制的葡萄酒十分简单朴素，并没有走在流行的前沿。入门级黑皮诺简单典雅，风格质朴，带有浓郁的樱桃和树莓香味，表现出该酒庄的一贯特点。

未提供参观信息
www.aubonclimat.com

♔ Baker Lane Sonoma Coast,Sonoma
贝克雷酒庄 索诺玛海岸 索诺玛

♔♔♔ *Cuvée Syrah,Sonoma Coast(red)*
索诺玛海岸西拉特酿（红）

贝克雷酒庄位于索诺玛海岸，它生产的西拉特酿是一款口味均衡的陈酿美酒，多汁且带有花朵与红果香气，入口如耐嚼的黑果。酒庄在索诺玛海岸法定葡萄种植区塞巴斯托波外的葡萄园里一直种植葡萄，此外还从其他地方引进新的葡萄品种。

未提供参观信息
www.bakerlanevineyards.com

♔ Beckmen Vineyards Santa Barbara County,Central Coast
贝克曼葡萄园 圣芭芭拉郡 中央海岸

♔♔♔ *Cuvée le Bec,Santa Ynez Valley(red)*
圣伊内斯谷乐柏特酿（红）

来自圣伊内斯谷富有层次感的乐柏特酿，原料来自贝克曼葡萄园。因为这款干红，圣芭芭拉见证了罗讷河谷红葡萄酒陈酿的诞生。乐柏特酿适合搭配各种美食，它蕴含多种风味，包括樱桃、黑莓、薰衣草和香料。贝克曼葡萄园由汤姆·贝克曼和他的儿子史蒂芬·贝克曼共同管理。

2670 Ontiveros Road,Los Olivos,CA 93441
www.beckmenvineyards.com

♔ Benessere Vineyards St Helena,Napa Valley
倍赛锐葡萄园 圣赫勒拿 纳帕谷

♔♔♔ *Pinot Grigio,Carneros(white)*
卡内罗斯灰皮诺（白）

1994年，占地17万平方米的倍赛锐葡萄园为约翰与艾伦·班尼许夫妇酿造意大利葡萄酒提供了充足的原料。葡萄园主要种植红葡萄品种桑娇维赛和艾格尼科。不过，灰皮诺葡萄酒却为这里带来了最大价值。这里灰皮诺的风格更像阿尔萨斯皮诺葡萄酒（与灰皮诺相近），带有花香和矿物质气息，然后会感受到成熟柑橘、油桃和芒果风味共同形成的浓郁口感。

1010 Big Tree Rd,St Helena,CA 94574
www.benesserevineyards.com

♔ Benziger Family Winery Sonoma Valley,sonoma
本齐格酒庄 索诺玛谷 索诺玛

♔♔♔ *Finegold Merlot,Sonoma Mountain(red);Stonefarm Syrah,*
Sonoma Valley(red)
索诺玛谷芬戈尔德美乐（红）；索诺玛谷石头农场西拉（红）

中度酒体的芬戈尔德美乐，混合了红果、烤面包和葡萄干布丁的味道；类似罗讷风格的石头农场西拉，含有熟果、烤肉和调料的芬芳，独具烟熏与黑胡椒的味道。

1883 London Ranch Rd,Glen Ellen,CA 95442
www.benziger.com

♔ Bernardus Winery Monterey County,Central Coast
贝尔纳多斯酒庄 蒙特雷郡 中央海岸

♔♔♔ *Sauvignon Blanc,Monterey County(white)*
蒙特雷长相思(白)

采用麝香克隆品种的葡萄酿制而成的长相思口感分明，带有有着甜瓜、百香果和烟熏的味道，新鲜而活泼。

5 West Carmel Valley Rd,Carmel Valley,CA 93924
www.bernardus.com

♔ Boeger Winery El Dorado County,Inland California
伯格尔酒庄 埃尔多拉多郡 加利福尼亚内陆

♔♔♔ *Hangtown Red,El Dorado(red)*
埃尔多拉多烹饪红酒（红）

伯格尔酒庄的烹饪红酒，是加利福尼亚淘金热的历史见证。对于研制新的混酿葡萄酒，他们就像探矿者一样，勇于冒险，兴趣广泛，很快一款醇厚、迷人且复杂的可痛饮酒款就会出现。伯格尔庄园恰好在淘金热中期的领域被发现。20世纪70年代，格雷格和苏·伯尔格在埃尔多拉多买下了庄园。

1709 Carson Rd,Placerville,CA 95667
www.boegerwinery.com

Bogle Vineyards Yolo County,Inland California
格尔酒庄 优洛郡 加利福尼亚内陆

Pinot Noir,California(red)
加利福尼亚黑皮诺（红）

　　格尔酒庄坐落于加利福尼亚州的中央山谷，与俄罗斯河谷和圣芭芭拉郡一样，处于凉爽的沿海地带，采用这种环境下生长的葡萄酿造的黑皮诺，入口清淡、充满活力、雅致且回味悠长。格尔家族一直在加利福尼亚州萨克拉门托南部的萨克拉门托-圣华金三角洲，这片肥沃的土地上经营农庄，目前已是格尔家族的第六代传人。

37783 county Rd 144, Clarksburg,CA 95612
www.boglewinery.com

Bonny Doon Vineyard Santa Cruz Mountains, Central Coast
邦尼顿酒庄 圣克鲁斯山 中央海岸

Syrah Le Pousseur,Central Coast(red);Contra(red)
中央海岸玻色西拉（红）；康特拉（红）

　　邦尼顿酒庄的玻色西拉与北罗讷河谷的葡萄酒常被人们混淆。玻色西拉的颜色较深，余味坚实，胡椒风味、黑莓果香和干燥香料的气息可完美融合，丹宁细腻且成熟。康特拉采用55%的老藤佳丽酿酿造，带有果香和怡人的口味，富含杂交草莓和辛辣的口味。

328 Ingalls St,Santa Cruz,CA 95060
www.bonnydoonvineyard.com

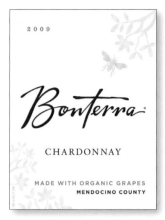

Bonterra Vineyards Mendocino
博泰乐酒庄 门多西诺

Chardonnay,Mendocino County(white)
门多西诺霞多丽（白）

　　博泰乐酒庄的门多西诺霞多丽酒质柔和，果味醇厚，选用有机栽培的葡萄酿制而成。洋溢着新鲜梨和苹果的芳香，还有橡木桶陈酿赋予的少许黄油和桃仁的清香，是一款适合午餐和晚餐的配餐美酒。

12901 Old River Road,Hopland,CA 95449
www.bonterra.com

The Brander Vineyard Santa Barbara County,Central Coast
布兰德酒庄 圣芭芭拉郡 中央海岸

Sauvignon Blanc,Santa Ynez Valley(white)
圣伊内斯谷长相思（白）

　　虽然弗瑞德·布兰德也酿造赤霞珠和美乐等红葡萄酒，但他更精通长相思的酿造。无论他酿造什么风格的长相思，风味都与新西兰具有强烈草本味、醋栗灌木味的长相思完全不同，让人期待不已。圣伊内斯谷长相思白葡萄酒入口适中，爽脆怡人，略带青草味，弥漫着橡木桶发酵的气息。

2401 Refugio Rd.Los Olivos,CA 93441
www.brander.com

Buena Vista Carneros
维斯塔酒庄 卡内罗斯

Pinot Noir,Carneros(red);Chardonnay,Carneros(white)
卡内罗斯黑皮诺（红）；卡内罗斯霞多丽（白）

　　在加利福利亚葡萄酒早期发展史上，维斯塔酒庄是一座非常重要的酒庄。维斯塔酒庄酿制的黑皮诺，融合了草莓、樱桃和烟草香味，形成草莓吐司般的口感，带有香草味和甜肉桂气息；霞多丽散发着甜蜜香草、芒果、菠萝、奶香味和烤面包味，点缀着黄苹果和梨香，回味中带有烤椰子的香气。

18000 Old Winery Rd,Sonama,CA 95476
www.buenavistacarneros.com

🏛 Calera Winery San Benito County,Central Coast
卡勒拉酒庄 圣贝尼托郡 中央海岸

🍶 *Chardonnay,Mt.Harlan(white);Viognier,Central Coast (white)*
哈兰山霞多丽（白）；中央海岸维欧尼（白）

卡勒拉酒庄的创始人约什·延森认为石灰土对生产世界顶尖黑皮诺和霞多丽至关重要，他选择了哈兰山葡萄园作为首片葡萄种植地。哈兰山庄园酿制富含矿物质且带有明快的柠檬和梨香的霞多丽。卡勒拉酒庄的中央海岸维欧尼同样富含矿物质，选用法国罗讷河谷多种葡萄品种，酿成具有丰富果香的爽口干白，馥郁的桃香充盈于口中，酸度强烈且集中。

11300 Cienega Rd,Hollister,CA 95023
www.calerawine.com

🏛 Cambria Winery Santa Barbara County Central Coast
坎布瑞酒庄 圣芭芭拉郡 中央海岸

🍶 *Pinot Noir, Julia's Vineyard, Santa Maria Valley(red)*
圣玛利亚谷朱丽亚葡萄园黑皮诺（红）

1986年，杰克逊和妻子买下了坎布瑞酒庄，主要种植霞多丽和黑皮诺，长期供应优质高产（约50万瓶）朱丽亚葡萄园黑皮诺。优质的圣玛利亚谷黑皮诺，带有浓郁的覆盆子和樱桃果香，点缀着少许辛辣味，口感丝滑。

5475 Chardonnay Lane,Santa Maria,CA 93454
www.cambriawines.com

🏛 Carol Shelton Wines Russian River Valley,Sonoma
卡罗尔谢尔顿酒庄 俄罗斯河谷 索诺玛

🍶 *Monga Zin Old Vine Zinfandel,Cucamonga Valley(red);Wild Thing Zinfandel,Mendocino County(red)*
库卡蒙加谷梦佳老藤仙粉黛（红）；门多西诺野生仙粉黛（红）

老藤仙粉黛散发着酷爽的口味，蕴含着矿物质味，辛辣集中。野生仙粉黛带有泥土气息，闪动着活泼的深色水果色泽，具有纯净的香草和雪松香气，回味中富含矿物质味道。

3354-B coffey Lane,Santa Rosa,CA 95403
www.carolshelton.com

🏛 Ceja Carneros
斯哈酒庄 卡内罗斯

🍶 *Vino de Casa White Blend,Napa Valley(white)*
纳帕谷家族白葡萄酒混酿（白）

斯哈酒庄家族白葡萄酒混酿证明了酒庄的实力。霞多丽、灰皮诺和少许原产自罗讷的葡萄品种，呈鲜嫩的苹果绿色泽，带有柑橘香气，伴随着矿物质味，回味中散发出浓郁的酒香。

1248 First Street,Napa,CA 94559
www.cejavineyards.com

🏛 Chappellet Vineyards Napa Valley
查普利特葡萄园 纳帕谷

🍶 *Chenin Blanc, Napa Valley(white); Zinfandel, Napa Valley (red)*
纳帕谷白诗南（白）；纳帕谷仙粉黛（红）

这里出产的白诗南，散发着花香和柠檬的清香，带有杏仁的香味。仙粉黛质体饱满，回味悠长，甜美、醇厚，味道浓郁、饱满，带有成熟的黑莓派香味和黑胡椒味道。

1581 Sage Canyon Rd,St Helena,CA 94574
www.chappellet.com

Chateau St Jean Sonoma Valley,Sonoma
圣让酒庄 索诺玛谷 索诺玛

Fumé Blanc,Sonoma County(white);Chardonnay,Sonoma County(white)

索诺玛长相思（白）；索诺玛霞多丽（白）

圣让酒庄成立于1973年，是索诺玛葡萄酒业前卫的一部分，也是最舒适的高价值酒庄之一。酒庄拥有的葡萄园在当地已发展成较大规模，生产的一系列产品中包含几款真正的璞玉。霞多丽绝对超值，开瓶时溢出酥脆的梨、柑橘以及热带水果香气，接着会散发出适度的黄油和更浓烈的柑橘气息，回味中带有香甜的香草味和饱满的口感。

8555 Sonoma Highway,Kenwood,CA 95452
www.chateaustjean.com

Cline Cellars Carneros
赛琳酒庄 卡内罗斯

Cool Climate Syrah, Sonoma County(red); Oakley Five Reds Blend, California(red)

索诺玛凉爽气候西拉（红）；奥克利五品红混酿（红）

弗瑞德·赛琳的招牌产品是高品质的老藤仙粉黛和慕合怀特葡萄酒。1991年，他收购了卡内罗斯的142万平方米葡萄园，令这里出产优质的上等葡萄酒。凉爽气候西拉红葡萄酒酒体饱满，质地柔顺，带有蓝莓和黑胡椒的香气，还有淡淡的杉木屑味。奥克利五品红混酿葡萄酒由美乐、仙粉黛、巴贝拉、阿利哥特和小西拉5种葡萄混酿而成，带有辛辣的蓝莓味。

24737 Arnold Drive,Highway 121,Sonoma,CA 95476
www.clinecellars.com

Clos LaChance Santa Cruz Mountains,Central Coast
拉甘斯葡萄园 圣克鲁斯山 中央海岸

Hummingbird Series Zinfandel,Central Coast(red)

中央海岸蜂鸟系列仙粉黛（红）

比尔和布伦达·墨菲是拉甘斯葡萄园的所有者。种植霞多丽葡萄藤原本只是两人的爱好，但事情一发不可收拾，他们开始寻求更多的霞多丽和来自圣克鲁斯山的黑皮诺。20世纪90年代末，两人在圣克拉拉谷联手打造葡萄庄园，开拓商业葡萄园。这里气候温暖，他们种植了西拉、仙粉黛和其他适宜温暖气候的葡萄品种。蜂鸟系列仙粉黛是一款酒体中等的葡萄酒，成熟的水果味中带有辛辣的浆果味。

1 Hummingbird Lane,San Martin,CA 95046
www.closlachance.com

Clos du Val Stages Leap District，Napa Valley
伐尔克罗酒庄 鹿跃区 纳帕谷

Merlot, Napa Valley(red)

纳帕谷美乐（红）

不仅名字是法国名字，风格也倾向于法式。伐尔克罗酒庄自1972年开业以来，以传统优雅的纳帕谷特征和成熟水果风味吸引了大批客人。酒庄的所有者是商人约翰·戈莱特，酿酒师是法国人伯纳德·波铁特。纳帕谷美乐带有深刻的烘烤橡木味，层次分明且复杂浓郁的果香，黑色橄榄与淡薄的甘草气息为之点缀，生产程序非常成熟。

5330 Silverado Trail,Napa,CA 94558
www.closduval.com

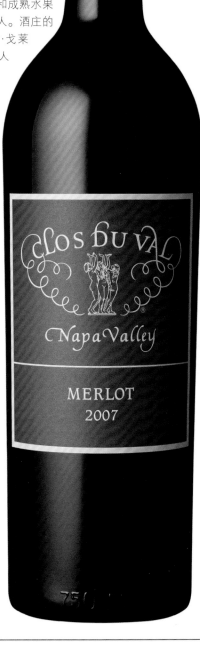

Dashe Cellars San Francisco Bay,Central Coast
黛什酒窖 旧金山湾 中央海岸

Zinfandel, Dry Creek Valley(red)
干溪谷仙粉黛（红）

环球飞行酿酒师的米歇尔和安娜在全世界酿酒。他们专注于仙粉黛，凭借仙粉黛制造了优质葡萄酒，如价格实惠的干溪谷仙粉黛葡萄酒，它具有烟草清香和鲜艳多刺的黑莓果实味道。

55 4th St,Oakland,CA 94607
www.dashecellars.com

Deerfield Ranch Sonoma Valley,Sonoma
迪尔菲尔德农场 索诺玛谷 索诺玛

Red Rex,Sonoma County Blend(red); Sauvignon Blanc, Windsor Oaks Vineyard, Chalk Hill(white)
索诺玛红雷克斯混酿（红）；白垩山温莎奥克斯长相思（白）

采用7种葡萄酿制而成的索诺玛红雷克斯混酿，来自不显眼但技术高超的迪尔菲尔德农场。酒庄赤霞珠在葡萄酒界标新立异，酒质厚重，口感复杂，味道稳定且明快。温莎奥克斯葡萄园的长相思也拥有许多喜爱者。白垩山葡萄酒的平衡感极佳，汇集各种气息和香味。

10200 Sonoma Highway,Kenwood,CA 95452
www.deerfieldranch.com

DeLoach Vineyards Russian River Valley,Sonoma
都兰葡萄园 俄罗斯河谷 索诺玛

Vinthropic Chardonnay, Sonoma(white); Pinot Noir, Russian River Valley(red)
索诺玛霞多丽（白）；俄罗斯河谷黑皮诺（红）

1973年，塞西尔·德洛克创建都兰葡萄园，使它成为索诺玛最著名的品牌。2003年，法国葡萄酒商人让-查理斯·博瓦塞

买下这座葡萄园。霞多丽的酒体中等，带有绿苹果、菠萝、香草和番石榴的芳香。俄罗斯河谷黑皮诺色泽鲜亮，酒体中等，具有樱桃干的香味，均衡酸度中具有焦糖香草的甜香。

1791 Olivet Rd,Santa Rosa,CA 95401
www.deloachvineyards.com

CG Di Arie Winery El Dorado County,Inland California
CG狄阿里酿酒厂 埃尔多拉多郡 加利福尼亚内陆

Verdelho,Shenandoah Valley(white)
雪伦多亚河谷维德和（白）

马德拉葡萄在加利福尼亚州的塞拉丘陵找到了适合的新家，它在最好的状态下可以酿造出中等酒体的白葡萄酒，带有刚成熟的橘子、榅桲和梨的芳香。酿造这些美妙味道背后的人是哈伊姆·古尔·亚利耶，他曾是一位食品科学家，喜欢根据人们的味蕾开发不同的产品。10年前，他以实验室换取葡萄园，在艺术家妻子伊莉莎的帮助下，他将酒庄打造成埃尔多拉多地区最激动人心的酒庄。这对夫妇使用丰富的葡萄品种，酿制的葡萄酒是新旧世界感官的融合。

19919 Shenandoah School Rd,Plymouth,CA 95669
www. cgdiarie.com

Domaine Carneros Carneros
卡内罗斯酒庄 卡内罗斯

Sparkling Brut,Carneros (Sparkling)
卡内罗斯起泡葡萄酒（起泡）

女强人艾琳·克雷作为起泡酒的领军人物，一直遵循着长期而优良的传统。她协助创建菲拉酒庄后，香槟行业的克劳德·泰廷哲指定由她经营卡内罗斯酒庄。她酿制的瓶内二次发酵的香槟式葡萄酒，需经过3年陈酿。卡内罗斯起泡酒采用黑皮诺和霞多丽混酿，含有鲜亮的柑橘和红色果实香味，带有复杂的口感，具有矿物质的芳香。

1240 Duhig Rd,Napa,CA 94559
www.domainecarneros.com

🏰 Dry Creek Vineyards Dry Creek Valley, Sonoma

干溪谷酒庄 干溪谷 索诺玛

🍾 *Sauvignon Blanc,Dry Creek Valley(white);Heritage Zinfandel(red)*

干溪谷长相思（白）；传承仙粉黛（红）

　　1972年，大卫·斯戴尔创建干溪谷酒庄，拥有并经营干溪谷酒庄的家族与同名河谷关系密切，是该河谷的初始生产商之一，也是最佳生产商之一。酒庄酿制的辛辣长相思，在粉红色葡萄柚的芳香中，具有适度的复杂性以及来自白苏维翁干净且浓缩的热带水果香味。在传承仙粉黛中，蓝色果香是主体，辛辣的果味中，突显出充分的集中度和紧致度。

3770 Lambert Bridge Rd,Healdsburg,CA 95448
www.drycreek vineyard.com

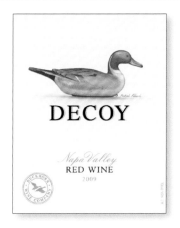

🏰 Duckhorn Vineyards St Helena,Napa Valley

杜克霍恩葡萄园 圣赫勒拿 纳帕谷

🍾 *Decoy,Napa Valley Blend(red)*

纳帕谷诱饵混酿（红）

　　1976年，自从杜克霍恩和妻子玛格丽特创建这一商标以来，杜克霍恩酒庄不断发展壮大。这个成功的主商标多样化发展，类似帕拉多和安德森谷的黄金眼。美乐葡萄能够风靡全球，至少有一部分功劳要归于杜克霍恩，特别是在20世纪90年代的美国，选用美乐葡萄酿造的优质葡萄酒来迎合当时的趋势。新西兰人比尔·南卡罗负责酿造劲头持续、强烈的一系列葡萄酒，包括性价比较高且风格优异的纳帕谷诱饵混酿。尽管它开瓶即饮，但是口味与复杂度丝毫不逊色，从桑葚、烘烤辛香和浓重的雪杉味道，发展至大气且回味无穷的黑醋栗、甘草和摩卡香。

1000 Lodi Lane,St Helena,CA 94574
www.duckhorn.com

🏰 Eberle Winery San Luis Obispo County,Central Coast

埃贝尔酿酒厂 圣路易斯奥比斯波郡 中央海岸

🍾 *Syrah,Steinbeck Vineyard,Paso Robles(red)*

帕索罗布尔斯斯坦贝克葡萄园西拉（红）

　　1973年，当加里·埃伯利初次到达帕索罗布尔斯时，这个地区的酿酒业还处于初期阶段。1978年，他成为第一个加利福尼亚州葡萄酒制造商，100%生产和销售西拉葡萄酒。1983年，他创建了埃贝尔酿酒厂，进一步稳固了他在西拉领域的声望，随即推出斯坦贝克葡萄园这款美酒。这是一款相当有结构的葡萄酒，带有新鲜的黑莓、梅子和丁香的香气，完美地体现了加利福尼亚州西拉生产商的技术水准。

3810 Highway 46 East,Paso Robles,CA 93447
www.eberlewinery.com

Edmunds St John San Francisco Bay,Central Coast
埃德蒙茨圣约翰酒庄 旧金山湾 中央海岸

Gamay Noir Bone-Jolly,El Dorado County(red)
埃尔多拉多佳美（红）

埃德蒙茨圣约翰酒庄的名字取自两位所有者：史蒂夫·埃德蒙茨和妻子科尼雅莉·圣约翰，二人酿造葡萄酒的灵感源自伯克利的罗讷以及东" 地区。1985年，罗讷的时尚元素在加利福尼亚州流行。对于葡萄酒酿造，埃德蒙茨是传统派，他认为应当尽可能减少人为干预酿造过程，让葡萄酒呈现出原汁原味。来自埃尔多拉多的佳美红葡萄酒完全展现出了埃德蒙茨圣约翰系列葡萄酒的精髓。这款酒易饮，充满活力，山莓、香料和紫罗兰的气息从青草味中一跃而出，而且酸度稳定，清爽怡人。

未提供参观信息
www.edmundsstjohn.com

Elke Vineyards Mendocino
埃尔克葡萄园 门多西诺

Pinot Noir,Anderson Valley(red)
安德森谷黑皮诺（红）

很少有黑皮诺红葡萄酒能像来自安德森谷的黑皮诺这般迷人。它入口顺滑，层次丰富，色泽淡红，在烤面包和檀香木的香气中，流露出烤樱桃、肉桂和肉豆蔻的味道。这款酒极其诱人。

12351 Highway 128,Boonville,CA 95415
www.elkevineyards.com

Enkidu Winery Sonoma Valley,Sonoma
恩奇都酒庄 索诺玛谷 索诺玛

Humbaba Rhone Red Blend, Sonoma(red); E Cabernet Sauvignon, Sonoma Valley(red)
索诺玛洪巴巴罗讷红葡萄混酿（红）；索诺玛谷E系列赤霞珠（红）

20世纪80年代末至90年代，菲利普·斯蒂尔在卡蒙庄园酿制接近10年葡萄酒后，毅然离开，开始筹建恩奇都酒庄。斯蒂尔从索诺玛和纳帕谷的种植商手中购买葡萄，酿成多种葡萄酒。斯蒂尔只酿造少量葡萄酒，但十分注重细节，减少人为干预，让水果风味自然流露，尽可能减少橡木塞的影响。洪巴巴罗讷红葡萄混酿如夜色般墨黑，复杂的味道徜徉于舌尖，小西拉蓝色水果的芬芳为这款酒注入了一丝深邃和情趣。E系列赤霞珠易于入口，明亮浓郁的水果香扑面而来。

未提供参观信息
www.enkiduwines.com

葡萄酒的橡木风味

"橡木（Oak）"、"橡木的（Oaky）"或"烘烤橡木（Toasted oak）"等字眼是目前最流行的葡萄酒评论术语。如果你曾在堆满橡木木料的橱柜店逗留过，你就会知道橡木的味道了。即使未曾如此直接地闻过橡木的味道，也能清楚地品尝出橡木给葡萄酒带来的影响。

橡木风味类似于香草、椰子、雪松、烤面包、枫糖，甚至是熏培根的味道。它们通常是葡萄酒中最主要的味道，甚至超过了葡萄本身。全世界的酿酒师都使用橡木容器来陈年他们的葡萄酒，已经这样进行了上百年。最初，橡木桶只作为储存工具，而并非用来提升品质。后来，酿酒师认识到橡木桶还能增加酒的风味，丰富口感结构。最终，橡木成为葡萄酒不可分割的一部分。

从20世纪70年代开始，酿酒师开始尝试不通过昂贵的橡木桶来获取橡木的风味。他们在葡萄酒酿造或陈年过程中，加入橡木片、橡木粉或橡木板。一些酿酒师则提倡生产不受橡木风味影响的葡萄酒（"Unoaked"、"Non-oaked"或"Naked"），葡萄酒的发酵和陈年过程在不锈钢、塑料容器或已经没有橡木味的旧木桶中完成。利用这种方法令葡萄表现出自身自然纯粹的特点。

在橡木桶中陈年，可以为葡萄酒增加风味与复杂的结构。

在家中举办葡萄酒品鉴会

在家举行葡萄酒品尝活动，你和客人可以认识并品评新酒，同时为聚会提供了绝佳的主题，对所有人来说都会非常有意思。为什么不举办一系列的葡萄酒品鉴活动呢？每一两个月可以与朋友轮流举办这个活动。用不了多久，你就会拥有一个半官方的葡萄酒品尝团队以及不断更新的专业葡萄酒推荐资源——来自你自己和你的朋友们。

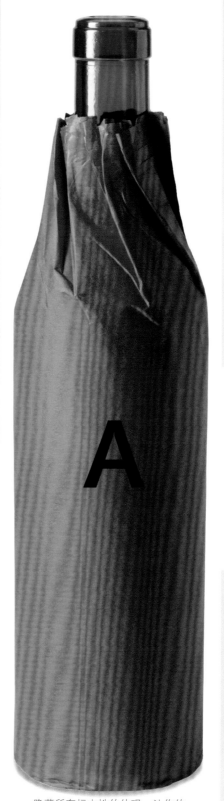

隐藏所有标志性的外观，让你的客人自由表达真实的意见。

1 选择一个主题
如果你在邀请客人之前，能为品尝的葡萄酒划定一个范围，会让每位参与者更有的放矢。考虑举办活动的时间，并尝试选出适合的葡萄酒。例如，如果正好在圣诞节之前，可以选择香槟；如果在夏季，可以选择桃红。选出一种葡萄酒，而且条件越详细越好。最简单的主题是水平品尝，即所有葡萄酒均为同一年份，但产自不同的葡萄园和酒庄。你也可以尝试垂直品尝，即来自同一酒庄、同一葡萄园，但属于不同年份的葡萄酒。

2 邀请客人
邀请6~8位朋友，要求每人带一瓶符合主题的葡萄酒。最好让他们也带上酒杯，这样你就不必在活动结束，大家离开后要刷几十只杯子（假设你有这么多杯子）。余下的就是需要你提供灵感、场地和一些能够清洁口腔的小点心。

5 公布结果

在你将葡萄酒酒标展示给大家看之前，统计客人最喜欢的葡萄酒，可以以书面的方式或举手表决。当你的朋友给著名品牌打了低分并试图撤回评价时，场面会非常滑稽有趣。

4 解释规则

在所有人品尝之前，花1分钟来解释规则。如"我们选取法国西南部的葡萄酒，均来自于同一个村庄，20XX年份。"提供笔和便签（或提前印好的打分卡，每瓶酒都有对应的栏目），鼓励你的朋友简略记下他们的感觉，并为葡萄酒打分。随后，尝、喝、吃并讨论，开心玩乐。等所有人品尝过所有葡萄酒之后才揭晓答案。

3 遮盖酒瓶

隐藏葡萄酒所有标志性外观。当客人到来之后，将酒瓶放入纸袋或包裹几层纸，并用胶布缠牢。在酒瓶上标记A、B、C等标志，如果你想做得更专业一些，可为每位客人准备对应酒瓶编号的杯垫，让它们与葡萄酒对应。移除其他有助于识别品牌的标志。割断铝箔，拔出酒塞，拧开盖子，把它们都藏起来。

等所有人都挑选出他们最爱的葡萄酒后，才揭晓葡萄酒的真实面貌。

小点心

如果既不希望葡萄酒损伤空空如也的肠胃，也不愿意让味道辛辣或浓郁的食物干扰了葡萄酒的香气或味道，那可以选择柔和可口的咸饼干和少酱汁的蔬菜沙拉搭配，而并非昂贵的开胃菜效果才好。

提供适当的食物与葡萄酒搭配品尝时，可以为品酒活动增加乐趣。当举办特定类型的葡萄酒品尝活动时，你可以准备两三种小点心来测试与这款葡萄酒的契合度，来宾可以投票选出他们的最爱。例如，切成小块的牛排与阿根廷马尔贝克；一些简单烹煮的海鲜也不错，如橄榄油大虾与长相思。

如果你非常慷慨，甚至可以准备少量主菜，在品尝活动结束后，让他们搭配最喜欢的葡萄酒共享。

选择简单且味道轻淡的食物，如咸饼干。

🍶 **Etude** Carneros
爱丽酒庄　卡内罗斯

🍷 *Pinot Grils, Carneros(white)*
卡内罗斯黑皮诺（白）

　　爱丽酒庄是一座非同凡响的葡萄酒庄，因盛产顶级黑皮诺和赤霞珠而享誉盛名，还拥有许多出色的产品。酒庄的创始人东尼·索特，令酒庄声名鹊起。之后，他将酒庄出售给澳大利亚福斯特（Foster）酒业集团。酒庄被收购后，酿酒师乔·普利斯特保留了葡萄酒的原汁原味，但在其中加入了美味的黑皮诺。阿尔萨斯的原有的风土（葡萄藤是从法国移植来的）中，伴有馥郁的植物芬芳和白坚果的香气，提升了白桃和新鲜柑橘的浓郁口感。

1250 Cuttings Wharf
Road,Napa,CA 94558
www.etudewines.com

🍶 **Ferrari-Carano Vineyards** Dry Creek Valley,Sonoma
法拉利-卡拉诺庄园 干溪谷 索诺玛

🍷 *Siena Sangiovese-Malbec Blend,Sonoma (red);Furné Blanc(white)*
索诺玛西耶那桑娇维赛-马尔贝克混酿（红）；长相思（白）

　　法拉利-卡拉诺庄园因美妙迷人的花园而闻名，历来是旅行团的参观路线。庄园酿制多种口感迷人的葡萄酒，有两款葡萄酒因品质和价值卓越脱颖而出：西耶那是桑娇维赛和马尔贝克混酿的天造之合，红果香味四溢，味美汁甜，口感均衡；白葡萄酒长相思香气细腻，酸橙的果香与青草的清新弥漫在柠檬和芒果浓郁的香味之中，余味浓郁。

8761 Dry Creek Rd,Healdsburg,CA 95448
www.ferrari-carano.com

🍶 **Flora Springs** St Helena,Napa Valley
花溪酒庄 圣赫勒拿 纳帕谷

🍷 *Sangiovese,Napa Valley(red)*
纳帕谷桑娇维赛（红）

　　25年前，杰瑞和弗洛拉·科梅斯创立了花溪酒庄，以家族方式经营，如今由家族的第三代掌管。花溪三部曲备受人们关注，它是一款由赤霞珠、品丽珠和美乐混酿而成的顶级红葡萄酒。但销路最广，让品酒师寻迹而来的还是上好的桑娇维赛。它口感均衡，适中的橡木陈年彰显出其中的果味和酸度，伴有樱桃、蔓越莓和香料的浓香。

1978 West Zinfandel Lane,St Helena,CA 94574
www.florasprings.com

🍶 **Folie à Deux Winery** St Helena,Napa Valley
弗利埃都酒庄 圣赫勒拿 纳帕谷

🍷 *Cabernet Sauvignon，Napa Valley (red); Chardonnay, Napa Valley(white)*
纳帕谷赤霞珠（红）；纳帕谷霞多丽（白）

　　20世纪80年代，因其出产的白仙粉黛热销，该酒庄的名字就与半干型桃红葡萄酒联系起来。酒庄也拥有众多其他系列品牌，包括一贯物超所值的弗利埃都。中度酒体的赤霞珠尽显黑樱桃的香气，甜美浓重的辛香中，突显质感圆润、味道浓醇的黑果味。霞多丽带有热带水果沙拉和烤椰子的香味，伴有香草饱满的奶油味和坚果蛋奶味，最后以香脆的肉豆蔻味收尾。

7481 St Helena Highway,St Helena,CA 94562
www.trincherowinery.com

北美地区·NORTH AMERICA　227

Foursight Wines Anderson Valley,Mendocino
佛赛特葡萄酒 安德森谷 门多西诺

Sauvignon Blanc,Charles Vineyard,Anderson Valley(white)
安德森谷查尔斯庄园长相思（白）

葡萄园中种植着黑皮诺、长相思和赛美蓉等品种，之后建起了酿酒厂，酿造出的葡萄酒明亮而雅致，长相思尤为引人注目。这款葡萄酒清爽怡人，带有新鲜的苹果、成熟的甜瓜和强烈的柑橘味。在午餐或晚餐时，冷藏后搭配鱼类菜肴，口感最佳。

14475 Highway 128,Boonville,CA 95466
www.foursightwines.com

Francis Ford Coppola Winery Alexander Valley,Sonoma
弗朗西斯福特科波拉酒庄 亚历山大谷 索诺玛

Diamond Collection Claret,California(red);Director's Cut Cabernet Sauvignon,Alexander Valley(red)
加利福尼亚钻石精选（红）；亚历山大谷科波拉名导之手赤霞珠（红）

钻石精选是一款经典波尔多混酿红葡萄酒，在酿造葡萄酒的最佳年份酿制，带有丰富的浆果和李子香味，酒体结构稳定且均衡。科波拉名导之手赤霞珠具有亚历山大谷标志性的红果烈香，伴有深色浆果味，酒体饱满，质地细腻。

300 Via Archimedes,Geyserville,CA 95441
www.franciscoppolawinery.com

Freemark Abbey St Helena,Napa Valley
自由马克修道院 圣赫勒拿 纳帕谷

Chardonnay,Napa Valley(white)
纳帕谷霞多丽（白）

这款纳帕谷霞多丽出自约瑟芬和约翰·蒂克松于1886年购买的庄园。约翰去世后，约瑟芬接手生意。几经周折，2006年酒庄被杰克家族收购，并投入了大量资金，使原本很出色的葡萄酒蒸蒸日上。

3022 St Helena Highway North，St Helena，CA 94574
www.freemarkabbey.com

Gloria Ferrer Winery Carneros
光荣菲拉酒庄 卡内罗斯

Brut,Sonoma(sparking);Blanc de Noris, Carneros (sparkling)
索诺玛干型（起泡）；卡内罗斯黑中白（起泡）

索诺玛干型的特点是奶油味浓郁，标志性烤水果香味几乎被慕斯味覆盖。它具有活跃的矿物质味，以烤面包味收尾，格调轻快活泼。黑中白（采用黑皮诺与少许霞多丽）是一款酒体饱满的起泡酒，具有香草、草莓、奶油和黑樱桃的香味，色泽淡红。

23555 Carneros Highway,Sonoma,CA 95476
www.gloriaferrer.com

Greenwood Ridge Vineyards Mendocino
青木桥酒庄 门多西诺

WhiteRiesling, MendocinoRidge, EstateBottled (white)
门多西诺桥雷司令（白）

好酒无须多言，青木桥的门多西诺桥雷司令白葡萄酒，一次又一次地证明了这句话。轻呷一口，迷人、轻盈、芬芳、新鲜、微甜，易于品尝且入口丝滑，带有诱人的蜂蜜味和苹果香，果味细腻。青木桥酒庄是安德森谷最古老的酒庄之一（建于1980年），却富于创新。在酒庄里，游客到处都能看到太阳能和生物柴油汽车，还可以参观主人艾伦·格林的艺术品。他是一名涂鸦艺术家，设计了醒目的丝印葡萄酒标签。他浑身上下充满了创意细胞，还想为葡萄酒俱乐部的会员举办年度品酒竞赛，并设计了悬挂在品酒室上方的三角奖旗。

5501 Highway 128,Philo,CA 95466
www.greenwoodridge.com

♨ **Gundlach Bundschu Winery** Sonoma Valley,Sonoma
邦德舒酒庄 索诺玛谷 索诺玛

♨ *Gewürztraminer,Sonoma Coast(white);Mountain Cuvee Bordeaux Blend,Sonoma Valley(red)*
索诺玛海岸琼瑶浆（白）；索诺玛谷山峰波尔多特酿（红）

1858年，巴伐利亚移民雅各布·冈德拉奇创建了邦德舒酒庄。索诺玛海岸琼瑶浆，颜色呈清新的矿物白，荔枝和坚果的香味逐渐演变成味域广阔的绿柑味，是一款可口的极干型白葡萄酒。山峰波尔多特酿红葡萄酒酒体单调轻薄，前味带有纯粹的红果香（李子和石榴），后味带有茴香的辛香。

2000 Denmark St,Sonoma,CA 95476
www.gunbun.com

♨ **Hahn Estates** Monterey County,Central Coast
哈恩庄园 蒙特雷郡 中央海岸

♨ *Hahn Winery,Pinot Noir,Monterey(red)*
蒙特雷哈恩酒庄黑皮诺（红）

尼基·哈恩带着来自圣露西亚高地的史密斯与霍克赤霞珠干红，打入蒙特雷葡萄酒界。事实上，圣露西亚高地并不是赤霞珠的最佳产地，那里过于寒冷，不能保证每个年份的葡萄熟透。所以哈恩转向开发哈恩庄园，在其他地区增加葡萄园数量。随着大众喜爱品牌——单车女神的发展，生意也开始扩大。现在，哈恩在帕索罗布尔斯种植赤霞珠，注意力也从蒙特雷的葡萄园转移到适合在寒冷气候种植的葡萄品种，如黑皮诺。品质优良的黑皮诺很多，但贴有哈恩酒庄标签的价值最高。它明亮、果味浓郁，略带开胃的绿叶气息。

37700 Foothill Rd,Soledad,CA 93960
www.hahnfamilywines.com

♨ **Handley Cellars**
Mendocino
汉德利酒窖 门多西诺

♨ *Chardonnay,Estate Vineyard,Anderson Valley(white);Pinot Noir,Anderson Valley(red)*
安德森谷庄园葡萄园霞多丽（白）；安德森谷黑皮诺（红）

汉德利酒窖的安德森谷霞多丽香味复杂，混合了梨、香草、无花果和黄油的味道，口感浓郁、成熟且甜美，酒精含量适中。黑皮诺则平衡适度，轻淡开胃，可搭配烤野鸡和扒三文鱼。它虽压抑了几许成熟的果味，但却洋溢出肉桂和樱桃的香气，单宁稳定。这两款葡萄酒均为米拉·汉德利低调酿酒风格的典范。

3151 Highway 128,Philo,CA 95466
www.handleycellars.com

Hanna Winery Russian River Valley, Sonoma

汉纳酒庄　俄罗斯河谷　索诺玛

Sauvignon Blanc, Russian River Valley(white); Chardonnay, Russian River Valley(white)

俄罗斯河谷长相思（白）；俄罗斯河谷霞多丽（白）

酒庄酿制的长相思，具有葡萄柚、芳香的草本植物、艳丽成熟的柑橘和多汁核果的特征，味道清新。霞多丽酒具有浓烈的成熟果香、奶油柑橘味和苹果的味道，构建起丰富的结构，最后以坚果和明亮的矿物质味道收尾。

9280 Highway 128, Healdburg, CA 95448
www.hannawinery.com

Hess Collection Mount Veeder, Nappa Valley

赫斯精选酒庄　维德山　纳帕谷

Select Chardonnay, Monterey(white); Cabernet Sauvignon, Allomi Vineyard, Napa Valley(red)

蒙特雷精选霞多丽（白）；纳帕谷阿罗密葡萄园赤霞珠（红）

爽脆的蒙特雷精选霞多丽，带有柑橘和甜蜜的香草味，成熟的菠萝和热带水果香味与橡木的味道平衡得很好。阿罗密葡萄园赤霞珠，散发着浓缩黑樱桃和焦糖的香味，带有成熟的黑李子与烘烤香料味，暗黑色的烤橡木余味流连于唇齿之间。

4411 Redwood Rd, Napa, CA 94558
www.hesscollection.com

Honig Vineyard and Winery Rutherford, Napa Valley

鸿宁酒庄　卢瑟福　纳帕谷

Sauvignon Blanc, Napa Valley(white)

纳帕谷长相思（白）

这款酒由天才酿酒师克里斯汀·贝莱尔酿制，鸿宁酒庄也因这款口感丰满的酒而出名。鸿宁酒庄老板迈克尔·鸿宁支持贝莱尔，他在推行可持续发展的山谷葡萄栽培技术领域，一直走在最前沿。

850 Rutherford Rd, Rutherford, CA 94573
www.honigwine.com

Hook & Ladder Winery Russian River Valley, Sonoma

钩梯酒庄　俄罗斯河谷　索诺玛

Tillerman Cabernet Blend, Russian River Vally(red); Pinot Noir, Russian River Valley(red)

有机葡萄酒

"有机"这个词意味着健康和环境效益，并且承诺不含化学杀虫剂和化学肥料。

抵制使用合成肥料来增加土壤肥力，避免叶片和果穗喷洒化学药剂。种植者摒弃这些本不属于葡萄园的外来杂质，取而代之的方式是有机种植者应用有机喷雾来预防霉菌，施用堆肥，在葡萄藤之间种植矮小的植物，以增加土壤中的蚯蚓、昆虫和微生物。从味道和质量来看，有机葡萄酒已经走过了漫长的道路，在价格上能够与传统酿造的葡萄酒竞争。不过，对于不同的葡萄酒，有机的定义往往有所区别，而且国家与国家之间的酒标也不同。例如，酒标上标明"由有机种植的葡萄酿造（Wines made from organically grown grapes）"，不一定与"有机（Organic）"是同一个意思。前者是欧盟唯一官方认可的有机标签。这说明，葡萄上可以喷洒硫酸铜溶剂，并且在酒厂酿酒过程中，可以加入二氧化硫作为防腐剂。在美国，二氧化硫不允许加入标明"有机"的葡萄酒中。所以，"由有机种植的葡萄酿造"要比"有机葡萄酒(Organic wines)"更常见。当然，有机葡萄酒的质量也如同非有机葡萄酒一样参差不齐，但是对于那些关心环境的人来说，这种产品更有道德效益。

覆盖地表的作物有利于有益微生物的生长。

俄罗斯河谷舵手赤霞珠混酿（红）；俄罗斯河谷黑皮诺（红）

酒庄酿酒的葡萄全部来自家族拥有的152万平方米葡萄园。舵手赤霞珠混酿具有黑色水果的复杂性、雪松的芳香味道和明快的巧克力樱桃味道，原料中的品丽珠赋予它爽口的青草香。黑皮诺酒体中等，展现出成熟且让人耳目一新的风格，在辛香樱桃、饱满的巧克力和可乐香气中，伴随着烤面包与胡椒的余味。

2027 Olivet Rd, Santa Rosa, CA 95401
www.hookandladderwinery.com

Hop Kiln Winery Russian River Valley, Sonoma
跃窖酒庄 俄罗斯河谷 索诺玛

Chardonnay, Sonoma(white);Pinot Noir, Russian River Valley(red)
索诺玛霞多丽（白）；俄罗斯河谷黑皮诺（红）

这里的霞多丽酒体平衡，具有馥郁的花香和坚果的迷人香气，略带成熟烤梨的口感。黑皮诺酒体饱满，丝滑细腻，完美展现出紫罗兰、红樱桃和黑莓的复杂香气，伴随着香料的余香。

6050 Westside Rd, Healdsburg, CA 95448
www.hopkilnwinery.com

Imagery Estate Sonoma Valley, Sonoma
意象酒庄 索诺玛谷 索诺玛

Grenache, Sonoma Mountain(red);Muscato di Canelli, Lake County(white)
索诺玛山歌海娜（红）；大湖区麝香（白）

意象酒庄开始于乔·本齐格的规划，他致力于种植家族葡萄园的中优质且稀有葡萄品种。如越来越重要的歌海娜，酒体中等，红色果酱气息缠绕在香辛、樱桃和李子的味道中，慢慢泛起烘焙香料的回味。大湖区麝香拥有迷人的柠檬花香，酒体中等，蜜糖、熟苹果和可丽香瓜的香气沁人心脾。

14335 Highway 12, Glen Ellen, CA 95442
www.imagerywinery.com

Joseph Swan Vineyards Russian River Valley, Sonoma
约瑟夫斯旺酒庄 俄罗斯河谷 索诺玛

Cuvée du Trois Pinot Noir, Russian River Valley (red); Marsanne-Roussanne, Russian River Valley(white)
俄罗斯河谷三号特酿黑皮诺（红）；俄罗斯河谷玛珊-胡珊（白）

三号特酿黑皮诺是不容置疑最好的佳酿之一，也是索诺玛

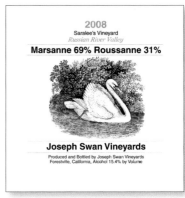

地区最有价值的黑皮诺之一。酒体深色紧实，散发着红樱桃、泥土和茶的愉悦香气。庄园的玛珊-胡珊也毫不逊色，烤苹果的浓郁香气透露出饱满、矿物质以及罗讷河谷风格的复合体。

2916 Laguna Rd, Forestville, CA 95436
www.swanwinery.com

J Vineyards Russian River Valley, Sonoma
J 酒庄 俄罗斯河谷 索诺玛

J Cuvée 20 Brut NV, Russian River Valley (sparkling); Cooper Vineyard Pinot Gris, California (white)
俄罗斯河谷J20系列特酿干型起泡酒（起泡）；加利福尼亚库珀园灰皮诺（白）

J20系列特酿干型起泡酒可以完美展示出酒庄的风格，柠檬和忍冬花的香气，烘托出烘焙奶油、柠檬和香梨的味道，口感活跃而复杂。酒庄也生产高品质的系列静态葡萄酒，如库珀园灰皮诺，由花香和柑橘的芳香，引出矿物质、烤坚果和蜜饯橙皮的口感，余味清新干爽。

11447 Old Redwood Highway, Healdsburg, CA 95448
www.jwine.com

Karly Wines Amador County, Inland California
凯利酒庄 阿玛多尔郡 加利福尼亚内陆

Sauvignon Blanc, Amador County(white)
阿玛多尔长相思（白）

1978年，巴克·柯布创立凯利酒庄，他发现长相思将会成为炎热的塞拉丘陵地区家庭饮用最多的绿色葡萄酒。酒体饱满，口味微甜的阿马多尔长相思具有丰富的热带水果香气，可作为泰式佳肴的开胃酒。

11076 Bell Rd, Plymouth, CA 95669
www.karlywines.com

iii Kendall Jackson Wine Estates Russian River Valley,Sonoma

肯德尔杰克逊酒庄 俄罗斯河谷 索诺玛

iii *Grand Reserve Cabernet Sauvignon, Sonoma (red); Vintners' Reserve Pinot Noir,California(red)*

索诺玛俄罗斯河谷珍藏赤霞珠(红)；加利福尼亚酿酒师珍藏黑皮诺（红）

　　肯德尔杰克逊酒庄是美国最成功的葡萄酒生产商之一，也是世界上最大的葡萄酒生产商之一。珍藏赤霞珠晶莹闪亮，散发出黑色水果和黑醋栗的香气，酒体饱满，黑色莓果和烘烤橡木的口感浓郁。酿酒师珍藏黑皮诺具有草莓和樱桃细腻、优雅的香气，伴随着黑色莓果的口感，酒体轻盈，泥土气息中透露出一丝烘焙的香气。

5007 Fulton Rd,Santa Rosa,CA 95403
www.kj.com

iii Kenwood Vineyards Sonoma Valley,Sonoma

金舞酒庄 索诺玛谷 索诺玛

iii *Cabernet Sauvignon,Jack London Vineyard(red); Pinot Gris,Sonoma County(white)*

杰克伦敦园赤霞珠（红）；索诺玛灰皮诺（白）

　　金舞酒庄是家品质卓越的生产商，拥有40多年的酿酒史，年生产量可达360万瓶，不过很多入门级酒款都不能让人特别兴奋。杰克伦敦园赤霞珠，酒香中散发出醋栗和李子的香气，酒体复杂饱满，显著的黑色水果香气中透出干草和雪松的味道。索诺玛灰皮诺，散发着明快晶莹的热带水果和柑橘的清香，以及矿物质、坚果和成熟柑橘的味道。

9592 Sonoma Highway,Kenwood,CA 95452
www.kenwoodvineyards.com

iii Laetitia Vineyard San Luis Obispo County,Central Coast

霁霞酒庄 圣路易斯奥比斯波郡 中央海岸

iii *Brut Cuvée Estate,Arroyo Grande Valley(sparkling); Syrah Estate,Arroyo Grande Valley(red)*

阿罗约大谷特酿干型（起泡）；阿罗约大谷庄园西拉（红）

　　霁霞酒庄地处阿罗约大谷，气候凉爽。生产起泡酒的历史源自梅森·多伊茨的创意。现在酒庄仍然生产无年份的特酿干型起泡酒，隐约散发出草莓的香气，口感如丝般细腻、顺滑。受益于凉爽的气候，西拉呈现出明快的烟熏气息，黑莓的果香中闪现出白胡椒的清香，融合了柔和且细腻的单宁。

453 Laetitia Vineyard Drive,Arroyo Grande,CA 93420
www.laetitiawine.com

iii Lange Twins Winery Lodi,Inland California

兰格双胞胎酒庄 洛迪 加利福尼亚内陆

iii *Moscato,Lodi and Clarksburg(white)*

洛迪和克拉克斯堡麝香（白）

　　新鲜感十足的洛迪和克拉克斯堡麝香干白是庄园麝香起泡酒的代表作。它拥有细腻丰盈的气泡，泛着四溢的花香，微甜活跃的香气彰显出橙花和蜜柑的口感。

1525 East Jahant Rd,Acampo,CA 95220
www.langetwins.com

iii Langtry Estate Lake County

兰特里酒庄 大湖区

iii *Guenoc,Sauvignon Blanc,Lake County(white)*

大湖区格诺克长相思（白）

　　兰特里酒庄拥有大湖区整个格诺克山谷，共计8500万平方米，但只利用其中相对较小的一片土地种植葡萄。酒庄悠久历史沉淀的魅力，表现在充满热带水果气息的格诺克长相思中。

21000 Butts Canyon Road,Middletown,CA 95461
www.langtryestate.com

J Lohr Vineyards San Luis Obispo County, Central Coast
杰罗酒庄 圣路易斯奥比斯波郡 中央海岸
Syrah, South Ridge, Paso Robles(red)
帕索罗布尔斯南山西拉（红）

帕索罗布尔斯主产强劲的红葡萄酒，酒庄将其分成不同品种和层次。帕索罗布尔斯南山西拉酒体丰满，圆润易饮，具有成熟的黑莓、烘焙咖啡和香料香气，香味与细腻的单宁完美融合。

6169 Airport Rd, Paso Robles, CA 93446
www.jlohr.com

Lolonis Mendocino
洛龙尼酒庄 门多西诺
Chardonnay, Redwood Valley(white)
红杉溪谷霞多丽（白）

洛龙尼酒庄的红杉溪谷霞多丽绝对堪称加利福尼亚州霞多丽中的"强劲酒"。它质感丰富，令人垂涎欲滴，余味绵延悠长，在烘焙、法式黄油面包的酒香中，释放出香甜熟梨和无花果的味道。这款酒简直是缅因龙虾的绝配。

1905 Road D, Redwood Valley, CA 95470
www.lolonis.com

Long Meadow Ranch Napa Valley
长草甸农庄 纳帕谷
Ranch House Red Blend, Napa Valley(red)
纳帕谷牧场房子混酿干红（红）

牧场房子混酿干红来自长草甸农庄，是一款易饮型酒款，采用赤霞珠、美乐、桑娇维赛和西拉混酿而成。散发着浓郁的黑色水果和香料的香气，质感紧实，回味细腻优美。

738 Main St, St Helena, CA 94574
www.longmeadowranch.com

MacRostie Winery Carneros
麦克罗斯奇酒庄 卡内罗斯
Pinot Noir, Carneros(red)
卡内罗斯黑皮诺（红）

卡内罗斯黑皮诺，色泽较深，成熟，酒体饱满，展现出烟熏的黑色樱桃、桂皮和可乐的香气。完美平衡的结构，使其既易于入口又值得珍藏。

21481 8th St East 25, Sonoma, CA 95476
www.macrostiewinery.com

Madrona Vineyards El Dorado County, Inland California
马卓尼娅酒庄 埃尔多拉多郡 加利福尼亚内陆
New-World Port, El Dorado(fortified)
埃尔多拉多新世界港（强化）

马卓尼娅酒庄最初的7种传统葡萄牙葡萄品种，种植在海拔914米的塞拉丘陵上。酒庄将成熟果香和精致香料的香气转化为极具竞争力的经典波特酒。这正是马卓尼娅酒庄埃尔多拉多新世界港的秘诀所在，也是自1973年迪克·布什家族种植第一株葡萄开始，极尽开拓精神的表现。家族培育一系列不同风格的葡萄品种，使其能稳定地酿造出高品质的葡萄酒。

2560 High Hill Rd, Camino, CA 95709
www.madronavineyards.com

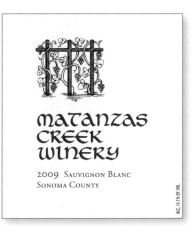

Matanzas Creek Winery Bennett Valley, Sonoma
马坦萨斯溪酒庄 班尼特谷 索诺玛
Sauvignon Blanc, Sonoma County(white)
索诺玛长相思（白）

纯正的长相思散发出浓郁的花香和柑橘香气；长相思则

展现出矿物的气息，酒体中等，带有热带水果和坚果的香气，伴随着柠檬和无花果的味道。这一切都源于一位低调的法国人弗朗索瓦·库德鲁斯。他来自法国的朗多克，搬到加利福尼亚州前，曾在波尔多和澳大利亚学习葡萄酒业务。马坦萨斯溪酒庄是一座非常美丽的庄园，在班尼特谷拥有一片美丽的薰衣草园。1977年，酒庄创立之初，这里是加利福尼亚州葡萄酒业未涉及的领土。使其成名的原因不仅因为酒庄主人的开拓精神，更重要的原因是酒庄长期稳定地出产高品质的葡萄酒，显著的风格是优雅且细腻的低度酒，并非高度的劲酒。

6097 Bennett Valley Rd, Santa Rosa, CA 95404
www.matanzascreek.com

McManis Family Vineyards San Joaquin County, Inland California
美尼斯家族葡萄园 圣瓦金郡 加利福尼亚内陆

Viognier, California(white)
加利福尼亚维欧尼（白）

美尼斯家族葡萄园的酿酒师们并不反对橡木的运用，但是他们清楚地了解，自家葡萄园中的维欧尼本身就足以完美地展示其丰富与质感的特征，所以酿酒师们任它自由地发挥忍冬、蜜橘、苹果和梨的香气。这里的酿酒风格，不论红葡萄品种还是维欧尼与其他白葡萄品种，总能展现出美丽闪亮的格调，带有浓郁的水果香气，而且价格亲民。

18700 East River Rd, Ripon, CA 95366
www.mcmanisfamilyvineyards.com

Morgan Winery Monterey County, Central Coast
摩根酒庄 蒙特雷郡 中央海岸

Un-oaked Chardonnay Metallico, Monterey(white); Syrah, Monterey(red)
蒙特雷美塔利未经橡木霞多丽（白）；蒙特雷西拉（红）

霞多丽绝对是摩根酒庄基因的一部分。1982年，自丹·李开启葡萄酒事业起，出产的第一瓶酒并使其迅速成名的就是霞多丽。时至今日，李依旧在酿造不同价位与不同级别的霞多丽，其中最著名的当然是蒙特雷美塔利未经橡木霞多丽。和其他市面上能找到的未经橡木霞多丽不同，它带有美味的柠檬和苹果的香甜，隐隐闪现奶油的滑腻。毋庸置疑霞多丽是摩根酒庄的法宝，但黑皮诺和西拉如今的地位也很重要。蒙特雷西拉结合多个蒙特雷产区的果实酿制而成，柔顺的烟熏味伴着鲜美红浆果的香甜和薰衣草的气息。

204 Crossroads Blvd, Carmel, CA 93923
www.morganwinery.com

美食与美酒 纳帕谷赤霞珠

对于加利福尼亚人来说，纳帕谷赤霞珠可以表现出这个强大葡萄品种的精髓。它的风味与波尔多赤霞珠的青椒和植物系味道不同，这里的产品一贯呈现出成熟水果与香甜的烤橡木气息。

赤霞珠拥有黑莓、黑醋栗和李子的香气，还有少许橄榄、鼠尾草和苔藓的味道，陈年后会散发出雪茄和皮革的味道，这些丰富、浓郁、圆润且撩人的葡萄酒，能轻松与各种各样的食物搭配。与波尔多的葡萄酒相比，纳帕谷的赤霞珠中充足且丰富的成熟果味、高酒精度和低酸度，能掩饰过度的单宁；剩余的单宁可以通过搭配多脂肪的菜肴来融合。牛肉是首选，也可以尝试原汁上等肋条以及神户汉堡夹当地蓝奶酪或车打奶酪。对于素食者来说，烤茄子可与酒中少许苦味搭配，也可以尝试阿根廷烤肉(烧烤)中，无肉的奇米丘里辣酱面筋串。

羊羔肉更适合略带泥土气息的法国赤霞珠，但对于纳帕谷这种更成熟的版本来说，迷迭香和芥末面包能让口感更平衡。在酱汁中加入黑莓或黑加仑成分（或葡萄酒），可让食物更美味，也可以尝试加入黑橄榄。

以迷迭香调味的烤羊肉，是口感丰富的纳帕谷赤霞珠的理想搭配。

Mount Eden Vineyards Santa Cruz Mountains, Central Coast

伊甸山酒庄 圣克鲁斯山 中央海岸

Chardonnay, Wolff Vineyard, Edna Valley (white)
埃德娜谷沃尔夫园霞多丽（白）

　　1942年，马丁·雷创立了酒庄，这位圣克鲁斯山酿酒史上的重要人物，也曾拥有保罗马森酒庄。1981年起，酒庄得益于酿酒师杰弗里·帕特森长期稳定的表现，葡萄酒的品质优秀。酒庄的杰出代表作是一款极具个性的霞多丽，果实来自于海拔490～680米的低产量葡萄园。另外，酒庄还采购埃德娜谷的葡萄，酿制出沃尔夫园霞多丽，价格更亲民。这款霞多丽比伊甸山霞多丽更清爽，拥有更丰富的热带水果香气，但仍不失优雅和平衡。

22020 Mt Eden Rd, Saratoga, CA 95070
www.mounteden.com

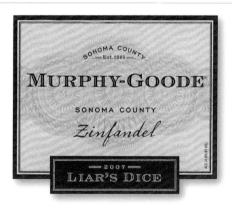

Murphy-Goode Winery Alexander Valley, Sonoma

墨菲-古蒂酒庄 亚历山大谷 索诺玛

Liar's Dice, Zinfandel, Sonoma (red); Fumé, Sauvignon, Alexander Valley (white)
索诺玛大话骰仙仙粉黛（红）；亚历山大谷富美长相思（白）

　　墨菲-古蒂酒庄是一座非常有现代感的酒庄。如今，酒庄隶属杰克逊家族酒庄旗下，但酿造生产仍然由创始人之一的儿子完成。和许多杰克逊家族旗下的产业一样，它和母舰保持着相对独立的风格。大话骰仙仙粉黛迸发出黑树莓和黑醋栗的香气，酒体中等，带有柔和、甜美、黑色水果和果酱香料的气息。与此形成鲜明对比的是富美长相思，它具有精致、青草和柑橘的清香，伴随着奶油、热带水果和清脆的矿物气质。

20 Matheson St, Healdsburg, CA 95448
www.murphygoodewinery.com

Navarro Vineyards

Anderson Valley, Mendocino

纳瓦罗酒庄 安德森谷 门多西诺

Dry Gewürztraminer, Anderson Valley (white)
安德森谷干型琼瑶浆（白）

　　纳瓦罗酒庄的安德森谷干型琼瑶浆开胃宜人，采用阿尔萨斯的酿造方式，在大型橡木桶中进行陈酿，因此也具有同阿尔萨斯干白非常相似的感觉：花香四溢，清脆的苹果味和略显辛香的回味，口感新鲜轻盈。酿造者是泰德·班尼特和黛博拉·卡恩。20世纪70年代，他们是大批前往门多西诺酿酒的先行军，始终秉持最初的绿色理念，所有葡萄酒都是完全尊重自然环境的产物。此外，酒庄还有一系列的创举，用于保护葡萄藤的自然健康。

5601 Highway 128, Philo, CA 95466
www.navarrowine.com

Newton Vineyard Spring Mountain District, Napa Valley
纽顿酒庄 温泉山 纳帕谷

Red Label Claret, Napa Valley(Red)
纳帕谷红标克莱（红）

纽顿酒庄的红标克莱以美乐为主，它是一款波尔多风格的混酿。富有迷人的黑果和深色香料香气，散发着高山水果的风味，透出巧克力、白胡椒和柔软黑李子的美味口感。酒庄已被奢侈品牌路易威登收购，可以成为路易威登旗下的酒庄，足见其值得推荐的优质品质。

2555 Madrona Ave, St Helena, CA 94574
www.newtonvineyard.com

Obsidian Ridge Lake County
黑曜石岭酒庄 大湖区

Cabernet Sauvignon, Lake County, Red Hills(red)
大湖区红山赤霞珠（红）

黑曜石岭酒庄的拥有者莫尔纳家族，在不走寻常路的道路上成功地开拓了葡萄酒事业。1973年，他们在很少人相信可以酿酒的卡内罗斯地区种植葡萄，从匈牙利引进了橡木桶技术，于20世纪90年代发现了大湖区的高纬度产区，即如今的红山。高山产区出产的赤霞珠可以和昂贵的纳帕谷赤霞珠相媲美。它酒体饱满，橡木的香气与樱桃的果香完美结合，隐约闪现出香料的气息，口感层次分明，如天鹅绒般柔顺、绵延。

酒庄参观只接受提前预约
www.tricyclewineco.com

Owl Ridge/Willowbrook Cellars Russian River Valley, Sonoma
猫头鹰岭/威洛布鲁克酒庄 俄罗斯河谷 索诺玛

Sauvignon Blanc, Sonoma County(white)
索诺玛长相思（白）

当你一接触酒杯，就能明显地闻到新西兰风格的醋栗和多汁甜瓜的香气，即可判断出这是猫头鹰岭酒庄的长相思。很快，香气会静静地带来柠檬和甜梨的美味，酒体轻盈，新鲜清脆。约翰·特雷西作为计算机领域的企业家，于20世纪90年代也加入从硅谷到俄罗斯河谷的大军，并创立了猫头鹰岭酒庄。在酿酒师乔·俄托斯的帮助下，他建立了威洛布鲁克酒庄。

未提供参观信息
www.owlridge.com

Pacific Star Winery Mendocino
太平洋之星酒庄 门多西诺

Dad's Daily Red(Red)
老爹日常干红（红）

太平洋之星酒庄的名字名副其实，它是世界上少有的可以直接从酒庄看到海洋的葡萄园。萨莉·欧托森既是酒庄的主人，也是酿酒师，她认为临近海洋不仅风景宜人，对葡萄园还有更深层的影响。盐湿的海雾，潮涨潮落，使这里的葡萄酒在口感和质感上具有特别之处。酒庄的规模不大，酒庄主人为她的产品起了独特的名字，如"我的错"，以及"老爹日常干红"。后者是萨莉父亲最喜欢的酒款，我们很容易理解这款酒的意义。它是很多先锋葡萄品种的完美结合，如佳丽酿、小西拉、仙粉黛和沙帮乐。

401 North Main Street, Fort Bragg, CA 95437
www.pacificstarwinery.com

Parducci Wine Cellars Mendocino
帕尔杜奇酒庄 门多西诺

True Grit, Petite Sirah, Mendocino(red)
门多西诺大地惊雷小西拉（红）

纵观酒庄20世纪的历程，帕尔杜奇酒庄能在门多西诺享誉盛名，全靠不懈地打拼。酒庄主人约翰·帕尔杜奇也因此成当地酿酒业的公众代言人。帕尔杜奇采用不同的葡萄品种，酿造一系列各不相同的酒款，公认最好的就是小西拉。如今酒庄的新拥有者桑希尔家族，同保罗·多兰一起引领酿酒的潮流。保罗·多兰是费策尔酒庄的前总经理，也是生物动力酿造法的忠实拥护者。门多西诺大地惊雷小西拉干红色泽较深，具有浓郁的黑莓口感，酒体饱满。充满果酱感的味道和紧实的质感，让它成为肉类和奶酪的绝配，可陈年5年或更久。

501 Parducci Road, Ukiah, CA 95482
www.parducci.com

霞多丽 CHARDONNAY

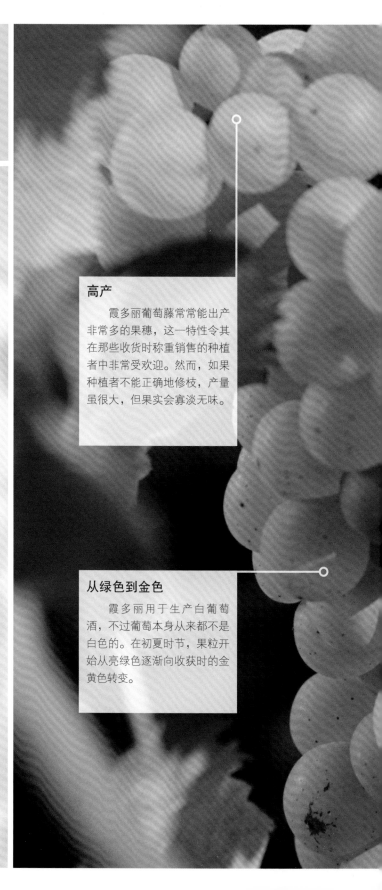

　　霞多丽可以说是世界上最"多才多艺"的葡萄品种，它早已适应了各地的不同气候和葡萄酒的酿造风格，如勃艮第（法国的原产区）、澳大利亚、美国加利福尼亚州、智利、希腊、印度以及其他至少30个国家。

　　如果霞多丽是在橡木桶中完成发酵，它会拥有黄油、榛子与香草的香气。在美国加利福尼亚州和澳大利亚这些温暖地区生长的霞多丽，大多呈现出甘美丰腴的饱满酒体；而在凉爽气候下（如法国的夏布利和新西兰）生长的葡萄，则保留了更多清爽、新鲜与精致的口感。

高产

　　霞多丽葡萄藤常常能出产非常多的果穗，这一特性令其在那些收货时称重销售的种植者中非常受欢迎。然而，如果种植者不能正确地修枝，产量虽很大，但果实会寡淡无味。

从绿色到金色

　　霞多丽用于生产白葡萄酒，不过葡萄本身从来都不是白色的。在初夏时节，果粒开始从亮绿色逐渐向收获时的金黄色转变。

果皮薄

霞多丽的果皮较薄，所以它们容易被霉菌和灰霉感染，其他的昆虫和疾病也容易穿透果皮，并对果汁产生负面影响。霞多丽的种植者必须精心呵护这些葡萄。

透明

霞多丽葡萄并不如其他白葡萄那样透明，但是葡萄藤本身的透明度却很好，这意味着葡萄酒会根据其生长地的不同，而呈现出巨大的差异性。这些产区的差异性体现为"风土"特质。

世界其他产区

全世界几乎所有产区都出产霞多丽，原因之一是近几十年来霞多丽大受欢迎，因而被广泛种植。

今时今日，法国、澳大利亚、美国加利福尼亚州、智利以及其他地区都大量供应霞多丽。由于霞多丽葡萄酒风格多样，每个经典霞多丽产区都能生产出味道独特的葡萄酒。产自马贡区、夏隆内区和夏布利的勃艮第白葡萄酒，口感更清瘦，带有更多奶油味和柠檬味。很多意大利和智利的版本也属于清瘦风格。然而澳大利亚和美国加利福尼亚州的霞多丽则更丰腴、成熟但不刺激，特别是那些酒标上写着宽泛产区的葡萄酒，如加利福尼亚州和东南澳大利亚。

此外，"Blanc de Blancs（即采用白葡萄酿制的白香槟酒）"只使用霞多丽葡萄酿制。

以下是出产霞多丽的顶级产区。可以尝试这些推荐年份的葡萄酒：

伯恩产区：2009，2008，2007

夏隆内产区：2009，2007

马贡产区：2009，2007，2006

索诺玛：2009，2007，2006

马贡产区的圣维安是值得信赖的美味霞多丽产区。

Patianna Organic Vineyards Mendocino
帕提娜有机酒庄 门多西诺

Sauvignon Blanc,Mendocino,Estate Vineyards(white)
门多西诺庄园长相思（白）

　　帕提娜有机酒庄出产的门多西诺长相思带有美味的水果味道，此外白胡椒、西柚和甜瓜的香甜气息也很浓郁，展现出清脆平衡且回味无穷的特征。它的口感和质感，犹如奥地利白葡萄品种绿菲琳娜，但更能表现出带有内陆格调长相思的特征。和费策尔家族（酒庄拥有者）的其他产业一样，酒庄一贯秉承使用有机葡萄酿造葡萄酒的原则。事实上，费策尔家族一直致力于有机葡萄的栽培，许多人认为正是这个原因导致这里的美酒如此纯净不同。

13340 Spring Street,Hopland,CA 95449
www.patianna.com

Pey-Marin Marin County
裴-马林酒庄 马林郡

Punchdown,Syrah,Spicerack Vineyards(red)
调味架园萃皮西拉（红）

　　作为马林最佳酿酒典范，裴-马林酒庄近10多年来都是他人学习的榜样。酒庄主人乔纳森·佩伊，曾在勃艮第、澳大利亚和纳帕谷从事葡萄酒行业多年。而佩伊的妻子苏珊则从事高端餐饮的葡萄酒采购，两人正好是完美的结合。夫妻采用有机种植方式照料葡萄园，而酒庄位于太平洋附近的陡峭山坡上，海雾缭绕，凉爽的气候使葡萄酒新鲜清爽。调味架园萃皮西拉酒体饱满、结构细腻，带有胡椒、黑色水果和干草的清香。

10000 Sir Francis Drake Blvd,Olema,CA 94950
www.marinwines.com

Pine Ridge Winery Stags Leap District,Napa Valley
松树岭酒庄 鹿跃区 纳帕谷

Chenin Blanc-Viognier,Clarksburg(white)
克拉克斯堡白诗南-维欧尼（白）

　　在奥运会场上尽享滑雪激情后，加里·安德勒斯转行从事葡萄酒酿造行业。松树岭酒庄创立于1978年，面积为101万平方米。尽管松树岭酒庄的传统优势是将加利福尼亚州不同产区的赤霞珠完美平衡，也曾因此赢得了美誉，但其最好的佳酿却是一款白葡萄酒——白诗南-维欧尼。它非同凡响地融合了法国罗讷河谷和卢瓦尔河谷的风格，维欧尼迷人的香气（茉莉花、荔枝和柑橘）与白诗南的熟甜瓜、甜梨的口感，不可思议地完美结合，恰到好处的甜度，爽口又清新。

5901 Silverado Trail,Napa,CA 94558
www.pineridgewinery.com

Porter Creek Vineyards Russian River Valley,Sonoma
波特溪酒庄 俄罗斯河谷 索诺玛

Old Vine Carignan,Mendocino(red)
门多西诺老藤佳丽酿（红）

　　波特溪酒庄老藤佳丽酿展现出只有老藤佳丽酿才具有的魅力。来自亚历山大谷的老藤，毫无保留地释放出接骨木花和覆盆子的香气，透着平衡多汁、荆棘类水果的味道。这座家族式酒庄的名字源自于酒庄旁边的小溪，创建于1982年。1997年，亚里克斯·戴维斯继承了父亲的酒庄，尽管他之前并不出名，但现在已迅速成为俄罗斯河谷产区的知名人物。酒庄的建筑也非常有特点，带有慵懒且轻快的格调。酒庄的酒款不多，但却表现不凡，葡萄园严格采用生物动力法来管理。

8735 Westside Rd,Healdsburg,CA 95448
www.portercreekvineyards.com

Pride Mountain Vineyards St Helena,Napa Valley,Sonoma
傲山酒庄 圣赫勒拿 纳帕谷 索诺玛

Viognier,Sonoma(white)
索诺玛维欧尼（白）

　　如果你想收集酿酒业离奇想法的代表，那非傲山酒庄莫属。酒庄位于索诺玛和纳帕谷交界的山脊顶峰，沿着界的两边蜿蜒而下。这意味着酒庄需要有两间酿酒厂，一间位于索诺玛，一间位于纳帕谷。酒标上的产区经常变动（时而纳帕谷，时而索诺玛），但是酒质却能持续保持高品质。索诺玛维欧尼在各方便都表现强劲，丰富的柑橘与坚果香气，质感厚实，蜜汁白梨的口感在凉爽的侍酒温度下表现绝佳。

4026 Spring Mountain Rd,St Helena,CA 94574
www.pridewines.com

🏛 Quivira Vineyards
Dry Creek Valley,Sonoma

基维拉酒庄 干溪谷 索诺玛

🍷 *Grenache,Wine Creek Ranch(red)*

小溪农场歌海娜（红）

　　基维拉酒庄成立于1987年，是加利福尼亚州早期采用可持续发展葡萄园和绿色自然理念的先驱之一。现在史蒂文·坎特成为酒庄的新主人。酒庄最终由于使用生物动力法和太阳能而出名。基维拉酒庄是少数在干溪谷酿造歌海娜的酒庄之一，品质表现非凡，美味可口。李子和草莓的香气，渗透出深邃、纯粹的口感，入口圆润，酒体平衡，易于饮用。

4900 West Dry Creek Rd, Healdsburg, CA 95448
www.quivirawine.com

🏛 Qupé Wine Cellars
Santa Barbara County,Central Coast

魁北酒窖 圣芭芭拉郡 中央海岸

🍷 *Syrah, Central Coast(red)*

中央海岸西拉（红）

　　魁北酒窖的主人兼酿酒师鲍勃·林奎斯特，擅长酿造罗讷河谷风格的加利福尼亚州葡萄酒。如今他酿造西拉葡萄酒，性价比高的中央海岸西拉最能体现出凉爽气候的典型特征：明亮的樱桃色伴着香料、烟草和茶的味道。

2963 Grand Ave,Los Olivos,CA 93441
www.qupe.com

🏛 Rancho Zabaco Winery
Dry Creek Valley,Sonoma

萨尔堡酒庄 干溪谷 索诺玛

🍷 *Zinfandel,Heritage Vines,Sonoma(red)*

索诺玛老藤仙粉黛（红）

　　萨尔堡酒庄是加洛家族拥有的众多品牌酒庄之一，酒庄最值得推荐的酒款是仙粉黛，由酿酒师埃里克·辛纳蒙酿制的老藤仙粉黛性价比极高。它散发着香草和覆盆子酱的香气，洋溢着香料、黑莓和黑樱桃的口感，柔顺复杂，结构强劲。

3387 Dry Creek Rd,Healdsburg,CA 95448
www.ranchozabaco.com

🏛 Ravenswood
Sonoma Valley,Sonoma

雷文斯伍德酒庄 索诺玛谷 索诺玛

🍷 *Old Vine Zinfandel,Lodi(red)*

洛迪老藤仙粉黛

　　雷文斯伍德酒庄是加利福尼亚州最知名的品牌之一，产品出口至世界各地，以酿造口感十足的仙粉黛而闻名。老藤仙粉黛具有覆盆子和香草的芳香，入口能品尝出李子和蓝莓的果香，结构中隐约闪现出小西拉的黑胡椒和茴香气息。

18701 Gehricke Rd,Sonoma,CA 95476
www.ravenswood-wine.com

🏛 Robert Hall Winery
San Luis Obispo County,Central Coast

罗伯特霍尔酒庄 圣路易斯奥比斯波郡 中央海岸

🍷 *Rhône de Robles,Central Coast(red)*

中央海岸罗布斯罗讷河谷（红）

酒庄的创立者是罗伯特·霍尔先生。中央海岸罗布斯罗讷河谷红葡萄酒，主要由歌海娜和西拉酿制而成，酒体成熟，活跃且紧实的单宁衬托出覆盆子与香辛的口感。

3443 Mill Rd, Paso Robles, CA 93446
www.roberthallwinery.com

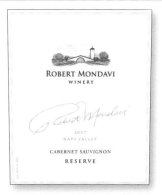

⛩ **Robert Mondavi Winery** Oakville, Napa Valley
蒙达菲酒庄 橡树镇 纳帕谷

ᵐ *Cabernet Sauvignon, Napa Valley(red)*
纳帕谷赤霞珠（红）

蒙达菲酒庄一直是加利福尼亚州葡萄酒发展的前进动力，尽管2004年酒庄由美国星座葡萄酒公司（Constellation）收购，蒙达菲家族已不再参与经营。这款纳帕谷赤霞珠结构复杂，在浓烈的黑莓和黑加仑果香中，隐约闪现出一丝百里香的气息，混合着黑色水果和美味黑橄榄的紧实口感。

7801 St Helena Highway, Oakville, CA 94562
www.robertmondaviwinery.com

⛩ **Robert Sinskey Vineyards** Stags Leap District, Napa Valley
森斯克酒庄 鹿跃区 纳帕谷

ᵐ *Vin Gris Los Carneros(rosé)*
卡内罗斯灰酒（桃红）

森斯克酒庄的卡内罗斯灰酒采用黑皮诺酿制，色泽浅橙，

伴着花朵和青柠的香气。它具有草莓和甜瓜的多汁口感，因此与口味稍重的佳肴也能很好地搭配。

6320 Silverado Trail, Napa, CA 94558
www.robertsinskey.com

⛩ **Rocca Family Vineyards** Yountville, Napa Valley
罗卡家族葡萄园 杨特维尔 纳帕谷

ᵐ *Bad Boy Red Blend, Yountville(red)*
杨特维尔坏男孩混酿干红（红）

罗卡家族葡萄园是一座相对年轻的酒庄，玛丽·罗卡和丈夫埃里克·格里格斯比医生抢购了的一座8.5万平方米的葡萄园后，于1999年创立酒庄。坏男孩混酿干红完美地融合了3种波尔多葡萄品种：赤霞珠、品丽珠和小味尔多。它具有香草、樱桃和蓝莓的香气，口感强劲、集中，余韵悠长。

129 Devlin Rd, Napa, CA 94558
www.roccawines.com

⛩ **Rued Winery** Dry Creek Valley, Sonoma
路德酒庄 干溪谷 索诺玛

ᵐ *Sauvignon Blanc, Dry Creek(white); Zinfandel, Dry Creek(white)*
干溪谷长相思（白）；干溪谷仙粉黛（白）

干溪谷长相思酒体中等，有柠檬和醋栗的香气，以及香草、甜瓜和坚果的清脆口感。干溪谷仙粉黛有黑莓派和复杂的烤香料香气，以及黑莓、巧克力和茴香的肉质口感。

3850 Dry Creek Rd, Healdsburg, CA 95448
www.ruedvineyards.com

⛩ **St Supéry** Rutherford, Napa Valley
圣苏瑞酒庄 卢瑟福 纳帕谷

ᵐ *Merlot, Napa Valley(red); Oak-Free Chardonnay, Napa Valley(white)*
纳帕谷美乐（红）；纳帕谷非橡木陈酿霞多丽（白）

位于卢瑟福29号高速公路上的圣苏瑞酒庄，是美法结合的产物。酒庄由来自法国南部酿酒世家的罗伯特·斯卡利和家人建立并发展起来，生产一系列不同价位的葡萄酒，其中包括产量很少的高品质佳酿。纳帕谷美乐具有水果、毛皮和香料的香气，伴随黑李子的甜美口感，酒质圆润，余味闪现美味茴香的气息。未经橡木陈酿霞多丽则是夏布利地区风格，带有热带水果和青苹果的香气，酒体中等，入口后散发柑橘、白胡椒和矿物质的味道，余味清新明亮。

8440 St Helena Highway, Rutherford, CA 94573; www.stsupery.com

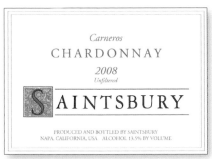

🏠 **Saintsbury** Carneros
森慈伯乐酒庄 卡内罗斯

🍷 *Chardonnay, Carneros(white)*
卡内罗斯霞多丽（白）

1981年，勃艮第葡萄酒爱好者大卫·格拉夫和理查德·华德创立森慈伯乐酒庄。酒庄专注于勃艮第的两大葡萄品种：黑皮诺和霞多丽。2011年，虽然森慈伯乐酒庄将加尼特黑皮诺的品牌出售给锡尔弗拉多葡萄酒公司（Silverado Winegrowers），但是酒庄出产的霞多丽仍是加利福尼亚州最好的霞多丽。如卡内罗斯霞多丽，香梨和柑橘的香味融为一体，余味清爽。

1500 Los Carneros Ave, Napa, CA 94559
www.saintsbury.com

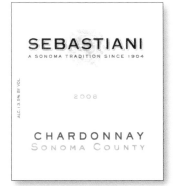

🏠 **Sebastiani Winery** Sonoma Valley, Sonoma
塞巴斯蒂酒庄 索诺玛谷 索诺玛

🍷 *Chardonnay, Sonoma(white)*
索诺玛霞多丽（白）

浓郁的青苹果、香蕉和石灰水香气是塞巴斯蒂索诺玛霞多丽的典型特征。入口散发出坚果和成熟苹果的味道，并渗透着矿物质的气息，余味富有层次感。酒庄的年产量超过9600万瓶，是全美零售商货架上的固定产品。

389 Fourth St East, Sonoma, CA 95476
www.sebastiani.com

▌酒精含量多少才算过多？

葡萄在自然发酵过程中，可将糖分转变成酒精。酵母一旦被酿酒师加入新鲜采摘的葡萄中，发酵就开始了。这一过程会将葡萄中的糖分转化为酒精。餐酒的酒精度通常为10%～14%，而强化葡萄酒（如波特酒和雪莉酒）的酒精度可高达18%。这是因为酿酒师在酒中加入了酒精（通常是中性味道的伏特加）来"强化"葡萄酒。

20世纪出产的传统葡萄酒，产自法国、意大利和西班牙的葡萄酒酒精含量很少超过13%；即使在70年代阳光充足的纳帕谷，酒精度接近甚至低于12%都很常见。然而今天，澳大利亚西拉、法国教皇新堡以及美国加利福尼亚州赤霞珠等的酒精度经常高达15%，甚至更高。这主要是因为先进的葡萄种植方法令葡萄合成更多的糖分。德国等寒冷地区的葡萄种植者相信，气候变化也会产生一定影响。

当然，酒精是葡萄酒让人放松和开心的元素，人们都在争论：酒精含量是多少才算酒精含量过多？当代酒精度为15%的葡萄酒与上一代酒精度为12%的葡萄酒相比，拥有超过25%的冲击力。它们的口感更成熟饱满，这正是很多消费者钟情高酒精度葡萄酒的原因，但也让宿醉加速了25%。有些争议围绕着：葡萄酒的味道是否压倒了那些本该被衬托的食物？

消费者可以根据个人喜好选择高或低的酒精含量，在酒标上就能看到。酒精含量在13%以下的葡萄酒，中等身材的女士喝掉1/3瓶(250毫升)，中等身材的男士喝掉小半瓶后，约2小时酒劲就会慢慢散去；酒精含量为15%的葡萄酒就不一样了。每个人都能找到令他们舒适的空间，而葡萄酒能让他们保持这种轻松的状态。

Seghesio Family Vineyards Alexander Valley, Sonoma
喜格士酒庄 亚历山大谷 索诺玛

Zinfandel, Sonoma(red)
索诺玛仙粉黛（红）

　　1993年，泰德和彼得·喜格士做了一个大胆的决定：他们认为家族的产业产量太大，因而不能保证品质，于是大量削减产量，并只用自家百年老藤来酿酒。对于这座位于索诺玛地区的始祖酒庄来说，这一举动赢得许多支持者。1895年，埃多拉多·喜格士创建了酒庄，后来由他的子孙管理。经过不断改革后，酒庄的整体酒质都得到很大的提高。例如，强劲、成熟的仙粉黛具有紫莓果和吐司的清香，酒体复杂，甜肉桂和可可粉的口感层层递进，回味绵密柔顺。

14730 Grove St, Healdsburg, CA 95448
www.seghesio.com

Silverado Vineyards Stags Leap District, Napa Valley
银朵酒庄 鹿跃区 纳帕谷

Merlot, Napa Valley(red)
纳帕谷美乐（红）

　　具有好莱坞式光芒的银朵酒庄，于20世纪80年代由沃尔特·迪斯尼的女儿黛安和丈夫罗恩·米勒创建。米勒家族非常勤勉地经营着酒庄，如今他们已拥有横跨纳帕谷的6座葡萄园，酒庄酒品一贯表现优秀，价格合理。芳香四溢的纳帕谷美乐，结构复杂，表现平衡，散发出浓郁的红色、黑色水果的成熟果香，并伴随着干草和橡木赋予的香草香气。

6121 Silverado Trail, Napa, CA 94558
www.silveradovineyards.com

Sobon Estate Amador County, Inland California
颂博酒庄 阿玛多尔郡 加利福尼亚内陆

Old Vines Zinfandel, Amador County (red)
阿玛多尔老藤仙粉黛（红）

　　尽管"阿玛多尔"和"老藤"一起出现时，常会令人联想起粗糙且强劲的仙粉黛，但颂博酒庄绝对是个例外。每个年份，酒庄都能酿出异常清新且柔美的仙粉黛，果香含蓄而平衡。酒庄主人莱昂是位硅谷火箭专家，他和家人于1977年搬到阿玛多尔的谢南多厄谷。莱昂的最初梦想是酿造波特风格的强化酒，现在仍在生产。家族于1989年创建谢南多厄酒庄，之后收购了附近的迪阿格斯蒂尼庄园，合并后更名为颂博酒庄。

14430 Shenandoah Rd, Plymouth, CA 95669
www.sobonwine.com

Sonoma-Cutrer Vineyards Russian River Valley, Sonoma
索诺玛-卡特雷酒庄 俄罗斯河谷 索诺玛

Chardonnay, Sonoma Coast(white)
索诺玛海岸霞多丽（白）

　　索诺玛-卡特雷霞多丽在美国高档餐饮业为顾客所熟知。1972年，前美国空军飞行员布莱斯·琼斯成立酒庄，从1981年起他决定专注于霞多丽，并因此成名。1999年，酒庄被布朗·福曼集团（Brown Forman）收购，但是酒庄的代表酒款一直被保留下来，如索诺玛海岸霞多丽。它酒体集中、平衡，散发着成熟柑橘、黄苹果和甜梨的果香，入口柑橘味明显，透出青柠檬、烤苹果和坚果的香味。

未提供参观信息
www.sonomacutrer.com

ﯼ Spring Mountain Vineyards Spring Mountain, Napa Valley
温泉山酒庄 温泉山 纳帕谷

ﯼ *Cabernet Sauvignon, Chateau Chevalier, Spring Mountain (red)*
温泉山骑士庄赤霞珠（红）

温泉山骑士庄赤霞珠具有纯粹宜人的香气，单宁微酸，酒体适中。以清新浆果、茴香和雪松的味道，集中衬托出黑樱桃和红茶的口感，你可能想象不出这座酒庄的知名度，它曾出现在美国电视剧《鹰冠庄园》的片头中。

2805 Spring Mountain Rd, St Helena, CA 94574
www.springmountainvineyard.com

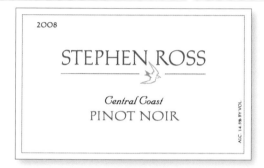

ﯼ Stephen Ross Wine Cellars San Luis Obispo County, Central Coast
斯蒂芬罗斯酒庄 圣路易斯奥比斯波郡 中央海岸

ﯼ *Pinot Noir, Central Coast (red)*
中央海岸黑皮诺（红）

斯蒂芬·罗斯以他的名字命名酒庄，货真价实地生产高品质的黑皮诺。中央海岸黑皮诺拥有皮诺史上最轻的酒体，是一款非常漂亮的葡萄酒。舌尖上透着草莓和樱桃的口感，依稀透露的香草和香料香气，余味柔顺圆滑。

178 Suburban Rd, San Luis Obispo, CA 93401
www.stephenrosswine.com

ﯼ Summers Estate Wines Calistoga, Napa Valley
夏日酒庄 卡利斯托加 纳帕谷

ﯼ *La Nude Chardonnay (white)*
裸体霞多丽（白）

清爽的菠萝和热带水果的香气，可在夏日酒庄的裸体霞多丽中展现出来。此酒入口更加复杂，中度的酒体中带有甜瓜和柑橘的清香，新鲜的余味伴随着脆梨的口感。

1171 Tubbs Lane, Calistoga, CA 94515
www.summerswinery.com

ﯼ Tablas Creek Vineyard Paso Robles, Central Coast
塔布拉斯溪酒庄 帕索罗布尔斯 中央海岸

ﯼ *Côtes de Tablas, Paso Robles (red)*
帕索罗布尔斯塔布拉斯丘（红）

博卡斯特尔酒庄（法国罗讷河谷教皇新堡产区最伟大的酒庄之一）的拥有者佩兰家族，参与了帕索罗布尔斯的塔布拉斯溪酒庄一系列经典佳酿的酿制工作。1989年，佩兰家族和罗伯特·哈斯共同成立这座美法合资的酒庄，并引进法国葡萄品种，进行有机栽培。帕索罗布尔斯塔布拉斯丘是一款传统罗讷河谷风格的混合佳酿，具有明显的歌海娜特征，鲜草莓的味道点缀着烟草香气，单宁紧实。

9339 Adelaida Rd, Paso Robles, CA 93446
www.tablascreek.com

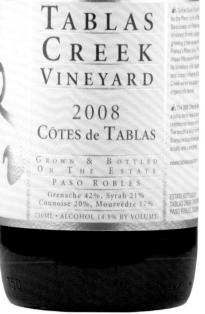

Talbott Vineyards Monterey County,Central Coast
多波酒庄 蒙特雷郡 中央海岸

Kali Hart,Pinot Noir,Monterey(red)
蒙特雷凯利哈特黑皮诺（红）

凯利哈特黑皮诺是多波酒庄唯一一款包含非酒庄自种果实的黑皮诺，但这并不影响这款酒的高贵品质。这款酒圆润丰满，鲜浆果的口感伴随着香草和香料的香气。酒庄的所有者和经营者为罗伯·塔尔博特。自从天才酿酒师丹·拉森到来后，所有的皮诺的品质都获得巨大的提升。拉森擅长酿造黑皮诺和霞多丽，他努力将葡萄酒的风格转向纯粹和成熟。多波酒庄因拥有两大葡萄园而出名——位于圣露西亚高地的斯利皮霍洛葡萄园和距离卡梅尔谷不远的黛蒙德T葡萄园。

53 West Carmel Valley Rd,Carmel Valley,CA 93924
www.talbottvineyards.com

Tangent Winery San Luis Obispo County,Central Coast
坦根特酒庄 圣路易斯奥比斯波郡 中央海岸

Albariño,Edna Valley(white)
埃德娜谷阿芭瑞诺（白）

坦根特酒庄和帕拉冈酒庄都归尼文家族所有，该家族在埃德娜山谷种植葡萄多年，也是迪阿吉奥集团（Diageo）的合作伙伴。20年前，卡罗琳·尼文决定开发比家族酒庄规模小一些的酿酒产业。坦根特酒庄最令人激动的产品，非埃德娜谷阿芭瑞诺莫属。它展现出西班牙葡萄品种阿芭瑞诺在合适的风土环境下，能展现的潜能，新鲜、清爽且淡淡的花香衬托出甜梨的美味香甜。

5828 Orcutt Rd,San Luis Obispo,CA 93401
www.baileyana.com

Tantara Winery Santa Barbara County,Central Coast
谭塔拉酒庄 圣芭芭拉郡 中央海岸

T.Solomon Wellborn Pinot Noir,Santa Barbara County(red)
圣芭芭拉谭塔拉所罗门山良园黑皮诺（红）

在相对很短的时间里，比尔·凯茨和杰夫·芬克就将谭塔拉酒庄变成酿造优质黑皮诺的酒庄。酒庄成立于1997年，位于圣玛丽亚。酒庄从中央海岸葡萄产区收购果实，如圣露琪雅高地的加里和皮索尼葡萄园，圣玛利亚谷的兰溪多、帝尔伯格葡萄园和所罗门山。性价比较高的谭塔拉所罗门山良园黑皮诺，多汁且芳香宜人，新鲜的覆盆子、樱桃的果香中，流露出香草和香料的气息。

2900 Rancho Tepusquet Rd,Santa Maria,CA 93454
www.tantarawinery. com

Terra Valentine Spring Mountain,Napa Valley
瓦伦丁女神酒庄 温泉山 纳帕谷

Amore Super Tuscan,Napa Valley(red)
纳帕谷超级托斯卡纳之爱（红）

　　醒酒后，纳帕谷超级托斯卡纳之爱会释放出成熟樱桃的果香，入口有摩卡和覆盆子的美味，酒体饱满。此酒以桑娇维赛为主，由多种葡萄混酿而成。与空气一点点接触后，就可以唤醒复杂的酒体和香辛的单宁。

3787 Spring Mountain Rd,St Helena,CA 94574
www.terravalentine.com

Unti Vineyards Dry Creek Valley,Sonoma
昂蒂酒庄 干溪谷 索诺玛

Petit Frère,Dry Creek Valley (red);Zinfandel, Dry Creek Valley(red)
干溪谷小兄弟（红）；干溪谷仙粉黛（红）

　　小兄弟是一款以歌海娜为主的罗讷河谷风格干红，带有浓郁的花香，入口有泥土和烤水果的香气。仙粉黛带有荆棘类水果和黑色浆果的馥郁香气，复杂的黑色香料气息衬托出丰腴的口感。

4202 Dry Creek Rd,Healdsburg,CA 95448
www.untivineyards.com

Valley of the Moon Winery Sonoma Valley,Sonoma
月亮山谷酒庄 索诺玛谷 索诺玛

Syrah,Sonoma(red);Pinot Blanc,Sonoma(white)
索诺玛西拉（红）；白皮诺（白）

　　索诺玛西拉带有黑莓、白胡椒和雪松的香气，单宁紧实圆润，入口则是多汁蓝莓和烘烤香料的味道。白皮诺则具有阿尔萨斯坚果和忍冬的香气，余味清爽且平衡。

777 Madrone Rd,Glen Ellen,CA 95442
www.valleyofthemoonwinery.com

Viader Vineyards
Howell Mountain,Napa Valley
维雅德酒庄 豪厄尔山 纳帕谷

DARE Rosé, Napa Valley(rosé)
纳帕谷挑战桃红（桃红）

　　迪丽雅·维耶德尔是位不容小觑的杰出女性，抚养4个孩子（现都在家族产业里工作）的同时，将酒庄管理成20世纪90年代的顶级酒庄。她将波尔多的葡萄品种（还有一小部分西拉）种植在豪厄尔山的斜坡上，聘请米歇尔·罗兰担任酿酒顾问。酒庄因非常优质的酒款而出名，其中价格最便宜而且一定要推荐给大家的就是挑战桃红。赤霞珠带来了活跃且集中的酒体，伴有花香、樱桃和黑醋栗的果香，馥郁丰腴，散发着玫瑰和兰花的气息，余味清新且爽口。

1120 Deer Park Rd,Deer Park,CA 94576
www.viader.com

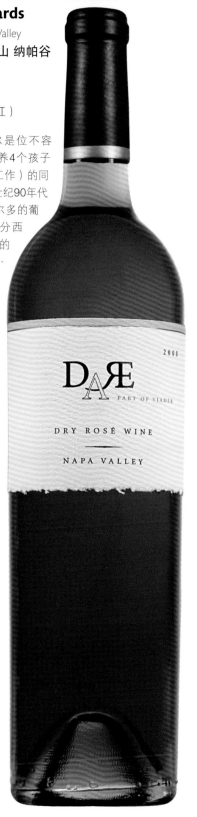

♔ Vina Robles San Luis Obispo County, Central Coast

维娜罗伯斯酒庄 圣路易斯奥比斯波郡 中央海岸

♔♔♔ *White4 Huerhuero, Paso Robles(white)*

帕索罗布尔斯额胡欧4号白（白）

20世纪90年代，维娜·罗伯斯来到帕索罗布尔斯地区，开始生产葡萄酒。酒庄的所有者汉斯·内夫是位工程师，朋友马提亚是位瑞士酿酒师。内夫拥有486万平方米的葡萄园，不过大部分果实都卖给其他生产商。额胡欧4号白采用4种葡萄混酿，主要是维蒙蒂诺和维德和，葡萄酒带有茉莉花的香气和白桃的口感。

3700 Mill Rd, Paso Robles, CA 93446

www.vinarobles.com

♔ Vino Noceto Amador County, Inland California

诺切托酒庄 阿玛多尔郡 加利福尼亚内陆

♔♔♔ *Moscato Bianco Frivolo, California(white)*

加利福尼亚轻盈白麝香（白）

打开诺切托酒庄加利福尼亚轻盈白麝香时，春天会悄然而至，阳光般的水果和宜人的大自然点亮了这里的春日。扑鼻而来的是白麝香和橙麝香混合的浓郁芳香，特点是甜美、圆润、丰腴且酒精度低。它是吉姆和秀智·格莱特的共同杰作，夫妻二人于20世纪80年代来到谢拉丘陵寻找新的酿酒领域。他们专注于酿造意大利原始风格的酒款，深信阿玛多尔地区温暖的气候适合意大利的葡萄品种生长。1990年，第一个年份葡萄酒出厂时，酒庄的产量只有110箱，现在年产量达9000箱。同麝香一样出名的是桑娇维赛，他们用它酿造出很多不同的风格，如格拉巴酒。

11011 Shenandoah Rd, Plymouth, CA 95669

www.noceto.com

♔ Volker Eisele Family Estate Chiles Valley, Napa Valley

沃克艾西尔家族酒庄 智利谷 纳帕谷

♔♔♔ *Gemini White Blend, Chiles Valley(white)*

智利谷双子混酿干白（白）

沃克艾西尔是智利谷最优秀的酿酒生产商之一，酒庄位于纳帕谷前哨的智利谷中，山路崎岖，但气候凉爽。酒庄的中心是160万平方米的有机葡萄园，酒庄的产品证明了纳帕谷东侧的智利谷同样有能力生产高品质的佳酿。如今，由庄园建立者的儿子亚历山大负责酿酒，他采用近乎苛刻的严谨和高超的酿酒技术，酿造一系列复杂而紧实的葡萄酒。所有细节都在双子混酿干白中表现出来，它以赛美蓉为主体，带有无花果和甜瓜的果味；以长相思为辅，伴着绿茶、姜和香草的气息，余味香辛。

3080 Lower Chiles Valley Rd, St Helena, CA 94574
www.volkereiselefamilyestate.com

▥ **Wente Vineyards** San Francisco Bay,Central Coast
温特酒庄 旧金山湾 中央海岸

▥ *Charles Wetmore,Cabernet Sauvignon, Livermore Valley (red)*
利物摩雅谷查尔斯惠特玛赤霞珠（红）

温特酒庄的创始人卡尔·温特是利物摩雅谷的酿酒先锋。1883年，他接管了家族产业，如今作为当地的旗舰酒庄，由家族的第四代和第五代管理，它是美国葡萄酒历史上最古老的家族经营酒庄。开明有力的出口政策，使温特享誉全球，这也是其他加利福尼亚州酒庄不具备的优势。利物摩雅谷地区因为酒庄的存在，才能免于被房地产商开发。酒庄的产品非常丰富，包括静态酒和起泡酒，品质始终保持如一。以查尔斯惠特玛命名的赤霞珠，酒体适中，展现出成熟黑樱桃和烘焙咖啡的香气，隐约闪现着吸引人的雪松气息。

5565 Tesla Rd,Livermore,CA 94550
www.wentevineyards.com

▥ **Whitehall Lane Winery** Rutherford,Napa Valley
白宫道酒庄 卢拉瑟福 纳帕谷

▥ *Merlot,Napa Valley(red); Sauvignon Blanc, Napa Valley (white)*
纳帕谷美乐（红）；纳帕谷长相思（白）

1993年，莱奥纳尔迪尼家族创立了酒庄。这里会为你提供最特价的纳帕谷美乐，芳香的西拉为如丝般柔顺的美乐，增添一丝黑樱桃的果香，檀香和香草的香气与黑摩卡、草莓和樱桃的美味相映成趣。酒体轻盈的长相思，散发着浓郁的热带水果果香和青色柑橘类香气，口感持久。清爽的酸度保持了干净活泼的口感。

1563 St Helena Highway,St Helena,CA 94574
www.whitehalllane.com

▌仙粉黛 ZINFANDEL

它叫仙粉黛、普里米蒂沃，还是饶舌的卡斯特拉瑟丽？完全取决于这种实惠、新鲜、成熟且充满果味的红葡萄酒产自哪里！在过去150年中，仙粉黛一直是加利福尼亚州葡萄园的中流砥柱。

在加利福尼亚州，以这个葡萄品种酿造的流行风格，是轻盈且微甜的桃红葡萄酒，被称为"白仙粉黛"。加利福尼亚州的仙粉黛红葡萄酒通常酒体饱满，颜色深沉，有时酒精度超过15%，拥有波森莓与黑莓的味道。

普里米蒂沃是它在意大利的名字，在这里有几个世纪的种植历史。研究植物学的葡萄品种学专家，为仙粉黛的原产地迷惑了几十年。加利福尼亚州声称它是当地的原生品种，而意大利人则称仙粉黛与普里米蒂沃相似，因此这一品种属于他们。20世纪90年代，加利福尼亚大学戴维斯分校的卡罗尔·梅雷迪思确认，从遗传学角度分析仙粉黛和普里米蒂沃为同一品种，两者都是古代克罗地亚品种卡斯特拉瑟丽的后裔，这个古老品种依然在达尔马提亚海岸种植。

白仙粉黛是一种易入口且适于夏日饮用的清新饮料。仙粉黛红葡萄酒的精度高，但结构并不干涩，拥有成熟的水果甜味，与奶酪、意面、炖肉和烤鸡都能搭配，甚至可以像波特酒一样在餐后饮用。

仙粉黛葡萄如果采摘不及时，很快就会变成葡萄干。

华盛顿州 Washington

卡斯柯德山脉将华盛顿州一分为二，州内最大与最好的葡萄酒产区无疑位于这座火山岩屏障的雨影区域内。灌溉对此地的影响至关重要，但干旱的气候和葡萄生长期内的长时间日照，为葡萄生长创造出近乎完美的自然条件，赋予葡萄酒复杂的果香和活泼的酸度。

Armavi Cellars Walla Walla
阿玛维酒窖 瓦拉瓦拉

Syrah, Walla Walla Valley(red)
瓦拉瓦拉谷西拉（红）

诺曼·麦克宾和子女塔维斯、雷、戴安娜·歌芬以及酿酒师让·弗朗索瓦·佩雷，在瓦拉瓦拉谷管理着包括阿玛维在内的多座葡萄园与酒庄。团队间的配合与默契，使他们酿造出活泼、亲切且具有陈年潜力的好酒，包括一款酒体丰满、经橡

木桶陈酿的赛美蓉-长相思、一款广受追捧的桃红以及零星几款甜酒。当然，最受关注的还是庄园赤霞珠和强劲有力的西拉。杯中洋溢着新世界馥郁的水果芬芳，同时带有旧世界葡萄酒典型的质感与复杂度，这款西拉完美地展现出阿玛维酒窖一贯保持的优秀水准。酒体呈现出复杂的平衡度，丰满的果香是这款西拉的精髓所在，同时带有成熟的黑色浆果风味，包括蓝莓、蔓越莓和覆盆子，还具有微妙的熏肉与香料气息。

3796 Pepper Bridge Rd, Walla Walla, WA 99362
www.amavicellars.com

Cadaretta Walla Walla
康塔雷特酒庄 瓦拉瓦拉

SBS Sauvignon Blanc-Semillon, Columbia Valley(White)
哥伦比亚谷长相思-赛美蓉（白）

康塔雷特酒庄于2005年建立，是瓦拉瓦拉谷的新建酒庄。酒庄由米特顿家族经营，他们于2008年才开始在自家葡萄园内种植葡萄，目前使用州内采购的葡萄进行酿酒。可展现精致工艺的最佳例证是这款广受好评、未经橡木桶陈酿的长相思-赛美蓉混酿白葡萄酒。酒体新鲜活泼，在清瘦爽快的长相思与更饱满的赛美蓉之间，形成精妙绝伦的平衡感，同时伴有白瓜与柠檬的香气，这款酒常年都是餐桌上的赢家。

1102 Dell Ave, Walla Walla, WA 99362
www.cadarette.com

iñi **Chateau Ste Michelle** Woodinville
圣米歇尔酒庄 伍丁维尔

ııı *Dry Riesling, Columbia Valley(white); Cabernet Sauvignon, Cold Creek Vineyard Columbia Valley(red)*
哥伦比亚谷雷司令干白（白）；哥伦比亚谷冷溪葡萄园赤霞珠（红）

　　酒庄最负盛名的产品莫过于雷司令，以新鲜活泼、精巧干净且极度复杂的哥伦比亚谷雷司令干白最具有代表性。当然，圣米歇尔也因生产高水准的精选美乐和赤霞珠而闻名。冷溪葡萄园赤霞珠酒体饱满，洋溢着华盛顿州典型的成熟水果风韵，单宁坚实完美。这两款酒品质精彩绝伦，价格更让人充满惊喜。

14111 NE 145th St, Woodinville, WA 98072
www.ste-michelle.com

iñi **Chinook Wines** Prosser
绮诺克酒业 普罗瑟

ııı *Cabernet Franc, Yakima Valley(red)*
雅吉玛谷品丽珠（红）

　　1983年，夫妻搭档克雷·麦肯和凯·西蒙成立绮诺克酒业。他们在酒庄的葡萄园中种植霞多丽、长相思、赛美蓉、美乐、品丽珠和赤霞珠。其中，最有意思的品种是美妙绝伦的品丽珠，而雅吉玛谷品丽珠当属酒庄的典范之作。葡萄酒酒体温和精致，足以呼应法国希农产区；而芬芳馥郁的果香，则彰显着它的华盛顿血统。

220 W Wittkopf Loop, Prosser, WA 99350
www.chinookwines.com

iñi **Columbia Crest Winery** Prosser
哥伦比亚山峰酒庄 普罗瑟

ııı *H3 Merlot, Horse Heaven Hills(red); H3 Cabernet Sauvignon, Horse Heaven Hills(red)*
马天堂山H3美乐（红）；马天堂山H3赤霞珠（红）

　　哥伦比亚山峰酒庄归圣米歇尔酒庄所有并管理。1978年，酒庄开始种植自有葡萄园，第一款葡萄酒于1985年出窖。自成立伊始，酒庄致力于在高水准葡萄酒与亲民价格之间寻找平衡。杰出的马天堂山H3美乐与马天堂山H3赤霞珠完成了这一使命。美乐柔顺，温和的李子与樱桃果味交相辉映；赤霞珠则以大胆、热烈的单宁与黑色水果味为基准调，酒体层次感更丰富。

Hwy 221 Columbia Crest Drive, Paterson, WA 99345
www.columbia-crest.com

🏛 **Columbia Winery** Woodinville
哥伦比亚酒庄 伍丁维尔

▮▮▮ *Cellarmaster's Riesling, Columbia Valley(white)*
哥伦比亚谷酒庄总管雷司令（白）

　　酒庄酿制的葡萄酒品质优秀，广受好评。产自哥伦比亚谷的酒庄总管雷司令更是物有所值。葡萄酒酒体平衡感极佳，丰腴甜美的口感与后味，与尖利、敏锐的柠檬酸度遥相呼应。杏与橘子的果味芬芳，更为酒体增添几分趣味和个性。

14030 NE 145th St. Woodinville, WA 98072
www.columbiawinery.com

🏛 **Fielding Hills Winery** Wenatchee
菲尔丁山酒庄 韦纳奇

▮▮▮ *Cabernet Franc Riverbend Vineyard, Wahluke Slope(red)*
瓦鲁克坡河湾葡萄园品丽珠（红）

　　与酒庄醇美、强劲且香料味丰富的西拉或赤霞珠-西拉混酿相比，瓦鲁克坡河湾葡萄园的品丽珠以更温和优雅的方式，呈现出菲尔丁的品质与价值。酒体醇厚成熟，伴以甜美温柔的后味，这款品丽珠的独特之处在于丰富而隐秘的樱桃与黑醋栗香调，两者与微妙又清新的草叶香气完美协调地融合在一起。

1401 Fielding Hills Drive, East Wenatchee, WA 98802
www.fieldinghills.com

🏛 **Hedges Family Eastate** Benton City
赫奇斯家族酒庄 本顿城

▮▮▮ *Red Mountain Red Wine(red)*
红山红葡萄酒（红）

　　精彩绝伦的红山红葡萄酒采用赤霞珠和美乐这两种经典的

波尔多品种以及西拉混酿而成，3种葡萄间的平衡度极佳，成就了一款酒体层次复杂的干红。香料气息浓郁芬芳，酒体饱满馥郁，但基础层次的柔和口感同样令它易于入口。

53511 N Sunset Rd, Benton City, WA 99320
www.hedgesfamilyestate.com

🏛 **J M Cellars** Woodinville
JM酒庄 伍丁维尔

▮▮▮ *Syrah Boushey Vineyard, Rattlesnake Hills(red)*
响尾蛇山宝诗依葡萄园西拉（红）

　　2006年，约翰·比奇洛与妻子佩吉共同创建了酒庄，约翰由此成为一名专业酿酒师。夫妻二人采用哥伦比亚谷多家顶级庄园的葡萄，酿造出了多款酒品，包括这款推荐酒款。响尾蛇山宝诗依葡萄园西拉，性价比高，且在复杂程度上毫不逊色。熏肉的气息和甜美的单宁来回跳跃，带出极富表现力的覆盆子与黑莓的芬芳，成就了一款饱满而个性十足的葡萄酒。

14404 137th Place NE, Woodinville, WA 98072
www.jmcellars.com

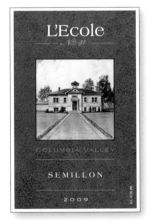

🏛 **L'Ecole No.41** Lowden
41号学院酒庄 劳登

▮▮▮ *Semillon, Columbia Valley(white)*
哥伦比亚谷赛美蓉（白）

　　41号学院酒庄的前身是一间校舍。除了一系列以赤霞珠为主要品种的混酿获奖葡萄酒之外，酒庄还酿造一个系列3款赛美蓉。三重奏中的哥伦比亚谷赛美蓉虽然价格最低，但品质最优秀。这款酒性价比极高，优秀的酒质以清新花香为主调，伴以令人愉悦的丰富果香，隐约浮现出甜瓜与无花果的芬芳。

41 Lowden School Rd, Lowden, WA 99360
www.lecole.com

🏨 **Michelle Loosen** Woodinville
米歇尔卢森酒庄 伍丁维尔

🍾 *Riesling Eroica, Columbia Valley(white)*
哥伦比亚谷英雄雷司令（白）

这款酒是新世界与旧世界风格的完美结合，酒体复杂，温和的花香与清新的柠檬香调结合，再以准确无误的平衡后味收尾。清爽的酸度与甜度的润饰，令这款酒可与多种餐点搭配。即使与世界顶级昂贵的雷司令放在一起，它仍然艳光四射。

14111 NE 145th St. Woodinville, WA 98072
www.eroicawine.com

🏨 **Pacific Rim** West Richland
环太平洋酒庄 西里奇兰

🍾 *Riesling Wallula Vineyard, Columbia Valley(white)*
哥伦比亚谷瓦卢拉葡萄园雷司令（白）

环太平洋酒庄是一家位于哥伦比亚谷的独立酒庄，力图提高雷司令的灵活与多样性。哥伦比亚谷瓦卢拉葡萄园雷司令酒体清新活泼，杏与柑橘的芬芳中带出一丝柠檬的苦味，轻微的甜度与充满生机的酸度形成了完美的平衡感。

8111 Keene Rd, West Richland, WA 99353
www.rieslingrules.com

🏨 **Poet's Leap Winery** Walla Walla
诗跃酒庄 瓦拉瓦拉

🍾 *Riesling, Columbia Valley(white)*
哥伦比亚谷雷司令（白）

这款雷司令酒体浓郁，但不失清爽与雅致，气息芬芳馥郁，令人愉悦。新鲜的柠檬与金橘气息之后，成熟的甜瓜、杏和桃生动的香气紧紧相随，最后以爽快的酸度华丽收尾。

1604 Frenchtown Road, Walla Walla, WA 99362
www.longshadows.com

🏨 **Reininger Winery** Walla Walla
瑞宁格酒庄 瓦拉瓦拉

🍾 *Cabernet Sauvignon, Walla Walla Valley(red)*
瓦拉瓦拉谷赤霞珠（红）

1997年起，查克和特雷西·瑞宁格开始从瓦拉瓦拉谷采购酿酒葡萄。他们擅长酿造结构层次丰富且果味浓郁的干红葡萄酒。这款瓦拉瓦拉谷赤霞珠不仅价格合理，更代表酒庄的一贯品质与水准，酒体浓郁，成熟度被控制得恰如其分。这款经典而复杂的酒中，加入了较低比例的小味尔多和品丽珠混酿，带出轻微的巧克力甜香，散发出红莓和肉桂的芬芳，与微妙的酸度平衡得恰到好处。

5858 W Highway 12, Walla Walla, WA 99362
www.reinlingerwinery.com

🏨 **Seven Hills Winery** Walla Walla
七山酒庄 瓦拉瓦拉

🍾 *Merlot, Columbia Valley(red)*
哥伦比亚谷美乐（红）

凯西与维基·麦克莱伦于1988年创建七山酒庄，随后完成了两项先锋计划：推出瓦拉瓦拉谷的第一瓶贴标马尔贝克；在此产区引进并种植第一批天帕尼洛。酒庄最关注的品种还是赤霞珠和波尔多的红葡萄品种，它们通常被视为酿制华盛顿区最顶级佳酿的葡萄品种。这款温和丰腴的哥伦比亚谷美乐实在令人神魂颠倒，黑李子与樱桃的风味深邃悠远，与微妙的太妃糖和甘草芳香相互交融，单宁细腻精致，余味悠长。

212 North 3rd Ave, Walla Walla, WA 99362
www.sevenhillswinery.com

🏨 **Syncline Wine Cellars** Lyle
辛克丽酒窖 莱尔

🍾 *"Cuvée Elena", Columbia Valley(red)*
哥伦比亚谷 "埃琳娜特酿"（红）

詹姆斯与波平·曼通于1999年开始运营辛克丽酒窖，在园内耕种并以传统法国葡萄品种酿酒。这款酒的灵感来自于南法罗讷河谷，以歌海娜、慕合怀特、佳丽酿、神索和西拉混合酿造，表现出精妙绝伦的优雅与饱满的口感，散发出浓郁活跃且令人迷醉的红色水果香气，伴着无花果和甜甜的香料气息，再以丝滑的单宁收尾，余韵令人迷醉。

111 Balch Rd, Lyle WA 98635
www.synclinewine.com

俄勒冈州 Oregon

虽然俄勒冈州只能算高品质葡萄酒界的新手，但已经逐渐发展出独特且鲜明的风格。部分美国顶级黑皮诺就产自威拉米特谷，品质和许多勃艮第黑皮诺不相上下。在干白方面，灰皮诺已成为标志性的品种，而如天帕尼洛和霞多丽等品种，同样也在威拉米特谷和州内其他产区获得成功。

A to Z Wineworks Dundee
A到Z酒庄 敦提

Pinot Noir, Oregon(red)
俄勒冈黑皮诺（红）

A到Z酒庄一直是俄勒冈州高性价比黑皮诺葡萄酒的最佳典范。俄勒冈州黑皮诺带有浓郁的黑莓风味，单宁丝滑、柔顺，略带极其细微的橡木桶气息。

Dundee, OR 97115
www.atozwineworks.com

Abacela Roseburg
阿布斯拉酒庄 罗斯堡

Tempranillo, Southern Oregon(red)
南俄勒冈天帕尼洛（红）

这款南俄勒冈天帕尼洛单宁紧致，散发出大胆的黑樱桃和黑李子的芬芳，果味浓郁，结构平衡，带有细微的橡木桶气息。它美味动人，当之无愧是一曲顶级葡萄酒的优美演奏曲。

12500 Lookingglass Rd, Roseburg, OR 97471
www.abacela.com

Adelsheim Vineyard Newburg
阿德尔斯海姆葡萄园 纽伯格

Pinot Noir, Willamette Valley(red)
威拉米特谷黑皮诺（红）

如今酒庄葡萄园的面积达到77万平方米，年产4万箱葡萄酒。自2001年起，这款威拉米特谷黑皮诺由酿酒师戴维·佩琪负责酿制。倒入杯中后，杯中满溢新鲜红樱桃和黑樱桃的芬芳，温和、精致且细腻单宁给酒体带来更好的结构感。

16800 NE Calkins Lane, Newberg, OR 97132
www.adelsheim.com

Bergström Wines Newberg
博格斯特酒庄 纽伯格

Pinot Noir Old Stones, Willamette Valley(red); Chardonnay Old Stone, Willamette Valley(white)
威拉米特谷旧石黑皮诺（红）；威拉米特谷旧石霞多丽（白）

博格斯特酒庄这两款"旧石"酒标黑皮诺与霞多丽，均展现出成熟浓郁的风格，香气深邃，质感圆润。有节制地使用橡木桶，使酒体更显平衡，韵味会从杯中溢出，可谓餐桌上的百搭酒品。如此精致与高雅，正是葡萄酒饮用者自酒庄成立后对博格斯特家族的期待。约翰与凯伦从波特兰来到敦堤后，就开始耕作这片6万平方米的葡萄园。

18215 NE Calkins Lane, Newberg, OR 97132
www.bergstromwines.com

Chehalem Wines Newberg
尼勒姆酒庄 纽伯格

Dry Riesling Reserve, Willamette Valley(white); Chardonnay Inox, Willamette Valley(white)
威拉米特谷珍藏雷司令干白（白）；威拉米特谷窖酿霞多丽（白）

这款尼勒姆的威拉米特谷珍藏雷司令干白甜度收敛，但芬芳浓郁，椴梓和柑橘的香气与活力四射的酸度完美交融。在酒质上，它与未经过橡木桶的威拉米特谷霞多丽窖酿遥相呼应，后者带有微妙但开放的气息，桃与烤苹果的芬芳极富表现力。创作这曲二重奏葡萄酒的酒业公司始于1980年，创始人哈利·皮特森·尼特利在里本山脊产区种下了第一批黑皮诺。很快，葡萄园从他的私人爱好演变成全方位的商业酒庄。1990年，尼勒姆酒庄诞生。哈利的女儿维恩也加入了酒庄的经营。

31190 NE Veritas Lane, Newberg, OR 97132
www.chehalemwines.com

The Eyrie Vineyards McMinville
艾瑞葡萄园 麦克明维尔

Pinot Gris,Duntee Hills(white)
敦提山灰皮诺（白）

这款敦提山灰皮诺展现出的成熟度和近乎于蜂蜜的丰腴口感，与阿尔萨斯灰皮诺演绎出的美感如出一辙。然而，一丝锋利的酸度与前者相互平衡，在品味中带出令人愉悦的新鲜度。

935 NE 10th Ave,McMinnville,OR97128
www.eyrievineyards.com

King Estate Eugene
国王酒庄 尤金

Pinot Gris Signature Series,Oregon(white)
俄勒冈签名系列灰皮诺（白）

国王酒庄400万平方米的顶尖葡萄园位于威拉米特谷南面的尤金附近，这里是值得花上好几个小时游览的美丽庄园。酒庄里有餐厅和游客中心，公司也生产一系列果酱。除了在葡萄酒旅游业上的成就，国王酒庄也是非常值得信赖的平价葡萄酒供应商。俄勒冈签名系列灰皮诺源于横跨州内的多座葡萄园，一直是高性价比葡萄酒的最佳选择之一。迷人的酒香中浮现出成熟梨与煨梨的风韵，酒体中等，余味明媚清新。

80854 Territorial Rd,Eugene,OR 97405
www.kingestate.com

Soter Vineyards Yamhill
索特葡萄园 岩希尔

Pinot Noir North Valley,Willamette Valley(red)
威拉米特谷北山谷黑皮诺（红）

东尼·索特曾在纳帕谷的几家顶级葡萄园担任酿酒顾问，由此树立起自己的声望。近期，他更关注与妻子米歇尔共同运作的几个酿酒项目，米歇尔曾先后在纳帕谷与俄勒冈州的葡萄园中学习。他们两位都致力于索特擅长的黑皮诺。很明显，索特在入门葡萄酒生产方面的专业度，与他酿造世界级佳酿的技艺不相上下，因此酿制出这款威拉米特谷北山谷黑皮诺。就售价而言，酒品质量非常优秀，它比许多价格高出一倍的葡萄酒都更精致美妙。

Carlton, OR 97111
www.sotervinyards.com

美食与美酒 威拉米特谷黑皮诺

黑皮诺葡萄酒风味浓郁且复杂，酸度高，但拥有惊人的陈年潜力。没有任何品种能带有这样令人陶醉的芳香、如丝般的质感和原始的泥土风味。俄勒冈州威拉米特谷的黑皮诺葡萄酒，结合了旧世界的优雅和新世界的华美。

总的来说，葡萄酒的酒体属于轻盈至中等，颜色较浅，不会影响味道柔和的菜肴。它们拥有华丽的覆盆子、香料、蘑菇、泥土和花朵的香气（通常是粉玫瑰花瓣香味），以及源自橡木不同程度的香草气息。

当地的特色菜肴炙烤鲜三文鱼(放在厚松木上火烤)，与这种柔顺浆果风味的葡萄酒是最佳搭配。即使烤至焦香，鱼的味道也非常柔和、微甜，所以搭配威拉米特谷黑皮诺是完美的选择。野蘑菇和俄勒冈松露在这里也经常入菜，是为葡萄酒提供风味的桥梁。烤鹌鹑佐龙葵是勃艮第的常见菜肴，以及适合素食者的黑松露扁面条都是它不错的搭配。黑皮诺天然的酸度，让它与奶酪也能完美配合。烤松露奶酪丁在风味和结构上都能与之相得益彰。在菜肴中加入帕玛森奶酪，可以增加风味和质感的对比。

烤鹌鹑与黑皮诺的风味会产生某种共鸣。

美国其他产区 The Rest of The US

酿酒产业正在美国境内迅速发展，酒庄几乎遍布美国的每个州。纽约州其实拥有美国最古老的酿酒传统，芬格湖和长岛产区的杰出佳酿更是声名显赫。葡萄园和酒庄的数量在俄亥俄州、密歇根州与密苏里州内激增。新墨西哥州和得克萨斯州正酝酿着一批世界级的顶尖葡萄酒。

Château LaFayette Reneau New York
拉斐特雷诺酒庄 纽约

Dry Riesling,Finger Lakes(white); Riesling Late Harvest, Finger Lakes(white)

芬格湖雷司令干白（白）；芬格湖晚收雷司令（白）

这款芬格湖雷司令干白令人满口留香，柠檬、坚果和夏季花朵的芬芳生动而浓郁，带有一丝汽水的风味。与之相对应，芬格湖晚收雷司令白葡萄酒会在味蕾上留下更多丰满的果味，如桃子、杏和烤苹果的香气，再加入几缕果酸，香料的气息时而介入其中，带出悠长而平衡的余韵。

5081 Route 414,Hector,New York 14841
www.clrwine.com

Dr Konstantin Frank Vinifera Wine Cellars New York
康斯坦丁弗兰克酒庄 纽约

Semi-Dry Riesling, Finger Lakes(white); Salmon Run Riesling(white)

芬格湖半干雷司令（白）；鲑鱼洄游雷司令（白）

这款半干雷司令展现出良好的成熟度，具有苹果与热带水果的风味；糖分与酸度相互抵消，演绎出灵巧且精准的平衡度，余味中带出一丝矿物质气息。鲑鱼洄游雷司令的接受度更广泛，源自酒庄旗下价格更实惠的鲑鱼酒标系列，是一款物超所值的葡萄酒。对于要求极为严格或精益求精的味蕾而言，这款酒更令人愉悦，精致的花香中带出成熟美妙的梨的气息。

9749 Middle Rd,Hammondsport,New York 14840
www.drfrankwines.com

Gruet Winerhy New Mexico
格鲁埃酒庄 新墨西哥

Blanc de Noir(sparkling);NV: Blanc de Blancs Sauvage (sparkling)

黑中白（起泡）；清新无年份白中白（起泡）

新墨西哥州的高原沙漠不像是出产高品质起泡酒的地方，但在连续25年的卓越表现后，格鲁埃酒庄的佳酿已不再让人惊讶。格鲁埃家族以霞多丽与黑皮诺混酿，创作出这款顶级高雅的黑中白。可爱的清爽气泡与绵密柔顺的质感相互融合，散发出夏季浆果的芳香。这款干型无年份的清新白中白同样会带给你惊喜。酒体活泼朗朗，精致的泡沫与小珠状的细气泡盈于杯中，青苹果和柠檬的芳香带出微妙但悠远的余味。

8400 Pan American Frwy NE,Albuquerque,New Mexico 87113
www.gruetwinery.com

Kinkead Ridge Winery Ohio
金基德山脉酒庄 俄亥俄

Cabernet Franc, Ohio River Valley(red); Viognier-Rous-

sanne, Ohio River Valley(white)

俄亥俄河谷品丽珠（红）；俄亥俄河谷维欧尼-胡珊（白）

酒庄所有者朗·巴雷特利用品丽珠创作出一款酒体饱满且丰满复杂的葡萄酒，伴随着紫罗兰与黑樱桃的香气，兼具香料、李子和红樱桃的诱人芬芳。维欧尼-胡珊同样令人迷醉，它是一款性价比极高的杰出作品，花香馥郁、香甜美味。橙花和热带水果的香气相互融合，高雅迷人；番石榴与猕猴桃的气息更显清冽，两相抵消而呈现出美好的平衡感。爽快的酸度引出余味，令品尝者满足而愉悦。

904 Hamburg St,Ripley,Ohio 45167
www.kinkeadridge.com

♗ Left Foot Charley Michegan
左足查理酒庄 密歇根

♙ *Pinot Blanc(white);Riesling MD(Medium Dry)(white)*
白皮诺（白）；半干雷司令（白）

布莱恩·奥博里奇曾多年为其他酒庄酿制一流佳酿，而他拥有的左足查理酒庄，俨然成为密歇根州葡萄酒的标杆，人们对此毫不惊讶。在这款白皮诺中，成熟的苹果和李子的浓郁香气从杯中溢出，带有逐渐消散的悠远余味。半干雷司令深受好评，花香、柠檬香与桃子的甜蜜，与爽快的酸度相互交融，令人倾心。

806 Red Drive, Traverse City, Michigan 49684
www.leftfootcharley.com

♗ Macari Vineyards & Winery New York
马卡丽酒庄 纽约

♙ *Sauvignon Blanc, Long Island(white); Sette, Long Island (red)*
长岛长相思（白）；长岛涩托（红）

长相思突出了葡萄品种中浓郁的青草气息，因此受到新西兰长相思粉丝的偏爱。典型的葡萄柚和青草芬芳，与浓烈的酸和柠檬香气融合，带出轻快且爽朗的后味。这款温和的无年份涩托以美乐和品丽珠混酿而成，展现出这个价位上令人惊异的复杂度，如同在巧克力和香料打底的毯子上，覆盖黑李子与黑醋栗的芬芳。

150 Bergen Ave, Mattituck, New York 11952
www.macariwines.com

♗ McPherson Cellars Texas
麦弗逊酒庄 得克萨斯

♙ *Tre Colore(red)*
三色酒（红）

麦弗逊家族一贯对葡萄酒保持着热情。麦弗逊酒庄所有者的父亲金姆·麦弗逊是位大学教授，也是后禁酒令时期得克萨斯州最早的酒庄创始人之一。三色酒的魅力令人倾倒，这款极其柔顺的葡萄酒具有罗讷河谷风格，以佳丽酿、西拉和维欧尼混酿而成，余味悠远温和。它是麦弗逊酒庄复杂度最高的酒款之一，带有浓郁的泥土芬芳，品尝时，丰满的覆盆子和黑加仑香气会在舌尖蔓延。

1615 Texas Ave, Lubbock, Texas 79401
www.mcphersoncellars.com

♗ Stone Hill Winery Missouri
石山酒庄 密苏里

♙ *Norton Port(fortified);Dry Vignoles(white)*
诺顿波特酒（强化）；维尼乐干白（白）

石山酒庄是美国最古老的酒庄之一，历史可以追溯至1847年。对大部分美国人来说，石山代表了美国中西部地区的顶级葡萄酒。酒庄多年来引领美国葡萄酒界酿造未知的葡萄品种，如诺顿和维尼乐。酒庄一直监管多款高品质加强型葡萄酒的生产，如这款丰满、浓郁的诺顿波特酒，遵循传统酿造工艺，限量生产，可为潘趣酒带出强劲有力的黑加仑和黑醋栗的气息。维尼乐干白酒体饱满，菠萝、草莓和酸橙的芬芳充满活力，令人愉悦，微妙的甜度与生动的酸度也平衡得恰到好处。

1110 Stone Hill Hwy, Hermann, Missouri 65041
www.stonehillwinery.com

♗ Wolffer Estate New York
沃尔弗庄园 纽约

♙ *Rosé, Long Island (rosé)*
长岛桃红（桃红）

酒庄的技术总监和总酿酒师罗曼·罗斯使用数种红葡萄与霞多丽混酿，制成这款干型桃红葡萄酒。如果不是普罗旺斯的桃红葡萄酒价格一路攀升，这款时髦的葡萄酒会在所有野餐篮中都占据一席之地。它新鲜而复杂，梨与桃的香气清新灵动，玫瑰花瓣的气息闪跃其中，蜜瓜和草莓的风味弥漫其间，最后带出干燥而清爽的余味。

139 Sagg Rd, Sagaponack, New York 11962
www.wolffer.com

加拿大 Canada

虽然加拿大自1630年就开始种植酿酒葡萄，但似乎直至最近，加拿大的酿酒师才开始在品质上下工夫。最近20年里，加拿大兴起了一股投资葡萄酒产业的风潮，投资主要集中在西部的不列颠哥伦比亚省，一部分位于奥肯那根谷；以及东部的安大略省。如今，加拿大生产众多种类的葡萄酒，拥有许多个性鲜明且性价比极高的佳酿。

Averill Creek Vineyards Vancouver Island, West Canada

艾弗里溪葡萄园 温哥华岛 西加拿大

Pinot Noir(red)
黑皮诺（红）

在艾弗里溪黑皮诺中，黑色水果的风味与红宝石酒液相得益彰。法国橡木桶带来的一丝烟熏气息，赋予酒体几分温柔与性感。这是一款可以每天饮用的优质葡萄酒，您绝不会后悔买下它。对于一家2001年才开始种植葡萄的酒庄来说，这款酒的表现与成绩令人印象深刻。酒庄主人安迪·约翰斯顿是位医生，但他一直梦想拥有自己的酒庄。庄园酿造第一款葡萄酒的年份是2004年，随后酒庄曾赢得不少奖项。

6552 North Rd, Duncan, British Columbia V9L 6K9
www.averillcreek.ca

Blasted Church Vineyards Okanagan Valley, West Canada

布拉斯教堂葡萄园 奥肯那根谷 西加拿大

Hatfield's Fuse(white)
哈特菲尔德引线（白）

奥肯那根谷的葡萄酒版图正在迅速发展，这款布拉斯教堂葡萄园的哈特菲尔德引线是目前最受欢迎的白葡萄酒之一。这款香气浓郁的葡萄酒采用8种葡萄混酿而成，主要品种为琼瑶浆、欧提玛和白皮诺。酒体散发出蜜瓜和梨的芬芳，少许青苹果香气带来几分轻快与明朗。除了出色的酒质，这款酒的成功还要归功于克里斯和伊芙琳·坎贝尔夫妇选用的高辨识度酒标。夫妻二人自2002年起接管酒庄。在那之前，酒庄名为普里奇山庄园，由克罗地亚人丹·普里奇运营。

378 Parsons Rd, Okanagan Falls, British Columbia V0H 1R0
www.blastedchurch.com

Cave Spring Cellars
Niagara Peninsula, East Canada

春天酒庄 尼亚加拉半岛 东加拿大

Riesling, Estate Bottled, Beamsville Bench(white)
比姆斯维尔雷司令（白）

春天酒庄庄园雷司令干白，酿酒葡萄精选自比姆斯维尔的葡萄园。比姆斯维尔位于尼亚加拉悬崖与安大略湖之间的狭长地带，出产的葡萄品质极佳。葡萄酒散发出扑鼻的香气，带有烤苹果的风味。春天酒庄以前只种植葡萄，1986年，比姆斯维尔产区的多位葡萄品种专家以生产者的身份开始经营酒庄。多样性在这里仍然十分重要，但是这款饱满的雷司令最受大家喜爱。

3836 Main St, Jordan, Ontario L0R 150
www.cavespring.ca

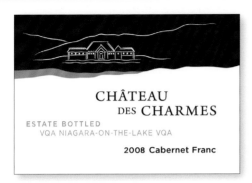

Château des Charmes Niagara Peninsula, East Canada

查尔梅酒庄 尼亚加拉半岛 东加拿大

Cabernet Franc,Estate Bottled,Niagara-on-the-Lake(red)
滨湖尼亚加拉品丽珠（红）

　　口感浓郁且富含矿物质的风格，使查尔梅酒庄跻身尼亚加拉半岛地区最佳生产商之列。庄园的滨湖尼亚加拉瓶装品丽珠是一款严谨、庄重，色泽较深的干红葡萄酒，蕴含着品丽珠的黑莓和樱桃风味。尼亚加拉地区的风土影响与橡木桶陈酿过程，为葡萄酒带来少许淡淡的胡椒和香料风味。

1025 York Rd,Niagara-on-the-Lake,Ontario L0S 1J0
www.chateaudescharmes.com

Gray Monk Estate Okanagan Valley,West Canada

灰僧酒庄 奥肯那根谷 西加拿大

Gewürztraminer(white)
琼瑶浆（白）

　　灰僧酒庄的拥有者乔治和海斯是白葡萄中芳香品种的忠实拥趸者。"灰僧"其实就是指灰皮诺。尽管灰皮诺因此成为灰僧酒庄的标志性品种，但酒庄也生产由另一种芳香白葡萄品种制成的琼瑶浆干白。奥肯那根谷北部凉爽的气候，造就了琼瑶浆芬芳的柠檬香味，带有木瓜与芒果的美妙味道，极受酒客们的喜爱。

1055 Camp Rd,Okanagan Centre,British Columbia V4V 2H4
www.graymonk.com

Hillebrand Winery Niagara Peninsula,East Canada

伊莱布朗酒庄 尼亚加拉半岛 东加拿大

Trius Riesling(white)
德米特里雷司令（白）

　　伊莱布朗酒庄全面且综合性的服务令人叹为观止，酒庄还为游客提供导游参观服务。常有许多游客前往参观该酒庄，享用其带餐厅的综合配套设施。在优质葡萄酒中，伊莱布朗酒庄的德米特雷司令也成为极佳的日常选择。鲜美的杨桃味和甘甜的芒果味，是对当地葡萄和风土的最佳诠释。

1249 Niagara Stone Rd,Niagara-on-the-Lake,Ontario L0S 1J0
www.hillebrand.com

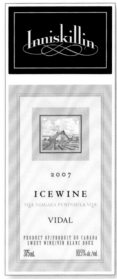

Inniskillin Niagara Niagara Peninsula,East Canada

尼亚加拉云岭酒庄 尼亚加拉半岛 东加拿大

Vidal Icewine(dessert)
威代尔冰酒（甜）

　　不列颠哥伦比亚省盛产坚果风味的冰酒。然而在安大略省，冰酒生产先驱云岭酒庄，采用威代尔葡萄酿造冰酒，拥有丰富的蜂蜜气息。尽管它作为日常饮品略显奢侈，但相比绝大多数同类冰酒而言，威代尔冰酒仍属价格实惠的产品。

1499 Line 3,Niagara-on-the-Lake,Ontario L0S 1J0
www.inniskillin.com

Jost Vineyards Malagash Peninsula,East Canada

若思特酒庄 马拉加什半岛 东加拿大

Oak-Aged L'Acadie Blanc,Nava Scotia(white)
那瓦舍橡木桶陈酿白阿卡迪（白）

　　白阿卡迪葡萄是那瓦舍的标志性葡萄品种，这种明显带有别致苹果风味的白葡萄，十分适应当地凉爽的海洋性气候。若思特酒庄橡木桶陈酿，苹果风味之外，又增加了梨和柠檬的味道。

48 Vintage Lane,Malagash,Nova Scotia B0K 1E0
www.jostwine.com

Lailey Vineyard Niagara Peninsula,East Canada
莱利酒庄 尼亚加拉半岛 东加拿大

Chardonnay(white)
霞多丽（白）

莱利酒庄的成功归功于两位极有天赋的人：德里克·巴尼特和唐娜·莱德利。作为顶级葡萄栽培师，1991年被官方授予安大略省"葡萄女王"称号的唐娜·莱德利负责这座由公公威廉·莱德利创建于20世纪50年代的酒庄。酒庄酿造的霞多丽充满了麦金托什红苹果风味，还具有恰到好处的酸味，可以窖藏数年后饮用。

15940 Niagara Parkway,Niagara-on-the-Lake,Ontario L0S 1J0
www.laileyvineyard.com

Le Clos Jordanne Niagara Peninsula,East Canada
乔丹酒庄 尼亚加拉半岛 东加拿大

Village Reserve Pinot Noir(red)
村庄珍藏黑皮诺（红）

这款精美雅致的葡萄酒，完美契合了当地风土，伴有梅子

和酸樱桃的风味。乔丹酒庄也酿造霞多丽，曾数次在与勃艮第和加利福尼亚州等葡萄酒知名产区酒庄的竞争中脱颖而出，荣获国际大奖。

2540 South Service Rd,Jordan Station,Ontario L0R 1S0
www.leclosjordanne.com

Mission Hill Family Estate Okanagan Valley,West Canada
米松希尔家族酒庄 奥肯那根谷 西加拿大

Cabernet Sauvignon-Merlot,Five Vineyards(red)
五座葡萄园赤珠霞-美乐（红）

米松希尔家族酒庄是将奥肯那根谷葡萄酒推向世界的生力军。酒庄所有者安东尼·冯·曼德尔因受加利福尼亚州葡萄酒先驱罗伯特·蒙达菲的启发，而在此处建立酒庄。曼德尔建造了一座令人印象深刻的酒庄，在那里可以俯瞰整个安大略湖。他同时管理着葡萄酒的酿造，使其多次荣膺国际大奖。要想一窥加拿大最奢侈干红的风味，可以选择五座葡萄园赤霞珠-美乐。此酒产自位于南奥肯那根的葡萄园，酒中带有一股胡椒的香辛味，更突显出草莓和黑樱桃的风味。

1730 Mission Hill Rd,West Kelowna,British Columbia V4T 2E4
www.missionhillwinery.com

Quails' Gate Estate Winery Okanagan Valley, West Canada
奎奥斯家族酒庄 奥肯那根谷 西加拿大

Chasselas-Pinot Blanc-Pinot Gris(white)
夏瑟拉-白皮诺-灰皮诺混酿（白）

夏瑟拉与白皮诺、灰皮诺的混酿，对每个人来说都是可遇而不可求的。夏瑟拉在瑞士是一种常见的葡萄品种，而白皮诺和灰皮诺则多在阿尔萨斯及其周边种植与酿造。奎奥斯家族酒庄创造性地证明了这3种葡萄可用于混酿，风味清新别致，而且价格实惠。夏瑟拉-白皮诺-灰皮诺混酿入口带有柑橘风味，细品又有杨桃滋味，最后以苹果香完美收尾，与海鲜搭配可谓相得益彰。夏瑟拉-白皮诺-灰皮诺混酿由这家中型规模，但极其专业的酒庄酿造。该酒庄于1960年由斯图尔特家族建立，种植纯种葡萄的历史可以追溯至20世纪90年代。

3303 Boucherie Rd,Kelowna,British Columbia V1Z 2H3
www.quailsgate.com

Road 13 Winery Okanagan Valley,West Canada
13大道酒庄 奥肯那根谷 西加拿大

Honest John's Red(red)
奥涅斯特约翰干红（红）

在奥涅斯特约翰干红中，赤霞珠与美乐相互融合，辅之以品丽珠和西拉，既丰富了南奥肯那根谷特有的风味，又不会过于明显，可谓相得益彰。芬芳的樱桃风味，完全融于深褐色的香料之间。由让-马丁·布沙尔酿造的奥涅斯特约翰干红，是13大道酒庄的入门精品。2003年，久负盛名的高登麦鸥酒庄由米克和帕姆·勒克赫斯特买下，改名为13大道酒庄。混酿在酒庄产品中占据了越来越大的比例，因为这里的酿酒师相信，混酿与单一品种的葡萄酒相比，可以给人们提供更丰富的口感，吸引人们的关注。13大道酒庄的酿酒师们以严谨认真的态度对待橡木桶酿造过程，他们十分关注原料产地、烘焙水平和陈酿时间等细节。

13140 Road 13,Oliver,British Columbia V0H 1T0
www.road13vineyards.com

Sandhill Estate Winery Okanagan Valley,West Canada

沙丘酒庄 奥肯那根谷 西加拿大

Pinot Gris(white)
灰皮诺（白）

安德鲁·佩勒的沙丘酒庄是酿造赤霞珠和桑娇维赛的单一葡萄园酒的先驱。佩勒的酿酒师霍华德·苏尼，使用源自4个园区的葡萄来酿酒。这些不同园区的葡萄各自具有独特的风味。沙丘酒庄出产的少而精的酒品中，纯种灰皮诺毫无疑问是其典型代表。奥肯那根湖凉爽宜人的气候，使位于该地区的纳拉马塔的葡萄清新爽口。苹果和梨的芳香，使酒中的柑橘味恰到好处地突显出来。

1125 Richter St,Kelowna,British Columbia V1Y 2K6
www.sandhillwines.ca

Sumac Ridge Estate Winery Okanagan Valley, West Canada

漆树山脉酒庄 奥肯那根谷 西加拿大

Steller's Jay Brut(sparkling)
斯特尔解干型（起泡）

斯特尔解干型是不列颠哥伦比亚省的标志性起泡酒，采用霞多丽、白皮诺和黑皮诺3种葡萄，以传统工艺（如同香槟，一般需要在酒瓶中进行二次深层发酵）酿制，与酒泥一同陈酿3年。酒体起泡轻柔，苹果和榛子风味丰富。作为一种优质起泡酒，它需在瓶中进行二次发酵。千禧年前后，加拿大饮料巨头威科尔（Vincor）因为斯特尔解干型，而对这家不列颠哥伦比亚省最老的酒庄（建于1981年）产生了浓厚的兴趣。最终，于2000年，威科尔以1000万加元的价格从创始人哈里·麦克沃特斯手中买下酒庄。

17403 Highway 97N,Summerland,British Columbia V0H1Z0
www.sumacridge.com

Tawse Winery Niagara Peninsula,East Canada

桃兹酒庄 尼亚加拉半岛 东加拿大

Sketches of Niagara Riesling(white)
尼亚加拉速写雷司令（白）

桃兹酒庄在雷司令专家中有着历史悠久的影响力，酒庄现任法国酿酒师帕斯卡尔·马钱德又在这样的历史中写下了注脚。马钱德酿酒遵循前辈黛博拉的传统，并得到了酒庄所有者马里·陶斯的全力支持。尼亚加拉速写雷司令为尼亚加拉半岛葡萄品种的混酿，拥有沁人心脾的芬芳，在坚果和苜蓿的芳香中，透露出菠萝和奶油的滋味。

3955 Cherry Ave,Vineland, Ontario L0R 2C0
www.tawsewinery.ca

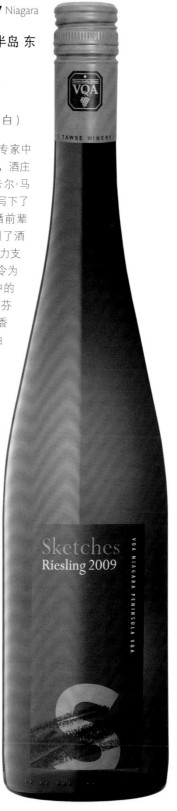

南美地区
SOUTH AMERICA

阿根廷和智利作为南美洲的两大葡萄酒巨头，使南美大陆成为除欧洲之外最大的葡萄酒生产地。过去，两个国家的生产商都专注于国内市场。20世纪80年代开始，他们优先考虑出口业务，葡萄酒的品质也得到了快速提升。阿根廷，尤其是处于安第斯山麓的门多萨地区，因为马尔贝克酿造的美酒而声名鹊起；而智利，则将另一种源于法国西南部的红葡萄——佳美娜，打造成其特色产品。两个国家都采用经典的红葡萄品种，如赤霞珠、美乐、西拉和黑皮诺，酿造出价格实惠且值得信赖的红葡萄酒。至于白葡萄酒，就要提到来自智利气候寒冷产区的长相思以及阿根廷北部萨尔塔气味芳香的托伦特。当然也不能忽略这个地区迅速崛起的第三个国家——巴西，它出产美味的起泡酒和美乐红葡萄酒。

智利 Chile

提到日常红酒的品质，很少能有国家比得上智利，这要归功于该国优越的种植条件。漫长且干燥的夏季，充足的光照，使整个地区的产出都物超所值。说到红葡萄酒，有源自赤霞珠、美乐、西拉、黑皮诺和特有佳美娜的红葡萄酒，色泽鲜丽；白葡萄酒，超值的长相思和霞多丽则是不错的选择。

Amayna(Viña Garces Silva) San Antonio
阿玛纳（加尔斯席尔瓦）酒庄 圣安东尼奥

Sauvignon Blanc,Leyda Valley(white)
利达谷长相思（白）

加尔斯·席尔瓦家族（智利最富有的家族之一）最初在圣安东尼奥的利达山谷，购买了约700万平方米的土地，用于开展畜牧产业。不久，他们就在这片沿海的土地上看到了酿造葡萄酒的潜力。他们于1999年开始种植葡萄，2003年销售第一款葡萄酒。这款长相思引起了强烈的反响，显示出利达种植葡萄的惊人潜力。这款白葡萄酒带有浓郁的葡萄和药草香气，清爽、自然的酸度，充分反映出这片土地的个性。尽管后来这片庄园里也出产其他成功的白葡萄酒，但长相思一直是其中最独特，也是最棒的一款。

Fundo San Andres de Huinca,Camino Rinconada de San Juan,Leyda,San Antonio
www.vgs.cl

Antiyal Maipo
安帝雅酒庄 迈坡

Kuyen,Maipo Valley(red)
迈坡谷酷银（红）

迈坡谷酷银奇妙地将西拉、赤霞珠和佳美娜混合在一起，采用新大陆极其昂贵的葡萄，运用一系列巧妙的构思混酿而成。酷银干红是智利著名酿酒师阿尔瓦罗·埃斯比诺萨的作品，他是智利有机酿酒法和生物动力酿酒法发展进程中至关重要的人物。他从父母农场里一间简陋的车库起家，现在拥有自己的葡萄园和酿酒厂。

Padre Hurtado 68,Paine,Santiago
www.antiyal.com

Casa Marin San Antonio
玛丽酒庄 圣安东尼奥

Sauvignon Blanc Cypress Vineyard,San Antonio Valley (white)
圣安东尼奥谷柏树园长相思（白）

玛丽酒庄的柏树园长相思，采用太平洋沿岸陡峭山坡上种植的果实，能展现出凉爽气候下特有的清新和利落，带有足够的余韵和深度，它是玛丽酒庄特有酿酒法的典型代表。酒庄主人玛丽鲁兹·玛丽性格积极、奋发，坚定不移地坚持自己的酿酒法，在距离凉爽的太平洋4千米的山上种植葡萄，这就是她的兴趣所在。

Lo Abarca,Valle de San Antonio
www.casamarin.cl

Casas Del Bosque Casablanca
卡萨伯斯克酒庄 卡萨布兰卡

Sauvignon Blanc Reserva,Casablanca Valley(white)
卡萨布兰卡谷珍藏长相思（白）

卡萨伯斯克酒庄的珍藏长相思，散发着药草和新鲜葡萄柚等富有表现力的芳香，非常引人入胜；柑橘和白瓜等瓜果余韵，让舌尖顿感愉悦、轻快。它再次证明，库尼奥家族将经营百货商店的杰出才能成功运用到酿酒业。20世纪90年代，库尼奥家族开始在气候凉爽的卡萨布兰卡谷种植葡萄。

Hijuela 2 Ex Fundo,Santa Rosa,Casablanca
www.casasdelbosque.cl

Concha y Toro Maipo
干露酒厂 迈坡

Casillero Del Diablo Cabernet Sauvignon Reserva,Central Valley(red); Marques de Casa Concha Carmenere,Peumo Valley(red)
中央山谷红魔鬼系列珍藏赤霞珠（红）；佩乌莫谷侯爵佳美娜（红）

无论是在对智利国际形象非常重要的高端酒中，还是大范围生产的廉价酒中，干露酒厂在智利酒业中都占据着举足轻重的地位。整个红魔鬼系列展现出超乎寻常的优秀品质，而赤霞珠因为透着黑莓和橡木的香气而大放异彩。侯爵系列里的佳美娜以复杂的香气层次，以及浓度与柔和度的完美结合为特性。

Avenida Virginia Subercaseaux 210,Pirque,Santiago
www.conchaytoro.com

Cono Sur Colchagua
柯诺苏酒庄 空加瓜

Bicycle Cabernet Sauvignon, Central Valley(red)
中央山谷自行车赤霞珠（红）

柯诺苏的发展无疑受益于总公司干露酒厂的财政实力，但这家新成立的公司独立运转，自1993年成功开辟了一条属于自己的道路。它拥有横跨整个智利的优质葡萄种植园，是生态敏感栽培法的先驱，也一直处于智利葡萄业发展的前沿。例如，顶级珍藏葡萄酒率先使用螺旋盖封瓶，在智利国内首先重视黑皮诺的发展。该公司由才华横溢的酿酒师阿道夫·乌尔塔多负责，他一生中酿造无数名酒，最引人瞩目的就是自行车系列的中央山谷赤霞珠。这款赤霞珠酒体中等，充满黑莓和樱桃的香味，伴随着淡淡的药草香气。你可以花很少的钱，就享受到极高的品质。

Chimbarongo, Rapel Valley
www.conosur.com

Cousiño Macul Maipo
古仙露酒庄 迈坡

Antiguas Reservas Cabernet Sauvignon, Maipo Valley(red)
迈坡谷安提瓜珍藏赤霞珠（红）

古仙露酒庄作为迈坡谷的中坚力量，具有悠久的历史，获得了卓越的成就。安提瓜珍藏赤霞珠是智利的经典红酒，在这个盛产赤霞珠的国家，它可能是严格意义上最正宗的赤霞珠。安提瓜珍藏赤霞珠是古仙露近年来开发的一款干红，它更明亮、更具有果脯风格，但却不失品质的复杂和层次感，具有黑樱桃的香味以及药草、香柏和海草的味道。

Quilin 7100, Penalolen, Santiago
www.cousinomacul.cl

De Martino Maipo
德马蒂诺酒庄 迈坡

Organically Grown Cabernet-Malbec, Maipo Valley(red)
迈坡谷有机赤霞珠-马尔贝克（红）

德马蒂诺酒庄的有机赤霞珠-马尔贝克，以丰富的味道和诱人的价格在市场上无可匹敌。它拥有非常浓郁的色彩，散发出野莓、黑醋栗和黑莓的甜美果味，是能够表现酒庄座右铭——"改造智利"的葡萄酒之一。这个项目在该公司桶装葡萄酒和果汁业务的支持下运行，并为技术娴熟的酿酒师马塞洛·雷塔马尔提供运作资金，使其能进行试验，并在全国寻找适合种植不同葡萄品种的最好地区。

Manuel Rodríguez
229, Isla de Maipo
www.demartino.cl

Emiliana Colchagua
艾米利亚酒庄 空加瓜

Natura Chardonnay,Casablanca Valley(white);Nature Merlot,Rapel Valley(red)

卡萨布兰卡谷天然霞多丽（白）;拉佩尔谷天然美乐（红）

艾米利亚酒庄是干露酒厂独立运营的分公司之一，由于它在艾米利亚采用有机种植，使艾米利亚酒庄成为世界上最大的采用有机与生物动力的葡萄酒生产商之一。卡萨布兰卡谷天然霞多丽葡萄酒像一杯可口的热带水果沙拉，以清新的酸度来提升尾韵。拉佩尔谷天然美乐也毫不逊色，显示出成熟和极其纯正的品质，散发着梅子和樱桃的果味。

Nueva Tajamar 481 Torre Sur 701,Las Condes,Santiago
www.emiliana.cl

Errázuriz Estate Aconcagua
伊拉苏酒庄 阿空加瓜

Sauvignon Blanc,Casablanca Valley(white)

卡萨布兰卡谷长相思（白）

最近几十年，查德威克家族的伊拉苏酒庄成为智利重要的开创性生产商，它是第一批试验创新采用有机和生物动力种植法的酒庄之一，还尝试在山坡种植葡萄，率先使用野生酵母发酵，并且与其他国家的企业（如美国加利福尼亚州的蒙大维酒庄）进行合资，以提升企业形象。他们的产品稳定地保持高品质，卡萨布兰卡谷长相思便是个中翘楚。这款引人注目的白葡萄酒散发着浓郁的芳香和清新的味道，只需一点香甜，便平衡了强劲的酸度。

Avenida Antofagasta,Panquehue,V Region
www.errazuriz.com

Falernia Elqui
翡冷翠酒庄 艾尔基

Carmenere-Syrah Reserva,Elqui Valley(red)

艾尔基谷珍藏佳美娜-西拉（红）

艾尔基谷曾经以出产智利的国魂——皮斯科烈酒（白兰地的一种，并非葡萄酒）著称，但是意大利人经营的翡冷翠酒庄改变了这一切。翡冷翠酒庄利用这里的万里晴空（艾尔基谷也因观星而闻名），酿造出一系列品质精美、色泽明亮且质地纯净的葡萄酒。珍藏佳美娜-西拉混合了佳美娜的黑色果肉和西拉多汁红色浆果的特性，令佳酿达到完美的融合。

Ruta 41,Km 46,Casilla 8 Vicuña,IV Region
www.falernia.com

Kingston Family Vineyards Casablanca
金斯敦家族酒庄 卡萨布兰卡

Tobiano Pinot Noir,Casablanca Valley(red)

卡萨布兰卡谷托拜恩诺黑皮诺（白）

托拜恩诺黑皮诺（源自卡萨布兰卡谷的金斯敦家族酒庄）是智利最好的黑皮诺酒争霸者。由于成熟得比较充分，黑皮诺的味道非常雅致，带着微妙的草莓、樱桃和相应的橡木香味。20世纪，卡尔·约翰·金斯敦离开密歇根，来智利寻找黄金。今天，他

的家族以自产10%的葡萄酿酒，余下的销售给其他生产商。

未提供参观信息
www.kingstonvineyards.com

Haras de Pirque Maipo
种马园 迈坡

Carmenere,Maipo Valley(red)

迈坡谷佳美娜（红）

迈坡谷种马园的佳美娜味道强烈，带有独特的香味，深红色的果肉赋予它茴香和浓缩咖啡豆的香味，坚定的尾韵使它适合搭配口感浓郁的菜品。酿酒的葡萄产自山坡上，酿酒厂呈醒目的马蹄形，周围是葡萄园和纯种马牧场。

Camino San Vicente,Sector Macul,Pirque,Casilla 247 Correo Pirque
www.harasdepirque.com

La Reserva de Caliboro Maule
卡里伯乐酒庄 马乌莱

Erasmo,Maule Valley(red)

马乌莱谷埃拉斯莫（红）

意大利人弗朗西斯科·马罗内·沁扎诺不仅继承了家族爵位，也继承了标志性的饮料业务[家族拥有沁扎诺（Cinzano）品牌]。因为他参与卡里伯乐酒庄的管理，而成为智利马乌莱地区红酒产业近年来革新活动中至关重要的人物。埃拉斯莫红葡萄酒散发着少许橡木的辛辣和烟熏味道，适合窖藏，而纯净且清新的浆果味道使得它适合搭配口味浓郁的菜品。

Carretera San Antonio,Caliboro Km 5.8,San Javier
www.caliboro.com

🏛 **Lapostolle** Colchagua

拉博丝特酒庄 空加瓜

🏛 *Casa Carmenère, Rapel Valley(red); Cuvée Alexandre Chardonnay Atalayas Vineyard, Casablanca Valley(white)*

拉佩尔谷小屋佳美娜（红）；卡萨布兰卡谷阿塔亚斯葡萄园亚力山大霞多丽（红）

　　马尼耶·拉博丝特家族[金万利（Grand Marnier）品牌的策划人]将他们的专业技能运用于葡萄酒领域。酒庄的总部设在空加瓜谷的阿帕尔塔，由米歇尔·罗兰担任酿酒顾问。产自拉佩尔谷的小屋佳美娜具有浓郁的色彩，散发着黑莓的果香，伴随厚重的单宁。亚力山大霞多丽将成熟的果味、清新的酸度以及少许辛辣的尾韵结合在一起，显得异常特别。

Camino San Fernando aPichilemu,Km36,Cunaquito,Comuna Sta Cruz www. casalapostolle. com

🏛 **Leyda** San Antonio

利达谷酒庄 圣安东尼奥

🏛 *Pinot Noir Las Brisas Vineyard,Leyda Valley(red)*

利达谷乐巴萨黑皮诺（红）

　　最早出现在圣安东尼奥利达谷的利达谷酒庄，是智利最近十几年里最出色的酒庄之一。利达谷由于受到太平洋上凉爽海风的吹拂，所以许多生产商选择在这里开垦葡萄园。这片区域依赖一条建于1997年，长8千米的灌溉渠的滋养，将迈坡河的河水引流至此。利达谷酒庄发行的第一款葡萄酒就引起了大众的广泛注意，这里出产的葡萄酒以高雅、清新和雅致而著称。如果要说明智利能生产最好的黑皮诺，那乐巴萨黑皮诺便是最好的证明。它巧妙地运用樱桃和草莓果味展现出清新味道，提升口感，留有可口的辛香感。

Avenida Del Valle 601 of.22,Ciudad Empresarial,Santiago www.leyda.cl

🏛 **Loma Larga Vineyards** Casablanca

龙丘酒庄 卡萨布兰卡

🏛 *Chardonnay,Casablanca Valley(white)*

卡萨布拉卡谷霞多丽（白）

　　龙丘酒庄的霞多丽干白，完美而和谐地诠释了卡萨布兰卡地区的霞多丽。它表现了橡木的香味，散发出烤坚果和木材燃烧的清香，夹杂着桃子成熟的果香。如同卡萨布兰卡地区出产的所有葡萄酒一样，它象征着精致和新鲜的口感。酒庄所有者迪亚兹家族从19世纪开始从事葡萄酒行业，1999年在卡萨布兰卡种植葡萄。今天，他们拥有148万平方米的葡萄园。

Avenida Gertrudis Echeñique 348,Depto. A,Las Condes,Santiago www.lomalarga.com

🏛 **Los Vascos** Colchagua

拉菲华斯歌酒庄 空加瓜

🏛 *Cabernet Sauvignon,Colchagua Valley(red)*

空加瓜谷赤霞珠（红）

　　空加瓜谷出品的拉菲华斯歌干红带有成熟的黑莓，淡淡的橡木味，浓郁且细腻的丹宁，让酒具有猛烈口感。这款酒源自于一家坚持传统理念的酿酒厂。1988年起，它受益于传奇的波尔多第一庄园，拉菲庄园背后懂得投资与酿造的罗斯柴尔德家族的影响。近年来，这家酒庄大幅度提高质量，如在山边开辟新的庄园，从气候更寒冷的卡萨布兰卡谷采购白葡萄以酿酒。

Camino Pumanque Km 5,Peralillo,VI Region www.vinalosvascos.com

玩转酒单

每当朋友或家人在餐厅里进行愉快的聚餐时，除了一份繁杂的酒单，没什么能打断滔滔不绝的谈话了。主人或被指定的葡萄酒"专家"会为研究酒单并做出决定，花费过多的时间，除非那个人掌握某些捷径。相信侍者或侍酒师提供的专业建议，就如同你相信厨师能做出好吃的食物。不过根据以下提示，可以让点酒的过程不再有压力且耗时。

1 点半瓶装（375毫升）葡萄酒可以省钱，还可以点几瓶不同品牌的半瓶装，这会让聚餐变得更有意思。如果两个人就餐，这个方法非常实用，可为不同的食物搭配不同的葡萄酒。如果你们中的一个点了鱼作为头盘，而另一个吃鸭子，你可以根据菜肴选择完全不同的葡萄酒。

2 如果你只需要一瓶起泡酒，却点了香槟，记得你会为这支法国香槟产区的起泡酒付出高价。其实你完全可以在西班牙或加利福尼亚州找到替代品；也可选择与香槟使用相同葡萄品种、相同酿造方式，但产自其他地区的起泡酒。尝尝西班牙菲斯奈特干型起泡或加利福尼亚州莱堤西亚葡萄园干型起泡，口感也不错。

3 明确价格。这是向侍者或侍酒师巧妙表示你要求的价格范围的好方法，无须开口说："我们要酒单上最便宜的劣质酒！"只需向他们指出酒单上一两个价格，"我们想点这种级别的葡萄酒"。侍者或侍酒师就会帮你找到这类价格中适合搭配菜肴的葡萄酒。

4 最便宜的不一定最差。实际上，酒单上最便宜的酒款很可能是不错的葡萄酒，但主人因唯恐有吝啬之嫌，所以鲜有人选择。第二便宜的葡萄酒最好小心谨慎一些。餐厅知道很多人会选择比最低价稍高一点的葡萄酒，所以他们可能将实际最便宜的葡萄酒提高标价。询问侍者或侍酒师是否推荐这款葡萄酒，如有怀疑，就选择另外一瓶。

5 明确葡萄酒的生产地。你要明白，在葡萄酒产量越少的产区，价格会越高。一款标明勃艮第的红葡萄酒，说明酿酒的葡萄可以来自勃艮第大区的任何地方，它将会是酒单上最便宜的勃艮第葡萄酒；一支小产区的勃艮第，如高地地区，则会贵一些；一支产自高评级的村庄，如热夫雷-香贝田一贯很昂贵。不过酒标上标出产自单一葡萄园的热夫雷-香贝田，则会是酒单上最昂贵的勃艮第。

6 不要让明星效应影响你的选择。与非常昂贵的著名庄园葡萄酒相比，低价实惠的葡萄酒才是更好的选择。例如，与高评级的凯隆世家副牌相比，大部分年份的锐莎酒庄正牌葡萄酒口感更顺滑，而且价格更便宜。

7 小心含糊的名称。不要被冠冕堂皇的名字说服你购买，除非你确实了解它。例如，著名的拉菲-罗斯柴尔德古堡，很多酒庄的名字与之类似，这些可能是不错的庄园，但是他们并非拉菲-罗斯柴尔德。

8 确认强化酒是否处于适饮状态。餐厅可能会提供昂贵且知名的波特酒，可是它们却因为酿造时间较短而不适合饮用，如果能10年后再品尝，口感会更理想。如果举棋不定，可选择适宜即斟即饮型，略带沉淀物的晚装瓶年份波特。

🏛 Luis Felipe Edwards Colchagua
埃德华兹酒庄 空加瓜谷

🍷 *Cabernet Sauvignon Reserva,Colchagua Valley(red)*
空加瓜谷赤霞珠珍藏（红）

这款空加瓜谷赤霞珠珍藏美味可口，柔和成熟，又具有个性和通透的复杂感，展现出可爱的黑色莓果边缘和柔和的单宁质感。

Fundo san Jose de Puquillay,Nancagua,Vi Region
www.lfewines.com

🏛 Miguel Torres Curicó
桃乐丝酒庄 库里科

🍷 *Santa Digna Carmenère Reserva,Central Valley(red)*
中央山谷圣迪娜佳美娜珍藏（红）

圣迪娜佳美娜珍藏在智利价格实惠的佳美娜中，是风格最婉约的一款。它带有成熟、深邃的果味，令人联想起乌梅和多汁的樱桃味道。

Panamericana sur Km 195,Curicó
www.migueltorres.cl

🏛 Montes Colchagua
蒙特斯酒庄 空加瓜谷

🍷 *Limited Selection Apalta Vineyard Cabernet Carmenère, Colchagua Valley(red);Limited Selection Pinot Noir, Casablanca Valley(red)*
空加瓜谷阿帕塔园限量精选赤霞珠-佳美娜（红）；卡萨布兰卡谷限量精选黑皮诺（红）

这款赤霞珠-佳美娜混酿来自卡萨布兰卡谷，它纯净，精致，忠实于品种本色，并且异常美味。在这款混酿中，酿酒师

试图利用佳美娜的潜质，提升智利内敛的赤霞珠的档次，无疑这一方式获得了成功。在这款卓越佳酿背后，蒙特斯酒庄已是智利葡萄酒爱好者心中的老牌名庄。

Avenida del Valle, Huechuraba,Santiago
www.monteswines.com

🏛 Odfjell Vineyards Maipo
奥非酒庄 迈坡

🍷 *Armador Merlot,Maipo Valley(red)*
迈坡谷船主美乐（红）

奥非酒庄的船主美乐风格柔软、成熟，又饱含个性，拥有极高的性价比，展现出迷人的黑莓果特征，带有柔和的单宁边缘。酒庄由挪威船运巨头丹·奥非创建，他在一次商务旅行中爱上了智利的葡萄酒。这款酒正是其酒庄生产的一系列独具个性的美酒之一。奥非在圣地亚哥西部的山坡上购买了一些土地，于1992年种下第一株葡萄。

Camino Viejo a Valparaiso 7000,Padre Hurtado,Santiago
www.odfjellvineyards.cl

🏛 Pérez Cruz Maipo
皮尔库斯酒庄 迈坡

🍷 *Cabernet Sauvignon Reserva,Maipo Valley(red)*
迈坡谷赤霞珠珍藏（红）

位于迈坡谷的皮尔库斯酒庄，拥有迷人的谦逊历史。这里曾是一间仓库，用于存放苜蓿、杏仁和家禽。如今它已成为皮尔家族的酿酒间。这款传统风格的迈坡赤霞珠带有干药草和雪松的香气，黑樱桃果味与饱满的余香，令它成为搭配烤牛排的好伙伴。

Fundo Liguai de huelquén,Paine,Maipo Alto
www.perezcruz.com

🏛 **Quintay** Casablanca
昆泰酒庄 卡萨布兰卡

🍷 *Clava Sauvignon Blanc,*
Casablanca Valley(white)
卡萨布兰卡谷克拉瓦长相思
（白）

　　来自卡萨布兰卡谷的昆泰长相思，口感清新爽脆，拥有活泼的柑橘和新鲜的草香气息，随后会呈现持续的蜜瓜与柚子味道。昆泰酒庄是智利葡萄酒业的迷人新客。它于2005年起航，致力于酿造高品质的长相思。酒庄由8名合伙人组成，其中大部分为酒农。他们共同创业，开发出一系列令人印象深刻的好酒。这些葡萄酒注重细节，又不失雄心。

San sebastián
2871,office 201,Las
Condes,Santiago
www.quintay.com

🏛 **San Pedro** Curicó
圣佩德罗酒庄 库里科

🍷 *Castillo de Molina Sauvignon Blanc Reserva,Elqui*
Valley(white)
艾尔基谷莫利纳长相思珍藏（白）

　　圣佩德罗是智利最大的葡萄酒生产商之一，拥有众多系列产品，畅销本地和世界各出口市场。说到质量，它曾走入一段低谷。直到近10年里，圣佩德罗酒庄再次雄起，它改变经营策略，着重强调风土和优雅，并推出一系列佳酿。莫利纳长相思珍藏是对艾尔基谷果实强烈而具有约束的完美表达，展现出青草、打火石和柚子的香气，并以柑橘和白香瓜的特征做支撑。

Avenida Vitacura 4380,Piso 6,Vitacura,Santiago
www.sanpedro.cl

🏛 **Santa Rita** Maipo
桑塔丽塔酒庄 迈坡

🍷 *Sauvignon Blanc 120,Central Valley(white);Cabernet*
Sauvignon Medalla Real,Maipo Valley(red)
中央山谷120长相思（白）；迈坡谷真实勋章赤霞珠（红）

　　这座由克拉罗集团（Claro group）拥有的酒庄，在空加瓜和利马里等高品质产区建立新种植区。120长相思是一款超值佳酿，香气奔放但不刺激；柑橘味道清新，但不酸涩。真实勋章赤霞珠结合世界水平的复杂性，拥有坚实的智利特色，展现出极佳的雪松和香料格调。

Camino Padre Hurtado 0695,Alto Jahuel/Buin,Maipo
www.santarita.com

🏛 **Tabalí** Limarí
达百利酒庄 利马里

🍷 *Chardonnay Reserva Especial,Limarí Valley(white)*
利马里谷霞多丽特别珍藏（白）

　　达百利酒庄属于吉耶尔莫的产业。他是势力强大的圣佩德罗家族的首领，该家族是智利的巨贾之一。利马里高原位于遥远而干燥的南部，圣地亚哥以北400千米。1993年，酒庄在此开垦，生产强健风格的佳酿，带有独特、新鲜且明快的果味边缘。这款霞多丽特别珍藏经过大胆橡木陈酿，却仍不失平衡，最初展现出烟熏木材和烤坚果的香气，随后呈现桃和菠萝味道，余香辛辣。

Hacienda Santa Rosa de Tabalí Ovalle,Rute Valle del Encanto,Limarí Valley
www.tabali.cl

🏛 **Undurraga** Maipo
乌德拉加酒庄 迈坡

🏛 *Undurraga TH Series Sauvignon Blanc, Leyda Valley (white)*
利达谷TH系列长相思（白）

乌德拉加TH（"Terroir Hunter"意为"风土猎人"）系列长相思是对该葡萄品种的有力诠释，它拥有活泼动人的香气，又具有广阔的质感。入口呈现柑橘和白瓜的风味，余香为清新的柠檬味道。20世纪90年代末，酒庄的所有权经历分裂，因此陷入困难的酒庄主人决心改变。如今酒庄所有权由皮西特家族独立拥有，加上新酿酒团队的辅佐，酒庄重上正轨。

Camino Melipilla, Km 34, Santa ana, Maipo
www.undur-raga.cl

🏛 **Valdivieso** Curicó
瓦帝维索酒庄 库里科

🏛 *Cabernet Sauvignon Reserva, Maipo Valley (red)*
迈坡谷赤霞珠珍藏（红）

在智利，瓦帝维索曾经几乎是起泡酒的代名词。如今虽然起泡酒仍在大量生产，但酒庄也尝试大量酿造静态酒。现在酒庄开发出一系列高品质的佳酿，红白兼具。这款来自迈坡谷的赤霞珠珍藏口感丰富而深邃，黑莓果的味道令人满足，柔和的单宁和烤橡木特征赋予酒结构感。

Luz Pereira 1849, Lontué
www.valdiviesovineyard.com

🏛 **Ventisquero** Maipo
冰川酒庄 迈坡

🏛 *Sauvignon Blanc Root 1, Casablanca Valley (white); Cabernet Sauvignon Root 1, Colchagua Valley (red)*
卡萨布兰卡谷神树长相思（白）；空加瓜谷神树赤霞珠（红）

如同"神树（Root1）"的名字所示，这两款酒均出自未经嫁接的葡萄藤（即葡萄藤生长在最初的根茎上，但世界大多数葡萄藤都嫁接于不同的砧木上）。在葡萄酒世界中，人们各执一词，对未嫁接葡萄藤是否影响成酒的问题未有定论，但这两款酒的确非常美味。这里的长相思清脆新鲜，白瓜的格调中点缀着柠檬与酸橙边缘。赤霞珠则味道深邃，质感柔和，带有植物气息。

La Estrella avenida, 401, office 5P, Punta de Cortés Sector, Rancagua
www.ventisquero.com

🏛 **Veramonte** Casablanca
翠岭庄园 卡萨布兰卡

🏛 *Chardonnay Reserve, Casablanca Valley (white)*
卡萨布兰卡谷霞多丽珍藏（白）

来自卡萨布兰卡谷的翠岭霞多丽珍藏，拥有难以置信的复杂感和性价比，带有烘烤香气，散发饱满的桃和热带水果味道，以柑橘风味做结尾。这款酒是卡萨布兰卡翠岭酒庄拥有高性价比产品的极佳展现。20世纪90年代，来自这里的清脆长相思赢得了世界的芳心。酒庄由胡纽思家族掌管，总部位于卡萨布兰卡谷东边的高地。如今酒庄已开始拓展红葡萄酒的生产业务，并在空加瓜谷建立新的酿酒间。

Ruta 68, Km 66 Casablanca
www.veramonte.com

ᵐ Viña Casablanca
Casablanca

卡萨布兰卡酒庄 卡萨布兰卡

ᵐ *Cefiro Merlot Reserva, Maipo Valley(red);Cefiro Cabernet Sauvignon Reserva,Maipo Valley(red)*
迈坡谷西菲罗美乐珍藏（红）；迈坡谷西菲罗赤霞珠珍藏（红）

20世纪八九十年代，卡萨布兰卡酒庄作为先锋之一，将凉爽气候且与其同名的山谷搬上葡萄酒版图。如今酒庄也与其他产区合作，如这两款来自西菲罗系列的佳酿。西菲罗美乐拥有李子的味道，带有迷人的雪松、秋叶和微妙的橡木气息。西菲罗赤霞珠则带有干药草的香气，拥有黑莓果味道。两款酒都展现出克制的成熟感，具有欧式风格。

Rodrido de Araya 1431,Macul, Santiago
www.casablanca winery.com

ᵐ Viu Manent Colchagua

威玛酒庄 空加瓜

ᵐ *Estate Collection Chardonnay,Colchagua Valley (white); Cabernet Sauvignon Reserva,Colchagua Valley(red)*
空加瓜谷庄园珍藏霞多丽（白）；空加瓜谷珍藏赤霞珠（红）

威玛酒庄建于20世纪30年代，以生产基础款的盒装葡萄酒为起点，总部位于圣地亚哥。酒庄虽酿造精致的红葡萄酒，但这款庄园珍藏霞多丽不可小觑。它拥有丰富的果味，用桶技巧娴熟。珍藏赤霞珠也具有远高于其价格的复杂感，展现出迷人的雪松、黑色水果和微妙辛香的橡木气息。近年来，酒庄规模扩展，在空加瓜西部、卡萨布兰卡和利达谷购入新的葡萄园。

Santa Cruz,Colchagua
www.viumanent.cl

ᵐ Von Siebenthal Aconcagua

斯尔本塔酒庄 阿空加瓜

ᵐ *Parcella #7,Aconcagua Valley(red)*
阿空加瓜谷7号地块（红）

斯尔本塔酒庄的7号地块是一款卓越的波尔多风格混酿（赤霞珠、美乐、品丽珠），它具有说服力、复杂且经典的特质，会让波尔多的葡萄酒生产商们彻夜难眠。复杂、精细又极其和谐，它是斯尔本塔酒庄风格的杰出代表。近几年，酒庄的地位显著上升，跻身于智利最佳生产商之列。

Calle O'Higgins,Panquehue,Aconcagua
www.vinavonsiebenthal.com

阿根廷 Argentina

　　阿根廷是世界最大的葡萄酒消费国之一，如今它也跻身于最佳生产商之列。来自门多萨的马尔贝克丰富、强劲，是该国标志性的红葡萄品种；来自北部萨尔塔省的托伦特，是该国最具有特色的白葡萄品种。随着19～20世纪的移民浪潮，西班牙和意大利人为阿根廷带来大量的葡萄品种，使阿根廷葡萄酒呈现出多样的风格。

Alta Vista Luján de Cuyo,Mendoza
阿尔塔维斯塔酒庄 卢汉德库约 门多萨

Malbec Classic,Mendoza(red)
门多萨马尔贝克经典（红）

　　来自法国的德阿兰家族拥有香槟背景，曾经是白雪香槟的拥有者，因此当家族于20世纪80年代来到阿根廷时，他们决定酿造起泡酒。1996年，家族决定将注意力转移到马尔贝克上，并于建于19世纪的酒窖中开始了阿尔塔维斯塔酒庄的历史。自此，酒庄的品质蒸蒸日上，因对橡木桶的明智使用，葡萄酒拥有更好的平衡感，正如这款马尔贝克经典所展现的品质。多汁而柔软，深邃的黑樱桃味中透露出迷人的纯净度，带有一丝辛香的气息。

Alzaga 3972,Luján de Cuyo,Mendoza
www.altavistawines.com

Altos Las Hormigas Luján de Cuyo,Mendoza
金蚂蚁酒庄 卢汉德库约 门多萨

Malbec,Mendoza(red)
门多萨马尔贝克（红）

　　金蚂蚁酒庄的马尔贝克作为最具有张力的阿根廷马尔贝克之一，几乎呈黑色，散发着黑莓的香气，带有甘草和浓缩咖啡的特征。酒庄的名字意为"蚂蚁之坡"，既包含葡萄园建立之初，在此发现蚂蚁家族的历史，又表示辛勤和细心的工作态度。酒庄由意大利、阿根廷合资，创立于20世纪90年代中期，此后酒庄的经营越来越成熟。葡萄园经理卡洛斯·瓦兹奎兹和意大利酿酒师阿蒂利奥·帕格里在此效力，并得到酿酒顾问阿尔伯托·安东尼的协助。

9 de Julio,309-5500 Mendoza
www.altoslashormigas.com

Benegas Luján de Cuyo, Mendoza
贝内加斯酒庄 卢汉德库约 门多萨

Don Tiburcio,Mendoza(red)
门多萨丹缇博西（红）

　　贝内加斯家族多年从事葡萄酒生意，20世纪70年代前曾拥有翠帝酒庄。随着领导权的分裂，家族于1998年退出，并创建了贝内加斯酒庄。利用家族拥有的位于迈普地区的葡萄园，贝内加斯专注于生产红葡萄酒。这款丹缇博西是采用5个波尔多品种混酿的美酒，具有细腻质感的单宁，辛香的法国橡木桶为酒带来成熟、开放的果味和严肃的结构。

Cruz de Piedra,Maipú,Mendoza
www.bodegabenegas.com

Catena Zapata Luján de Cuyo,Mendoza
赞帕拉酒庄 卢汉德库约 门多萨

Chardonnay,Mendoza(white);Malbec,Mendoza(red)
门多萨霞多丽（白）；门多萨马尔贝克（红）

　　经过几十年的辛勤耕耘，赞帕拉酒庄已登上阿根廷葡萄酒的金字塔之巅。酒庄的门多萨霞多丽是融合复杂度的奇迹，比许多价格翻倍的酒更胜一筹。这里的马尔贝克纯净而沉着，精确的平衡感为这款酒留下无懈可击的口感和至高品质。

J Cobos,Agrelo,Luján de Cuyo,Mendoza
www.catenawines.com

Chacra Río Negra,Patagonia
夏克拉酒庄 内格罗河 巴塔哥尼亚

Pinot Noir Barda,Patagonia(red)
巴塔哥尼亚巴尔达黑皮诺（红）

这是阿根廷最激动人心的酒庄之一，它向世人证明阿根廷拥有的美酒远超过人们熟知的"双M"——马尔贝克和门多萨。酒庄创造出令人印象深刻的黑皮诺，具有丝滑且优雅的特质，正如这款巴尔达。

Avenida Roca 1945,General Roca,Rio Negro 8332
www.bodegachacra.com

🏛 **Clos de Los Siete** Uco Valley,Mendoza
七星酒庄 优克谷 门多萨

🍷 *Mendoza Red Wine(red)*
门多萨红酒（红）

国际知名的波尔多酿酒顾问米歇尔·罗兰，召集一组投资人，在高海拔的优克谷维斯塔弗洛雷斯地区种植了850万平方米的葡萄园。他将这片区域划分成7部分，每位参与该项目的人分得一块土地，用于独立酿酒，即七星酒庄。这款门多萨红酒优美艳丽，绝不缺乏力量，拥有集中的果味和迷人的细致单宁。

Tunuyán,Mendoza
www.dourthe.com

🏛 **Cobos** Luján de Cuyo, Mendoza
可宝斯酒庄 卢汉德库约 门多萨

🍷 *Felino Chardonnay, Mendoza(white);Felino Malbec, Mendoza(red)*
门多萨费丽虎霞多丽（白）；门多萨费丽虎马尔贝克（红）

可宝斯酒庄创建于1997年。费丽虎霞多丽具有饱满的风格，但新鲜、平衡，饱含桃和菠萝的果味，并带有辛香的橡木边缘。马尔贝克成熟、丰富，但不显笨重，展现出李子和黑莓的风味，拥有非常华丽的单宁。

Costa Flores y Ruta 7,Perdriel,Luján de Cuyo,Mendoza
www.vinacobos.com

🏛 **Colomé** Calchaquí Valley,Salta
科洛梅酒庄 卡尔查基谷 萨尔塔

🍷 *Torrontés, Calchaquí Valley white); Estate Malbec, Calchaquí Valley(red)*
卡尔查基谷托伦特（白）；卡尔查基谷庄园马尔贝克（红）

科洛梅是阿根廷最古老的酒庄之一，历史可追溯到1831年。自2001年起，由瑞士商人唐纳德·赫斯拥有。酒庄真正突出的品质在于海拔位置：酒庄位于海拔2200米之处，最高的葡萄园海拔超过3100米，位于世界最高之列。这里的产品和酒庄一样有趣。托伦特拥有艳丽的花香和丰富的味道，不失由明快的酸度带来平衡感。庄园马尔贝克饱含重量，黑色格调的果味受到细粒单宁和克制的橡木桶风味的支撑。

ruta Provincial 53 Km 20,molinos 4419,Provincia de salta
www.bodegacolome.com

🏛 **Decero** Luján de Cuyo,Mendoza
德赛诺酒庄 卢汉德库约 门多萨

🍷 *Malbec Remolinos Vineyard,Agrelo District(red)*
阿格列罗雷莫利诺斯园马尔贝克（红）

德赛诺酒庄是阿根廷最激动人心的新晋酒庄，于2000年初白手起家，于2006年发表第一款作品。几乎没有其他佳酿可以匹敌雷莫利诺斯园马尔贝克的迷人质感，它带有李子风味，诱人的柔和感与集中的结构之间的平衡显得神秘异常。

Bajo las Cumbres 9003,Agrelo,Mendoza
www.decero.com

🏛 **Dominio del Plata Winery** Luján de Cuyo, Mendoza
德米诺酒庄 卢汉德库约 门多萨

🍷 *Crios de Susana Balbo Torrontés,Salta(white);Crios de Susana Balbo Cabernet Sauvignon,Mendoza(red)*
萨尔塔西乐苏珊系列托伦特（白）；门多萨西乐苏珊系列赤霞珠（红）

核物理学家苏珊·巴尔博选择酿酒行业施展才华，1999年，她与作为葡萄栽培家的丈夫建立德米诺酒庄。采用阿根廷北部萨尔塔地区的果实酿酒，这款托伦特是阿根廷最芳香且甘美的佳酿之一。它丰满甜美，与新鲜的酸度形成平衡。这里的赤霞珠将优雅与强劲完美结合，果味令人想起黑樱桃和黑莓，拥有内敛的橡木美味。

Cochabamba 7801,Agrelo(5507),Mendoza
www.dominiodelplata.com

Fabre Montmayou Luján de Cuyo,Mendoza
花葡蕾酒庄 卢汉德库约 门多萨

Malbec Reserva,Mendoza(red)
门多萨马尔贝克珍藏（红）

位于门多萨的酒庄曾命名为巴美景庄园，而位于阿根廷南部的酒庄则叫做无限，如今已经合二为一，全部并入花葡蕾酒庄。无论怎样变化，就像这款来自门多萨的马尔贝克珍藏一样，品质一贯优秀。黑樱桃水果的特征几乎是其全部，深邃的味道中带有一丝甜美，使暗含的柔和单宁崭露头角。

Roque Saenz Peña,Vistalba,Luján de Cuyo,Mendoza
www.domainevistalba.com

Familia Zuccardi Maipú,Mendoza
朱卡迪酒庄 迈普 门多萨

Santa Julia Malbec Reserva,Mendoza(red);Tempranillo Q,Mendoza(red)
门多萨圣朱丽亚马尔贝克珍藏（红）；门多萨天帕尼洛Q（红）

圣朱丽亚马尔贝克珍藏总是表现突出，带有美味的黑李子和莓果特征，外裹成熟且柔软的单宁。天帕尼洛Q是一款绝妙的佳酿，辛香的橡木结构中，透露出华丽的黑樱桃味道。

Ruta Provincial 33 Km 7.5,maipú,Mendoza
www.familiazuccardi.com

Finca Sophenia Uco Valley,Mendoza
索菲亚庄园 优克谷 门多萨

Cabernet Sauvignon Reserve,Tupungato(red)
图蓬加托赤霞珠珍藏（红）

图蓬加托赤霞珠珍藏质感柔和，余香精致但不失细节。两个关键因素使索菲亚酒庄在阿根廷一举成名，精耕细作的高海拔（1200米）葡萄园和巧妙的酿酒方式。

Ruta 89 Km 12.5,Camino a los Arboles, Tupungato,Mendoza
www.sophenia.com.ar

O Fournier San Carlos,Mendoza
欧弗尼酒庄 圣卡洛斯 门多萨

B Crux,Uco Valley(red)
优克谷B园（红）

在阿根廷，酒庄采用来自自家葡萄园的果实（占30%）和地方种植者的原料（占70%）酿酒。这些葡萄均来自圣卡洛斯附近的高海拔（1200米）葡萄园。这款优克谷B园混酿以天帕尼洛为主，加入赤霞珠、西拉和马尔贝克，酒液经过橡木桶大胆处理，极具果香，质感柔和，余香悠长。

Calle Los Indios 5567,La Consulta,Mendoza
www.ofournier.com

Kaiken Luján de Cuyo,Mendoza
凯肯酒庄 卢汉德库约 门多萨

Malbec,Mendoza(red);Cabernet Sauvignon, Mendoza(red)
门多萨马尔贝克（红）；门多萨赤霞珠（红）

这座阿根廷酒庄的名字源于飞跃安第斯山脉的鸿雁，这里的产品则继承了蒙特斯的风格。极其奔放的香气和动人的果味，为凯肯马尔贝克拉开伟大的序幕，纯净而持久的余香同样令人印象深刻。赤霞珠则展现出更浓郁的果味，余香更为紧实，带有浓郁的黑莓味道。

Roque Saenz Pena 5516,Vistalba,Luján de Cuyo,Mendoza
www.kaikenwines.com

Luigi Bosca Luján de Cuyo,Mendoza
路易波斯卡酒庄 卢汉德库约 门多萨

Malbec Reserva,Luján de Cuyo(red)
卢汉德库约马尔贝克珍藏（红）

路易波斯卡酒庄具有悠久历史，自1900年开始，阿里扎家族便在这里酿酒，传承至今。这座辉煌的酒庄并不流连于过去，如今的掌管人（第四代）是阿尔贝托与古斯塔沃兄弟。他们依靠最先进的酿酒哲学酿造现代佳酿，原料来自家族拥有的6座葡萄园，跨越卢汉德库约和迈普地区。马尔贝克珍藏是阿根廷马尔贝克的典范，深邃、柔软的果味中，透露出节制的单宁和橡木特征。

San martin 2044,Mayor Drummond,Luján de Cuyo,Mendoza
www.luigibosca.com.ar

Masi Tupungato

Uco Valley, Mendoza

**马西图蓬加托酒庄 优克谷
门多萨**

*Malbec-Corvina Passo
Doble,Uco Valley(red)*
优克谷帕索多布里马尔贝克-
科维纳（红）

博萨尼家族起源于意大利
东北部，拥有传承6代的酿酒历
史。该家族来到阿根廷后，
决定酿造一款带有阿根
廷灵魂的威尼斯风
格葡萄酒。采用位
于图蓬加托高海拔
葡萄园中的果实，
他们的梦想在这款
独特而美味的帕索
多布里中得以实
现。受意大利东北
部使用风干葡萄酿
酒的启发，这款酒
由70%马尔贝克组
成，随后加入30%
的半风干科维纳葡
萄进行二次发酵，
带有成熟的黑樱桃
和西梅气息。

未提供参观设施
www.masi.it

美食与美酒 门多萨马尔贝克

阿根廷的马尔贝克葡萄酒是世界公认的顶级产品，
它融合了新世界的狂野个性与意大利的柔情。马尔贝克葡
萄酒平易近人，带有纯净的果味，但骨架般的天然酸度支
撑，为它带来惊人的配餐潜力。

马尔贝克是门多萨最重要的葡萄品种，这里出产的葡
萄酒紧实、柔顺且成熟，散发出李子、黑醋栗、蓝莓、红
茶、橙皮、紫罗兰和香草的气息。门多萨最好的子产区无
疑非卢汉德库约莫属，这里常被人们称为"阿根廷的波尔
多"。除了经典的李子香气之外，这里的葡萄酒还拥有茴
芹和花香的气息，因此与惠灵顿牛柳和肉卷（薄肉卷中夹
有帕玛森乳酪、鸡蛋和香料）等低调美味的菜肴是天生的
一对。

门多萨马尔贝克适合搭配丰腴多汁的肉类菜肴，如烤
肉，迷迭香番茄封牛里脊和香草小羊排；也适宜搭配亚洲
菜肴，如锅烧牛柳配百合莲藕以及温柑橘肉汤。以橄榄、
洋葱和鸡蛋为原料的门多萨肉饼，常常与马尔贝克桃红葡
萄酒搭配。

马尔贝克葡萄酒中如骨架般的酸度，使它成为青柠黄豆牛肉的好
搭档。

🛆 **Mauricio Lorca** Luján de Cuyo,Mendoza

毛里西奥洛尔卡酒庄 卢汉德库约 门多萨

🛆 *Opalo Malbec Vistaflores Vineyards, Mendoza(red)*

门多萨维斯塔弗洛雷斯阿波罗马尔贝克（红）

由于在艾莱依、福斯特和爱丽丝等酒庄的杰出工作，毛里西奥·洛尔卡已成为阿根廷酒业冉冉上升的未来明星。目前他将自己的全部精力倾注于自己的葡萄酒事业上，在位于优克谷的维斯塔弗洛雷斯高海拔（1050米）葡萄园中种植优质葡萄，并以此为原料酿造阿根廷最具活力与平衡感的葡萄酒。这座葡萄园出产的阿波罗马尔贝克色泽浓郁、柔顺且多汁，带有浓郁的蘑菇味，伴随柔软的花香和令人回味的黑李味。

Brandsen 1039,Perdriel,Luján de Cuyo,Mendoza
www.mauriciolorca.com

🛆 **Mendel Wines** Luján de Cuyo,Mendoza

孟德尔酒庄 卢汉德库约 门多萨

🛆 *Lunta Malbec,Mendoza(red);Mendel Malbec, Mendoza (red)*

门多萨伦塔马尔贝克（红）；门多萨孟德尔马尔贝克（红）

在阿根廷葡萄酒行业中，很少有人能超过罗伯托·德拉莫塔的声望。他在安地斯之阶酒庄的杰出工作，使他受到广泛的尊敬。该酒庄的顶级门多萨葡萄酒也是阿根廷最好的葡萄酒之一，酒味浓郁，却优雅无比。

Terrada 1863,Mayor Drummond(5507),Luján de Cuyo,Mendoza
www.mendel.com.ar

🛆 **Pascual Toso** Maipú,Mendoza

帕斯卡图索酒庄 迈普 门多萨

🛆 *Cabernet Sauvignon,Mendoza(red)*

门多萨赤霞珠（红）

瓶装门多萨赤霞珠口感厚重，平衡感极佳，带有传统风格令人愉悦的泥土气息，这让人无法拒绝。该酒庄以往只擅长酿制起泡酒。现在，起泡酒仍然是酒庄的主打产品，约有90%的产品是起泡酒。但在最近十几年中，帕斯卡图索酒庄投入约2500万美元生产静态酒。

Alberdi 808,San Jose 5519,Mendoza
www.bodegastoso.com.ar

🛆 **Pulenta Estate** Luján de Cuyo,Mendoza

普兰塔酒庄 卢汉德库约 门多萨

🛆 *Cabernet Sauvignon, Luján de Cuyo(red)*

卢汉德库约赤霞珠（红）

这片致力于酿造优质、精良和昂贵葡萄酒的葡萄园，是休·普兰塔和爱德华多·普兰塔的父亲安东尼奥于1991年开发的。2002年，兄弟二人不惜投入巨资修建普兰塔酒庄，修建的葡萄酒酿造设备更是首屈一指。酒庄在卢汉德库约收购赤霞珠，用于酿酒。这里的葡萄酒柔软、平滑且丰满，让人回味起熟李子的味道。这款葡萄酒酒体边缘轻薄、辛辣，但还是能明显地品尝出光滑与柔软的结构。

Gutiérrez 323(5500),Ciudad,Mendoza
www.pulentaestate.com

🛆 **Ruca Malén** Luján de Cuyo,Mendoza

卡马伦酒庄 卢汉德库约 门多萨

▥▥▥ *Cabernet Sauvignon Reserva,Mendoza(red)*
门多萨赤霞珠珍藏（红）

两个法国人领导着卡马伦酒庄，因此酒庄经营带着明显的高卢特色。酒庄出产的赤霞珠珍藏，美味程度足以令马尔贝克爱好者变节。

Ruta Nacional No 7 Km 1059,Agrelo,Luján de Cuyo,Mendoza
www.bodegarucamalen.com

🏛 **Salentein** Uco Valley,Mendoza
萨兰亭酒庄 优克谷 门多萨

▥▥▥ *Chardonnay Reserve,Uco Valley(white)*
优克谷霞多丽珍藏（白）

经过细腻的成熟期和明智的橡木桶处理，这款优克谷霞多丽珍藏风格饱满，令人愉悦，又不失集中度与新鲜感，带有柔和的桃子味道，余香中透露出柠檬气息。

Ruta 89,Los Arboles,Tunuya,Mendoza
www.bodegasalentein.com

🏛 **Terrazas de Los Andes** Luján de Cuyo,Mendoza
安第斯之阶酒庄 卢汉德库约 门多萨

▥▥▥ *Malbec,Mendoza(red);Malbec Reserva,Mendoza(red)*
门多萨马尔贝克（红）；门多萨马尔贝克珍藏（红）

来自安第斯之阶的入门级门多萨马尔贝克确实是全能型选手，柔和、甜美，又不失结构与严肃性，展现出悦人的果味，令人联想起乌梅和樱桃味道。马尔贝克珍藏因经过橡木桶陈酿而风格更严谨，但仍饱含果味，余香极其柔和。

Thames y Cochabamba,Perdriel,Luján de Cuyo,Mendoza
www.terrazasdelosandes.com

🏛 **Trapiche** Maipú,Mendoza
翠帝酒庄 迈普 门多萨

▥▥▥ *Malbec Broquel,Mendoza(red)*
门多萨精选马尔贝克（红）

每年翠帝酒庄的产量超过3500万瓶，酒庄拥有1250万平方米葡萄园，还从门多萨300家种植者手中购入葡萄。尽管用桶大胆，但精选马尔贝克总是能经得起橡木与成熟果味之间的平衡挑战，成熟却不失活力的本质，令它成为常胜之酒。

Nueva Mayorga,Coquimbito,Maipú,Mendoza
www.trapiche.com.ar

▮ 马尔贝克 MALBEC

马尔贝克，这个来自波尔多的传统品种被迁移到世界的另一端，由此备受关注。马尔贝克是波尔多五大经典葡萄品种之一，与之并列的品种为美乐、赤霞珠、品丽珠和小味尔多。此外，在法国西南的卡奥地区也有种植马尔贝克的传统，会与丹娜和美乐混酿。

卡奥在历史上曾因"黑酒"而出名，这里的酒色泽如墨；马尔贝克还会用来混酿波尔多酒，从而增强酒体结构，这一做法如今已不再采用。法国的马尔贝克有时等同于寇特或奥塞尔，具有严峻的性格，饱含单宁，质感相对艰涩。

马尔贝克在阿根廷的种植历史已超过150年，这里的葡萄酒也具有传统的严峻风格。然而最近十几年，阿根廷酿酒师们刚刚学会如何驾驭这一品种，用它酿出的酒变得美味性感，成为阿根廷的经典标志。葡萄园主缩减灌溉范围，控制果实大小，使葡萄的风味更加集中。酿酒师们也采用更柔和的方式从果皮中提取美味。

马尔贝克在阿根廷的高海拔葡萄园中生长良好。

巴西 Brazil

巴西，盛产狂欢节、足球和美丽沙滩的土地，如今正逐渐成为具有真正潜力的葡萄酒酿造地。巴西的酿酒中心位于相对凉爽的南里奥格兰德州，在巴西南部，毗邻阿根廷和乌拉圭交界处。在这里，你可以找到具有极高性价比的起泡酒和巴西的旗舰葡萄品种——美乐。

Angheben Encruzilhada do Sul
昂赫本酒庄 南恩克鲁济利亚达

Touriga Nacional(red)
国产多瑞加（红）

酒庄创始人昂赫本，是一位受人尊敬的酿酒师和酿酒学教授。他是土生土长的巴西人，家族来自奥地利、意大利边界。30年来，昂赫本一直从事教授葡萄种植工作，向巴西酒庄提供咨询服务，他曾多次拜访各国葡萄园，于1999年建立自己的酒庄。酒庄的葡萄园位于南里奥格兰德州的南恩克鲁济利亚达区，是巴西最重要的葡萄酒种植区，这里的国产多瑞加出类拔萃。这款国产多瑞加是对葡萄牙伟大品种的巴西化诠释，风格浓郁、丰富，带有紫罗兰和咖啡的香气，极好地表现了葡萄品种的特征。

RS 444,Km 4,Vinhedos Valley,Bento Gonçalves,95700-000
www.angheben.com.br

Cave Geisse Vinhos da Montanha
卡夫吉瑟酒庄 大山园

Cave Geisse Espumante Brut(sparkling)
卡夫吉瑟干型起泡酒（起泡）

在南美，巴西因酿造起泡酒而出名。提到起泡酒，没有哪个生产商能超越声名显赫的卡夫吉瑟酒庄。酒庄由马里奥·吉瑟建立，他离开家乡智利，到巴西的尚东酒庄工作，作为酩悦香槟的一部分，其品质稳如泰山。当吉瑟了解了巴西起泡酒的真正潜力后，他决定创立自己的事业，在风景秀丽的高乔山脉地区建立酒庄，该地区位于本图贡萨尔维斯的辖区。酒庄种植与香槟产区同样的葡萄品种：黑皮诺和霞多丽，配备的酿酒间能酿造同最好的香槟酒庄一样的美酒。这里的起泡酒品质卓越，正如这款新鲜而优雅的干型起泡酒所表现的一样。

Linha Jansen,Distrito de Pinto Bandeira-Bento Goncalves
www.cavegeisse.com.br

Dal Pizzol Faria Lemos
皮索酒庄 法利亚莫雷斯

Dal Pizzol Touriga Nacional(red)
皮索国产多瑞加（红）

位于法利亚莫雷斯的皮索酒庄非常吸引游客，在这片广阔的土地上有餐厅、湖泊、各种异国植物和葡萄酒图书馆。酒庄的规模并不大，年产量28000箱。这里种植着各种葡萄品种，最出色的当属国产多瑞加，它非常美味，风格饱满，充满果味。

RST Km 4,8 Faria Lemos,Bento Gonçalves,95700-000
www.dalpizzol.com.br

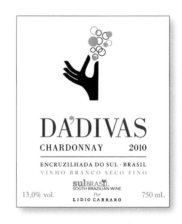

Lidio Carraro Vinhedos Valley and Encruzilhada do Sul
利迪奥卡拉罗酒庄 万和多斯谷及南恩克鲁济利亚达

Da'divas Chardonnay(white)
迪瓦霞多丽（白）

建立自家品牌之前，卡拉罗家族的葡萄种植史已传承五代。建立品牌的行动始于1998年。2002年，酒庄的第一批酒上市，从此利迪奥卡拉罗酒庄以精工细作而引人关注。如今家族产品向15个国家出口，他们的酿酒哲学以风土和果实的纯净感为主，这款纯净且集中的迪瓦霞多丽则极具性价比。

RS 444 Km 21,Vinhedos Valley,Bento Gonçalves,95700-000
www.lidiocarraro.com

Miolo Vinhedos Valley
米奥罗酒庄 万和多斯谷

Miolo Merlot Terroir(red)
米奥罗风土美乐（红）

　　米奥罗酒庄深受意大利风格影响。酒庄历史追溯到20世纪来临之际，乔治白·米奥罗作为大批意大利移民之一来到巴西，并将他的积蓄投入到一小片土地上。如今，米奥罗已成为巴西的主流酒庄之一，它包含6个子公司，拥有总面积为1150万平方米的葡萄园。尽管葡萄产量较高，但葡萄酒的品质并未受到影响，法国酿酒顾问米歇尔·罗兰的影响在高品质酒中尽显，正如这款甘美、多汁、精致且严肃的米奥罗风土美乐。

RS 444 Km 21,Vinhedos Valley,Bento Gonçalves,95700-000 www.miolo.com.br

Perini Farroupilha
佩里尼酒庄 法鲁皮尔哈

NV: Casa Perini Prosecco Spumante(sparkling)
佩里尼普洛西可无年份起泡酒（起泡）

　　佩里尼家族在巴西世代酿酒，家族专注于酿造简单的葡萄酒，用于满足当地市场。如今，佩里尼家族拥有92万平方米葡萄园，每年生产约1650万升葡萄酒。酒庄位于特伦托谷的加里波第地区，此地具有浓郁的意大利风情。众所周知，这里的起泡酒是众多酒款里的亮点，特别是这款美味轻盈、清脆活泼且新鲜可人的佩里尼普洛西可无年份起泡酒，即使与普洛西可酒的意大利之乡维尼托比较，也毫不逊色。

Santos Anjos,Farroupilha-RS Caixa Postal 83 CEP 95180-000 www.vinicolaperini.com.br

Pizzato Vinhedos Valley
皮扎托酒庄 万和多斯谷

Pizzato Fausto Merlot(red)
皮扎托福斯托美乐（红）

　　这又是一个具有意大利源渊的巴西酿酒家族。19世纪下半叶，皮扎托家族从威尼斯来到巴西。他们以葡萄酒供应商起家，向当地医院供应用于医疗的酒类。直到1999年，皮扎托家族才正式转型，建立了现代酿酒间，致力于酿造高品质的葡萄酒。如今家族拥有42万平方米葡萄园，用于生产限量的小作坊酒，年产量仅7000箱。充满活力的酿酒团队对工作一丝不苟，酿造以美乐为主的高品质红葡萄酒。皮扎托福斯托美乐风格深邃，口感丰富，是一款极具平衡感的辛香美酒。

Via dos Parreirais,Vinhedos Valley,Bento Gonçalves,95700-972 www.pizzato.net

Vinhos Don Laurindo Vinhedos Valley
拉兰多酒庄 万和多斯谷

Don Laurindo Merlot Reserva(red)
拉兰多美乐珍藏（红）

　　和许多移民巴西的意大利家族一样，1887年，布兰德利斯家族从维罗纳移居至此，开始世代酿酒，用于满足自己和朋友们的需求。酒庄主要使用美乐、赤霞珠、马尔贝克和意大利本土品种安塞洛塔。如果想一窥酒庄美乐的实力，不妨试美乐珍藏，它质感平滑，拥有黑色水果的特征，余香悠长。

Estrada do Vinho 8,da Graciema,Vinhedos Valley,95700-000 www.donlaurindo.com.br

南非
SOUTH AFRICA

　　或许出乎许多人的意料，但南非的确拥有悠久的酿酒历史。伴随着荷兰移民，第一株葡萄藤于17世纪抵达南非。这里的酿酒技术曾经一度因政治原因而被世人冷落，但如今它已重现辉煌，而且品质更胜一筹。在白葡萄酒方面，南非以两个来自法国卢瓦尔河谷的品种而出名：丰腴复杂的白诗南与长相思，后者的风格介于卢瓦尔河的清新与新西兰的辛辣之间。在红葡萄酒方面，精致的西拉既具有辛香的罗讷河谷风格，又带有澳大利亚般的丰腴品质；同时，这里的波尔多混酿也极其引人注目。最后，不要忘记南非独特的地方品种——皮诺塔吉，这个令人又恨又爱的品种饱含果味，带有独特的烟熏气息。

Avondale Paarl, Western Cape
埃文戴尔酒庄 帕阿尔 西开普

Syrah (red); Chenin Blanc (white)
西拉（红）；白诗南（白）

埃文戴尔酒庄在种植领域致力于采用有机生物动力法，这种尝试的效果自然会反应在酿造的作品中。圆润的西拉展现出愉悦的甘草、乌梅与香料气息，而成熟的果味会在舌尖层层荡漾。精致的酸橙、蜂蜜、桃和热带水果气息，为白诗南增添了乐趣和深度，其质感干净且明亮，令人垂涎欲滴。

Klein Drakenstein, Suider Paarl 7624
www.avondalewine.co.za

Backsberg Estate Cellars Paarl, Western Cape
贝克斯堡酒庄 帕阿尔 西开普

Chenin Blanc (white); Pinotage (red)
白诗南（白）；皮诺塔吉（红）

贝克斯堡酒庄建于1916年，致力于与环境融合，它成为南非第一个碳平衡酒庄。这里生产一系列高性价比的个性美酒，结构良好，充满平易近人的果香。这一点在经典之作白诗南中得以体现，它混合了梨与苹果派的味道，带有清脆的酸度。这里的皮诺塔吉同样惹人喜爱，单宁柔和，带有一抹辛香，多汁的红莓味道愉悦着味蕾。

Suider Paarl 7624
www.backsberg.co.za

Boekenhoutskloof Winery Franschhoek, Western Cape
布肯霍斯克鲁夫酒庄 法兰舒克 西开普

Wolftrap Red Blend(red); Porcupine Ridge Syrah (red)
狼的诱惑红色混酿（红）；豪猪脊西拉（红）

这款充满个性且大胆的狼的诱惑红色混酿深受大众喜爱。它采用西拉、慕合怀特与维欧尼混酿而成，黑色水果、香料与覆盆子的味道在口中顺滑展现。而豪猪脊西拉则呈浓郁且深沉的风格，结束时以矿物质风味收尾。

Excelsior Road, Franschhoek 7690
www.boekenhoutskloof.co.za

Bouchard-Finlayson Walker Bay, Western Cape
宝尚-芬利森酒庄 沃克湾 西开普

Blanc de Mer (white); Sauvignon Blanc (white)
白色海洋（白）；长相思（白）

酒庄酿造有趣且美味的红葡萄酒以及品质上乘且价格合理的白葡萄酒，正如华丽的白色海洋和顺从的长相思。以雷司令和维欧尼为主导，白色海洋具有香橙花、醋栗和柠檬香气；而长相思则展现热带水果风味，带有烟熏和矿物质风格，表现出这个产区的独特个性。

Klein Hemel en Aarde Farm, Hemel en Aarde Vall, Hermanus 7200
www.bouchardfinlayson.co.za

Bradgate Wines Stellenbosch, Western Cape
布拉盖特酒庄 斯泰伦布什 西开普

Chenin Blanc-Sauvignon Blanc (white); Syrah (red)
白诗南-长相思（白）；西拉（红）

白诗南-长相思拥有活泼的个性，展现出胡椒和青无花果的香气，混和一丝干净的柑橘气息。紫罗兰与成熟的李子味道令这里的西拉性感迷人，胡椒与碎药草的气息更添一抹美味，使整体稳重且平衡。

Stellenbosch 7600
www.jordanwines.com

Cape Chamonix Wine Farm Franschhoek, Western Cape
霞慕尼酒庄 法兰舒克 西开普

Sauvignon Blanc (white); Rouge Red Blend(red)
长相思（白）；红色混酿（红）

芳香的药草气息，在诱人的长相思中展现得跌宕起伏，伴有柠檬、无花果、热带水果的香气与味道。与此同时，柔和并充满毛绒感的红色混酿足以与顶级波尔多佳酿媲美。优美的成熟黑果、香料和矿物质混合风格，为酒增添了质感，并赋予它真正的精致。

Franschhoek 7690
www.chamonix.co.za

Cederberg Cederberg, Western Cape

塞德堡酒庄 塞德堡 西开普

Sauvignon Blanc (white); Chenin Blanc (white)

长相思（白）；白诗南（白）

塞德堡海拔1000米，是南非海拔最高的葡萄园。这里冬季飘雪，夏日阳光炙热。酒庄第五代酿酒师大卫·尼乌沃特喜欢在不同风格的土壤上种植葡萄，从页岩到黏土，酿造一系列具有风土特征的独特好酒。柠檬、酸橙和菠萝气息令甘美的长相思更具格调，无花果与板岩的味道则增添清新感受，口感饱满浓郁。这里的白诗南风格强劲，热带水果与利落的矿物质味道中，透露出香瓜与柚子的气息。

Clanwilliam 8135
www.cederbergwine.com

De Grendel Durbanville, Western Cape

格伦戴尔酒庄 德班威尔 西开普

Merlot (red); Sauvignon Blanc (white)

美乐（红）；长相思（白）

该酒庄酿造的美乐拥有干药草、蘑菇和胡椒的味道，令酒显得迷人且复杂。酒庄备受赞誉的长相思散发出百香果、青无花果和药草香气，具有经典的南非风格，口感清爽、大方，它是搭配鱼肉、家禽和味道浓郁的东方美食的最佳伙伴。

Panorama 7506
www.degrendel.co.za

Durbanville Hills Durbanville, Western Cape

德班威尔山酒庄 德班威尔 西开普

Sauvignon Blanc (white); Pinotage (red)

长相思（白）；皮诺塔吉（红）

这款清脆且坚定的长相思具有典型的南非风格，展现出浓郁的酸橙和醋栗香气，与活泼的热带水果、柠檬、无花果和片岩味道优美地融为一体。这里的皮诺塔吉个性鲜明，丰腴多汁，饱含成熟的红莓、胡椒和异国香料的美味。

Durbanville 7551
www.durbanvillehills.co.za

Fairview/Spice Route Paarl, Western Cape

费尔维尤/香料之路酒庄 帕阿尔 西开普

Beacon Shiraz (red); Goats Do Roam (white)

灯塔西拉（红）；牧羊园（白）

居住着山羊的塔楼曾接待过许多前来参观费尔维尤酒庄（位于帕阿尔）的游客，由此可见管理团队的幽默一面。然而，费尔维尤又是座非常严肃的酒庄，不断寻求创造南非的伟大之酒。带有罗讷河谷风格的西拉是这里的王者，灯塔西拉正紧随这种风格。拥有烟草、熏肉、黑莓和胡椒的香味，但酒的边缘强劲、阳刚。这里的白葡萄酒具有极好的平衡感，将温暖气候的丰腴与清脆的酸度融为一体。充满果香的牧羊园就像盛在杯中的热带岛屿，展现出令人眩晕的异国水果、香料和稻草气息，带有成熟的苹果、杏以及大量热带水果的美味。

Suid Agter Paarl Road, Suider-Paarl 7646
www.fairview.co.za

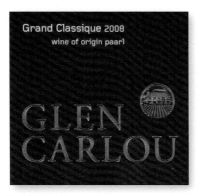

🏛 **Glen Carlou** Paarl, Western Cape

格兰卡洛酒庄 帕阿尔 西开普

🍷 *Cabernet Sauvignon (red); Grand Classique (red)*

赤霞珠（红）；经典大作（红）

　　格兰卡洛在南非的产业，由赫斯家族酒庄掌管。酒庄位于风景如画的帕阿尔谷山脚下，其地理位置卓越，建筑充满戏剧性与力量。这里生产的酒，精工细作，风格饱满，结构优良，均为酿酒师阿考·拉阿曼及其团队的杰作。这里的赤霞珠风格质朴，充满成熟的乌梅和烤药草香味，余香干爽、辛香、引人注目。经典大作是精致平衡的波尔多混酿，由赤霞珠、美乐、品丽珠、马尔贝克和小味尔多组成。入口顺滑，果香、黑巧克力、檀香、烟熏和温暖的香料味道在口中徘徊，为酒增添趣味和深度。这两款极具价值的佳酿均具有优异的陈年潜力。

Simondium Road, Klapmuts 7625
www.glencarlou.co.za

🏛 **Graham Beck Wines** Robertson, Western Cape

贝克酒庄 罗伯斯顿 西开普

🍷 *The Game Reserve (red); Chardonnay-Viognier (white)*

野味珍藏（红）；霞多丽-维欧尼（白）

　　贝克酒庄由先锋酿酒师格雷厄姆·贝克于1983年成立，作为家族企业，如今已由第三代接管。贝克酒庄的商业模式建立在保护生物多样性和人员投入上，对品质和性价比有卓越的追求。野味珍藏是一款优雅且有力度的赤霞珠，可与烤肉或炖肉完美搭配。它以黑莓、黑醋栗甜酒和烟草的香味为主，受到辛香的矿物质和紧实、具有结构感的单宁支撑。霞多丽-维欧尼在两个葡萄品种之间展现出完美平衡，活泼的柑橘气息源自霞多丽，而维欧尼则增添了杏和桃的馥郁香气。以热带水果味道为核心，令这款白葡萄酒既活泼又性感，余香干净、锐利且余韵良久。

Robertson 6705
www.grahambeckwines.com

🏛 **Groot Constantia**
Constantia, Western Cape

赫罗特酒庄 康士坦 西开普

🍷 *Sauvignon Blanc (white);*
Blanc de Noir (rosé)

长相思（白）；黑中白（桃红）

　　赫罗特酒庄成立于1685年，是南非最古老的酒庄，这里的开普荷兰建筑与迷人的美酒吸引了大量访客。酿酒师布拉·格伯和米歇尔·罗兹酿造出一系列强劲的红葡萄酒和优雅的白葡萄酒。无花果和柑橘的香气，加上浓郁的醋栗、无花果和柑橘味道，令这款长相思拥有典型的南非特征。黑中白桃红既清新又令人愉快，葡萄柚、草莓与柑橘的美味会在舌尖上舞蹈。余香中饱含的红樱桃味道，为葡萄酒增添个性。

Constantia 7848
www.grootconstantia.co.za

🏛 **Groote Post** Darling, Western Cape
格鲁特酒庄 达令 西开普
🏛 *The Old Man's Blend (white); Unwooded Chardonnay (white)*
老者混酿（白）；清纯霞多丽（白）

　　对于达令山的荒凉之地进行的投入绝对值得。在小路的尽头坐落着18世纪的迷人酒庄——格鲁特。这里的土壤深邃，具有极佳的保水性，气候凉爽，年年产出高品质的果实。老者是一款由长相思、白诗南和赛美蓉混酿的白葡萄酒，风格活泼且新鲜，呈现出果味和矿物质的精致平衡。蜜渍的杏和花朵香气息使柑橘般的味道圆润，令这款酒成为可以每日享用的伴侣。清纯霞多丽是搭配辛香的亚洲菜肴的完美伙伴，它拥有酸橙和柠檬般的锋利、明快香气，这种香气游荡在成熟的柑橘、姜和香料的味道之上，最终以绵长而清新的余香结束。

Darling 7345
www.grootepost.com

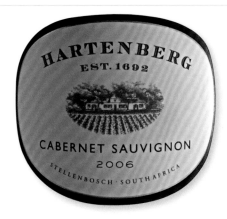

🏛 **Hartenberg** Stellenbosch, Western Cape
哈登伯格酒庄 斯泰伦布什 西开普
🏛 *Cabernet Sauvignon (red); Sauvignon Blanc (white)*
赤霞珠（红）；长相思（白）

　　哈登伯格酒庄的产品平易近人，风格时髦，极具价值。因秉承品质始终如一，使酒庄成为国际市场上的名牌。尤其值得关注的是极具性格的赤霞珠。这款酒易于入口，富有魅力，拥有深邃的黑色水果、茴香和紫罗兰香气，伴随红色水果味道。另一款来自酒庄广受好评的酒是长相思。它的风格平易近人，但并不缺乏愉悦感与深度。它拥有诱人的热带水果和新鲜的药草气息，随之而来的广阔味道席卷味蕾，展现出菠萝和柑橘般的美味。

Bottelary road, stellenbosch 7605
www.hartenbergestate.com

🏛 **Iona Vineyards**
Elgin,Western Cape
艾奥纳酒园 埃尔金 西开普
🏛 *Sauvignon Blanc (white); The Gunnar (red)*
长相思（白）；贡纳（红）

　　安德鲁·冈恩是一位带有有机意识的酒庄主人，他试图驯服埃尔金谷的葡萄，而他酿制的一系列广受好评的佳酿证明了他的抉择是正确的。拥有燧石风格的长相思是酒庄广受赞誉的明星产品，具有埃尔金地区的独特个性。柑橘、花香和葡萄柚的混合味道，令草本植物的特性变得圆润，清脆的青苹果和酸橙香气为酒增添几分复杂。贡纳是由赤霞珠、美乐和小味尔多混酿而成，属于深邃且精致的佳酿。它的风格华丽，但并不失朴实，饱含黑樱桃、茴香和蘑菇的味道，基调为紧实的辛香美味。

Grabouw 7160
www.iona.co.za

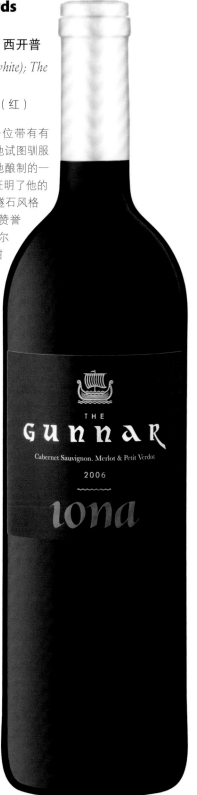

什么时候该退酒?

当侍者为你端上一份意式方形饺时,并不会又起一只来让你品尝,并寻求你的认可。但侍者或侍酒师会向你展示葡萄酒瓶,拔出瓶塞呈到你面前,并为你倒酒,让你品尝。这一系列过程都是有原因的,至少是有历史原因的。很早以前,餐厅就与食客达成了共识,酒是不断变化的,其中的某瓶酒可能会令人厌恶到让你想退掉它。这个固定程序能让客人了解,这瓶酒是否有品质上的缺陷。这可能是因为"木塞味",或受热损坏,或只是尝起来太热或太冷。但这并不意味着所有酒都可以退掉,因为真正有缺陷的葡萄酒比以前少多了。

1 这是你点的酒吗?仔细观察这瓶酒和它的酒标,核对酒标上的酒厂和葡萄酒的类型,确认出产的葡萄园(或产区)以及年份。如果与你在酒单上看到的信息不符,你有权退掉该酒。此外,如果此酒已经开启或开启时并未在你视线之内,也要当心,因为瓶中的葡萄酒可能并非原装。

2 观察瓶塞酒瓶的木塞可以告诉你很多关于这瓶酒的质量的可靠信息。如果瓶塞上也有年份,是否与酒标所示相同?它的顶端是否湿润或从底部开始到另一端都有葡萄酒浸染的痕迹,这或许是渗漏造成的,同时意味着酒质已经被过热的环境破坏,而且过早地被氧化。

如果木塞的顶端湿润,说明葡萄酒或许已经渗漏。

出现渗漏线也意味着渗漏。

3 查看倒出的葡萄酒。如果杯中的红葡萄酒边缘呈棕色，而非红色或紫色，那渗漏的木塞可能已造成这支酒过早地氧化。如果一支白葡萄酒呈黄铜色或琥珀色，而非金色或黄绿色，也有可能被氧化了。如果它带有不正常的絮状沉淀，你应该把它退掉，有可能是细菌导致了这种变化。不用担心小块晶体，它们在未经过滤的葡萄酒中比较常见，并无害处。

如果一支较新年份的红葡萄酒（3年之内）出现了棕色边缘，意味着它可能被氧化了。

白葡萄酒中的絮状沉淀说明出现细菌感染造成的变质。

轻嗅葡萄酒。如果一支白葡萄酒闻起来像雪莉酒，而红葡萄酒闻起来像醋或散发马厩的气息，这说明酒可能变质了。一支"木塞味"污染的葡萄酒，闻起来有发霉味道，这是因为它被一种虽然无害，但闻起来并不愉悦的化合物TCA所感染，这种化合物通常存在于木塞中。如果从视觉或味觉上能证明酒已经变质，你当然应该把它退掉。

Mulderbosch Stellenbosch, Western Cape

穆德布什酒庄 斯泰伦布什 西开普

Cabernet Sauvignon Rosé(rosé)；Chenin Blanc Steen Op Hout (white)

赤霞珠桃红（桃红）；斯蒂恩豪特白诗南（白）

备受赞誉的迈克·杜布罗夫尼克富有远见且勤奋努力，他将穆德布什酒庄和南非葡萄酒推向高峰。他的继承者理查德·克肖及其团队秉承酒庄遗留的传统，负责酿造一系列高品质且具有风土特质的好酒，在国际市场广受欢迎。作为温暖气候的胜利者，赤霞珠桃红饱含的草莓味道引人入胜，带有完美的成熟红莓味道，特殊的玫瑰花香覆盖其上。这些美味在口中融合，最后以一抹柔和的坚果辛香收尾。斯蒂恩豪特白诗南同样是赢家，它精致平衡，又不失质感，带有轻柔的橡木风味，风格优雅时尚，瓶身带有绚丽的条纹设计。

R304, Stellenbosch 7599
www.mulderbosch.co.za

Neil Ellis Stellenbosch, Western Cape

尼尔埃利斯酒庄 斯泰伦布什 西开普

Sauvignon Blanc (white); Shiraz (red)

长相思（白）；西拉（红）

拥有开拓精神的酒商尼尔·埃利斯和具有创新精神的商人汉斯-彼得·施罗德组建团队，创造出一系列精美的佳酿，对南非葡萄品种及其多样性进行完整诠释。自1986年，埃利斯开始在南非酒乡寻找最好的葡萄藤。无论力道强劲的斯泰伦布什，还是带有海滨清爽味道的达令港，亦或是精致的埃尔金谷，埃利斯同其伙伴施罗德酿造的葡萄酒带有鲜明的风土特质。他们酿造出新鲜活泼的长相思，是温暖天气时享用的完美佳酿，适宜搭配烤鱼和海鲜。酒体饱满且平衡，这里的西拉洋溢着黑莓、茴香和紫罗兰等美味，带有泥土感的胡椒和雪松赋予酒更强烈的味道。

Oude Nektar Farm, Stellenbosch 7600
www.neilellis.com

Paul Cluver Estate Wines Elgin, Western Cape

保罗克洛酒庄 埃尔金 西开普

Sauvignon Blanc (white); Gewürztraminer (white)

长相思（白）；琼瑶浆（白）

保罗克洛酒庄的地位突出，出产口感清爽且复杂的白葡萄酒、甜酒和红葡萄酒，对于凉爽气候下新兴的埃尔金谷提升品质与价值发挥了重要作用。酒庄在克洛家族领导下，将注意力放在表达埃尔金海岸风土特征上，酿制的长相思和琼瑶浆获奖无数。带有少许经橡木陈年味道的赛美蓉，酒体充实，这款长相思展现出青椒和醋栗的香气，随后是矿物质味道和丰富的热带水果美味。新鲜且充满异国情调的琼瑶浆拥有丰富的香气，如玫瑰、柑橘与香料的味道，随之是精致又绵长的甜美、辛香后味。

Grabouw 7160
www.cluver.com

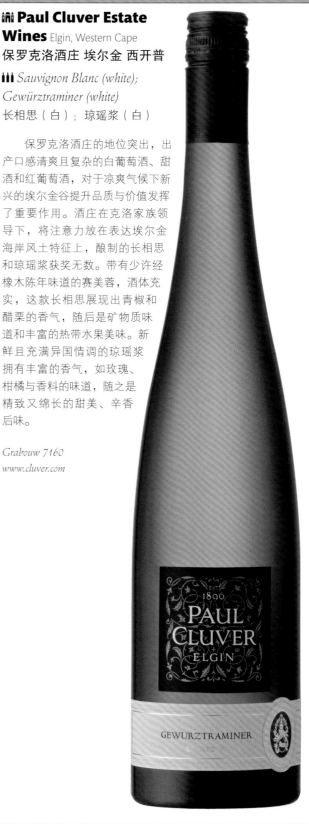

Rudera Wines Stellenbosch, Western Cape
汝德拉酒庄 斯泰伦布什 西开普

Chenin Blanc (white); Noble Late Harvest Chenin Blanc (white)
白诗南（白）；贵族晚收白诗南（白）

作为白诗南爱好者的宠儿，这款酒庄基础款白诗南色泽金黄，带有热带柠檬与柑橘风味，外加一抹圆润的烤苹果和香料气息。酒体优美平衡，余香丰富且令人满足，在口中徘徊良久。可爱而任性的贵族晚收白诗南性格独特，令人难以忘怀。浅尝啜饮都传达出极好的口感，融合蜂蜜、橘子、杏和菠萝味，外加一抹辛香的烤橡木味道。

未提供参观信息
www.rudera.co.za

Rustenberg Stellenbosch, Western Cape
勒斯滕堡酒庄 斯泰伦布什 西开普

Brampton Sauvignon Blanc (white); Brampton Chardonnay (white)
布兰顿长相思（白）；布兰顿霞多丽（白）

成长于红色坡地上的葡萄藤，总能酿造出刚柔并济的美酒，这正是勒斯滕堡的经典作品。其中包括极具价值的副牌产品布兰顿系列，它拥有的深度和内涵，在长相思和未经橡木桶处理的霞多丽中尤为明显。清脆的长相思中飘扬着芦笋和青椒等绿色蔬菜的气息，热带荔枝和百香果的味道令其口感圆润。这里的霞多丽着实令人惊喜，清新且大胆，拥有柠檬和白色水果等典型水果香气，同时还带有一丝柑橘与松木味道。

Schoongezicht Street, Stellenbosch 7600
www.rustenberg.co.za

Simonsig Stellenbosch, Western Cape
斯蒙斯格酒庄 斯泰伦布什 西开普

Chenin Blanc (white); Labyrinth Cabernet (red)
白诗南（白）；迷宫赤霞珠（红）

作为南非葡萄酒界极受尊敬的代表，斯蒙斯格酒庄的酿酒师和酒窖管理者约翰·马伦拥有一系列刚柔并济的美酒作品。他们酿造的白诗南对该品种具有公正的诠释。富裕且结构紧实，风格活泼、新鲜，带有细致平衡的热带水果和蜂蜜味。迷宫赤霞珠平易近人，带有黑莓果味、巧克力和香料的气息，加上干爽的余香，令这款酒可以轻易迷倒众人。

De Hoop Krommerhee Road, Stellenbosch 7605
www.simonsig.co.za

Stormhoek Wellington, Western Cape
暴风谷酒庄 威灵顿 西开普

Sauvignon Blanc (white); Pinotage (red)
长相思（白）；皮诺塔吉（红）

暴风谷酒庄将重心放在适宜搭配食物且价格可人的美酒上，这里酿造的平易近人的产品，受到一批忠实粉丝的追随。这款长相思带有活泼的醋栗和柑橘香气，呈现辛香的柠檬味道，令它成为暴风谷酒庄最佳的入门产品。皮诺塔吉同样诱人，拥有特殊的香味组合，包括莓果、香料、熏肉和巧克力。

未提供参观信息
www.stormhoek.co.za

Warwick Estate Simonsberg-Stellenbosch, Western Cape
沃悦客酒庄 西蒙山-斯泰伦布什 西开普

The First Lady (red); Pinotage (red)
第一夫人（红）；皮诺塔吉（红）

迈克尔·莱克里夫是沃悦客家族第三代经营该酒庄的人。作为皮诺塔吉先锋和南非葡萄酒在世界范围的推动者，他充满野心的扩张，从未削弱酒庄在稳定性与卓越性方面的口碑。野心勃勃又易于接近正是酒庄的风格。这里的红葡萄酒风格浓郁，却易于入口，第一夫人和皮诺塔吉正是对酒庄极佳的诠释。作为一款浓郁且酒体饱满的赤霞珠，第一夫人口感愉悦，拥有莓果、黑醋栗甜酒和醋栗的香气，黑色水果味道中不时迸发出黑胡椒的美味。强劲的皮诺塔吉是一款时不时令你想"咬"一口的美酒，可可粉、咖啡、烟草、胡椒、丁香和樱桃的美味，在可口而浓郁的味道中融合。

Elsenburg 7607
www.warwickwine.com

澳大利亚
AUSTRALIA

　　澳大利亚常常令人联想到两款独具风格的葡萄酒：饱满、丰富且平滑的西拉以及硕大、充满黄油与热带水果风味的霞多丽，这两种葡萄酒在20世纪八九十年代曾热销一时。然而，在过去的十几年中，事情发生了转变，这个国家开始增添更多花样。例如，逐渐在凉爽地区选择酿酒的葡萄，这种做法与过去大相径庭。如今，你同样可以在这里找到由雷司令、维欧尼或赛美蓉酿造的微妙且复杂的白葡萄酒，而霞多丽正变得更加微妙且内敛。对于红葡萄酒来说，西拉仍然是王者；但澳大利亚同样是酿造明快的赤霞珠、赤霞珠混酿以及优雅的黑皮诺（特别是来自维多利亚产区）的优质生产者，同时这里还盛产许多其他迷人的葡萄品种。

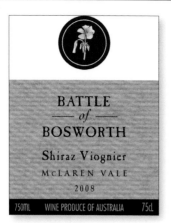

Battle of Bosworth Mclaren Vale, South Australia
博斯沃思酒庄 麦克拉伦谷 南澳大利亚

Shiraz Viognier, Mclaren Vale (red)
麦克拉伦谷西拉-维欧尼（红）

1995年，约赫·博斯沃思接管葡萄园，开始将这里变为有机种植。由此，博斯沃思一系列的迷人美酒应运而生。其中，红葡萄酒标印有麦克拉伦谷的经典标记，色泽浓郁，带有成熟的果味和高酸度。在中等酒体的西拉-维欧尼中，白葡萄品种维欧尼的加入，为酒带来明显的芳香。

Mclaren Vale, SA 5171
www.edgehill-vineyards.com.au

Bremerton Langhorne Creek, South Australia
布雷默顿酒庄 兰好乐溪 南澳大利亚

Verdelho, Langhorne Creek (white)
兰好乐溪维德和（白）

兰好乐溪是澳大利亚最重要的酒乡之一，而布雷默顿酒庄则被公认为是该产区的最佳酒庄。豪华浓郁的风格是这里的主导，橡木风味完美融入酒中。不过维德和是一款极其新鲜，未经过像木桶的精致白葡萄酒，它具有"不能多等一刻"的迷人外表。全部以自流汁酿造，拥有的热带水果香气，微妙的梨和柑橘味道融入柔和且绵长的余香之中。

Strathalbyn Rd, Langhorne Creek, SA 5255
www.bremerton.com.au

Brokenwood Hunter Valley, New South Wales
布肯木酒庄 猎人谷 新南威尔士

Semillon, Hunter Valley (white)
猎人谷赛美蓉（白）

作为猎人谷的经典葡萄品种，这款赛美蓉在果味、酒精和酸度间展现出完美平衡，锋利的柠檬果味和矿物质味道令人印象深刻。年轻时，它鲜美而明快，但又具有很好的陈年潜力，会逐渐发展出丰富且复杂的烘烤香味。这是一款内涵丰富的华丽之作，性价比极高。

401-427 McDonalds Rd, Pokolbin, NSW 2320
www.brokenwood.com.au

Brown Brothers King Valley, Victoria
布朗兄弟酒庄 国王谷 维多利亚

Tarrango, Victoria (red)
维多利亚特宁高（红）

布朗兄弟酒庄750万平方米的葡萄园横跨整个维多利亚地区，它是酒庄数以百万计产量的主要原料供应地。无论在澳大利亚，还是国际市场，布朗兄弟酒庄的知名度都很高，出产众多价格实惠且品质稳定、优秀的系列产品，其中也包括许多古怪奇异之作，如时髦的普洛西可起泡酒以及极其流行的博若莱风格的特宁高。这种不同寻常且成熟缓慢的葡萄品种，被雕刻成一款独特的佳酿。它拥有鲜美、诱人的樱桃般色泽，呈现珠宝般的洋红色，充满新鲜感，樱桃派和树莓的果味突出，一抹辛香的美味覆盖其上，随即慢慢呈现精致且干爽的余香。所有这些，成就了一款可在夏季闷热夜晚冰镇饮用的佳酿。

239 Milawa Bobinawarrah rd, Milawa, VIC 3678
www.brownbrothers.com.au

By Farr Geelong, Victoria
百发酒庄 吉隆 维多利亚

Farr Rising Pinot Noir, Geelong (red)
吉隆上升百发黑皮诺（红）

澳大利亚传奇酿酒师加里·法尔和儿子尼克一起建立了百发酒庄，生产一系列风格大胆、极具个人色彩且带有风土特质的佳酿。酒庄拥有两个系列产品：百发高级品牌，葡萄完全来自庄园种植；另一个是对价格更敏感的上升百发系列。2009年，百发首次推出3款单一园黑皮诺，品质极佳；但若论复杂、趣味、高品质与价格之间的关系，副牌吉隆上升百发黑皮诺几乎难以被超越。这款黑皮诺酒体轻盈，芳香柔和，香气缓慢而微妙积聚。成熟甜美的樱桃味令人兴奋，带有诱人的青草和植物的复杂感，质感精细圆润，令余香悠长而美味。这是一款既适宜即刻饮用，又可以陈放数年的佳作。

Bannockburn, VIC 3331
www.byfarr.com.au

🍶 Campbells Rutherglen, Victoria

康贝尔酒庄 路斯格兰 维多利亚

🍷 *Muscat, Rutherglen(fortified)*

路斯格兰麝香（强化）

　　康贝尔酒庄由科林和马尔科姆兄弟二人经营，他们将30多年的心血倾注于此。酒庄生产一系列经典餐酒，但赢得人们关注的却是强化型酒。若考虑到康贝尔所在的路斯格兰地区，这点便不会令人觉得意外了。这个炎热的地区对澳大利亚美酒做出了独特的贡献，甜美强劲的麝香与托卡伊葡萄酒常常被称为"便利贴"。康贝尔是该地区最佳生产商之一，这款路斯格兰麝香正是酒庄感性品质的最佳呈现。口感极其浓郁，带有一抹焦油香气，丰富的葡萄干、软糖和药草味会在口中徘徊良久。

Murray Valley Hwy, Rutherglen, VIC 3685
www.campbellswines.com.au

🍶 Cape Mentelle Margaret River, Western Australia

曼达岬酒庄 玛格丽特河 西澳大利亚

🍷 *Sauvignon Blanc-Semillon, Margaret River (white)*

玛格丽特河长相思-赛美蓉（白）

　　风格大胆且具有结构感的赤霞珠是这里的明星，但玛格丽特河长相思-赛美蓉也值得一试。它充满百香果、酸橙和野黑莓的芬芳气息，精致的柑橘味中带有一抹青椒和香料美味。

331 Wallcliffe Rd, Margaret River, WA 6285
www.capementelle.com.au

🍶 Chain of Ponds Adelaide Hills, South Australia

恋之塘酒庄 阿德莱德山 南澳大利亚

🍷 *Pilot Block Sangiovese-Barbera-Grenache, South Australia (red)*

南澳飞行员桑娇维赛-巴贝拉-歌海娜（红）

　　作为阿德莱德山雄心勃勃的生产商，恋之塘酒庄在整个地区选取果实，酿造出一系列美酒，以意大利品种见长。飞行员红由桑乔维赛、巴贝拉和歌海娜混酿，风格丝滑且非常平易近人，展现出诱人而深邃的樱桃美味，带有一丝辛香。

Adelaide Rd, Gumeracha, SA 5233
www.chainofponds.com.au

🍶 Chalkers Crossing Hilltops, New South Wales

卓克劳斯酒庄 希托普斯 新南威尔士

🍷 *Cabernet Sauvignon, Hilltops (red)*

希托普斯赤霞珠（红）

　　丝滑的赤霞珠是这里的赢家，酒体饱满，野莓果味与经典凉爽气候带来的橄榄、薄荷、雪松和黑醋栗甜酒气息形成完美的平衡，单宁呈细粒感。

285 Henry Lawson Way, Young, NSW 2594
www.chalkerscrossing.com.au

Chapel Hill Mclaren Vale, South Australia
教堂山酒庄 麦克拉伦谷 南澳大利亚

Foundation Verdelho, Mclaren Vale (white)
麦克拉伦谷基础维德和（白）

教堂山酒庄坚持使用生物动力法耕种，从而减少葡萄园的化学物质渗入。2004年，酿酒师迈克尔·弗拉戈斯加入酒庄时，教堂山酒庄已经是麦克拉伦谷的明星了。但他的加入，无疑令酒庄更上一层楼，酿造出可以完美呈现麦克拉伦谷风土的杰出佳酿。这款极其新鲜且令人兴奋的维德和，来自定价敏锐的基础系列。它未经橡木桶储存，带有蜂蜜般的热带水果味道，清脆的苹果香味和精致的酸度之间形成完美的平衡，是搭配食物的万能选手。

Corner Chapel Hill and Chaffey's Rd, Mclaren Vale, SA 5171
www.chapelhillwine.com.au

Crawford River Henty, Victoria
克劳福德河酒庄 汉提 维多利亚

Riesling Young Vines, Henty (white)
汉提幼藤雷司令（白）

这里位于维多利亚西南部，凉爽的海风使当地气候成为葡萄种植的临界点。克劳福德河的雷司令佳酿年轻时呈现酸橙和矿物质特征，也能很好地陈年。幼藤雷司令尽管不如老藤有深度与复杂感，但其定价合理，具有良好的表现力和风格。这是一款具有风土特质的佳酿，它展现出可爱的平衡感，活泼的柠檬、酸橙果味，能与白垩矿物质味道一起席卷味蕾。

741 Upper Hotspur Rd, Condah, ViC 3303
www.crawford riverwines.com

D'Arenberg McLaren Vale, South Australia
黛伦堡 麦克拉伦谷 南澳大利亚

The Custodian Grenache, Mclaren Vale (red)
麦克拉伦谷管理人歌海娜（红）

自1912年起，黛伦堡便是麦克拉伦谷葡萄酒舞台上的领导之光，随着充满活力的酿酒师切斯特·奥斯本及其团队的加入，酒庄一跃成为澳大利亚最有趣且最令人关注的生产者之一。管理人歌海娜风格可人且价格适中，如同酒庄大多数红酒一样，它展现出迷人的薰衣草、紫罗兰、香料与红色水果香气，口感丰富，饱含樱桃与李子的美味，暗含的烟熏和辛香特征，与果味形成完美的平衡。

Osborn Rd, McLaren Vale, SA 5171
www.darenberg.com.au

De Bortoli Riverina, New South Wales
德保利酒庄 滨海沿岸 新南威尔士

Noble One, Riverina (dessert); Show Liqueur Muscat, Riverina (dessert)
滨海沿岸贵族一号（甜）；滨海沿岸利口麝香（甜）

1928年，德保利酒庄由自意大利北部移民家族建立，如今已成为澳大利亚葡萄酒界的重要生产商。位于滨海沿岸的大型酿酒间，每年生产450万箱佳酿。其中贵族一号，始于1982年，如今已是澳大利亚最受人尊崇的甜酒之一。它采用感染贵腐菌的丰满赛美蓉酿造，柑橘和杏的美味与底层的蜂蜜、香料特征融为一体。利口麝香是另一款甜美佳人，集中展现出太妃糖、葡萄干和香料的美味。

De Bortoli Rd, Bilbul, NSW 2680
www.debortoli.com.au

🏠 **Delatite** Goulburn, Victoria
德勒提酒庄 古尔本 维多利亚

🍷 *Pinot Gris, Victoria (white)*
维多利亚灰皮诺（白）

这款维多利亚灰皮诺入口宏大且甘美，拥有独特的矿物质和烟熏味边缘，呈现甘草般的复杂感。柔软性感的梨子、麝香、香料味道与精致清脆的酸度达成平衡。

Stoney's Road, Mansfield, VIC 3722
www.delatitewinery.com.au

🏠 **Domaine A** Tasmania
A酒庄 塔斯马尼亚

🍷 *Sauvignon Blanc Stoney Vineyard, Tasmania (white)*
塔斯马尼亚石园长相思（白）

A酒庄是塔斯马尼亚的最佳生产商。酿酒师亲自挑选果实，再将其雕刻成非常迷人的黑皮诺和赤霞珠，同时还有华丽的高性价比石园长相思。它芳香美味，饱满成熟的梨子果味与青草般的醋栗气息缓慢而柔和地推进，余香甜美，令人流连忘返。

Tea Tree Rd, Campania, TAs 7026; www.domaine-a.com.au

🏠 **Dutschke Wines** Barossa, South Australia
多茨克酒庄 巴罗萨 南澳大利亚

🍷 *Shiraz GHR (God's Hill Road), Barossa (red)*
巴罗萨神之山路西拉（红）

多茨克酒庄由酿酒师韦恩·多茨克与叔叔肯·萨姆勒合力创建。酒庄因西拉而著名，神之山路便是经典之作，价格合理。它饱含成熟且丰富的黑莓味道，边缘带有独特的辛香。

God's Hill Rd, Lyndoch, SA 5351
www.dutschkewines.com

▌你是否当担心"含有亚硫酸盐"？

几乎所有葡萄酒都含有少量亚硫酸盐（即二氧化硫），它的作用是防腐。但只有极少数国家要求酒庄在酒标上标注相关信息，如澳大利亚和美国。在美国，酒标上会写明"Contains Sulfites"字样，而澳大利亚则是"Contains Sulphites"。

你是否需要担心？其实我们大多数人无须担心！有些人坚信亚硫酸盐会致人头疼，但大量的医学研究证明两者之间并无绝对关联。然而有一点是可信的，那便是在少数案例中，食用含有高亚硫酸盐的食物可能会引发哮喘。

全世界的酿酒商们通常会在葡萄酒中添加百万分之八十的亚硫酸盐，用于保持葡萄酒的新鲜，此项措施至少已有100年的历史。这点含量离引起哮喘相差甚远。在欧洲销售的葡萄酒并不需要标明亚硫酸盐的含量。然而来自同一酒桶的佳酿，一旦在美国或澳大利亚出售，就需要注明亚硫酸盐的存在。

许多葡萄酒自身也会产生一些亚硫酸盐，因此即使不额外添加，一些酒中也会含有少量的亚硫酸盐。在美国或澳大利亚，当亚硫酸盐含量超过百万分之十时，就需标明。在美国，有机葡萄酒意味着未添加亚硫酸盐成分，但在其他国家则有可能不加以限制。

近年来，一些酿酒商寻求降低亚硫酸盐的方法（或干脆将它全部去除）。这些酿酒师还喜欢使用葡萄皮表面产生的天然酵母进行发酵，而非添加商业培养酵母，并采用有机或生物动力法种植，他们被称作"天然酿酒师"。但至今，官方还没有列出作为天然酿酒师的具体细则，因此如果你想了解更多，不如从当地的独立酒商处多加询问。

Evans & Tate Margaret River, Western Australia
埃文斯&泰特酒庄 玛格丽特河 西澳大利亚

Classic White, Margaret River(white)
玛格丽特河经典白（白）

作为澳大利亚最具创新精神且始终如一的酿酒商，埃文斯&泰特从不错过酿造绚丽美酒的机会，即使在21世纪初，面临金融风暴之际。如今，作为历史悠久的知名葡萄酒集团麦克威廉酒业集团（McWilliam's Wines Group）的一部分，酒庄的顶级酒称得上是西澳大利亚最出彩的作品之一。然而，即使是那些预算较少的人，同样可以品尝酒庄的迷人品质和独创风格，这便是实惠的经典系列。经典白由赛美蓉和长相思混酿，入口非常纯净清新，风格明快且集中，精粹的葡萄柚味道在口中缓慢发展，形成酸度怡人的活泼余香。

Corner of Metricup Rd/Caves Rd, Wilyabrup, WA 6280
www.mcwilliamswines.com.au

First Drop Barossa, South Australia
第一滴酒庄 巴罗萨 南澳大利亚

Two Percent Shiraz, Barossa (red)
巴罗萨2%西拉（红）

酒庄选用的果实来自各个地区，包括巴罗萨谷、阿德莱德山和麦克拉伦谷，从而酿造出众多系列的上乘美酒，其中还包括有趣且古怪的葡萄品种，如巴贝拉、阿内斯、内比奥罗与蒙特普齐亚诺；此外，酒庄还拥有一系列气质各异的巴罗萨西拉。正是2%西拉证明酒庄可以酿造出经典又不失绚丽的作品。复杂，浓郁，美味迷人，这是充溢着巴罗萨味道的西拉之作。甜美豪华的果味，被表现得集中而新鲜。充满泥土风味的成熟黑莓果与迷人的黑巧克力、香料以及烟草味道混合在一起，肉质的边缘可口迷人。巧妙的使用橡木桶，为葡萄酒带来一抹温和的格调。

未提供参观信息
www.firstdropwine.com

Gemtree Vineyards Mclaren Vale, South Australia
宝石树酒庄 麦克拉伦谷 南澳大利亚

Bloodstone Shiraz, Mclaren Vale (red)
麦克拉伦谷血石西拉（红）

1980年，巴特瑞家族在麦克拉伦谷开始种植葡萄，从1998年起，使用自家产的果实酿酒。如今，宝石树拥有130万平方米的优质葡萄园，由创建者的女儿梅莉莎·巴特瑞和丈夫迈克·布朗（酿酒师）共同管理。酒庄采用可持续的栽培方法，自2007年起，葡萄园全部采用生物动力法种植。酒庄对于各种系列产品的雕琢，以最大限度地降低外部干涉为准则。这里的作品表现集中，果味丰富、豪华，又具有极好的精确度。迷人的血石西拉中含有少许维欧尼成分，令它成为风格大胆且口味集中的佳酿，肉香与丰富的深色水果味道融为一体。

184 Main road, Mclaren Vale, SA 5171
www.gemtreevineyards.com.au

Giant Steps/Innocent Bystander Yarra Valley, Victoria
巨人的脚步/旁观者酒庄 雅拉谷 维多利亚

Chardonnay Sexton Vineyard, Yarra Valley (white)
雅拉谷司事园霞多丽（白）

将精力投放在雅拉谷以前，葡萄酒企业家菲尔·塞克斯顿卖掉了自己的葡萄酒公司和一个啤酒品牌。具有革新精神的巨人脚步酿酒间位于希勒斯维尔市中心，并于2006年开业。酒庄的佳酿，包括那些更平易近人的副牌，堪称顶级水准，具有受风土驱动的品质。这些酒展现出凉爽、清新的气候特征以及雅拉谷中心燧石般的土壤特性，这一切在司事园霞多丽中尤为明显。司事园霞多丽风格复杂，是该葡萄园精雕细琢且魅力非凡的经典之作，展现出极高的性价比。矿物质与燧石般的香气，为精致的白桃、蜜桃和甜瓜提供补充，清新的柑橘与温暖的烘烤香气覆盖其上。

336 Maroondah Hwy, Healesville, VIC 3777
www.innocentbystander.com.au

🏚 **Grosset** Clare Valley, South Australia
格罗斯酒庄 克莱尔谷 南澳大利亚

🏚 *Springvale, Watervale Riesling, Clare Valley (white)*
克莱尔春之谷雷司令（白）

　　来自波兰山葡萄园的果实酿造出风格强劲的葡萄酒，受到大众的高度赞许。但风格内敛且更具性价比的佳酿则更令人心满意足，这些佳酿出自单一葡萄园春之谷。清新并充满柑橘风味，酸橙与葡萄柚的美味在口中回味。

King St, Auburn, Clare Valley, sA 5451
www.grosset.com.au

🏚 **Heartland** Langhorne Creek, South Australia
心田酒庄 兰好乐溪 南澳大利亚

Dolcetto & Lagrein, Langhorne Creek (red)
兰好乐溪多切托-勒格瑞（红）

　　心田酒庄由规模可观的合作商组成，包括位于石灰岩和兰好乐溪地区的葡萄园。心田酒庄既出售葡萄，也自己酿酒。酒庄真正令人印象深刻的并不是规模，而是质量与性价比。味道丰腴的多切托-勒格瑞由两个意大利品种混酿，值得关注。

34 Barossa Valley Way, Tanunda, SA 5352
www.heartlandwines.com.au

🏚 **Hewitson** Barossa, South Australia
紫蝴蝶酒庄 巴罗萨 南澳大利亚

🏚 *Gun Metal Riesling, Eden Valley (white)*
伊甸谷炮筒雷司令（白）

　　酒庄的原料来自南澳大利亚一系列最好的葡萄种植地区，包括巴罗萨谷、伊甸谷、麦克拉伦谷和阿德莱德山。炮筒雷司令的果实来自伊甸谷，这里是世界级雷司令产区。这款美酒带有出色的柑橘类风味与复杂感。与许多伊甸谷的其他佳酿相比，这款酒没有那么严峻，反而充满了酸橙和柠檬风味。

未提供参观信息
www.hewitson.com.au

🏚 **Hope Estate** Hunter Valley, New South Wales
希望酒庄 猎人谷 新南威尔士

🏚 *The Cracker Cabernet Merlot, Western Australia (red)*
西澳大利亚薄脆赤霞珠-美乐（红）

　　迈克尔·霍普在猎人谷拥有100万平方米葡萄园的同时，他还在维多利亚和西澳大利亚拥有葡萄园。薄脆赤霞珠-美乐采用来自西澳大利亚的葡萄酿造，风格饱满、大胆，入口充满黑莓味道，带有少许甘草和巧克力特征。成熟的单宁与甜美的香草橡木味，为酒提供了坚实的结构感。

2213 Broke rd, Pokolbin, NsW 2320
www.hopeestate.com.au

🏚 **Houghton** Swan Valley, Western Australia
霍顿酒庄 天鹅谷 西澳大利亚

🏚 *The Bandit Shiraz-Tempranillo, Western Australia (red)*
西澳大利亚强盗西拉-天帕尼洛（红）

　　这里的酒堪称杰出，得到酒评家的认可。酒庄大部分的酿酒葡萄来自西澳大利亚的顶级葡萄种植区域。葡萄酒风格活泼，价格实惠，强盗西拉-天帕尼洛采用两个葡萄品种混酿，形成不同寻常的组合。这种组合带来明快、生动且多汁的表现，饱含纯净的黑樱桃、覆盆子和黑莓味道，徘徊不去的巧克力香味令酒更完整，余香受到清新可人的酸度支持。

Dale Rd, Middle Swan, WA 6065
www.houghton-wines.com.au

西拉/设拉子
SYRAH / SHIRAZ

在20世纪末期，西拉葡萄（澳大利亚拼写为"Shiraz"，译为"设拉子"，实为同一葡萄品种）将澳大利亚葡萄酒引入世界舞台，并且持续激发着这个国家伟大酿酒师的灵感。澳大利亚的西拉和法国的西拉风格截然不同，它们拥有成熟的水果风味，更醇厚的结构与更甜美的口感。

价格低廉的西拉丰腴甜美，拥有令人愉悦的黏度与果酱般的味道。高品质的西拉口味更复杂，呈现蓝莓和紫罗兰的香气与大茴香的气息；口感醇厚而饱满，厚重而不粗糙。

味道多样

在澳大利亚，西拉葡萄可以通过更长的挂果时间来获取不同类型的风味，糖分与风味浓度均超过法国的西拉。采用不太成熟的西拉酿酒，会带有烟熏或胡椒的味道；而采用成熟果实，葡萄酒会带有果酱的味道。

高产

西拉葡萄的产量非常大，如果种植者管理不善，可能会影响葡萄酒的质量。葡萄藤上若有太多果穗会冲淡酒的风味，种植者需要进行适当修剪。

对气候敏感

消费者喜欢他们的西拉拥有不同的风格。这很不错，因为这个葡萄品种种植在不同气候条件下，会表现出不尽相同的味道。与澳大利亚的产品不同，在这个品种的家乡——法国的罗讷河谷，西拉葡萄酒尝起来更清瘦，拥有更多香料味。

起皱

葡萄种植者知道，当西拉葡萄真正成熟时，果粒会开始变软，果皮会有些起皱。对于饱满酒体风格的西拉葡萄酒来说，这正是收获的好时机。

世界其他产区

在法国的罗讷河谷，这个品种的种植历史至少可以追溯至1000年前，而澳大利亚的酿酒师从19世纪才开始以西拉酿酒。

它是法国北罗讷河谷的标志性红葡萄品种，罗蒂丘和埃米塔日出产独特且拥有陈年潜力的葡萄酒，正是采用西拉葡萄酿制。在南罗讷河谷，它的种植量相对较少，不过却是著名的教皇新堡与实惠的罗讷丘葡萄酒不可或缺的一部分。在法国的其他产区、美国加利福尼亚州、澳大利亚、南非、意大利和其他地方，西拉都被广泛种植。

澳大利亚出产非常棒的每日畅饮型葡萄酒，不过加利福尼亚州西拉的价格也有所下降，南非的一些单品有时会混入其他葡萄品种，也值得一试。

以下是西拉的顶级产区，可以尝试这些推荐年份的葡萄酒：

澳大利亚：2010，2009，2006，2005

北罗讷河谷：2009，2006，2005

加利福尼亚州中央海岸：2008，2007

南非的布肯霍斯克鲁夫酒庄，出产味道浓郁且颜色深沉的西拉。

Howard Park Margaret River, Western Australian

豪园酒庄 玛格丽特河 西澳大利亚

Sauvignon Blanc, Western Australia (white)
西澳大利亚长相思（白）

建于1986年的豪园酒庄位于西澳大利亚南部，1996年在玛格丽特河区建立了葡萄园，2000年成立了酿酒厂。它是本地区星级酒庄之一。陈酿赤霞珠、口感刚烈的雷司令和口感紧实的长相思都是顶级葡萄酒。玛格丽特河产区产的长相思色泽深沉，具有草本植物和青椒的香味，散发出热带水果和柑橘属植物的香气，色泽似白垩土，入口有鲜美甘酸的回味。

Miamup Rd, Cowaramup, WA 6284
www.howardparkwines.com.au

Jacob's Creek Barossa, South Australia

杰卡斯酒庄 巴罗萨 南澳大利亚

Steingarten Riesling, Barossa (white); ReserveCabernet Sauvignon, Coonawarra (red)
巴罗萨斯登加特雷司令（白）；库纳瓦拉珍藏赤霞珠（红）

母公司保乐力加以杰卡斯酒庄的名义引进了顶级奥多兰酒，也就意味着，来自巴罗萨令人称赞的斯登加特雷司令干白，现在已成为属于杰卡斯庄园的干白葡萄酒。它入口紧实，具有地道的英国风味，这款经典矿物质口感的干白葡萄酒经久不衰。来自库纳瓦拉杰卡斯酒庄的珍藏赤霞珠干红系列，拥有顶级的品质和价值，散发出成熟的黑醋栗和青梅的甘甜香气。

Barossa Valley Way, Rowland Flat, SA 5351
www.jacobscreek.com

Kalleske Barossa, South Australia

克拉斯酒庄 巴罗萨 南澳大利亚

Pirathon Shiraz, Barossa Valley (red)
巴罗萨毕拉颂西拉（红）

克拉斯酒庄是巴罗萨当之无愧的明星酒庄，所有有机认证机构公认该酒庄拥有这个地区最好的葡萄园。葡萄园坐落于巴罗萨中心地区以东。西拉和歌海娜是主要种植的葡萄品种，混合种植少量赤霞珠和白诗南。这款酒表现出色，入口甘甜，成熟的浆果和青梅果香浓郁，有少许肉味，散发着花、巧克力和香料的香气，结构层次分明，带有淡淡的橡木香味，单宁优异，鲜美的回味隽永。

Vinergrove Rd, Greenock, SA 5360
www.kalleske.com

Jim Barry Wines Clare Valley, South Australia

金百利酒庄 克莱尔谷 南澳大利亚

The Lodge Hill Dry Riesling, Clare Valley (white); The Lodge Hill Shiraz, Clare Valley (red)

克莱尔谷庐舍山庄雷司令（白）；克莱尔谷庐舍山庄西拉（红）

传奇人物吉姆·巴利是首位克莱尔谷受过大学教育的酿酒师，他以向其他酿酒师出售葡萄起家，于1974年建立了属于自己的酒庄。酒庄酿造的两款克莱尔谷出产的葡萄酒，以价值出众和风味独特脱颖而出。获奖酒款庐舍山庄雷司令口感浓郁，具有矿物质的芬芳，无甜味，入口有金橘、酸橙和红葡萄柚的香气，酸味强劲，口感浓郁悠长，具有陈年潜质。庐舍山庄西拉干红色泽深沉，适宜饮用，散发出黑莓和李子的水果香气，混合着巧克力和薄荷的幽香。这些特点使此款西拉入口即香气满溢，色泽纯正，单宁的口感精致强烈。

Craigs Hill Rd, Clare, SA 5453
www.jimbarry.com

Katnook Estate Coonawarra, South Australia
佳诺酒庄 库纳瓦拉 南澳大利亚

Founder's Block Cabernet Sauvignon, Coonawarra (red)
库纳瓦拉创始者系列赤霞珠(红)

佳诺酒庄的酿酒史可追溯到1896年。葡萄产量高，成熟至恰到好处，有时带有橡木香气，非常有利于陈年。酒体中等的创始者系列赤霞珠干红甜度高，黑醋栗和黑莓的果香浓郁，散发出诱人的浆果和紫罗兰香味，伴有薄荷的清香。这款高雅且平衡完美的葡萄酒回味绵长，给人留下美好的体验。

Riddoch Hwy, Coonawarra, SA 5263
www.katnookestate.com.au

KT and the Falcon Clare Valley, South Australia
KT猎鹰酒庄 克莱尔谷 南澳大利亚

Watervale Riesling, Clare Valley (white)
克莱尔谷沃特谷雷司令(白)

"KT"是天才酿酒师克里·汤姆普森的英文缩写，他对雷司令抱有特殊的钟爱。虽然他们酿造的西拉备受瞩目，但雷司令才是他们关注的焦点。这款甘甜、异国风味浓郁的沃特谷雷司令酿造技艺精良，酿酒的精选葡萄产自沃特谷地区的单一葡萄园。雷司令风味浓郁香甜、芳香醇厚，闻起来有花香、酸橙和矿物质的味道。入口甘酸的柑橘水果味集中，清香的香料味和清幽的草本味，混合着清爽刺激的脆酸味。

Watervale,SA 5452
www.ktandthefalcon.com.au

The Lane Adelaide Hills, South Australia
拉内酒庄 阿德莱德山 南澳大利亚

Viognier, Adelaide Hills (white)
阿德莱德山维欧尼(白)

拉内酒庄源起于约翰·爱德华32万平方米的葡萄园，葡萄园地处汉道夫周边海拔450米的高地上，种植着9个葡萄品种。酿造的葡萄酒标注两个商标：拉文伍德·拉内和拉内。来自拉内的黑方威士忌系列维欧尼，是一款口感美妙、酒劲十足，但酿造工艺精细的葡萄酒，散发着橘子花的芬芳，甘甜可口，具有杏仁、苹果和蜂蜜的幽深丰满，伴随花朵、梨和桃的香气，还具有香料的温润。

Ravenswood Lane, Hahndorf, SA5245
www.thelane.com.au

THE LANE
VINEYARD

ADELAIDE HILLS

Larry Cherubino Wines Frankland River, Western Australia
乔鲁比诺酒庄 法兰克兰河 西澳大利亚

The Yard Whispering Hill Vineyard Riesling, Mt Barker, Western Australia (white)

西澳大利亚巴克山雅德轻语山葡萄园雷司令(白)

乔鲁比诺是其顶级商标，其次还有庭院和特供系列。轻语山葡萄园雷司令是庭院品牌最受追捧的酒款之一，为单一葡萄园的装瓶葡萄酒。这款雷司令酒色泽纯正、精致柔和且价格易于接受，口感强烈、干涩，酸味和矿物质味道醇厚，柑橘水果味浓郁，显示了其真实风味和进一步发展的潜力。

15 York St, Subiaco, Perth WA 6008
www.larrycherubino.com.au

Leasingham Clare Valley, South Australia
丽星酒庄 克莱尔谷 南澳大利亚

Magnus Riesling, Clare Valley (white)

克莱尔谷马格努斯雷司令(白)

尽管丽星的品质一直保持稳定，但其所有者康思德莱申已将克莱尔谷著名的丽星酒庄出售。酒庄酿造吸引力十足且价值不菲的葡萄酒，包括马格努斯雷司令。这款雷司令表现力十足，酒味清新，中期成熟的特征非常明显。

未提供参观信息
www.cbrands.com

Majella Coonawarra, South Australia
玛杰拉酒庄 库纳瓦拉 南澳大利亚

The Musician, Coonawarra(red)

库纳瓦拉音乐家(红)

酒庄的所有者林恩家族，于19世纪末培育了第一批葡萄，并于1980年开始供应永利酒。第一款西拉葡萄酒于1991年上市，1994年又推出赤霞珠葡萄酒，1996年推出顶级葡萄酒玛杰拉酒王，这款酒为玛杰拉酒庄赢得了数不清的奖项，令酒庄成为澳大利亚公认的风格一如既往的葡萄酒生产商。玛杰拉酒庄60万平方米葡萄园的葡萄产量正逐渐增长，成为酒庄酿造葡萄酒的来源。令人印象深刻的酒款中，价值最高的是名叫"音乐家"的赤霞珠、西拉混酿。这款酒口感跳跃香醇，混合着活力十足的黑醋栗果香和草本味，伴有淡淡的香草味和谷物香味，单宁味丝滑，是一款口味顺滑复杂、但价格优惠的葡萄酒。

Lynn Rd, Coonawarra, SA 5263
www.majellawines.com.au

McGuigan Hunter Valley, New South Wales
麦格根酒庄 猎人谷 新南威尔士

The Shortlist Chardonnay, Adelaide Hills (white)

阿德莱德山候选人名单霞多丽(白)

麦格根家族4代人都立足于澳大利亚的葡萄酒行业。酿酒师彼得·霍尔专注于在猎人谷的酒庄生产小批顶级葡萄酒。这些葡萄酒包括多次获得殊荣的候选人名单系列，其中之一是麦格根酒庄著名的高档霞多丽酒。这款酒包装精致，价格却不

贵，有美味的烧烤味，矿物质味幽深，带有成熟的梨、桃和葡萄的水果味，回味丰满、悠长且清爽。

Rosebery, NSW 1445
www.mcguiganwines.com.au

McHenry Hohnen Margaret River, Wetern Australia
麦克亨利酒庄 玛格丽特河 西澳大利亚

3 Amigos, Margaret River (red and white)

玛格丽特河三个朋友（红和白）

曼达岬酒庄和云雾之湾酒庄的创始人大卫·霍内，于2005年与姐夫墨里·麦克亨利一起精心酿造葡萄酒，酿酒葡萄产自家族在玛格丽特河拥有的4座葡萄园，其杰出的三个朋友系列包含两款价值不菲且与众不同的混酿：西拉-歌海娜-慕合怀特干红和玛珊-霞多丽-胡珊干白葡萄酒。干红香味独特，口感恰到好处，黑莓和梅子果香浓郁，与幽深的香料味道相得益彰；迷人的干白芳香浓烈，口感醇厚，有淡淡的烧烤味和浓郁的柑橘香气，混合着迷人的香料复杂味。

Margaret River, WA 6285
www.mchv.com.au

McWilliam's Mount Pleasant　Hunter Valley, New South Wales

麦克威廉乐山酒庄　猎人谷　新南威尔士

Mount Pleasant Elizabeth Semillon (white); Mount Pleasant Philip Shiraz (red)

乐山庄园伊丽莎白赛美蓉（白）；乐山庄园菲利普西拉（红）

1941年，麦克威廉家族购买了乐山酒庄，聘请传奇酿酒师莫里斯·奥谢酿酒。他酿造的葡萄酒闻名于世，给澳大利亚新生代酿酒师带来灵感。乐山酒庄的作品均为猎人谷经典风格的葡萄酒。伊丽莎白赛美蓉和菲利普西拉绝对物美价廉。赛美蓉口感跳跃，无橡木味，柠檬味浓郁，酒品纯度高，具有相当的陈年潜力。令人回味无穷的菲利普西拉味美，散发出成熟的黑莓和黑醋栗的果香味。

401 Marrowbone Rd, Pokolbin, NSW 2320
www.mcwilliams.com.au

Mitchell Wines　Clare Valley, South Australia

米切尔酒庄　克莱尔谷　南澳大利亚

Watervale Riesling, Clare Valley (white); Sevenhill Cabernet Sauvignon, Clare Valley (red)

克莱尔谷沃特谷雷司令（白）；克莱尔谷基督山赤霞珠（红）

1975年，安德鲁·米切尔和简·米切尔在克莱尔谷创建了小型独立的酒庄。酒庄现在年产近3万箱葡萄酒，酿酒葡萄全部产自其75万平方米的葡萄园。他们酿造的雷司令是这个地区最好的葡萄酒。沃特谷雷司令鲜美甘酸，口感圆润浓郁，果香高雅，即饮或珍藏均可。基督山赤霞珠同样出色，成熟的黑醋栗果香宜人，散发着淡淡的香料、沙砾和草本的复合香味，黏着的单宁暗示其具有陈年的潜质。

Hughes Park Rd, Sevenhill, SA 5453
www.mitchellwines.com

软木塞与螺旋盖？

拔出软木塞的声音会不会如同老式电话的声音一样，最终只存在于我们的记忆之中？对于很多葡萄酒消费者来说，这种爆破音犹如美妙的音乐，但是软木塞的确已经不再主宰葡萄酒的封瓶世界了。

现在市面上大量存在非木塞封瓶的包装，一个接一个的品牌开始使用螺旋盖封瓶或用盒子、纸质，甚至密封袋包装。没有一种包装在开启时能发出开启软木塞那样的悦耳声音，但这并不意味着里面盛装的葡萄酒品质不佳。

由于不会像天然木塞一样被霉菌感染，螺旋盖和合成塞近来大行其道。由于这个原因，新西兰和澳大利亚的酿酒师与葡萄酒消费者最先尝试螺旋盖封瓶的葡萄酒。他们发现，这些葡萄酒不仅不会被坏木塞味道影响，而且开启简单，无须特殊工具（酒刀），还可以再次封瓶。最重要的是不受其他味道的影响。

源自于螺旋盖的竞争压力，天然木塞的生产者已经大大提升了产品质量，现在很少见到低品质的软木塞了。

螺旋盖或许能够适合市面上95%的葡萄酒，特别是那些即开即饮型的产品。但对于少数昂贵的葡萄酒而言，封瓶方式在其陈年过程中的影响仍然存在争议。很多生产者和专家相信，螺旋盖不能像软木塞那样，在较长的时间里，允许少量的氧气进入瓶中，帮助葡萄酒软化并发展出复杂的香气和味道。所以，在可预见的未来，软木塞仍然会存在，只是不再是独一无二的；并且在不远的将来，越来越多的日常葡萄酒会使用螺旋盖来封瓶。

 Mitchelton

Nagambie Lakes, Victoria

米其尔顿酒庄 纳甘必湖
维多利亚

*Airstrip Roussanne
Marsanne Viognier, Central
Victoria (white)*

维多利亚中部跑道玛珊 –
胡珊 – 维欧尼（白）

米其尔顿酒庄于1967年
建立。2007年，天才酿酒师
本·海恩斯负责酒庄的酿酒
工作，开始酿造出一系列
价格合理的葡萄酒。中部
跑道干白葡萄酒口感醇
厚，风味独特，深受大
众喜爱。罗讷风格的玛
珊-胡珊-维欧尼混酿
葡萄酒草本和瓜果
香味浓郁，具有幽
幽的坚果回味。

*Mitchellstown Rd,
Nagambie, VIC
3608
www.mitchelton.
com.au*

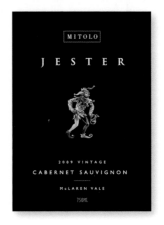

Mitolo McLaren Vale, South Australia

米多罗酒庄 麦克拉伦谷 南澳大利亚

*Jester Vermentino, McLaren Vale (white); Jester Cabernet
Sauvignon, McLaren Vale (white)*

麦克拉伦谷杰斯特维蒙蒂诺（白）；麦克拉伦谷杰斯特赤
霞珠（红）

米多罗酒庄建立于1999年，杰斯特是酒庄入门级葡萄
酒，品质上乘，所有酒款均果味纯正。这款带有柠檬味的维
蒙蒂诺口感清新独特，酸味很浓，令人为之一震。另一款赤霞
珠，发酵前，部分葡萄要先在架子上晾干，然后加入黑莓和黑
醋栗，酿造出醇厚的红葡萄酒，回味持久，带有辣味。

*Angel Vale Rd, Angel Vale, Virginia, SA 5120
www.mitolowines.com.au*

Mount Langi Ghiran Grampians, Victoria

蓝脊山酒庄 格兰皮恩斯 维多利亚

Billi Billi Shiraz, Victoria (red)

维多利亚比莉比莉西拉（红）

西维多利亚州格兰皮恩斯的大分水岭地区最南端，景色
引人入胜，气候凉爽，土壤适宜葡萄生长，独特的生态环境
使它成为培育酿酒葡萄的圣地。最富有声望的葡萄酒是澳大
利亚的顶级西拉，包括蓝脊山酒庄著名的比莉比莉西拉，酿
酒的葡萄产自拥有80～100年历史的葡萄园。这款干红价格实
惠，果香味浓郁，展现了成熟的黑莓浓缩果香，薄荷和香料
味清爽。味道如此复杂且具有陈年潜质的葡萄酒，在这个价
格区间十分罕见。

*80 Vine Rd, Bayindeen, VIC 3375
www.langi.com.au*

Nepenthe Adelaide Hills, South Australia
忘忧草酒庄 阿德莱德山 南澳大利亚

Sauvignon Blanc, Altitude Range, Adelaide Hills
阿德莱德山高地长相思（白）

韦尔德家族于1994年建立了酒庄，澳大利亚葡萄酒有限公司（Australian Vintage）于2007年收购了该酒庄。酒庄生产的葡萄酒商业价值很高，品质也相当不错。长相思是干白葡萄酒中的精华，保持着原有风味，很好地展现出这种葡萄的特色。葡萄酒芳香浓郁，带有番石榴、菠萝的果味，还有青草和柑橘的香气。色泽晶莹剔透，口感鲜美，回味脆酸隽永。

Jones Rd, Balhannah, SA 5242
www.nepenthe.com.au

Penfolds Barossa, South Australia
奔富酒庄 巴罗萨 南澳大利亚

Koonunga Hill Seventy Six Shiraz-Cabernet, South Australia (red)
南澳大利亚蔻兰山76年西拉-赤霞珠（红）

奔富酒庄的历史可以追溯至1844年，奔富品牌很可能是澳大利亚葡萄酒中最著名的品牌。公司涉猎广泛，包括生产大量的上等红酒。质量上乘的蔻兰山76年西拉-赤霞珠混酿是新推出的酒款，1976年首次上市，志在获取蔻兰山独特诱人、受大众欢迎的风味。这款酒具有辛辣的冲击感，带有黑莓和李子的水果香，混合甘草、黑巧克力和橡木的复杂味道。

Tanunda Rd, Nuriootpa, SA 5355
www.penfolds.com.au

Petaluma Adelaide Hills, South Australia
葡萄之路酒庄 阿德莱德山 南澳大利亚

Hanlin Hill Riesling, Clare Valley (whtie)
克莱尔谷翰林山雷司令（白）

梦想家酿酒师布莱恩·科罗瑟于1976年创立了葡萄之路酒庄，旨在生产顶级葡萄酒，酿酒的葡萄产自酒庄年代最久远的葡萄园。尽管酒庄现在归澳大利亚酿酒商狮王啤酒（Lion Nathan）所有，但酒庄依然遵循科罗瑟的酿酒方式，酿造纯正、平价、朴素和本土风味的葡萄酒。他们酿造的翰林山雷司令受人瞩目。这款酒具有纯正的英国风味，口感鲜美，散发出花朵般迷人的甜香味。酒体结构圆润，百香果果味和柠檬味幽深，回味清新甘酸，陈年潜质优异，可储存数十年之久。

Spring Gully Rd, Piccadilly, SA 5151
www.petaluma.com.au

Peter Lehmann Barossa, South Australia
乐民酒庄 巴罗萨 南澳大利亚

Back to Back Grenache, Barossa (red); Wigan Eden Valley Riesling (white)
巴罗萨背对背歌海娜（红）；威根伊甸谷雷司令（白）

皮特·利蒙于1979年冒险建立了自己的酒庄，当时很多巴罗萨的酒农都因为过度生产而濒临破产。酒庄于1980年酿造出首批葡萄酒，酿酒的葡萄来自整个巴罗萨地区。酒庄现在年产量75万箱，酿酒的原料来自巴罗萨的150家果农。这些葡萄酒很多都很出色，性价比较高。酒体完美平衡的背对背歌海娜精致细腻，带有樱桃和梅子的幽香，有淡淡的草本和辣椒香味。威根雷司令是伊甸谷上等酒的代表，口感鲜美，具有典型的本土英国风味，色泽的深度和酒体的浓度暗示着其具有良好的陈年性。

Para Rd, Tanunda, SA 5352
www.peterlehmannwines.com.au

Pirie Tasmania Tasmania
澎利塔斯马尼亚酒庄 塔斯马尼亚

South Pinot Noir, Tasmania (red)
塔斯马尼亚南方黑皮诺（红）

2002年，安德鲁·皮里创建澎利塔斯马尼亚酒庄。这里酿造4种不同系列的葡萄酒，集中种植葡萄的南方采摘区果实物美价廉。南方黑皮诺绝对值得追捧，风味不过分复杂，但樱桃味鲜美纯正，引人入胜，酸味坚实，锁住了鲜美的味道。

1A Waldhord Drive, Rosevears, TAS 7277
www.pirietasmania.com.au

Plantagenet Mount Barker, Western Australia
金雀花王朝酒庄 巴克山 西澳大利亚

Samson's Range Semillon Sauvignon Blanc, Western Australia (white)
西澳大利亚大力士系列赛美蓉-长相思（白）

首座在巴克山地区建立的金雀花王朝酒庄，于1974年推出了第一批瓶装葡萄酒。价格优惠的大力士系列赛美蓉-长相思干白葡萄酒是一款高雅纯正，散发草香的混酿。这款酒口感鲜美、芳香迷人，带有柑橘香气，水果味浓郁，单独饮用或与丰富的食物搭配均可。

Lot 45, Albany Hwy, Mount Barker, WA 6324
www.plantagenetwines.com

Rolf Binder Wines Barossa, South Australia
罗夫宾德酒庄 巴罗萨 南澳大利亚

Bulls Blood Shiraz Mataro Pressings, Barossa (red)
巴罗萨公牛血西拉-慕合怀特(红)

利用巴罗萨广袤的优质葡萄园中收获的葡萄，罗夫宾德精心酿造出出色且质量上乘的葡萄酒，而且一直保持着高品质。著名的公牛血西拉-慕合怀特干红（在海外市场已更名为"哈

伯瑞斯"），已有40余年历史。这是一款口感浓郁、充满生气且价格实惠的葡萄酒。此酒干烈，酒劲大，果香源于百年葡萄藤，单宁坚实，质地丰满，层次丰富，适合喜爱冲击力和复杂口感的酒客们。

Cnr Seppeltsfield Rd and Stelzer Rd, Tanunda, SA 5352
www.veritaswinery.com

Rusden Barossa, South Australia
罗世登酒庄 巴罗萨 南澳大利亚

Chirstian Chenin Blanc, Barossa Valley (white)
巴罗萨谷克里斯坦白诗南(白)

1992年，丹尼斯和朋友拉塞尔决定酿造一桶赤霞珠，至此罗世登（把他们的名字组合在一起）品牌诞生。酒庄着眼于酿造传统的巴罗萨葡萄与混酿品种。以罗世登酒庄创始人兼现任酿酒师克努特的儿子克里斯坦的名字命名的酒，是以澳大利亚珍贵的单一葡萄酿制而成的葡萄酒，也是一款有趣的葡萄酒。这款酒带有淡淡的烧烤味，热带水果香气浓郁，混合着成熟梨的果香和草本香，新鲜柑橘味很淡。清爽的酸味平衡，结构牢固，带着迷人的混合香气。

Magnolia Rd, Tanunda, SA 5352
www.rusdenwines.com.au

St Hallett Barossa, South Austrlia
圣雅格酒庄 巴罗萨 南澳大利亚

Gamekeeper's Reserve, Barossa (red)
巴罗萨谷看守者珍藏(红)

19世纪80年代，巴罗萨谷葡萄酒产业正处于复兴的初期，圣雅格酒庄因老庄西拉而一举成名。这是一款色泽纯正，结构良好，水果香气浓郁的葡萄酒。良好的陈年性，使其成为记录的保持者。看守者珍藏干红价格较高，风味十足，西拉、歌海娜、国产多瑞加混酿完美和谐，令人垂涎欲滴，香料味和肉味单宁升华了成熟的水果味。

St Hallett Rd, Tanunda, SA 5352
www.sthellett.com.au

Scotchmans Hill Geelong, Victoria
苏格兰山岗酒庄 吉隆 维多利亚

Swan Bay Pinot Noir, Geelong (red)
吉隆天鹅湾黑皮诺(红)

苏格兰山岗葡萄园和酒庄因产品物美价廉而闻名于世，家

族企业在吉隆地区举足轻重。酒庄采用这些葡萄，酿制成5个独立的优质葡萄酒系列。中档天鹅湾黑皮诺干红带有浓郁的梅子和草莓香气，紫罗兰和香料的诱人味道赋予葡萄酒成熟多汁的口感，散发着少许烤橡木味。单宁丝滑，酸味牢固，让葡萄拥有很好的结构和平衡。

190 Scotchmans Rd, Drysdale, VIC 3222
www.scotchmans.com.au

🏠 Shaw + Smith Adelaide Hills, South Australia
沙朗酒庄 阿德莱德山 南澳大利亚

🍷 *Sauvignon Blanc, Adelaide Hills (white)*
阿德莱德山长相思(白)

　　沙朗酒庄是阿德莱德山区历史最悠久、技艺最高超的演绎家之一。现在作为澳大利亚长相思的中流砥柱，这款酒仍是酒庄重要的酒款，为沙朗酒庄出色的葡萄酒系列制造了高价值的切入点。这款酒草香味清新活跃，成熟的桃、梨和粉红葡萄柚香味浓郁，令人垂涎欲滴。

Jones Rd, Balhannah, SA 5242
www.shawandsmith.com

🏠 Skillogalee Clare Valley, South Australia
斯基罗加里酒庄 克莱尔谷 南澳大利亚

🍷 *Riesling, Clare Valley (white)*
克莱尔谷雷司令(白)

　　1976年，酒庄推出首批葡萄酒，包括帮助酒庄登上葡萄酒地图的干白雷司令。现在，斯基罗加里酒庄因单一葡萄酿造的瓶装葡萄酒而赢得评论家和公众的称赞。酸橙和花香味鲜活，柑橘果味浓郁，单宁脆爽，回味隽永、鲜明。

Trevarrick Rd, Sevenhill via Clare, SA 5453
www.skillogalee.com.au

🏠 Spinifex Barossa, South Australia
丝缤丽酒庄 巴罗萨 南澳大利亚

🍷 *Lola, Barossa Valley (whtie)*
巴罗萨谷罗拉(白)

　　皮特·谢尔和马加利·赫利在引导丝缤丽酒庄的发展方向上，深受法国南部的影响，它是巴罗萨最令人激动的合资企业之一。皮特于2001年建立丝缤丽酒庄，现在他将全部精力投入到酿造出色的葡萄酒上。罗拉是最出色的一款混酿葡萄酒，这款酒将6种不同的葡萄——赛美蓉、胡珊、维欧尼、棠比内洛霓、白歌海娜和维蒙蒂诺混合在一起，混酿出一款华丽且与众不同的干白，散发着美味的香气，有少许矿物质味道，奶油柠檬和坚果味浓郁。

Biscay Road,
Bethany, SA 5352
www.spinifexwines.
com.au

如何购买超值酒款？

　　在可承担的价格范围内，怎样才能增加购买到高品质葡萄酒的几率？当然，通过本书学习如何挑选，是个不错的开端。除此之外，最重要是学习识别有价值的葡萄酒。很多酒类专卖店和餐厅会怂恿你购买可以让他们获得最大利润的葡萄酒。有些可能品质较差，经销商的进货价格很低；有些虽然是高品质的葡萄酒，但因为经销商宣传品牌而导致价格虚高。如何识别市场中的优质葡萄酒，可以参照以下简单的标准。

▮ 怀才不遇的葡萄品种

　　在某些特定的产区，一些葡萄品种或葡萄酒的价值往往被低估。例如，在美国，低质的加利福尼亚白诗南带给这个葡萄品种恶劣的名声，所以即使更好产区（如卢瓦尔河谷和南非）出产的高品质葡萄酒，价格也会偏低。赛美蓉、琼瑶浆，甚至歌海娜都有与之类似的情况。

▮ 被低估的产区

　　那些被世界公认且出产特定风格葡萄酒的顶级产区，不容易找到这样风格的超值酒款。例如，卢瓦尔河谷的桑塞尔，因长相思而著称，但价格偏贵。你可以尝试附近的都兰地区或智利等国家的产品。

▮ 二标葡萄酒

　　顶级的波尔多酒庄生产"二标"和"三标"葡萄酒，以确保顶级的"正牌"葡萄酒能达到最好的品质。他们通过筛选来分级，酿酒师品尝每个橡木桶与酒槽中的葡萄酒，选出它们中最好的制作正牌葡萄酒。筛选工作通过排除低品质的批次，来提升正牌酒的质量。大多数年份，这些"剩余物资"能酿出很棒的二标葡萄酒。

▮ 酒厂混酿

　　酒厂总能剩余一些品质不错的葡萄酒，这是筛选（见"二标葡萄酒"）的结果，特别是在高产年份或客户削减订单时容易出现。酒厂可能会将这些酒混合在一起，酿出一款非常规的产品，非单一品种，但质量良好，定价标准只是为了能在获取小小利润的同时，将酒窖清空。这些葡萄酒有时被称为"混酿"或简单的"红/白葡萄酒"。

▮ 值得关注的酒庄

　　一些酒厂愿意将优质的葡萄酒低价售卖，当你偶然发现他们的产品时，值得记住酒庄的名字。他们可能在几十年前就买下了葡萄园，无须付贷款或拥有者满足简单的生活方式。还有些情况是通过商务计划生产出最质优价廉的葡萄酒。

iii Stonier Mornington Peninsula, Victoria
仕途酒庄 莫宁顿半岛 维多利亚

iii *Pinot Noir, Mornington Peninsula (red); Chardonnay, Mornington Peninsula (white)*
莫宁顿半岛黑皮诺(红)；莫宁顿半岛霞多丽(白)

　　仕途酒庄是莫宁顿半岛最先成立的酒庄之一，现在仍是一座顶级酒庄。基本款黑皮诺代表莫宁顿半岛物美价廉的葡萄酒。另一款霞多丽精致、柔和，散发着成熟的红莓和樱桃味，淡淡的橡木味冲鼻，显露出霞多丽的特点，由莫宁顿半岛种植的葡萄精心酿制而成。

2 Thompsons Lane, Merricks, VIC 3916
www.stoniers.com.au

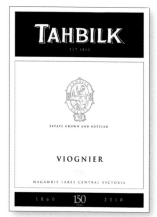

iii Tahbilk Nagambie Lakes, Victoria
德宝酒庄 纳甘必湖 维多利亚

iii *Marsanne, Nagambie Lakes (white); Viognier, Nagambie Lakes (white)*
纳甘必湖玛珊(白)；纳甘必湖维欧尼(白)

　　具有收藏价值和价格优惠的玛珊，略具传奇色彩。这是一款个性十足的葡萄酒，陈年品质十分优异。刚酿好时柠檬和酸橙味浓郁，经过10年的陈年后，具有烧烤味、蜜蜡和蜂蜜的味道。另一款散发香气的烈性维欧尼，本土风味十足，单纯的葡萄味鲜美，略带淡淡的桃和梨味。

Goulburn Valley Hwy, Nagambie, VIC 3608
www.tahbilk.com.au

iii Tamar Ridge Tasmania
塔马岭酒庄 塔斯马尼亚

iii *Devil's Corner Pinot Noir, Tasmania (red)*
塔斯马尼亚恶魔角黑皮诺(红)

　　布朗兄弟拥有塔马岭酒庄庞大的产业所有权，酒庄在3个地方拥有近300万平方米葡萄园。长相思和黑皮诺非常值得关注，是恶魔角系列的代表，特点是鲜美多汁，价格低廉。黑皮诺味淡鲜美，散发着纯正多汁的蔓越莓和樱桃味，单宁平衡，结构均衡。

653 Auburn Rd, Kayena, TAS 7270
www.tamarridge.com.au

iii Taylors/Wakefield Clare Valley, South Australia
泰来斯/威克菲尔德酒庄 克莱尔谷 南澳大利亚

iii *Cabernet Sauvignon, Clare Valley (red)*
克莱尔谷赤霞珠(红)

　　威克菲尔德是泰来斯酒庄出口葡萄酒的品牌，酒庄在首席酿酒师亚当·埃金斯的指导下，年生产50万箱品质出色的葡萄酒。赤霞珠是克莱尔谷最受欢迎的葡萄酒，这款酒带有鲜活香甜的黑醋栗和樱桃的果味，还有淡淡的辛辣味和矿物质味，回味鲜美，脆酸味隽永。

Taylors Rd, Auburn, SA 5451
www.taylorswines.com.au

iii Teusner Wines Barossa, South Australia
托伊森尔酒庄 巴罗萨 南澳大利亚

iii *The Riebke Shiraz, Barossa Valley (red)*
巴罗萨谷瑞姬西拉(红)

　　新晋葡萄酒商金·托伊森尔也是位年轻的酿酒师。2002年，金和他的姐夫，葡萄培育师迈克尔·佩奇创立了托伊森尔商标。他们的经营范围迅速扩大，酿造出高档葡萄酒，也有物美价廉的品种。很多价格低廉的葡萄酒采用瑞姬西拉酿造，这个品种是巴罗萨美味纯正且口感复杂的风味代表，葡萄酒带有李子、黑莓和樱桃的甜香味。

Cnr Research Rd & Railway Terrace, Nurioopta, SA 5355
www.teusner.com.au

Tim Adams Clare Valley, South Australia

蒂提姆亚当斯酒庄 克莱尔谷 南澳大利亚

Semillon, Clare Valley (white);
Riesling, Clare Valley (white)
克莱尔谷赛美蓉（白）；克莱尔谷雷司令（白）

1987年，因合作伙伴比尔·瑞的去世，蒂姆·亚当斯与这位当地制桶工的合作关系也戛然而止。之后，他以自己的名字创立了酒庄。自此，公司的克莱尔谷红酒因卓越品质和价值享誉全球。山谷的11座葡萄园（其中4座为蒂姆所有）每年仅产984吨葡萄，公司计划扩大酒厂规模。口感浓醇强劲的陈年美酒赛美蓉和优雅浓郁的雷司令，带有香脆水果、香草和浓郁的甜瓜味，酸味强烈。赛美蓉是非常可口的超值佳酿。雷司令产自克莱尔谷，经典圆润，富含各种矿物质，酸度爽口，开启后柠檬香扑鼻。

Clare, SA 5453
www.timadamswilnes.com.au

美食与美酒 巴罗萨西拉

澳大利亚西拉，特别是产自顶级产区麦克拉伦谷和巴罗萨谷的果实，颜色深如墨，带有非常浓郁的覆盆子、樱桃、博深莓、丁香花、薰衣草、薄荷醇和甜美香草的味道（这些味道通常由于用橡木桶陈年）。这类葡萄酒从不低调、腼腆，它们张扬、热烈、温暖、友善，而且瞬间就能获得人们的喜爱。

尽管酒精度相对偏高，但因使用橡木桶陈年，口感甜美且拥有成熟水果的味道，令顶级澳大利亚西拉口感非常平衡。日常葡萄酒的选择也为数众多。这些奔放的红葡萄酒柔顺、纯净、圆润、温暖且拥有足够丰富的香料味道，可让味觉获得满足。除此之外，它可以和各种类型的美食进行搭配。

轻盈风格的巴罗萨谷西拉非常适合搭配披萨、汉堡、烤肉串、肋排或微辣的肉酱意面。中等酒体的西拉是炖牛肉、香烤牛排、烤猪大排或烤羊腿的理想伴侣。最饱满的西拉则是醇厚肉类菜肴与野味的完美搭配。葡萄酒中的薄荷气息与烤羊排佐薄荷酱的味道相辅相成，相得益彰。鹿肉或澳大利亚当地的袋鼠肉也是西拉的好搭档，成熟的果味最能平衡野味。

猪肉香肠披萨非常适合搭配水果味的西拉葡萄酒。

Torbreck Barossa, South Australia
托布雷酒庄 巴罗萨 南澳大利亚

Cuvée Juveniles, Barossa Valley (red)
巴罗萨谷青春(红)

1997年，自从创始人兼首席酿酒师大卫·鲍威尔推出了托布雷酒庄的第一批葡萄酒后，酒庄的产品就吸引了大量追随者，尤其是在美国。本地区独特的风格造就了产量丰富、香气浓郁的干红，它们从不过分成熟，无论瓶子大小，一直保持着清晰度和明快的结构。托布雷酒庄生产的葡萄酒质量上乘，引人入胜，包括价格实惠的青春干红。巴罗萨谷青春是托布雷酒庄1999年酿造的一款高档葡萄酒，这款干红表现力极强，有成熟多汁的黑莓和黑樱桃的味道。

Roennfeldt Rd, Marananga, SA 5355
www.torbreck.com

Two Hands Barossa, South Australia
双掌酒庄 巴罗萨 南澳大利亚

Gnarly Dudes, Barossa Valley (red)
巴罗萨谷花花公子(红)

前葡萄酒出口商迈克尔·陶菲和他的商业合作伙伴，前会计师查理德·明茨，凭借口味强烈、酿造精细、包装精致成熟且酒精含量高的干红席卷了美国市场。尽管有些葡萄酒的纯净度不够完美，风格略带炫耀成分，然而如果你喜欢有冲劲且风味十足的葡萄酒，那么双掌酒庄的葡萄酒一定能吸引你。巴罗萨西拉酿造出的平价花花公子干红是新手的最佳选择，口感饱满、浓郁，口味美味鲜活，成熟的黑莓和樱桃的水果味留住了丰富的口感。

Neldner Rd, Marananga, SA 5355
www.twohandswines.com

Tyrrell's Hunter Valley, New South Wales
天瑞酒庄 猎人谷 新南威尔士

Heathcote Shiraz, Victoria (red)
维多利亚希恩科特西拉(红)

总经理墨里·蒂雷尔和儿子布鲁斯继承了家族在猎人谷的天瑞酒庄后，继续推动酒庄发展。酒庄于1958年建立，是这个地区助推酒业发展的先驱。天瑞酒庄在19世纪八九十年代迅速发展壮大。酒庄拥有澳大利亚顶级葡萄酒，包括备受称赞的著名赛美蓉。推荐款西拉产自维多利亚州希恩科特地区，这款美酒引人入胜，色泽深厚，香甜的黑莓和黑樱桃的果味浓郁，带有经陈年橡木贮藏的香料和香草味。

1838 Broke Rd,
Pokolbin, NSW 2320
www.tyrrells.con.au

Wirra Wirra McLaren Vale, South Australia
威拿酒庄 麦克拉伦谷 南澳大利亚

The 12th Man Chardonnay, Adelaide Hills (whtie)

阿德莱德山第十二个人霞多丽（白）

1969年，已故的格雷格·特罗特和他的表哥罗杰重建了完全毁灭的位于麦克拉伦谷的酒庄（它曾是历史上著名的酒庄），开始在这里重新酿造葡萄酒。酒庄的代表酒款包括一系列的上等葡萄酒，绝大多数选用麦克拉伦谷出产的葡萄精细酿造。第十二个人霞多丽是个例外，酿酒葡萄产自阿黛拉阿德莱德山区附近的葡萄园。这款酒风格十足，橡木香气浓郁，散发着诱人的烧烤味，混合了桃、柑橘、酸橙和葡萄柚的香气。

McMurtrie Rd, Mclaren Vale, SA 5171
www.wirrawirra.com

Wolf Blass Barossa, South Australia
禾富酒庄 巴罗萨 南澳大利亚

Yellow Label Cabernet Sauvignon, South Australia (red)
皇牌赤霞珠(红)

酒庄的葡萄酒系列根据商标的颜色分为不同等级，一贯保持上乘质量的皇牌越来越引人关注。这个产区生长的赤霞珠质优价廉，味道鲜美，被酿酒者广泛使用。它带有成熟黑醋栗的果味和香料味，轻微的焦油味和橡木味融合一起。

97 Sturt Hwy, Nuriootpa, SA 5355
www.wolfblass.com.au

Wyndham Estate Hunter Valley, New South Wales
云咸酒庄 猎人谷 新南威尔士

George Wyndham Shiraz Cabernet (red)
乔治云咸西拉-赤霞珠(红)

酒庄曾因过度生产很多入门级的瓶装酒而尝到苦果，但是新款乔治云咸西拉-赤霞珠干红，拥有口感浓郁的水果味，非常引人注目。这款葡萄酒美味圆润，散发着甜樱桃、香料和薄荷的香气，坚果的橡木味提升了质感，混合着黑醋栗和黑加仑的香味，回味清晰，单宁清爽，所有味道完美结合。

700 Dalewood Rd, Dalwood, NSW 2335
www.wyndhameestate,com

Yabby Lake Mornington Peninsula, Victoria
雅碧湖酒庄 莫宁顿半岛 维多利亚

Red Claw Chardonnay, Mornington Peninsula (white); Red Claw Pinot Noir, Mornington Peninsula (red)
莫宁顿半岛雅碧湖红鳌霞多丽(红)；莫宁顿半岛雅碧湖红鳌黑皮诺(红)

出自红鳌系列的霞多丽和黑皮诺是其经典代表，便宜的价格更令人置信。华丽的霞多丽口感强烈，散发出水果、坚果和烧烤的味道，天然的脆爽令人回味隽永。黑皮诺口感柔顺丝滑，美味的樱桃水果味突出了香料、薄荷和橡木的香气。

112 Tuerong Rd, Tuerong, VIC 3933
www.yabbylake.com

Yalumba Barossa, South Australia
御兰堡酒庄 巴罗萨 南澳大利亚

Y Series Viognier, South Australia (white); Riesling Pewsey Vale, Eden Valley (white)
南澳大利亚"Y"系列维欧尼（白）；伊甸谷普西河谷雷司令（白）

酒庄年产量近100万箱，质量上乘，其中混酿的"Y"系列价值不菲，尤其是塑造性强的维欧尼，带有浓郁的桃和梨的香气，回味清新，给人以满足感。另一款雷司令葡萄酒带有鲜美的柑橘和酸橙味，散发着花香和金银花的香气。

Eden Valley Rd, Angaston, SA 5353
www.yalumba.com

Yering Station Yarra Valley, Victoria
优伶酒庄 雅拉谷 维多利亚

Willow Lake Old Vine Chardonnay, Yarra Valley (white)
雅拉谷柳树湖老藤霞多丽(白)

这款葡萄酒口感紧实，未经橡木桶陈酿，柠檬和青苹果香使味道得以提升，令人垂涎欲滴；还带有浓郁的矿物质味和令人回味的烟熏味道。

38 Melba Hwy, Yarra Glen, VIC 3775
www.yering.com

新西兰
NEW ZEALAND

    20世纪80年代，新西兰凭借一种极具代表性的葡萄酒，迅速登上世界舞台。这种葡萄酒至今在总产量上仍占有重要的主导地位，它就是马尔堡的长相思，具有如此巨大的吸引力并不难以理解。这款白葡萄酒拥有浓郁且成熟的醋栗与百香果香气，清爽的酸度，非常易于入口，也易于识别。继明快果香的长相思成功之后，新西兰开始注重个性温和的黑皮诺，这里的出产的黑皮诺与该品种的家乡——法国勃艮第的葡萄酒相比，品质更稳定（价位也更合理）。当然，用这些来描述新西兰还远远不够，很多人更喜欢新西兰饱满复杂的霞多丽、丰满妖娆的灰皮诺和清新怡人的雷司令，而霍克斯湾出产的辛香的西拉，完全能与法国北罗讷河谷的佳酿相媲美。

🏠 **Ara** Marlborough
阿拉酒庄 马尔堡

🏠 *Composite Pinot noir, Marlborough (red); Composite Sauvignon Blanc, Marlborough (white)*
马尔堡复合黑皮诺（红）；马尔堡复合长相思（白）

　　这款复合黑皮诺散发着樱桃和莓果的明快果香，芬芳辛香，伴有一丝土壤气息；良好的酸度预示着，它还可以在酒窖中珍藏几年。复合长相思也极具欧洲风格，以清爽的青草和葡萄柚的香气为主，又透露出迷人的矿物质感，严谨不浮夸。阿拉酒庄的前途一片光明，他们聘请了杰夫·克拉克（监管蒙大纳/布兰克特酒庄17年的人物）为管理者。

Renwick, Marlborough
www.winegrowersofara.co.nz

🏠 **Ata Rangi** Martinborough
阿塔让吉酒庄 马丁堡

🏠 *Crimson Pinot Noir, Martinborough (red)*
马丁堡深红黑皮诺（红）

　　阿塔让吉酒庄的黑皮诺是新西兰最受推崇的一款葡萄酒，它的副牌"深红"价位更易于接受，也更容易买到。它带有丰富且明快的红樱桃果香、绵柔的口感与草本香气赋予的复杂度……各种因素共同构成了这款美味佳酿。1980年，克莱夫·佩顿利用很少的资金，便创建了这座酒庄。如今，这里的葡萄园已扩展到30万平方米，出产的葡萄酒种类包括长相思和雷司令，波尔多品种如西拉、灰皮诺与黑皮诺。

Puruatanga Rd, Martinborough, South Wairarapa
www.atarangi.co.nz

🏠 **Bilancia** Hawkes Bay
天秤酒庄 霍克斯湾

🏠 *Bilancia Pinot Gris, Hawkes Bay (white)*
霍克斯湾天秤酒庄灰皮诺（白）

　　天秤酒庄成立于1997年，名字源自星象天秤座，由沃伦·吉布森和妻子洛林·乐赫尼共同拥有。酒如其名，天秤的意思是"平衡"与"和谐"，这些形容恰好描述了这家高端酒商的葡萄酒风格和酿酒理念。这对夫妻因为酿造西拉葡萄酒而远近闻名，葡萄酒具有意大利风格，这个特点从这款优秀的天秤灰皮诺葡萄酒中显而易见。这是一款香气浓郁、复杂，充满梨和香料香气的上等佳酿，口感顺滑，结构饱满。

Stortford Lodge, Hawkes Bay
www.bilancia.co.nz

🏠 **Blind River** Awatere, Marlborough
盲河酒庄 阿沃特雷 马尔堡

🏠 *Sauvignon Blanc, Marlborough (white)*
马尔堡长相思（白）

　　来自阿沃特雷谷的这款盲河长相思是新西兰最好的葡萄酒之一，它活泼生动，带有百香果和葡萄柚的明快果香，伴着迷人的青草香，更深层次的香气和结构来自10%经过旧木桶发酵的葡萄汁。盲河是一家特别小的酒庄，由菲克夫妇巴里和戴安退休后创建，但很快它就成为一家正规酒庄，现在由他们的3个女儿接管，分别是德比（具有澳大利亚和加利福尼亚经验的酿酒师）、苏西和温迪。

Redwood Pass, Awatere Valley, RD4, Blenheim, Marlborough
www.blindriver. co.nz

🏛 **Brancott Estate** Marlborough
布兰克特酒庄 马尔堡

🍶 *Sauvignon Blanc, Marlborough (white)*
马尔堡长相思（白）

从2010年份的葡萄酒开始，这家新西兰最大的葡萄酒商——蒙大纳，更名为布兰克特酒庄。酒庄成立于20世纪70年代，目前归保乐力加所有，每年用于酿酒的长相思产量达2万吨，大量酿造主打产品——马尔堡长相思。这款酒口感清爽、新鲜且灵动，略带可爱的百香果果香和浓郁的柚子与柑橘香气。

State Hwy 1, Riverlands, Blenheim, Marlborough
www.brancottestate.com

🏛 **Cloudy Bay** Marlborough
云雾之湾酒庄 马尔堡

🍶 *Pelorus Brut NV, Marlborough (sparkling)*
马尔堡罗盘天然无年份（起泡）

这款酒可能不比当年（因为现在的产量比当年大得多），但云雾之湾仍然是新西兰非常重要，而且注重品质的酿酒商。马尔堡罗盘清新甘冽，酸度恰到好处，带有烤面包的香气与活泼纯净的果香，还伴有一丝葡萄柚的雅致香气。

Jacksons Rd, Blenheim, Marlborough
www.cloudybay.co.nz

🏛 **Craggy Range winery** Hawkes Bay
崎岖山脉酒庄 霍克斯湾

🍶 *Te Kahu, Hawkes Bay (red); Sauvignon Blanc Old Renwick Vineyard, Marlborough (white)*
霍克斯湾特卡湖（红）；马尔堡老伦威葡萄园长相思（白）

崎岖山脉特卡湖葡萄酒美味平衡，散发着芬芳的香气，粗犷的黑莓与黑醋栗果香浓郁，略带巧克力和柏油的复杂香气，

是一款迷人的新老世界复合型美酒。同样融合新老世界风格的老伦威克葡萄园长相思，并非常见的马尔堡长相思。它散发着明晰的柑橘类果香，恰到好处的草本香气，具有明显的矿物质口感，是一款经典而又易于搭配的美酒。

253 Waimarama Rd, Havelock North, Hawkes Bay
www.craggyrange.com

🏛 **Delta Vineyard** Marlborough
三角洲葡萄园 马尔堡

🍶 *Hatter's Hill Pinot noir, Marlborough (red)*
马尔堡哈特山黑皮诺（红）

2001～2002年，汤姆森发现了一片贫瘠但多黏土的土地，开垦成第一片葡萄园。很快，便酿造出品质不错的黑皮诺。三角洲葡萄园的哈特山系列使用的葡萄，均采自种植在山坡上的葡萄。哈特山黑皮诺是一款物超所值的好酒，散发出浓郁的樱桃和莓果香气，带有更深层次的土壤气息，酸度良好。

2A Opawa St, Blenheim, Marlborough
www.deltawines.co.nz

🏛 **Dog Point Vineyard** Marlborough
多吉帕特酒庄 马尔堡

🍶 *Chardonnay, Marlborough (white)*
马尔堡霞多丽（白）

云雾之湾对多吉帕特酒庄的影响非常大。现在，酒庄采用出自怀劳谷最好的葡萄园的葡萄，酿制一系列高品质的黑皮诺、霞多丽和长相思葡萄酒。霞多丽是新世界众多同品种优秀佳酿中的一款，它经过18个月的法国橡木桶陈年后，橡木赋予它活泼的烧烤香气与灵动的桃和梨的果香，回味中不乏活泼的酸度，是一款上等佳酿。

Dog Point Rd, Renwick, Marlborough
www.dogpoint.co.nz

Esk Valley Estate Hawkes Bay

艾斯克谷酒庄 霍克斯湾

Esk Valley Verdelho, Hawkes Bay (white)

霍克斯湾艾斯克谷维德和（白）

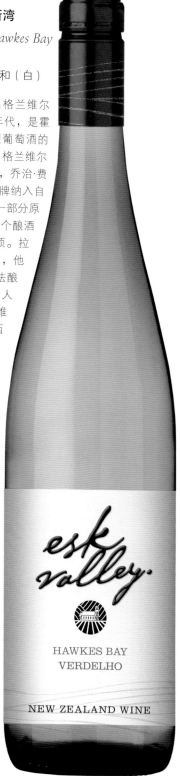

艾斯克谷酒庄原名格兰维尔酒庄，建于20世纪30年代，是霍克斯湾产区生产强化型葡萄酒的专家。20世纪80年代，格兰维尔的管理模式改为任期制，乔治·费斯托尼克将艾斯克谷品牌纳入自己门下，该酒庄保留了一部分原有股份。1993年起，整个酿酒团队由戈登·拉塞尔带领。拉塞尔是一位风土主义者，他总是采用一些罕见的方法酿酒，酿酒的酒也极具个人风格，如这款艾斯克谷维德和葡萄酒。它是新西兰唯一一款使用该品种的葡萄酒，但它的价值绝非仅有新奇。它香气清新、结构饱满、果香青涩且甜美，回味中的酸度恰到好处。

Main Rd, Bay View,
Napier, Hawkes Bay
www.eskvalley.co.nz

Foxes Island Wines Marlborough

福克斯岛酒庄 马尔堡

Riesling, Marlborough (white); Fox by John Belsham Pinot Noir, Marlborough (red)

马尔堡雷司令（白）；马尔堡约翰贝尔舍姆福克斯黑皮诺（红）

马尔堡雷司令产自阿沃特雷的多石葡萄园，口感纯净，矿物质感明显，带有该品种特有的干爽和柑橘果香，异常美味，可在瓶中陈放一段时间。马尔堡约翰贝尔舍姆福克斯黑皮诺表现更活跃，口感丝滑轻盈，定位准确，带有红色樱桃和蔓越莓的果香，还有一丝辛香，浓郁优雅，物超所值。名字中的"约翰贝尔舍姆"源自1977年赛图城堡的一款葡萄酒。

8 Cloudy Bay Drive, Cloudy Bay Business Park, RD4, Blenheim, Marlborough
www.foxes-island,co.nz

Framingham Marlborough

福明翰酒庄 马尔堡

Classic Riesling, Marlborough (white)

马尔堡经典雷司令（白）

福明翰是新西兰的雷司令酿酒专家，系列产品多种多样。这款马尔堡经典雷司令可能是其中价位最低廉的产品，但品质不错，带有活泼且圆润的柑橘果香，平衡度好。虽然品质上乘，但价格易于接受。

未提供参观信息
www.framingham.co.nz

Gladstone Vineyard Wairarapa

葛乐德石酒园 怀拉拉帕

Pinot Gris, Wairarapa (white)

怀拉拉帕灰皮诺（白）

这里所有的工作都采用可持续发展的方式，葡萄藤之间种植了保护作物，为益虫的生长繁殖提供了良好的环境。葡萄园和酒庄都坚持以减少人工干预为理念。和严谨酿制的黑皮诺一样，葛乐德石酒园还出产不错的灰皮诺。葛乐德石酒园的灰皮诺结构清晰，香气饱满，带有丰富的蜜瓜果香和柑橘的酸爽，口感清新怡人。

Gladstone Rd, RD2, Carterton, Wairarapa
www.gladstonevineyard.co.nz

🍷 **Kumeu River Wines** Auckland
库妙河酒庄 奥克兰

🍷 *Kumeu River Village Chardonnay, Auckland (white)*
奥克兰库妙河村庄霞多丽（白）

库妙河酒庄是霞多丽葡萄酒的行家，它证明新西兰的霞多丽葡萄酒同样可以闻名世界。它是家族酒庄，由布拉科维奇三兄弟——麦克、米兰和保罗共同管理。虽然这个家族从20世纪40年代就开始种植葡萄，但酒庄现在的盛况要归功于三兄弟，无论从酿酒、种植还是市场开拓来说，他们都亲力亲为。酒庄位于奥克兰市西北部的库妙，主打霞多丽，也生产少量黑皮诺。入门级的库妙河村庄霞多丽，简单直接地展现出物超所值的一面。清新、芬芳、迷人的柑橘和熟苹果果香中，透露出一丝烧烤的香气。

550 State Hwy 16, Kumeu
www.kumeuriver.co.nz

🍷 **Man O' war** Waiheke Island
战神酒庄 激流岛

🍷 *Man O' war Chardonnay, waiheke Island (white)*
激流岛战神霞多丽（白）

战神霞多丽葡萄酒主要采用缸式发酵技术，少量使用橡木，果香味占主导地位，香气丰富，烧烤的饱满香气中带有蜜瓜、菠萝、梨和桃的果香，是出色的激流岛酒庄优异的代表作。战神酒庄成立于1993年，当时斯宾塞家族在岛屿的最东北角种植了1821万平方米美丽的葡萄园，他们将出产的第一个年份的葡萄酒称为"大理石拳将"，后来改为"战神"。这

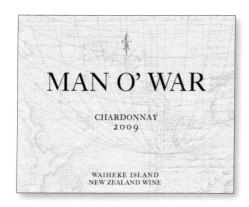

个家族现在拥有61万平方米的葡萄园，分成90块，所有工作都在开园元老和葡萄园经理麦特·阿伦的带领下手工完成。

Man O' War Bay Rd, Man O' war Bay, Waiheke Island
www.manowarvineyards.co.nz

🍾 美食与美酒 新西兰长相思

虽然长相思是原产于自波尔多的品种，但最富于表现力的版本却出现在新西兰。这里的气候与强烈的日照，有利于葡萄表现出最佳成熟度与饱满的水果味。

新西兰长相思以其浓郁的水果香气享誉全球，良好的成熟度，令葡萄酒散发出番石榴、芒果、杨桃、百香果和菠萝般的热带水果气息。

随着果实的逐渐成熟，植物性香料的味道越来越淡，但缺少了青草香气的葡萄酒，可能口味不太平衡。所以很多酿酒师会混入一些不太成熟的葡萄，以获取醋栗和青草的气息。

这些味道浓郁、新鲜且活泼的葡萄酒，非常适合单独作为开胃酒饮用。它们与众多菜系搭配都会非常美味，即使只是一些简单的食物。与新西兰当地菜肴搭配也很协调，如炸鱼薯条或椰汁鱼佐黄瓜沙拉，它们的酸度会唤醒味觉。对于更国际化的菜肴，这些葡萄酒清淡到可以搭配酸橘汁腌鱼。它们还是平日晚餐时的完美配角，可以搭配甜瓜汁大虾、烤酿辣椒、柠檬鸡或清淡的小茴香陈皮山羊奶酪沙拉等菜品。

炸鱼薯条与活泼的长相思葡萄酒是一对完美的搭档。

𝕚𝕟𝕚 **Martinborough Vineyard** Martinborough
马丁堡酒庄　马丁堡

𝖎𝖎𝖎 *Te Tera Pinot Noir, Martinborough (red)*
马丁堡特拉黑皮诺（红）

特拉黑皮诺是马丁堡酒庄的副牌酒，它非常出色，散发着明快的果香和草本香气，回味绵长，口感优雅、清爽且平衡。葡萄园于1980年种下第一株葡萄。这片葡萄园第一批用于生产上市葡萄酒的果实采自1984年。

Princess St, Martinborough, South wairarapa
www.martinborough-vineyard.com

𝕚𝕟𝕚 **Matakana Estate** Matakana
马塔卡纳酒庄　马塔卡纳

𝖎𝖎𝖎 *Sauvignon Blanc, Marlborough (white)*
马尔堡长相思（白）

马塔卡纳酒庄酿造的长相思葡萄酒，浓郁活泼，带有蜜瓜、百香果、葡萄柚和草本香气，不像萎缩的紫罗兰，它的香气活泼新鲜，回味清爽。

568 Matakana Rd, Matakana
www.matakanaestate.co.nz

𝕚𝕟𝕚 **The Millton Vineyard** Gisborne
米尔顿酒庄　吉斯伯恩

𝖎𝖎𝖎 *Millton Chenin Blanc Te Arai Vineyard, Gisborne (white)*
吉斯伯恩特阿雷葡萄园米尔顿白诗南（白）

很难想象哪一款同品种的葡萄酒可以表现得比此款推荐酒更好。完美的香气中带有草本、柑橘、杏和香料的气息，还透露出蜂蜜与蜂蜡的质感，略带矿物质的味道。它是一款非常优秀的葡萄酒。

119 Papatu Rd, CMB 66, Manutuke, Gisborne
www.millton.co.nz

𝕚𝕟𝕚 **Mt Difficulty** Central Otago
狄菲特山麓酒庄　中奥塔哥

𝖎𝖎𝖎 *Roaring Meg Pinot Noir, Central Otago (red)*
中奥塔哥咆哮梅格黑皮诺（红）

品质稳定、价格合理且产量丰富，这些都是狄菲特山麓咆哮梅格黑皮诺的特征，它出色地表现出中奥塔哥黑皮诺积极的一面。这款酒口感明快，果香丰富，芳香中带有草本气息，回味清

爽。狄菲特山麓是中奥塔哥最大的葡萄酒生产商，由5位合伙人共同投资创建，每位都拥有葡萄园，第一批葡萄酒上市于1998年。黑皮诺是这里的主打产品，酒标上注有"咆哮梅格"和"狄菲特山麓"两个名字，其他几款严谨的单一葡萄园佳酿也一样。

Cromwell, Bannockburn, Central Otago
www.mtdifficulty.co.nz

𝕚𝕟𝕚 **Neudorf Vineyards** Nelson
新朵夫酒庄　尼尔森

𝖎𝖎𝖎 *Brightwater Riesling, Nelson (white)*
尼尔森布赖特沃特雷司令（白）

新朵夫酒庄的布赖特沃特雷司令口感精致、复杂，带有蜜瓜和葡萄柚的清香，拥有良好的酸度和矿物质质感，一丝甜味刚好平衡了较高的酸度。这款酒是这座精品小酒庄出产佳酿的代表。该酒庄成立于1978年，在这一产区历史悠久，由最初的创建人蒂姆和朱蒂·芬夫妇管理。他们拥有两处葡萄园，最早的一处位于牧特利，另外一片在尼尔森南部的布赖特沃特。

138 Neudorf Rd, RD2 Upper Moutere, Nelson
www.neudorf.co.nz

𝕚𝕟𝕚 **Palliser Estate** Martinborough
帕里瑟酒庄　马丁堡

𝖎𝖎𝖎 *Sauvignon Blanc, Martinborough (white)*
马丁堡长相思（白）

在新西兰，并非只有马尔堡产才出产活泼且芳香的长相思。在马丁堡，帕里瑟酒庄出产的美酒品质上乘，热带水果的果香与葡萄柚、柑橘等清爽的香气形成了鲜明的对比。帕里瑟酒庄是该产区的开拓者，种植葡萄初始于1984年。这个产区最具影响力的人物是理查德·里迪福德，他持有该酒庄的股份并负责管理酒庄，葡萄园占地面积约为80万平方米。

Kitchener St, Martinborough, South Wairarapa
www.palliser.co.nz

CJ Pask Winery
Hawkes Bay

CJ帕斯克酒庄 霍克斯湾

Gimblett Road Syrah, Hawkes Bay (red)
霍克斯湾金布利特路西拉（红）

霍克斯湾的金布利特砾石区能酿造出新西兰最好的葡萄酒，虽然直至1980年这里才开始种植葡萄，但这里的葡萄酒绝对让你出乎意料。初次在这里种植葡萄的人是克里斯·帕斯克，他创建了帕斯克酒庄。酒庄拥有60多万平方米的葡萄园，全部种植在砾石区，克里斯在霍克斯湾的其他地方还拥有30万平方米的葡萄园。1991年至今，整座酒庄由凯特·莱德伯德兼任总监与酿酒师的职务。莱德伯德酿造的葡萄酒品种多样且品质出众，金布利特路西拉就是其中一款。整枝发酵的方法，为这款金布利特路西拉的活泼表现力增添了复杂性，明快、芳香、带有紫罗兰的花香与一丝胡椒的辛香，口感清爽明晰。

1133 Omahu Rd, Hastings, Hawkes Bay
www.cjpaskwinery. co.nz

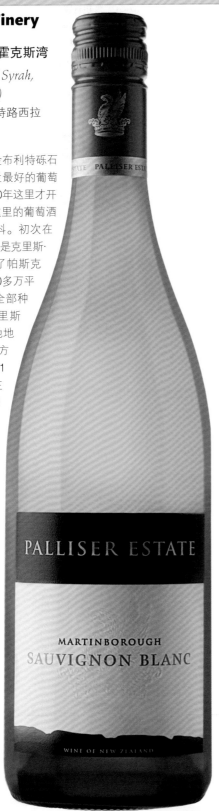

Pegasus Bay Waipara

神马湾酒庄 怀帕拉

Main Divide Riesling, Waipara (white)
怀帕拉大峡谷雷司令（白）

大峡谷雷司令是一款风格独特的干型白葡萄酒，香气复杂，结构清晰，拥有青柠的果香和甜美的余味，是一款平衡协调的好酒，而神马湾也是怀帕拉产区酿造这一品种的佼佼者。该酒庄唐纳森家族所有，这个家族自20世纪70年代加入新西兰的葡萄酒行业，目前由长子马修·唐纳森负责酿酒。马修曾在澳大利亚的罗斯沃西学校专修酿酒专业，妻子林奈特·胡德森毕业于林肯大学。马修的父亲伊凡·唐纳森是位神经学科的顾问教授，也是葡萄酒作家兼葡萄酒大赛评委，所以兼职监管葡萄栽培和酿酒事宜。马修的弟弟爱德华负责市场营销。葡萄园占地40万平方米，这款大峡谷雷司令的原料采自本酒庄葡萄园和南岛的合约葡萄园，混合酿制而成。

Stockgrove Rd, Waipara, Rd2, Amberley, North Canterbury
www.pegasusbay.com

Sacred Hill Hawkes Bay

圣山酒庄 霍克斯湾

Syrah, Hawkes Bay (red)
霍克斯湾西拉（红）

1985年，梅森家族在霍克斯湾创建了圣山酒庄，聘请顶级酿酒师托尼·比时酿酒。托尼·比时虽一度离开，前往澳大利亚、马丁堡和中奥塔哥酿酒，但1994年，这座迅速成长的家族酒庄再次成功将他吸引回来。如今，比时负责监管每年30万箱葡萄酒的生产，所有产品在国际市场上大受欢迎，无论口感还是性价比。这家酒庄最好的葡萄酒当属霍克斯湾西拉干红。这款酒的风格使其在葡萄酒爱好者中备受欢迎，同等价位的产品在品质上完全无法与之比拟。清爽明快的口感，带有黑胡椒和丁香的香气，为刚入口时的莓果气息增添特色。

1033 dartmoor Rd, Puketapu, Napier
www.sacredhill.com

长相思
SAUVIGNON BLANC

　　这种风格多样、风味浓郁且价格实惠的白葡萄品种原产自法国，但是新西兰最新的葡萄种植技术使其享誉全球。长相思属于芳香型的葡萄品种，有时带有刺激性的味道和充满活力的酸度。受其产地的影响，长相思能呈现出多种水果与草本植物的气息。

　　产自新西兰最凉爽地区的长相思，散发着青草与强烈的葡萄柚香气。在相对温暖的美国加利福尼亚州和智利，它则拥有草本植物或更复杂的甜瓜香味。

赤霞珠的父本或母本

　　经遗传学研究证实，长相思白葡萄品种，是赤霞珠这个红葡萄品种的父本或母本。二者均为波尔多地区的传统葡萄品种，这里的白葡萄酒通常由长相思和赛美蓉葡萄混酿而成。

不锈钢罐与橡木桶

　　国际风格的清新长相思在不锈钢罐中进行温控发酵，以保留其原料的新鲜度。有些长相思则在橡木桶中进行发酵，令结构变得更圆润，并赋予葡萄酒香草和香料的气息。

过度生长

长相思的葡萄藤生长速度很快，枝叶蔓延面积广阔。有经验的葡萄种植者会采取措施，阻止葡萄藤过度生长。因为过密的枝叶会阻挡果实吸收阳光，令葡萄带有不成熟的粗糙风味。

风格多样

长相思葡萄酒的风味会根据产地气候和光照条件出现戏剧性的变化。在凉爽的产区，草本植物与柑橘类水果的风味占主导地位；而在温暖的产区，则会出现柔和如蜜瓜般的风味。

世界其他产区

虽然新西兰和加利福尼亚州这类新世界产区出产大量长相思，但是其家乡——法国，也不能被忽略。在卢瓦尔，采用这个品种可以酿造出清新的桑塞尔白葡萄酒与烟熏气息的普伊芙美等。在波尔多，这一品种在或大或小的酒庄中，被酿造成干型餐酒，它还是最著名的苏岱和巴萨克甜酒不可或缺的原料。

由于葡萄藤生长活跃，能长出大量植株，果实成熟较早，所以在法国南部、智利和加利福尼亚州，种植者将长相思作为高产廉价酒款的理想原料。由于其品质和风格存在巨大差异，所以你需要尝试若干不同的单品，以寻找适合自己品味和消费习惯的葡萄酒。

以下是长相思的顶级产区，可以尝试这些推荐年份的葡萄酒：

波尔多：2009，2008，2007
卢瓦尔：2009，2008
纳帕谷：2010，2009，2008
新西兰：2010，2007

布兰德河出产充满活力的经典新西兰风格长相思葡萄酒。

Seresin Estate
Marlborough

席尔森酒庄 马尔堡

Leah Pinot noir, Marlborough (red)

马尔堡丽娅黑皮诺（红）

丽娅黑皮诺是席尔森酒庄出产的6款顶级单一葡萄园黑皮诺之一，它散发着深色樱桃和李子的果香，口感明快又可爱，具有明显的矿物质感，是一款令人激动的好酒。它再次证明电影摄影师麦克·席尔森拥有的酒庄，已成为马尔堡产区最好的一家。此外，他拥有的葡萄园均采用生物动力法培植（持有有机证书），葡萄酒是在酿酒师克莱夫·都格（2006年加入）精选原料和严格技术把关之下酿制而成。

85 Bedford Rd, Renwick, Marlborough
www.seresin. co.nz

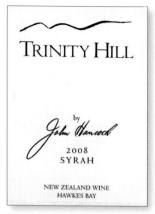

Trinity Hill Hawkes Bay

特内提山酒庄 霍克斯湾

Trinity Hill Syrah, Hawkes Bay (red)

霍克斯湾特内提山西拉（红）

霍克斯湾特内提山西拉是一款入门级葡萄酒，品质非常严谨，优雅明快，带有红莓的辛香和樱桃的果香，迷人丰富的果香使其易于入口。汉考克与罗伯特和罗宾·威尔士夫妇、特雷弗和汉纳·詹姆士夫妇共同创建了特内提山酒庄。

2396 State Hwy 50, Rd5, Hastings, Hawkes Bay
www.trinityhill.co.nz

Urlar Wairarapa

优拉酒庄 怀拉拉帕

Urlar Pinot noir, Gladstone, Wairarapa (red)

怀拉拉帕格莱斯顿优拉黑皮诺（红）

来自怀拉拉帕格莱斯顿的优拉黑皮诺，年轻味美，酒体饱满，带有丰满的口感和辛香味，黑樱桃和李子果香浓郁，但口感清爽，是一款值得购买的酒款。

未提供参观信息
www.urlar.co.nz

Vidal Wines Hawkes Bay

维达尔酒庄 霍克斯湾

Vidal Pinot Noir, Hawkes Bay (red); Vidal Syrah, Gimblett Gravels, Hawkes Bay (red)

霍克斯湾维达尔黑皮诺（红）；霍克斯湾金布利特砾石区维达尔西拉（红）

霍克斯湾的黑皮诺品质超群，充满浓郁的深色以及樱桃、黑莓和香辛料的香气。金布利特砾石区的维达尔西拉，充分表现出金布利特砾石区标志性的新鲜白胡椒的香气特点，兼具可爱、甜美的红樱桃和莓子等轻盈可口的果香。

913 St Aubyn St East, Hastings, Hawkes Bay
www.vidal.co.nz

Villa Maria Estate Marlborough
维拉玛利亚酒庄 马尔堡

Private Bin Pinot Noir, Marlborough (red); Private Bin Sauvignon Blanc, Marlborough (white)
马尔堡私人珍藏黑皮诺（红）；马尔堡私人珍藏长相思（白）

　　很难找到好喝又便宜的黑皮诺，但维拉玛利亚的私人珍藏黑皮诺绝对是美味的特例。在新西兰最大且最好的酒庄名下，它展现出明快且丰富的樱桃果香、香料香气和沙砾般的矿物质感，果香与质感完美结合。新鲜的百香果、葡萄柚和草本气息，使另一款美味的珍藏长相思更活泼、芬芳。

Cnr Paynters Rd and new Renwick Rd, Fairhall, Blenheim, Marlborough
www.villamaria.co.nz

Wither Hills Marlborough
维泽山酒庄 马尔堡

Pinot Noir, Marlborough (red); Sauvignon Blanc, Marlborough (white)
马尔堡黑皮诺（红）；马尔堡长相思（白）

　　维泽山酒庄的黑皮诺甜美、大气且口感丝滑，是该品种在马尔堡产区的代表作，饱满，却不黏稠、沉重，散发出红色水果的香气。酒庄的长相思品质稳定，是整个怀劳产区该品种的典范，具有百香果和桃的饱满香气，与柑橘和青草的清爽感完美结合。虽然维泽山现在由狮王啤酒所有，但关键人物是布莱特·玛丽斯。

211 New Renwick Rd, Rd2, Blenheim, Marlborough
www.witherhills.co.nz

Yealands Estate
Marlborough
伊兰酒庄 马尔堡

Sauvignon Blanc, Awatere Valley, Marlborough (white)
马尔堡阿沃特雷谷长相思（白）

　　伊兰酒庄出产的第一批葡萄酒年份为2008年，之后便成为马尔堡产区最年轻且最具潜力的酒庄之一。酒庄由企业家皮特·伊兰创建，他有成功养殖翡翠贻贝和鹿的经验。这款长相思带有青草、番茄叶、青椒和百香果的香气，口感浓郁平衡，柔顺的热带水果、青椒和柑橘类果香完美结合，非常活泼。

Cnr Seaview Rd and Reserve Rd, Seddon, Blenheim, Marlborough
www.yealands.com

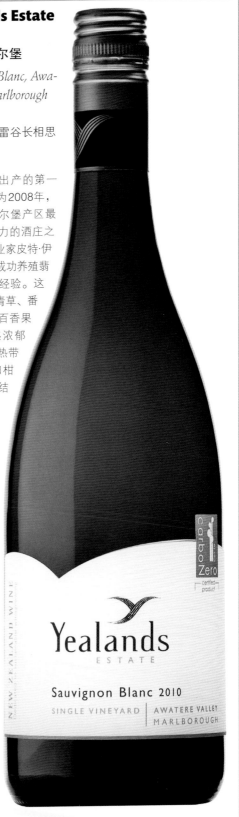

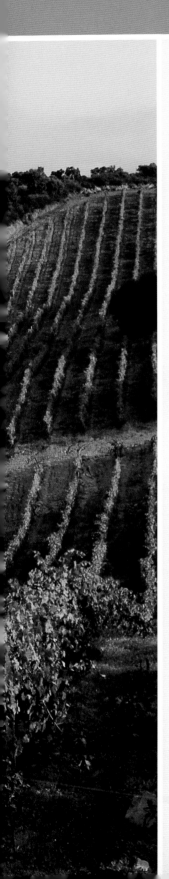

新兴地区
EMERGING REGIONS

除南极洲之外，世界上的其他大陆都能生产令人兴奋且物美价廉的葡萄酒。在亚洲，新兴的发展中国家，如中国和印度，出现了极力促进葡萄酒产业发展的情景。在北欧，卢森堡正在酿制可以和德国白葡萄酒竞争的酒款，英国也正在生产极其优秀的类似香槟的起泡酒。再往南一点，瑞士可以生产品质优良、口感清冽的白葡萄酒；希腊、塞浦路斯、土耳其和一些前南斯拉夫国家（如克罗地亚）拥有一系列令人兴奋的本土产品。在东欧，保加利亚的赤霞珠、罗马尼亚的黑皮诺、格鲁吉亚的晚熟蜜都能酿出卖得出高价的红葡萄酒。摩洛哥香气浓郁的红葡萄酒，黎巴嫩精致复杂的红白葡萄酒，为北非和中东地区的葡萄酒产业树立了标杆。在美洲，乌拉圭专注于种植红葡萄品种丹那，而墨西哥则是令人期待的新兴红酒生产区。

Acorex Wine Holding Southern(Chișinău),Moldova

安可斯酒业控股公司 基希讷乌南部 摩尔多瓦

Amaro de la Valea Perjei Private Reserve(red)
佩杰谷阿玛罗私人珍藏（红）

　　对于安可斯酒业控股公司来说，这一切发生得太快了。在20年内，它由一家葡萄酒出口商兼批发商，一跃成为独立且重要的摩尔多瓦葡萄酒生产商之一。公司主要在南部城市焦尔生产葡萄酒，这里还有3000公顷有机耕种并得到认证的葡萄园。酒庄最值得推荐的酒款为佩杰谷阿玛罗，达到珍藏级别。它是一款摩尔多瓦出产，但具有意大利特色的葡萄酒。配制时使用部分干缩葡萄混酿，酒中含有苦杏碱。

45 G.Banulescu-Bodoni St, MD-2012Chis, inău
www.acorex.net

Arman Istria,Croatia

阿曼酒庄 伊斯特拉 克罗地亚

Chardonnay, Teran(white)
特朗霞多丽（白）

　　阿曼家族被认为是伊斯特拉半岛葡萄酒产业的创立者。这座靠近意大利的克罗地亚半岛，酿酒历史可以回溯至19世纪，至今已有100多年了。尽管他们遵循传统，但依然敢于创新。经历了动荡不安的20世纪90年代之后，他们是第一批运用现代技术生产葡萄酒的生产商。酒庄拥有的葡萄园开垦在斜坡的南面或西南面，这样葡萄的成熟度一致，还可以减轻来自米尔纳河冷冽空气对葡萄园造成的影响。出产的霞多丽略带橡木气息，是一款极具代表性的克罗地亚干白，味道浓烈且表现力复杂。

Narduci 3,52447 Vizinada
www.arman.hr

Bessa Valley Thracian Lowlands,Bulgaria

贝撒酒庄 色雷斯河谷 保加利亚

Enira(red)
恩尼拉（红）

　　贝撒酒庄是一座真正的保加利亚酒庄，它由两位投资人于2001年成立。史蒂芬·冯·尼佩希伯爵，他还拥有波尔多酒庄——拉梦多城堡；卡尔·赫伯特曼博士，一位捷克投资商。他们开垦了保加利亚色雷斯河附近的罗多彼山脉旁一片被弃耕的葡萄园。他们在140公顷的斜坡上种植葡萄，魄力令人印象深刻。在技术高超的法国酿酒师马克·德沃金的指导下，酒庄主要种植红葡萄品种。恩尼拉是法国人酿制的美味干红葡萄酒。采用不同年份的葡萄混酿而成，主要以美乐为主，同时加入西拉、赤霞珠和小味尔多。在橡木桶中陈酿后，恩尼拉鲜艳，果味充足，是一款优质的现代红葡萄酒。

Zad Baira,Pazardjik,4417 Ognianovo
www.bessavalley.com

🏚 **Breaky Bot-tomVineyard** East Sussex,England
破碎之底酒庄 东苏塞克斯 英格兰

🍶 *Cuvée John Inglis Hall(sparkling)*
约翰英格拉斯霍尔特酿（起泡）

　　如果在东苏塞克斯的南部丘陵中心地带想开怀畅饮，那破碎之底的佳酿非常适合在这片美丽的英格兰风景中饮用。这里也是著名的英国葡萄酒酿造者彼得·霍尔的故乡。这位有远见的农民于1974年第一次进军葡萄酒产业时，带头在葡萄园里种植赛伯拉这个葡萄品种。霍尔非常钟情于它。约翰英格拉斯霍尔特酿是非常典型的英国起泡酒，最大限度地展现出这种葡萄酒所表达的多样性。

Rodmell, Lewes, East Sussex BN7 3EX
www.breakybottom. co.uk

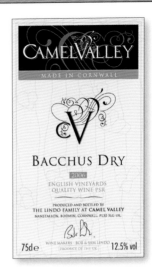

🏚 **Camel Valley** Cornwall,England
骆驼谷酒庄 康沃尔 英格兰

🍶 *Bacchus Dry(white); White Pinot(sparkling)*
巴克斯干白（白）；白皮诺（起泡）

　　酒庄为林德家族所经营。这座酒庄位于骆驼河谷温暖的河岸旁，良好的地理环境为他们吸引来大批游客。人们夏季来此地旅行，再带上一瓶美酒回去。这里的酒非常出色，曾在历次葡萄酒评选中屡获大奖。林德家族成功地营销方式，使家族葡萄酒和英格兰酒在世界范围内受到普遍关注。酒庄的起泡酒广受欢迎，白皮诺更是英国知名的起泡酒，当然，您也可以尝试一下口感悦人，与长相思相似的巴克斯干白。

Nanstallon,Bodmin,Cornwall PL30 5LG
www.camelvalley.com

🏚 **Carmel** Shomron,Israel
卡梅尔酒庄 撒玛利亚 以色列

🍶 *Appellation Carignan Old Vines(red)*
产区老藤佳丽酿（红）

　　一个多世纪以来，卡梅尔酒庄开创了在以色列酿酒的美好愿景。对很多人来说，该酒庄无疑是最大，也是最好的酿酒商。就品质而言，在以色列没有多少葡萄酒的品能超过卡梅尔产区系列，产区老藤佳丽酿拥有出色的结构感，还有带有樱桃的风味。

Winery St,Zichron Ya'acov 30900
www.carmelwines.co.il

🏰 **Casa de Piedra** Valle de Guadalupe,Mexico
彼亚赛城堡 瓜达卢普谷 墨西哥

🏛 *Chardonnay(white)*
霞多丽（白）

　　休·德阿科斯塔在法国、意大利和美国加利福尼亚州掌握了葡萄酒的贸易精髓。1997年，他回到墨西哥的瓜达卢普谷，与建筑师兄弟亚历杭德罗一起经营彼亚赛城堡的葡萄酒事业。因为深刻了解自己的实力，他们酿造的霞多丽口感清脆、丰满。

Km 93.5 Mexico Highway 3,San Antonio de las Minas
www.vinoscasadepiedra.com

🏰 **Castra Rubra** Danube Plain and Thracian Lowlands, Bulgaria
红堡酒庄 多瑙河平原及色雷斯河谷 保加利亚

🏛 *Castra Rubra(red)*
红堡（红）

　　因为物美价廉的良好口碑，酒庄的红酒在保加利亚的普列文地区极富盛名。红堡酒是一款精致、饱满、成熟且极具保加利亚特色的葡萄酒。

Kolarovo,6460 Haskovo
www.telish.bg

🏰 **Château Ksara** Bekaa Valley,Lebanon
卡萨拉城堡 贝卡谷 黎巴嫩

🏛 *Reserve du Couvent(red)*
康文特珍藏（红）

　　卡萨拉城堡成立于150多年之前，是黎巴嫩最大的葡萄酒生产商。每年他们约生产270万瓶酒，约占全国产量的1/3。酒庄最顶级的葡萄酒是卡萨拉城堡标酒；康文特珍藏是一款平衡，充满红色水果和泥土气息的美酒。

Zahle,Bekaa Valley
www.ksara.com.lb

🏰 **Château Musar** Bekaa Valley,Lebanon
睦纱城堡 贝卡谷 黎巴嫩

🏛 *Hochar Père et Fils(red)*
荷查父子（红）

　　睦纱城堡是当今世界上最有名的酒庄之一，它为黎巴嫩葡萄酒在世界葡萄酒版图上能占据一席之地，做出了巨大的贡献。作为初步了解，可以先品尝这款荷查父子红酒。它的制造方法与酒庄的其他酒一样，但是更多汁，更平易近人。

Dlebta Rd,Ghazir,Mount Lebanon
www.chateaumusar.com.lb

🏰 **Château de Val** Danube Plain,Bulgaria
德瓦尔城堡 多瑙河平原 保加利亚

🏛 *Claret Reserve(red)*
干红珍藏（红）

　　酒庄的创建者瓦尔·马尔科夫是从保加利亚到美国发展的高级工程师。多年后，他回到故乡的家族酒庄，通过改种有机葡萄，以最少人工干预葡萄酒的酿造方式为基础，令整座酒庄焕发新生。干红珍藏采用晚熟蜜等葡萄混酿而成，充满了活力和风味。

201 Parva St,Gradetz,Vidin
www.chateaudeval.com

🏰 **Corvus Vineyards** Island of Bozcaada,Turkey
乌鸦酒庄 波兹卡达岛 土耳其

🏛 *Rarum(red)*
珍藏（红）

　　酒庄因为能以本地和国际葡萄品种为原料，酿制众多高品质且与众不同的葡萄酒而声名远播。珍藏红葡萄酒因其一贯稳定的品质，而在同类型酒中脱颖而出。它的色泽深红，由本土葡萄品种混酿而成。

Bozcaada
www.corvus.com.tr

Domaine Skouras

Nemea,Greece

斯古洛斯庄园 尼米亚 希腊

Nemea Grande Cuvee(red)

尼米亚特酿（红）

20世纪80年代中期，颇具影响力的乔治·斯古洛斯回到故乡建立同名酒厂之前，曾到法国的第戎学习葡萄酒酿造。此后，斯古洛斯就活跃在希腊葡萄酒复兴的前沿，酿造一系列品质稳定的国际（赤霞珠、美乐和霞多丽）和本土品种葡萄酒。后者令斯古洛斯非常兴奋，特别是红葡萄品种阿吉提可。如果想知道阿吉提可有多棒，那斯古洛斯的尼米亚特酿（100%的阿吉提可）就是最好的推荐。它散发着浓郁的樱桃风味，拥有香料气息，厚重但不失纤巧。

10th km Argos- Sternas, Malandreni,Argos,Pelopon nese 21200
www.skouras.gr

Golan Heights Winery Golan Heights,Israel

戈兰高地酒厂 戈兰高地 以色列

Gamla Cabernet Sauvignon(red)

甘美拉赤霞珠（红）

1976年，酒厂最初在卡茨林种植葡萄，直到1984年第一款酒才问世。现在，戈兰高地由酿酒师维克多·舍恩菲尔德管理，监控3个不同系列，年产量达38万箱，其中甘美拉系列展现出极高的性价比。甘美拉赤霞珠集力量、纯净的黑加仑果味和新鲜感于一身。

Katzrin 12900
www.golanwines.co.il

Great Wall Hebei Province,China

长城 河北省 中国

Cabernet Sauvignon(red)

赤霞珠（红）

除非你居住在中国，否则不太容易见到中国产的葡萄酒，然而长城葡萄酒是个例外，这个品牌的葡萄酒在全世界的亚洲超市中均有销售。长城是家庞大的企业，它是亚洲最大的酒厂，包括木桶和酒窖在内，仿佛是波尔多拉菲庄园的翻版。与其他和海外合作伙伴合资的企业相比，长城是不太常见的100%的国有企业。大受欢迎的长城赤霞珠是其最成功的葡萄酒，散发着黑加仑糖果的风味，让人想起智利的红葡萄酒。

Tianjin,Hebei Province
www.huaxia-greatwall.com.cn

Grover Vineyards Karnataka,India

格罗弗葡萄园 卡纳塔克 印度

Cabernet-Shiraz(red)

赤霞珠-西拉（红）

因为高科技工程职业的关系，坎瓦尔·格罗弗多次到法国出差，由此对葡萄酒产生了兴趣。他确信，他能在印度本土生产出同样美味的饮料，并且花费了20年中的大部分时间研究和寻找最优质的产区以及最适合的葡萄品种。他证实卡纳塔克这一凉爽气候区域是印度葡萄酒最有前途的地区。您可以试试这款成熟、顺滑、果味浓郁的赤霞珠-西拉红葡萄酒。

Raghunathapura,Devanahalli,Doddaballapur Road,Doddaballapur,Bangalore 561203
www.groverwines.com

📷 **Halewood** Dealu Mare, Murfatlar-Cernavod, Sebes - Apold, Romania
哈利伍德酒庄 亚卢马尔 穆法特拉-切尔纳沃德 塞贝斯-阿波德 罗马尼亚

🍷 *Single-Vineyard Pinot Noir(red); Cantus Primus(red)*
单一园黑皮诺（红）；旋律一号（红）

　　这里出产的优质产品包括以100%赤霞珠酿造，与意大利酒厂安东尼世家合作的旋律一号葡萄酒；还有产自亚卢马尔，风格多汁且明快的单一园黑皮诺。

Tohani Village,Gura Vadului,Prahova District
www.halewood.com.ro

📷 **Hatzidakis** Santorini,Greece
哈齐达基斯酒庄 圣托里尼 希腊

🍷 *Santorini Assyrtiko(white)*
圣托里尼阿西尔提可（白）

　　1997年哈里迪莫·哈齐达基斯建立了自己的酒庄。原料产自20世纪50年代开始耕作的有机葡萄园，他酿造结构华美的白葡萄酒，正如这款像柠檬一样清新的圣托里尼阿西尔提可。

Pyrgos Kallistis,Santorini,84701
www.hatzidakiswines.gr

📷 **Kavaklidere Winery** Central Anatolia,Turkey
卡瓦克里德雷酒厂 安纳托利亚中部 土耳其

🍷 *Vin-Art Emir-Sultaniye(white)*
艺术系列埃米尔-索塔尼耶（白）

　　作为土耳其最大的生产商之一，这里的大部分产品都是批量生产的即刻饮用型简单餐酒。埃米尔-索塔尼耶以两种土耳其品种酿制而成，是一款清新爽脆的干白葡萄酒。

Cankırı yolu 6.km,06750,Akyurt/Ankara
www.kavaklidere.com

PARANGA

VIN DE PAYS DE MACEDONIA
DRY RED WINE

2009

KIR·YIANNI
Product of Greece

NET. CONT. 750 ML　　ALC. 13% BY VOL
PRODUCED AND BOTTLED AT KIR-YIANNI ESTATE, NAOUSSA,GR

📷 **Kir-Yianni** Naoussa,Greece
柯尔-雅尼酒庄 纳乌莎 希腊

🍷 *Paranga,Vin de Pays de Macedonia(red)*
帕兰卡马其顿地区餐酒（红）

　　由该酒厂酿造的帕兰卡马其顿地区餐酒，以采购的葡萄为原料，混酿的葡萄品种包括希诺玛洛、美乐和西拉。这是一款华美饱满的红葡萄酒，生动的酸度赋予其活力与魅力。

Yianakohori,Naoussa,59200
www.kiryianni.gr

📷 **Kogl** Podravje,Slovenia
郭葛酒庄 波德拉维 斯洛文尼亚

🍷 *Mea Culpa Sämling(white)*
梅亚卡柏三木苓（白）

　　酒庄酿造一系列由多个品种混酿而成的优质葡萄酒。这款梅亚卡柏三木苓白葡萄酒呈现出明快、爽脆和无橡木影响的风格，展现出三木苓葡萄独有的魅力风味。

Velika Nedelija 23,2274 Velika Nedelija
www.kogl.net

📷 **Korak** Dalmatia,Croatia
科莱克酒庄 达尔马提亚 克罗地亚

🍷 *Riesling(white)*
雷司令（白）

　　酒庄生产的葡萄酒干净且新鲜，持续展现出优秀的品种特征，正如这款上佳的雷司令。此酒为半干风格，含有少量残糖，拥有充足的矿物复杂感，风味具有深度。

Plešivica 34,10450 Jastrebarsko
www.vino-korak.hr

ᠬᠢᠢ **Les Celliers de Meknès** Morocco
梅克内斯酒窖 摩洛哥

ᠬᠢᠢ *Château Roslane Premier Cru(red and white)*
罗思兰酒庄一级园（红和白）

　　梅克内斯酒窖是北非最大的生产商，并在近年复兴。现在，酒庄在雷内·尼伯的指导下，酿造一系列的葡萄酒。最令人印象深刻的是坐落于摩洛哥单一法定产区，亚特拉斯山区的罗思兰酒庄。这里出产的红（美乐、西拉、赤霞珠混酿）和白（霞多丽）一级园葡萄酒，呈现出杰出的复杂性、独特性和有深度的风味。

11 Rue Ibn Khaldoune,50,000 Meknes
www.lescelliersdemeknes.net

ᠬᠢᠢ **Malatinszky** Villany,Hungary
毛洛廷斯基酒庄 维兰尼 匈牙利

ᠬᠢᠢ *Pinot Bleu(red)*
皮诺布勒（红）

　　坐落于匈牙利维兰尼的毛洛廷斯基酒庄正在迅速崛起。酒庄最有趣的葡萄酒莫过于这款皮诺布勒，采用黑皮诺和当地的卡法兰克斯葡萄混酿而成。以独特的勃艮第方式酿造，呈现出纯净、深厚的红色和黑色莓果风味，还带有诱人的香料气息。

H-7773 Villany 12th,Batthyany L. u.27
www.malatinszky.hu

ᠬᠢᠢ **Marc Gales** Luxembourg
马克盖尔斯酒庄 卢森堡

ᠬᠢᠢ *Marc Gales Riesling(white); Marc Gales Pinot Gris(white)*
马克盖尔斯雷司令（白）；马克盖尔斯灰皮诺（白）

　　马克盖尔斯是卢森堡众多受欢迎葡萄酒的生产者。最近，著名的克瑞尔弗雷尔也加入其旗下，包括备受赞誉的雷米希普莱莫伯格葡萄园也被纳入酒庄版图。因此，马克盖尔斯酒庄的品质达到前所未有的高度。这里出产的马克盖尔斯雷司令和马克盖尔斯灰皮诺，具有矿物质风格，拥有不错的性价比。坐落于雷米希北部边缘的酒庄也非常值得参观。酒窖深挖进摩泽尔河畔的白垩土峭壁中，所以酒庄的餐厅中既可欣赏风景，又能品鉴当地的美食与酒庄的佳酿。

6,rue de la Gare,L-5690 Ellange
www.gales.lu

ᠬᠢᠢ **Massaya** Bekaa Valley,Lebanon
马萨亚酒庄 贝卡谷 黎巴嫩

ᠬᠢᠢ *Classic Red(red)*
经典红（红）

　　法国葡萄酒的元素也渗透至黎巴嫩贝卡谷的马萨亚酒庄中。多米尼克·赫伯德（波尔多白马庄园前主人）和布鲁尼家族（拥有教皇新堡）都是黎巴嫩古森兄弟的合伙人。这个项目始于1998年，在创意营销和精良的葡萄酒产品的助力下，马萨亚酒庄迅速成为黎巴嫩葡萄酒产业的新星。酒庄年产量约25万瓶，其中90%出口海外。这款经典的红葡萄酒未使用橡木桶，是波尔多和地中海品种的优雅结合。

Tanail Property, Bekaa Valley
www.massaya.com

Mathis Bastian Moselle Luxembourgeoise,Luxembourg
马蒂斯巴斯蒂安酒庄 莫塞尔卢森堡产区 卢森堡

Rivaner(white)
丽瓦娜（白）

马蒂斯巴斯蒂安家族的庄园坐落于葡萄园和卢森堡雷米希镇之间风景如画的地方。在这里，家族共同管理12万平方米的葡萄园，生产可爱优雅、散发着花朵香气的白葡萄酒，包括这款令人愉快的热带水果风味丽瓦娜半干白。

29,route de Luxembourg,L-5551 Remich 23 69 82 95

Mercouri Estate Ilias,Greece
迈尔库里庄园 伊利亚斯 希腊

Foloi (white); Estate Red(red)
弗洛伊（白）；庄园红（红）

从环境来说，迈尔库里是希腊，仍至世界，最令人瞠目结舌的庄园。新鲜、芳香的弗洛伊白葡萄酒采用罗迪蒂斯和维欧尼混酿而成；细腻、平衡且值得陈年的庄园红，则是莱弗斯科和马弗罗达夫混酿的作品。

Korakohori,Ilias,Peloponnese 27100
www.mercouri.gr

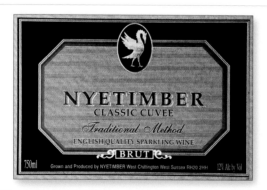

Nyetimber Sussex,England
奈廷贝尔酒庄 苏塞克斯 英格兰

Classic Cuvee(sparkling)
经典特酿（起泡）

2006年，奈廷贝尔酒庄被荷兰人埃里克·赫利玛买下之后，奈廷贝尔的葡萄园和酒厂都出现了显著扩张。赫利玛聘请切丽·斯普里格斯担任酿酒师，负责众多佳酿的生产，包括这款散发着复杂酵母气息和烘烤风味的优质经典特酿起泡酒。

No visitor facilities
www.nyetimber.com

Pisano Progresso,Uruguay
皮萨诺酒庄 普罗格雷索 乌拉圭

Río de los Pájaros Torrontés (white); Río de los Pájaros Tannat(red)
拉普拉塔河托伦特（白）；拉普拉塔河丹娜（红）

对于向海外宣传国家形象方面，几乎没有其他乌拉圭生产商比皮萨诺酒庄做得更多。昂贵的酒庄坐落于拉普拉塔河产区中心的钙质土壤上，每年出产约38万瓶品质稳定的优质葡萄酒。由于酒庄靠近海洋，昼夜温差较大的气候赋予葡萄具有特别的新鲜度与浓郁度。这一特点体现在产品中，特别是杰出的拉普拉塔河系列，包括可爱芳香的托伦特和强劲、果味明快的乌拉圭特色品种丹娜。

No visitor facilities
www.pisanowines.com

Provins Valais,Switzerland
普罗万酒庄 瓦莱 瑞士

Maitre de Chais,Vieilles Vignes(white)
大师老藤（白）

普罗万的产品在瑞士的瓦莱产区占主导地位。它运营得不错，特别是在值得尊敬的玛德琳·盖伊接手之后。酒庄进行了巨大的改革，使这里的酿造技术达到非常高的标准，葡萄园也受到精心地呵护。众多产品中，出类拔萃的当属这款独特的大师老藤葡萄酒。它采用几乎独一无二的混酿方式，以玛珊、白皮诺以及瑞士本土品种艾米尼和海达混酿。它饱满而芳香，又不失雅致清新。

Rue de l'Industrie 22,1951 Sion
www.provins.ch

Ridgeview Wine Estate Sussex,England
里奇维尤酒庄 苏塞克斯 英格兰

Ridgeview Cuvée Merret Bloomsbury(sparkling)
美瑞布鲁姆斯伯里里奇维尤特酿（起泡）

麦克·罗伯茨从未停止宣传英国葡萄酒。里奇维尤这座顶级英国家族酒庄，深信英国拥有酿造杰出起泡酒的潜力，这一潜力被里奇维尤充分实现。众多酒款呈现出不同风格，无论对于酒庄还是英国来说，最杰出的就属这款美瑞布鲁姆斯伯里里奇维尤特酿。它采用经典的3个香槟品种：霞多丽、黑皮诺和莫尼耶皮诺混酿而成，口感非常饱满、深邃、复杂，拥有明快的酸度和精致的泡沫。

Fragbarrow Lane,Ditchling Common,East Sussex,BN6 8TP
www.ridgeview.co.uk

Santomas Primorje,Slovenia
圣托玛士酒庄 比摩治 斯洛文尼亚

Malvazija(white)
玛尔泽亚（白）

圣托玛士是一家拥有悠久历史的斯洛文尼亚优质酒庄，格拉维纳家族的历史可以追溯至中世纪。路德维克·那萨基·格拉维纳负责打理19万平方米的葡萄园，他精明能干的女儿塔玛拉负责葡萄酒的酿造。酒庄的特色之一是当地特有的玛尔泽亚葡萄。圣托玛士出产的玛尔泽亚葡萄酒是斯洛文尼亚最优秀的典范之一，优雅，拥有明快、清晰的酸度以及花朵般的芳香。

Ludvik Nazarij Glavina,Smarje 10,6274 Smarje
www.santomas.si

玻璃瓶之外的其他选择

除玻璃瓶之外，用其他容器盛装物美价廉的葡萄酒越来越流行，包括纸盒、易拉罐、密封袋与塑料瓶，这些简易包装的葡萄酒可以满足不同层次的需求。使用它们最主要的原因是降低了酒厂的成本，当然也使消费者获得了实惠。

成本降低包含3个原因：首先，这类包装的原料比玻璃瓶更廉价。其次，它们无须额外的商标，因为图片和文字可以直接印在包装上。第三，各种形式的包装材质都比玻璃瓶的重量轻，这样可以节省运输成本。此外，纸盒和密封袋设计可以装下相当于2~4瓶玻璃瓶的容量，也就是1.5~3升，这样可以节省运输空间。

从消费者的角度而言，纸盒和密封袋更方便。它们占据置物架或冰箱更小的空间，而且不容易破损。适合郊游、户外音乐会和运动会，特别是在一些禁止玻璃制品入内的场合。

为什么即使这样，纸盒、密封袋、塑料瓶和易拉罐也不能取代玻璃瓶？首先，在葡萄酒领域，人们相对保守，玻璃瓶永远是传统包装材料，用纸盒与易拉罐包装精品酒或顶级酒，会让人们难以接受。

其次，玻璃瓶仍然是最适合葡萄酒陈年的容器。纸盒能在一年内为葡萄酒保鲜。在这段时间里，葡萄酒的味道和装在玻璃瓶中的效果一样。此后，葡萄酒会逐渐变质。玻璃瓶能保护那些值得收藏的葡萄酒，长达数10年时间。但这类葡萄酒大概只占在售葡萄酒的1%，所以不在很多人的考虑范围内。

Schuchmann Wines Kakheti,Georgia
舒奢曼酒庄 卡赫季 格鲁吉亚

Saperavi(red)
萨佩拉维（红）

用陶罐来储存和酿造陈酿葡萄酒的历史，可追溯至古代，但这种方法在格鲁吉亚已经销声匿迹了，直至舒奢曼酒庄将它重新复兴。舒奢曼酒庄是第一座利用现代实践转化方法酿酒的酒庄，它研发出全新的控制葡萄酒中微生物的方法，用皮和种子促进发酵。舒奢曼酒庄因专注于出色的格鲁吉亚葡萄品种——萨佩拉维而闻名于世。

37 Rustaveli St,Telavi 2200
www.schuchmann-wines.com

Sula Vineyards Maharashtra,India
苏拉酒庄 马哈拉施特拉 印度

Sauvignon Blanc(white);Chenin Blanc(white)
长相思（白）；白诗南（白）

没有哪家公司像苏拉酒庄这样勇于尝试更多改变，持续变得越来越强大。尽管公司已经开始用赤霞珠和西拉酿造前途光明的干红葡萄酒，但公司第一款吸引公众目光的产品却是干白葡萄酒，现在酒庄仍然继续酿造这个系列的高档葡萄酒。白诗南是一款印度特色突出，表现力十足的葡萄酒；而长相思则是带有浓郁的热带水果沙拉味道。

Suvey36/2,Govardhan,Off Gangaapur-Savargaon Road, Nashik 422222, Maharashtra
www.sulawines.com

Szeremley Badacsony,Hungary
赛烈姆莱伊酒庄 道乔尼 匈牙利

Riesling Selection(white);Badacsonyi Kéknyelu(white)
雷司令精选（白）；道乔尼科尼耶鲁（白）

赛烈姆莱伊种植了大量葡萄品种，其中很多是当地品种，如科尼耶鲁、布黛泽、宙斯和意大利雷司令。单一葡萄品种科尼耶鲁非常值得推荐，其口感细腻，品质优雅。不断引人关注的是雷司令精选干白，是一款激光制导的浓缩烈性干白葡萄酒。

H-8258 Badacsonytomaj,Fout 51-53
www.szeremley.com

Telavi Wine Cellar Kakheti,Georgia
泰拉维酒庄 卡赫季 格鲁吉亚

Marani Separavi(red)
玛朗尼塞帕拉维（红）

泰拉维酒庄用格鲁吉亚塞帕拉维葡萄酿造出大量的上乘葡萄酒，他们只用少量的马尔贝克来柔化塞帕拉维丰满、天然的干涩单宁。酒庄产品大部分以"玛朗尼"品牌的名字出口，基础款塞帕拉维系列展示出这种葡萄的迷人之处，葡萄酒口感醇厚，酸味浓郁，结构完整，带有清爽鲜美的水果味。

Kurdgelauri,Telavi 2200
www.tewincel.com

Tsiakkas Winery Pitsilia,Cyprus
齐亚卡斯酒庄 皮特西里厄 塞浦路斯

Dry White(white);Rosé Dry(rosé);Vamvakada(red)
干白葡萄酒（白）；干型桃红（桃红）；瓦姆瓦卡达（红）

19世纪80年代，科斯塔斯·齐亚卡斯脱离银行业，转战葡萄酒世界。此后他辛勤劳作，付出大量精力建立属于自己的酒庄。齐亚卡斯酿造一系列葡萄酒，最好的当属饱含鲜美柑橘风味的干白葡萄酒；以歌海娜酿造的桃红葡萄酒是完美的户外夏季饮品；香草水果味的玛拉思迪克，在本土出售的名字是"瓦姆瓦卡达"。科斯塔斯的儿子俄瑞斯忒斯曾在阿德莱德学习酿酒，现在由他管理附近的葡萄园，使这座酒庄变得更受人关注。

4878 Pelendri
www.swaypage.com/tsiakkas

🏛 Vinakoper Koper, Slovenia

维纳科佩尔酒庄 科佩尔 斯洛文尼亚

🍷 *Malvazija(white); Refosk(red)*

玛尔泽亚(白)；莱弗斯科(红)

维纳科佩尔酒庄建立于1947年，它坐落于科佩尔的亚得里亚海小镇，在里雅斯特南面的伊斯特拉半岛上。莱弗斯科干红在其他地区名为"雷福斯科"，口感鲜活，带有水果味，酸味突出，美味可口，与冬日佳肴搭配完美和谐。而玛尔泽亚干白绝对是一款夏季饮品，具有地中海香草和柠檬的风味，加上微咸的新鲜酸味，带来清爽的冲击感，要在温暖的夜晚搭配海鲜共饮。

Smarska cesta 1,6000,Koper
www.vinakoper.si

🏛 Vinos La Cetto Valle de Guadalupe, Mexico

拉塞托酒庄 瓜达卢普谷 墨西哥

🍷 *Petite Sirah(red)*

小西拉（红）

拉塞托酒庄是墨西哥最大的酒庄，每年产量超过90万箱，成为市场上遥遥领先的领头羊。但从酒庄建立伊始（1974年），酿酒师麦格诺尼就利用大量未加工的原料，向下加利福尼亚北部的瓜达卢普谷变化莫测的条件发起挑战。用不着惊讶，这里温暖的气候造就了堪称镇庄之宝的红葡萄酒——小西拉干红葡萄酒，它的口感丰满温和，很适宜在冬季夜晚饮用。

Km 73.5 Carretera Tecate El Sauzal,Valle de Guadalupe,BC
www.lacetto.com

🏛 Zambartas Winery Limassol Wine Villages, Cyprus

赞巴塔斯酒庄 利马索尔葡萄酒村庄 塞浦路斯

🍷 *Shiraz-Lefkada(red);Xynisteri(white)*

西拉-雷夫卡达（红）； 西尼特丽（白）

2006年，埃齐斯·赞巴塔斯和儿子马科斯建立了自己的酒庄。他们把本土葡萄品种利用现代科技手段与国际品种杂交的想法付诸实践，结果酿制像西拉-雷夫卡达这样美味的葡萄酒，酒劲刚烈，口感柔和，口味复杂；而鲜美的西尼特丽强化了赛美蓉的优点。

Gr.Afxentiou 39,4710 Agios Amyrosios
www.zambartaswineries.com

🏛 Zlatan Otok

Dalmatia, Croatia

兹拉坦岛酒庄 达尔马提亚 克罗地亚

🍷 *Ostatak Bure(white)*

奥斯他塔克布雷（白）

兹拉坦岛酒庄于1986年建立，最初的名字是"维迪斯"，1993年改为现在的名字。兹拉坦岛酒庄不大，却是一家管理极为完善的生产商。经营总部设在赫瓦尔岛南部，在维诺戈杰的玛卡斯科也拥有葡萄园，现在正努力获得有机认证。兹拉坦岛酒庄因致力于培育克罗地亚本土葡萄品种，如波斯普、兹瓦卡和玛尔泽亚，而得到广泛尊重。这些葡萄是优质干白葡萄酒布雷（强劲北风的名字）的原料。这款干白葡萄酒口感脆爽，带有坚果和桃子的味道，非常适宜夏季饮用。

Sveta Nedjelja,21465 Jelsa
www.zlatanotok.hr

葡萄酒相关词汇表

通过这个词汇表，你可以了解并掌握一些与葡萄酒相关的词汇，很多都曾在本书中出现过。以下囊括了葡萄品种（除了那些边远地区极其稀有的品种）、品酒用语、葡萄种植和酿酒技术等相关词汇。

Acid Acidity酸，酸度 好的酸度会为葡萄酒带来清爽且新鲜的味道。酸主要来源于葡萄中的酒石酸与苹果酸，也有可能含有乳酸。

Aftertaste余味 咽下葡萄酒后，依然留在嘴里的味道。参见"Finsh回味"。

Ageing陈年 在酒庄里，葡萄酒会在木桶或钢罐中进行陈年；上市后，则在酒瓶中陈年。很多葡萄酒经过陈年后，口感会变得更柔和、复杂。

Albariño，alvarinho阿芭瑞诺 产自西班牙加利西亚的白葡萄品种，在葡萄牙被称为"阿尔瓦里尼奥"。

Alcohol酒精 葡萄酒中引起酒醉的成分。乙醇是酵母转化糖分的天然副产物，葡萄汁中的糖分在酵母的作用下会转化为酒精和二氧化碳。

Aligoté阿利哥特 产自勃艮第的白葡萄品种，中欧也有种植。

Amarone阿马罗内 意大利北部瓦尔波利塞拉出产的红葡萄酒，混合部分干化葡萄酿制而成。

Amontillado阿蒙提拉多 经过陈年的雪莉酒，呈琥珀色，拥有坚果风味。

AOC法国法定产区葡萄酒 Appellation d'origine Contrôlée的法语首字母缩写，有时也会简写为"AC"。

Apéritif餐前酒 餐前饮用的葡萄酒。

Appellation名称 葡萄种植区域的名称。在很多产酒国，葡萄酒产区是由法律划定的。

Appellation d'origine Contrôlée 参见"AOC法国法定产区葡萄酒"。

Aroma芳香 葡萄酒的香气。

Assemblage集成葡萄酒 不同葡萄园、葡萄品种以及不同木桶、钢罐葡萄酒的集合。

Asti spumante阿斯蒂起泡酒 产自意大利北部阿斯蒂地区的低醇、甜型起泡葡萄酒。

Astringency涩味 口腔的收敛感通常是由单宁带来的，特别是在红葡萄酒中。

Auslese精选 在德国葡萄酒中，代表采用完全成熟的葡萄酿制。

Autolysis自溶 通常发生在发酵结束之后，葡萄酒存储在木桶、酒罐或瓶中，与酒泥或死酵母细胞接触陈年时。

Auxerrois奥塞尔 在卡奥尔，奥塞尔就是马尔贝克；在阿尔萨斯，奥塞尔则代表白葡萄品种。

AVA美国葡萄种植区域 由美国政府认证的葡萄种植区域。

Balance平衡 一支葡萄酒的风味、酸度、单宁和酒体能够相辅相成。

Banyuls巴纽尔斯 法国出产的甜酒，产区位于地中海沿岸的巴纽尔斯村庄周围。

Barbera巴贝拉 意大利红葡萄品种。

Barrel木桶 传统可运输的木质容器，用来盛装葡萄酒，几乎都是以橡木制成。典型的木桶容积为225升（50加仑）。

Barrel ageing木桶陈年 葡萄酒在发酵结束后，会在橡木桶中度过一段时间。

Barrel fermented木桶发酵 葡萄酒在橡木桶中发酵的过程，此工艺可以增加酒的结构感。

Barrique小型橡木桶 法国术语中容量为225升（50加仑）的橡木桶。

Bâtonnage搅拌 参见"Lees stirring酒泥搅拌"。

Bianco白色 意大利语"白色"，也指白葡萄酒。

Big重口味 指葡萄酒精含量高、粗糙和单宁质感强烈或风味浓厚的葡萄酒。

Biodynamic生物动力学 一种与有机种植相关的栽培方式，限制化肥和杀虫剂的使用，需要遵循包括月亮周期在内的自然循环。

Blanc de Blancs白中白 采用白葡萄品种酿制的白葡萄酒，通常为起泡葡萄酒。

Blanc de Noirs黑中白 采用深色葡萄品种酿制的白葡萄酒，通常为起泡葡萄酒。

Blaufränkisch 参见"Lemberger伦贝格尔"。

Blending 混酿 酿酒工艺，将不同批次的葡萄酒调和在一起，制成可以销售的成品。

Blush wine泛红葡萄酒 在美国葡萄酒界代表桃红。

Bodega酒窖 西班牙术语中指酒厂或酒窖。

Body酒体 味觉感受到的葡萄酒重量，很大程度上由酒精度决定。酒体轻盈的葡萄酒酒精度通常低于12%，中等酒体的酒精度为12%～13.5%，而饱满酒体的酒精度则会更高。

Bonarda伯纳达 至少是3个意大利葡萄品种和一个阿根廷葡萄品种的名字。

Bordeaux varieties波尔多品种 波尔多地区以及效仿波尔多葡萄酒风格采用的5个红葡萄品种，包括赤霞珠、品丽珠、马尔贝克、美乐和小味尔多。

Botrytis灰葡萄孢菌 一种恶性霉菌，全名为"botrytis cinerea"，又称为"灰霉"，能令葡萄变质。但是当其感染特定品种的成熟果穗时，可成为酿制甜酒的原料，这种甜酒被称为"贵腐葡萄酒"。

Bouquet酒香 形容葡萄酒如花朵般的香气。

Breathing呼吸 当葡萄酒开启后，倒入酒杯或醒酒器，葡萄酒与氧气接触的过程。

Brut干型 干型的起泡葡萄酒。在西方国家，干型起泡酒中的糖含量必须低于1.5%。

Brut Nature天然干型 在补液阶段不添加糖分的香槟酒，本身几乎不含糖。

Bush vines丛生葡萄藤 未经绑蔓的葡萄藤，多见于温暖产区的古老葡萄园中。

Butt大酒桶 木质酒桶650升（142加仑），主要在西班牙雪莉酒产区使用。

Cabernet Franc品丽珠 卢瓦尔、波尔多以及全球酿制波尔多风格葡萄酒的地区都会使用的红葡萄品种。

Canaiolo卡娜伊奥罗 意大利托斯卡纳地区、马驰以及撒丁岛使用的红葡萄品种。

Cap皮盖 在葡萄发酵过程中，葡萄皮会被释放的二氧化碳推至发酵容器顶端的现象。

Carignan佳丽酿 西班牙和法国南部常见的一个红葡萄品种。西班牙称为"Cariñena"，意大利称为"Carignano"，而加利福尼亚州称"Carignane"。

Carmenère佳美娜 原产自法国，流行于智利的一种晚熟、深色葡萄品种。

Cask大木桶 木质容器，比常见的225升（50加仑）木桶要大。在澳大利亚，这一术语也可能指盒装葡萄酒。

Cava卡瓦 采用传统方式酿制的西班牙起泡葡萄酒，主要产自佩内德斯地区。

Cave酒窖 法国术语，代表酒窖或酒厂。

Cellar酒窖 适合存放葡萄酒的场所。

Cement tank水泥酒槽 储存葡萄酒的容器。

Cépage葡萄 法语中葡萄品种的意思。

Chai储藏室 发酵结束后或装瓶的葡萄酒储存的地方。

Charmat罐式酿造法 相对于香槟的瓶中二次发酵法，这是一种生产起泡葡萄酒比较经济（从时间和金钱的角度考虑）的工艺，二次发酵的过程在密封的钢罐中完成。

Chasselas夏瑟拉 瑞士的白葡萄品种，不过在法国、德国、意大利和其他产区也有种植。

Château城堡 法语中意为"城堡"。这一术语常见于葡萄种植以及生产都在同一产业完成的波尔多葡萄酒。

Chef de cave酒窖主管　法语中指直接负责酿酒的人。

Cinsault神索　广泛种植于法国南部产区的红葡萄品种。

Claret红葡萄酒　英国对波尔多干红葡萄酒的称呼。

Clarify澄清　参见"Fining澄清"。

Classico经典　意大利出产某一风格葡萄酒中，最优质产品的传统产区或小产区。

Classified growth分级　参见"Cru Classé列级"。

Clean干净　没有缺陷且新鲜的优质葡萄酒。

Climat克利玛　勃艮第术语，指特定葡萄园和葡萄园中的小区域。

Clonal selection品系筛选　使用扦插工艺，保留现有葡萄藤中优秀的遗传物质，使其在新葡萄藤中得到发展的工作。

Clone品系　葡萄的类别由种到亚种，再到品系。品系的不同是由单株植物突变获得的。

Clos葡萄园　法国术语中指有围墙的葡萄园。

Cloudy云雾状　葡萄酒呈现出朦胧的外观。

Cloying甜腻　葡萄酒过甜而导致的不平衡口感。

Colheita年份　葡萄牙语。也用于描述由单一年份葡萄酿制的波特酒或马德拉酒，存放数年后装瓶的产品。与年份波特不同。

Colombard鸽笼白　在法国、加利福尼亚州、南非和澳大利亚常见的白葡萄品种。

Commune公社　法国葡萄酒产区中代表村庄以及周边区域。

Cooperage木桶厂　生产木质酒桶的公司。

Co-operative合作社　令葡萄种植者与葡萄酿造厂合作的组织。

Cork木塞　以软木橡树树皮制作的瓶塞。

Corked，corky木塞味　酒厂中的纸箱或橡木桶以及木塞带有三氯苯甲醚，令葡萄酒变质而产生的霉味。

Cortese歌蒂斯　意大利加维地区的白葡萄品种。

Corvina科维纳　意大利的深色葡萄品种，常见于瓦尔波利塞拉和巴多利诺。

Côte丘　法语中山坡的意思。

Cream sherry奶油雪莉　以干型雪莉酒和甜型雪莉混合的带有甜味的雪莉酒。

Crémant起泡酒　产自法国香槟区以外的起泡葡萄酒。

Crianza陈年　西班牙术语，指陈年过一段时间的葡萄酒。在里奥哈，这一阶段历时两年，其中6个月在橡木桶中度过。

Crisp清爽　拥有迷人的酸度，适宜作为开胃酒的葡萄酒。

Cru葡萄园　法语中指种植，但更准确的意思是指单独的葡萄园或区域，而非葡萄藤的种植。

Cru Bourgeois士族名庄　波尔多葡萄酒的级别，排在列级酒庄之后。

Cru Classé列级酒庄　官方认证的葡萄园，通过评估其去年份产品质量划分。在波尔多（此处指梅多克地区最好的酒庄）列级的等级中，一级为最优，最末为五级。

Crush破碎　葡萄采收之后，通过挤压或破碎让葡萄释放果汁，随后开始发酵的过程。该词也指采收季节。

Crusted port陈年波特酒　一种酒体饱满的波特酒，由数个年份的原酒混合而成。

Cuvée特酿　在法国，酒罐或酒桶被称为"cuve"，其中酒被称为"Cuvée"。

Decant分离酒渣　令清澈的酒液与酒泥或沉淀物分离。在酒厂里通过虹吸或泵送，将新酒与沉淀物进行分离，也称为"Racking"。在家中"分离酒渣"是指，将葡萄酒从瓶中倒入另一容器，如醒酒器或水罐。

Decanter醒酒器　侍酒前，分离酒渣的容器。

Declassify降级　酒厂中，将一部分酒标定为低品质。

Demi-muid半大桶　容积为600升（132加仑）的木桶。

Demi-sec半干　法语写法，口感带有明显的甜味。

Dessert wine甜酒　甜酒的通用术语。

Destemming除梗　将果粒从果梗上分离，准备发酵。

Disgorging除渣　瓶中二次发酵起泡酒生产工艺中的步骤之一。这个过程将二次发酵的死酵母细胞（酒泥）从酒瓶中除去，令瓶中的葡萄酒达到澄清的效果。

DO法定产区葡萄酒　西班牙的法定分级，全称为"Denominación de origen"，力图保证瓶中的葡萄酒是酒标上描述的产区生产。

DOC/DOCG法定产区葡萄酒　意大利葡萄酒等级，指来自特定产区的葡萄酒。DOCG（Denominazione di origine Controllata e Garantita）的规定比DOC（Denominazione di origine Controllata）严格，而且这个等级的葡萄酒品质要高于DOC的葡萄酒。

Dolcetto多切托　意大利东北部出产的红葡萄品种。

Domaine葡萄园　指由一个家族或一间公司拥有的葡萄园。

Dornfelder多芬黛　德国的红葡萄品种。

Dosage补液　为瓶中二次发酵的起泡葡萄酒添加糖分，并补齐酒液的工艺。在除渣之后，封瓶之前进行。

Double Magnum四瓶装　3升装或相当于4个标准瓶容量的葡萄酒。

Doux甜　应用于静态酒和起泡酒。

Dry干型　无甜味。干型葡萄酒是完全发酵的葡萄酒，即葡萄中的糖分完全转化为酒精。

Dry-farmed，dry-grown旱作　葡萄园中没有灌溉体系的种植方式。

Earthy泥土味　品尝术语，指类似潮湿土壤的香气，对于一些复杂的红葡萄酒来说，这是正面的评价。

Eiswein，Icewine冰酒　采用成熟后依然留在葡萄藤上直至冻冰的葡萄酿制的甜酒。

Elbling爱普灵　德国和卢森堡种植的传统白葡萄品种。

Elegant优雅的　品尝术语，形容平衡且淡雅的高品质葡萄酒。

Enology酿酒学　参见"Oenology酿酒学"。

Enoteca酒屋　通常翻译为葡萄酒图书馆，这一意大利术语是葡萄酒仓库的意思。在意大利通常是葡萄酒商店。

Erben继承人　多见于德国的酒厂名字。

Erstes Gewächs一级　德国莱茵高产区，特定葡萄园出产的最高等级的优质葡萄酒。

Erzeugerabfüllung生厂商灌装　在德语中，是指葡萄酒由生厂商灌装。

Estate-bottled酒庄装瓶　葡萄酒由葡萄园所有者灌装。

Extra Brut极干　非常干的起泡酒，指在补液过程中添加了很少的糖分。

Extra Dry特干　糖度等级介于干型和半干之间的起泡葡萄酒。

Extract提取　酿酒过程中，葡萄酒从葡萄皮中获取风味、颜色和结构化合物的工艺。

Fat丰腴　用于描述葡萄酒中的甜味或酒体超出其酸度和单宁。

Fattoria酒厂　意大利语。

Fermentation发酵　葡萄中的糖分，在酵母的作用下转化为酒精，并产生副产品二氧化碳的自然过程。

Filtering过滤　大多数葡萄酒在装瓶前都会进行过滤，以除去可能会引起变质的微生物，并让酒变得澄清。有些酿酒师更喜欢生产忠于自然的葡萄酒，因而避免过滤工艺。

Finesse精妙　用于描述优雅且值得铭记的葡萄酒。

Fining澄清　净化葡萄酒的过程，将澄清介质（如明胶、皂土、牛奶或奶油派生物或蛋白）加入酒罐或酒桶中。

Finish回味　通常来说，回味越长的葡萄酒品质越好。

Fino菲奴雪莉　一种风味浓郁的干型雪莉酒，在陈年过程中，酒的表面会形成一层白色酵母。

First growth一级　与英语"Premier Cru"意思相同，指一流的葡萄园或酒厂。

Fleshy丰满的　葡萄酒饱满的结构和酒体。

Flinty燧石味　撞击燧石产生的味道，在很多白葡萄酒中，它是让人着迷的味道。

Flor酒花　在雪莉酒陈年过程中，酒桶上部留空（酒桶通常会留出约1/6的空间），酒液表面会长出的一层白色酵母。

Flute笛形杯　细长的起泡酒杯。

Flying winemaker飞行酿酒师　同时为不同国家或不同洲的酒厂服务的酿酒师。

Fortified wine强化葡萄酒　这类葡萄酒在酿制过程中，会加入蒸馏酒精来提高酒精度。通常是在发酵尚在进行中，加入酒精以阻止酵母完成发酵，并保留自然的糖分。常见的强化酒如波特酒和雪莉酒。

Foudre大酒桶　法语。

Free run自流汁　在葡萄除梗或破碎之后，于被压榨之前，自动从葡萄中流出的果汁。

Frizzante起泡酒　意大利产的微起泡葡萄酒。

Frühburgunder蓝皮诺　德国的红葡萄品种，黑皮诺的变种。

Fruity果味　明显的水果味道特征，对大多数葡萄酒来说都是正面描述。

Fuder大酒桶　德语。

Full-bodied饱满酒体　闻起来味道饱满而强烈的葡萄酒，酒精度通常在13.5%以上。

Fût木桶　法语，勃艮第对木桶的叫法。

Garagiste/Garage wines车库酒　是指近年来波尔多地区出产的高品质葡萄酒，没有酒庄名字或官方分级。顾名思义，其中一些是在车库中酿造的。

Garganega加格奈加　意大利索阿维地区主要的白葡萄品种。

Glycerol甘油　葡萄发酵过程中产生的少量黏稠液体，当含量够多时会增加甜味与饱满度。也写做"Glycerine"。

Grafting嫁接　葡萄藤像果蔬和玫瑰花一样，可将品种嫁接到不同品种的砧木上。对于存在根瘤蚜虫的产区，这一工艺是必要的，因为未经嫁接的酿酒葡萄植株易受到根瘤蚜虫的破坏。

Gran Reserva特别珍藏　西班牙术语，红葡萄酒在售卖之前经历至少5年的陈年（其中18个月在橡木桶中度过），而对于白葡萄酒或桃红来说则是4年。

Grand Cru特级　法语，字面意为"伟大的生长"，指极佳的葡萄园。这一名字指勃艮第地区（共33个）和阿尔萨斯等级最高的葡萄园。而在圣埃美隆（波尔多）和香槟地区，用法则不同。这个词汇是指由这些葡萄园出产的拥有潜在杰出品质的葡萄。在勃艮第和阿尔萨斯，特级在一级之上（Premier Cru）。在圣埃美隆，共53个酒庄拥有此殊荣，其中13个是特一级（Premiers Grands Crus），参见"Premier Cru一级"。

Grand Vin大酒　法语，字面意为"伟大的葡萄酒"，用于描述某一酒庄中品质最好的葡萄酒。（酒的品质只相对于这座酒庄而言，并不与其他酒庄比较。）

Grape葡萄　葡萄酒的自然生产原料，包含糖、果汁、子、果肉、果皮和酵母。

Gravity flow重力自流　指不使用泵来移动葡萄酒。

Green生青味　通常用来形容不成熟的香气或风味，也会出现在新鲜的白葡萄酒中。

Green harvest疏果　一种提高葡萄品质的工艺。在生长季节，当葡萄还是绿色时，一些果穗被摘除以降低产量，将生长力聚集在剩余的葡萄中。

Grip紧　葡萄酒在口腔中的一种结构感，由大量的单宁、酸和酒精引起，经常用于形容红葡萄酒。

Grosses Gewächs特级葡萄园　产自德国单一葡萄园的葡萄酒，至少是由晚收级别的葡萄酿成。

Grosslage优质葡萄园　德语中"大片葡萄园"的意思，通常是对数个临近葡萄园的总称。

Halbtrocken半干　德语，指葡萄酒拥有较低的糖度以及足够与之平衡的酸度，令葡萄酒品尝起来是干型的。

Harmonious和谐的　与平衡类似，指葡萄酒中的每种味道都能很好地结合。

Haut高　法语，既代表地势上的高，也指品质等级更高。

Heavy重量级　酒精含量或糖含量高，并且没有足够的酸来平衡。

Hectare公顷　简写为ha，面积单位，相当于100米×100米＝1万平方米＝2.47英亩。

Hectolitre百升　简写为hl，相当于100升或26美国加仑或22英国加仑。

Herbaceous草本植物味道　葡萄酒中带有类似草本植物的味道。

High-density planting高密度种植　一种流行而未经科学证实的葡萄种植方式，以植株间距近来限制单株产量，由此提高品质。

Hybrid种间杂交　不同种之间的葡萄进行杂交。种内杂交是指葡萄的父本和母本为同一种不同亚种的葡萄。

Icewine冰酒　参见"Eiswein冰酒"。

IGP Indication Geographique Protegée地区餐酒　新欧盟标签法规的法语翻译。酒的品质相当于原来的"Vins de Pays"和"VDQS"。

Johannisberg Riesling约翰尼斯伯格雷司令　常见于加利福尼亚州葡萄酒，指一度流行的灰色雷司令，区别于德国的雷司令。

Kabinett珍藏　德国术语，指葡萄成熟级别在晚收之下的葡萄酒。精选葡萄酒通常酒体轻盈，可能属于微甜、半干或干型。

Keller酒窖　德语，通常代表酒厂。

Kosher wine犹太葡萄酒　符合犹太人膳食要求的葡萄酒。

Labrusca美洲种　原产于北美洲北部和东部的葡萄品种，可酿制出葡萄味和麝香味的葡萄酒。

Lactic acid乳酸　柔和黄油风味的酸，也存在于乳制品中。葡萄酒中的乳酸由苹果酸通过苹果酸乳酸发酵得来。

Lagar木桶　葡萄牙发酵用的大型酒槽或矮边的木桶，传统酿酒方式中，在葡萄被脚踩破皮之后使用。

Lambrusco兰布鲁斯　意大利的红葡萄品种，用于生产干型或甜型的起泡酒。

Landwein地区餐酒　奥地利和德国的分级，指常见的干型或接近干型的餐酒，通常比普通餐酒酒体更饱满。

Late Bottled Vintage晚装瓶年份波特酒　采用同一年份的葡萄酿制的波特酒，并在木桶中陈年4～6年直至销售。简写为"LBV"。

Late harvest 晚收葡萄酒　与普通的干型餐酒不同，推迟酿酒葡萄的采收时间，酿制出酒精度更高或糖分更高的葡萄酒。

Lees酒泥　酒厂中，沉淀至木桶或钢罐底部的酒渣，包括葡萄皮的碎片和死酵母细胞等。

Lees stirring搅桶　法语为"Bâtonnage"。在陈酿的过程中，将死酵母细胞（酒泥）保留在木桶或钢罐中，让其与葡萄酒接触，这个工艺可以防止葡萄酒被氧化，还能增添酒的风味和结构。

Legs挂杯　由葡萄酒和含有的酒精在酒杯内壁形成的水流。

Lemberger伦贝格尔　德国符腾堡的红葡萄品种，在奥地利被称为"Blaufränkisch"，在匈牙利被称为"Kékfrankos"。

Liebfraumilch圣母之乳　德语，德国出口的低价甜型葡萄酒，通常采用米勒特浩葡萄酿制而成。

Lieu-dit柳迪　地方的名字。在勃艮第、阿尔萨斯和法国其他的一些产区，指传统的拥有名字而无官方认证的葡萄园。在勃艮第，与"Climat"同义。

Liquoreux甜　在法国，指甜型葡萄酒。

Liquoroso强化葡萄酒　意大利术语。

Litre升　容积单位，相当于1000毫升或33.8盎司。

Lodge 酿造屋　英语中对葡萄牙波尔图地区混合、陈年并装瓶波特酒的场所的称呼。

Macabeo马卡贝奥　西班牙的白葡萄品种，主要出产于里奥哈和佩内德斯地区（与莎雷洛和帕雷亚达混酿，作为卡瓦起泡酒的原酒），在法国南部也能找到。也被称为"维尤拉"和"玛卡布"。

Maceration浸皮　在发酵之前、过程中或之后，令果汁或葡萄酒浸泡葡萄皮，以获取颜色和风味化合物的工艺。

Magnum双瓶装　酒瓶容量为1.5升或相当于两个标准瓶的容量。

Malic acid苹果酸　一种新鲜且味道强烈的果酸，常见于苹果与酿酒葡萄中。

Malolactic fermentation苹果酸乳酸发酵　苹果酸转化为乳酸的工艺，这个过程可以降低葡萄酒的整体酸度，令结构更顺滑，回味更悠长。

Malvasia玛尔维萨　地中海产区的白葡萄品种，以独特的香气而著称。

Manzanilla曼萨尼亚　出产于圣路卡-巴拉梅达酒体轻盈的干型雪莉酒。与菲奴雪莉类似，在木桶中陈年的过程中，表面会形成一层酵母。

Marsala玛莎拉　意大利葡萄酒，以甜酒著称，有时也生产名为"处女玛莎拉"的干型葡萄酒。

Master of Wine/MW葡萄酒大师　通过英国葡萄酒大师协会一系列严格考试，获得的专业葡萄酒头衔。

Mataró玛塔罗　参见"Mourvèdre慕合怀特"。

Melon de Bourgogne勃艮第香瓜　卢瓦尔的白葡萄品种，用于酿制麝香干白葡萄酒。

Méthode Champenoise香槟酿造法　法国香槟地区酿制高品质起泡葡萄酒的工艺，葡萄酒在独立的酒瓶中进行二次发酵，产生二氧化碳。结束二次发酵后，香槟酒需要与酒泥接触陈年至少15个月，方可除渣并装瓶。

Microclimate微气候　一座葡萄园或葡萄园某个部分独立的气候条件。

Millésime年份　法语。

Minerality，Mineral taste矿物质味　葡萄酒中对于除水果味之外的风味描述。

Mise en bouteille au château酒庄装瓶　法语。通常指葡萄种植与酿造生产在同一产业内完成。

Moelleux圆润　法语中用来描述成熟、甜美且结构柔软的葡萄酒。

Monastrell蒙纳斯翠　参见"Mourvèdre慕合怀特"。

Mondeuse蒙德斯　法国和意大利索阿维地区使用的红葡萄品种。

Monopole单一拥有者　法语，指所有葡萄园设施均为同一个经营者拥有。

Moscato麝香　意大利语，即"Muscat"。

Moscato d'asti阿斯蒂麝香　意大利北部皮尔蒙特大区阿斯蒂镇出产的微起泡、低醇葡萄酒，以麝香葡萄为原料。这里也出产阿斯蒂起泡葡萄酒。

Mourvèdre慕合怀特　红葡萄品种，最有名

的产区在法国的罗讷河谷，加利福尼亚州、澳大利亚以及其他地方也有种植。也被称为"马塔罗"和"蒙纳斯翠"。

Mousse慕斯　起泡葡萄酒表层的泡沫。

Müller-Thurgau穆勒–塔戈　德国广泛种植的白葡萄品种。

Muscadelle密斯卡岱　法国白葡萄品种，常见于波尔多和贝尔热拉克。

Muscat麝香葡萄　法语对酿酒葡萄中一系列芳香品种的统称，通常为甜型，而且各种颜色都有。

Must葡萄醪　未发酵葡萄汁与果皮、子的混合物。

Négociant酒商　购买原酒，并以自己的品牌灌装的酒商。

New oak新橡木　任何形式初次使用的橡木，橡木板能提供更强烈的风味。

Noble rot贵腐葡萄　参见"Botrytis灰葡萄孢菌"。

Nose气味　能从葡萄酒中嗅到的味道。

Nouveau新　法语，新酒，如博若莱新酒，从装瓶、运输到消费，通常在收获之后的几周内完成。

Oak橡木　全世界的酿酒师都倾向于使用的一种木材，它能为陈年葡萄酒增添风味和结构感。可以制成木桶或以木片、粉状、板块形式，加入不锈钢罐或水泥酒槽中使用。

Oaky橡木味　描述与橡木接触储存或陈年的葡萄酒，散发出的强烈香气。

Oenologist酿酒师　葡萄酒学家或合格的酿酒师。

Oenology酿酒学　参见"Enology酿酒学"。

Old vines老藤　法语为"vieilles vignes"。酒标上的这一标示，说明葡萄酒是采用完全成年的葡萄藤出产的葡萄酿制。

Oloroso奥罗露宿　味道丰富、带有坚果气息且酒体饱满的雪莉酒，与轻盈的菲奴雪莉使用不同的方法酿制。

Organic有机　说明农业种植过程中未使用化肥、除草剂和杀虫剂。

Organically grown有机种植　葡萄在有机环境中种植生长，但并不代表葡萄的加工过程也为有机。

Overcropped过度种植　每株葡萄藤生长的果穗过多，以至葡萄的糖和风味浓度都不足以生产高品质的葡萄酒。

Own-rooted自有根　参见"Ungrafted vines未嫁接葡萄藤"。

Oxidation氧化　氧气与葡萄酒接触反应，并改变葡萄酒成分的过程。

Oxidized氧化的　由于与氧气过度接触，导致葡萄酒不新鲜或变质。

Palo cortado帕罗卡塔多　稀有的雪莉酒类

型，风格介于阿蒙提拉多与奥罗露宿之间。

Palomino帕洛米诺　酿制雪莉酒使用的白葡萄品种，也用于普通餐酒。

Passetoutgrains Bourgogne勃艮第混酿酒　勃艮第的基础酒款，由黑皮诺和佳美酿制。

Passito晾干的葡萄　意大利术语。

Pays地区　法语。

PDO法定产区葡萄酒　全称为"Protected Designation of Origin"。新的欧盟商标体系，以确保葡萄酒以及其他产品的原产地。

Pedro Ximénez 佩德罗–希梅内斯　主要产于西班牙的葡萄品种，用于酿制白葡萄酒和饱满的甜型葡萄酒，它也是采用这个品种酿制的雪莉酒的名字，缩写为"PX"。

Perfume香气　葡萄酒的香气或味道。

Pétillant起泡酒　法语，微气泡葡萄酒。

Petit Verdot小味尔多　波尔多5个经典红葡萄品种之一。

Petite Sirah小西拉　与加利福尼亚州密切相关的红葡萄品种。

PGI地区餐酒　全称为"Protected Geographical Indication"。新的欧盟商标体系，以确保葡萄酒以及其他产品的原产地。

Phylloxera根瘤蚜　小型寄生虫，以吃葡萄根为生，19世纪时带给欧洲和加利福尼亚州的很多葡萄园以毁灭性的打击，迫使当今的葡萄种植发生了改变。

Picpoul皮克葡　法国朗多克地区常见的酿制清爽白葡萄酒的品种。

Pigeage踩皮　参见"Punching down踏皮"。

Pinot Blanc白皮诺　包含黑皮诺和灰皮诺的皮诺家族中，颜色最浅的葡萄品种。白皮诺生长于勃艮第、阿尔萨斯、德国(当地称为Weissburgunder)、意大利(当地称为Pinot Bianco)、中欧、东欧和新世界国家。

Pinot Meunier莫尼耶皮诺　红葡萄品种，香槟地区的3个法定葡萄品种之一（另外两种为黑皮诺和霞多丽。香槟地区也允许使用部分其他白葡萄品种，但产量极低。）

Pinotage皮诺塔吉　南非出产的红葡萄品种，由黑皮诺和神索杂交而来。

Port波特酒　葡萄牙出产的强化型葡萄酒。葡萄种植于斗罗河谷，葡萄酒在波尔图附近的地区陈年。

Portugieser葡萄牙人　德语。红葡萄品种，也称为"Blauer Portugieser"，在奥地利、德国和中欧与东欧流行。

Prädikat等级差别　德国的葡萄分级体系，根据葡萄的不同成熟度来划分。

Prädikatswein优质酒　德国等级最高的葡萄酒。

Premier Cru一级　参考"First Growth一级"

Press压榨机　用于挤压葡萄醪，使果汁或葡

萄酒与果皮分离的机器。

Press wine 压榨汁 利用压榨机对葡萄醪施加压力后释放的酒汁，与自流汁分开储存。

Primitivo普里米蒂沃 意大利使用的红葡萄品种，与加利福尼亚州的仙粉黛类似。

Prohibition禁酒令 1918～1933年，美国和加拿大的酒精饮料被禁止商业销售。

Prosecco普洛西可 意大利维纳图地区使用的白葡萄品种，以生产起泡酒著称。

Protected Designation of origin法定产区葡萄酒 参见"PDO法定产区葡萄酒"。

Protected Geographical Indication地区餐酒 参见"IGP"。

Pumping over泵送循环 红葡萄酒的酿造工艺，从发酵罐底部抽取澄清果汁，由泵输送并喷淋到顶端的皮盖上。

Punching down踏皮 在发酵过程中，将容器顶端葡萄皮形成的皮盖压入酒中。

Punt凹洞 酒瓶底部的凹洞，用来增强玻璃瓶的结构强度。

QbA特定产区优质葡萄酒 德国高品质葡萄酒级别，由13个特定优质产区之一出产。

QmP优质葡萄酒 全称为"Qualitätswein mit Prädikat"。有杰出表现的优质德国葡萄酒，根据成熟葡萄中不同的糖度级别划分为6级：珍藏（最轻盈）、晚收、精选、逐粒精选、贵腐精选和冰酒。

Qualitätswein优质葡萄酒 德国术语中非常宽泛的优质葡萄酒概念。

Quinta庄园 葡萄牙语，指农场或酒庄。

Racking分离酒渣 将澄清的葡萄酒从一个容器转移到另一容器中，同时将酒泥留在原有容器中的古老工艺，转移后会将容器添满，防止氧气进入令葡萄酒变质。可以通过重力或泵送完成。

Racy生动的 正面的品酒用语，指生动的酸度。

Recioto干化葡萄酒 葡萄酒类型，红白兼具，意大利维纳图地区采用干化葡萄酿制的葡萄酒。

Récoltant采收者 法语中指采收的人。香槟地区的酒标上简写为"RM"，代表葡萄种植者会自己采收葡萄并酿制葡萄酒，而不是把葡萄卖掉。

Red wine红葡萄酒 由红葡萄品种酿制而成的深色葡萄酒。这种类型的葡萄酒通常为干型、中等至饱满酒体，拥有各式香气和风味。

Reduction，reductive还原 氧化的反义词，也指发酵过程中葡萄酒中的化学成分处于缺氧状态。

Refosco 莱弗斯科 种植于斯洛文尼亚、意大利北部和克罗地亚的一系列葡萄品种。

Reichsgraf帝国伯爵 德语，皇亲国戚之意，通常用于酒庄的名字中。

Reserve珍藏 指拥有更长陈年时间的葡萄酒，但并无法律效力。

Reserva珍藏 西班牙术语，指葡萄酒在销售之前经历至少3年的陈年（其中1年在橡木桶中度过）。

Ribolla，Ribolla Gialla瑞伯拉 意大利北部、斯洛文尼亚和希腊种植的白葡萄品种。

Ripasso再发酵干化酒 将已经发酵过的干化葡萄的果皮，加入另一处于发酵过程中的葡萄酒，增添更多的风味和颜色。

Riserva陈年 意大利术语，指比普通葡萄酒陈年更长时间的葡萄酒。

Rootstock砧木 用于嫁接酿酒葡萄藤蔓的树根。

Rosato桃红 在意大利，桃红葡萄酒会使用与白葡萄酒一样的酿造工艺，以获得浅红、粉色或带有琥珀色泽的葡萄酒，风味处于白葡萄酒与红葡萄酒之间。

Rosso红 意大利语。

Rouge红 法语。

Round圆润的 描述结构柔顺的葡萄酒术语。

Roussanne胡珊 罗讷河谷的白葡萄品种。

Ruby port红宝石波特 基础级别的波特酒。

Saint Laurent圣罗兰 红葡萄品种，与黑皮诺相关。种植于阿尔萨斯、奥地利、捷克、德国和其他产区。

Sauvignon Gris灰苏维翁 与长相思相关的葡萄品种，果皮为浅红色或粉色。

Savagnin萨瓦涅 法国汝拉地区的白葡萄品种。

Scheurebe舍尔贝 德国用西万尼和雷司令杂交出的葡萄品种。

Schloss城堡 德语。用于酒庄名字，与法国的"château"类似。

Screwcap螺旋盖 日渐流行的一种替代软木塞的金属封瓶方式。

Sec，Seco，Secco干 分别为法语、西班牙语和意大利语，是甜的反义词。

Sediment沉淀 葡萄酒中的微粒，会缓慢沉入容器底部，并聚集成块。

Sekt塞科特 德国的起泡葡萄酒。

Sélection de Grains Nobles逐粒精选贵腐葡萄酒 简写为"SGN"。法国阿尔萨斯地区出产的，采用灰葡萄孢菌感染的葡萄酿制而成的甜酒。

Sémillon赛美蓉 原产自波尔多地区，用于酿制干型和甜型的葡萄酒，现在全世界都有种植。

Seyval Blanc赛伯拉 欧洲种与美洲种杂交的白葡萄品种，在英国和美国常见。

Sherry雪莉酒 西班牙赫雷斯地区出产的强化

葡萄酒，有若干不同风格。

Skin contact果皮接触 破碎之后，果汁浸泡果皮的过程。

Solera叠桶法 应用于雪莉酒和其他强化酒的混酿陈年体系。

Sommelier侍酒师 法语。

Spätburgunder黑皮诺 德语。

Spätlese晚收葡萄酒 德语葡萄酒的一个类型，通常是中等酒体，干型或甜型。

Spritz微气泡 少量的二氧化碳存在于葡萄酒中，会带来愉悦感，特别是清新的新年份白葡萄酒。如果是干红葡萄酒中，则可能是低品质的特征。

Spumante起泡葡萄酒 意大利对起泡葡萄酒的称呼，二氧化碳的压力比微气泡葡萄酒要大。

Still静态酒 不带气泡的葡萄酒。

Sulphites亚硫酸盐 会在酒标上标明，代表葡萄酒中含有亚硫酸盐、亚硫酸氢盐以及游离态和结合态的二氧化硫。亚硫酸盐被很多酿酒师当作防腐剂使用。

Super Tuscan超级托斯卡纳 非常热门的术语，指托斯卡纳地区出产的，不使用传统葡萄品种酿制的顶级葡萄酒。

Superiore优级 指意大利葡萄酒中潜在品质更好的葡萄酒，使用更成熟的葡萄酿造，并拥有更高的酒精度。

Supple柔顺 品酒术语，代表葡萄酒中柔和但牢固的结构感。

Sur lie酒泥接触 法语。指发酵结束后，葡萄酒仍然和死酵母细胞以及其他微粒混合接触。

Sylvaner西万尼 德国和阿尔萨斯地区种植的白葡萄品种。

Table wine餐酒 指简单的静态干型葡萄酒。包括欧盟在内的地区，它也是基础等级葡萄酒的官方术语。

Tannin单宁 葡萄酒、红茶以及其他饮料中能为口腔带来干燥、涩味以及褶皱感的一系列化合物。

Tawny port茶色波特酒 装瓶之前，在木桶中陈年很长时间的一种波特酒。

TCA2，4，6三氯苯甲醚 全称为"Acronym for 2，4，6trichloroanisole"，带有木塞味的酒中产生霉味的化合物。

Tenuta庄园 意大利语，是指种植葡萄的土地。

Terra rossa红土 通常含有高含量的铁元素，在意大利、西班牙、澳洲和加利福尼亚州，这被认为是产区的价值所在。

Terroir风土 葡萄生长的自然条件，赋予葡萄酒独特的产区特色。

Texture结构感 葡萄酒在口中的感觉。

Tinta，Tinto红色 西班牙语。

Toasted，toasty烤面包味　葡萄酒中类似烤面包的香气，能从木桶陈年或酒泥接触陈年的葡萄酒中发现。

Tokaji，Tokay托卡伊　匈牙利语和英语，匈牙利的甜葡萄酒。

Torrontés托伦特　阿根廷种植的同一家族的葡萄品种，用来生产芳香型白葡萄酒。

Touriga Franca弗兰卡多瑞加　葡萄牙斗罗河谷地区广泛种植的红葡萄品种。

Touriga Nacional国产多瑞加　非常有名的葡萄牙红葡萄品种。

Traminer 塔明娜　白葡萄品种，琼瑶浆的父本，用于酿制芳香的葡萄酒。

Traditional method传统香槟酿造法 参见"**Méthode Champenoise传统香槟酿造法**"。

Transfer method转移法　一种起泡酒酿造工艺，葡萄酒在独立的酒瓶中进行二次发酵，随后被倒入保压罐中，相当于在装瓶前混合在一起。

Treading脚踩破皮　仍然广泛应用于波特酒的生产工艺中。

Trebbiano棠比内洛　意大利种植最广泛的白葡萄品种。在法国西南部也很常见，当地称之为"白玉霓"。

Trocken干　德语。

Ugni Blanc白玉霓　参见"**Trebbiano棠比内洛**"。

Unfiltered，Unfined未过滤，未澄清 参见"**Filtering and Fining过滤和澄清**"。

Ungrafted vines未嫁接葡萄藤　长在自有根系上的葡萄藤。参见"**Grafting嫁接**"。

Unoaked未经橡木　葡萄酒的酿制过程中没有使用过橡木。

Varietal单一品种葡萄酒　采用单一品种或以一个葡萄品种为主酿制的葡萄酒。

Variety葡萄品种　葡萄的亚种。

Vat大木桶　容量不同的大型盛酒容器，可以为不锈钢、橡木、水泥或塑料材质。

VDP德国顶级葡萄酒生产者联盟 德语。

Vendange Tardive晚收 法语。

Verdelho，Verdello维德和　生长于葡萄牙、马德拉岛、澳大利亚和西班牙的白葡萄品种。

Verdicchio维蒂奇奥　意大利中部的白葡萄品种。

Vermentino维蒙蒂诺　流行于利古里亚、撒丁岛、科西嘉岛和法国南部的意大利白葡萄品种。

Vidal Blanc白威代尔　美国东北部和加拿大种植的杂交品种。

Vieilles vignes老藤 法语。

Vigneron葡萄栽培学家 法语。

Vin葡萄酒 法语。

Vin de Garde值得陈年的葡萄酒 法语。

Vin de Pays地区餐酒　法国官方葡萄酒等级，介于葡萄餐酒和法定地区餐酒之间，正在被IGP取代（VDP与IGP迄今仍是并行的两套法规）。

Vin de Table餐酒　法国官方葡萄酒等级，指廉价、低品质的基础酒款。

Vin Doux Naturel自然甜酒 法语。

Vin Gris桃红葡萄酒 法语。

Viniculture葡萄栽培学　葡萄藤栽培和生长科学。

Vinifera，Vitis vinifera酿酒葡萄　是传统中东以及欧洲的一些葡萄品种，用于酿造高品质的葡萄酒。

Vinification葡萄酒酿造法　葡萄酒的酿造方法，特别是酒厂中的发酵、陈年以及准备成品酒的生产步骤。

Vino da Tavola餐酒 意大利语。

Vino de Mesa餐酒 西班牙语。

Vintage年份　葡萄采收的那一年。

Vintage port年份波特酒　高品质且值得陈年的波特酒，由特定单一年份的葡萄酿制，并在酒尚年轻时装瓶。

Viognier维欧尼　法国罗讷河谷的白葡萄品种，现在已被广泛种植。

Viticulture葡萄栽培　葡萄生长的科学以及劳动。

Vitis葡萄的"种"　学术名称。

Viura维尤拉 参见"**Macabeo马卡贝奥**"。

Volatile acidity挥发酸　简写为"VA"，葡萄酒本身含有的酸，由酒精和氧气反应而来，主要成分是乙酸（醋）。当挥发酸含量较高时，葡萄酒会带有醋味或指甲油的味道，如果味道过于强烈，就会成为酒的瑕疵。

Wein葡萄酒 德语。

Weingut酒庄　德语，指葡萄的种植和酿造在同一产业内完成。

Weinkellerei酿造工厂　德语，指购买葡萄而非自种葡萄的酒厂。

Weissburgunder白皮诺　德国对白皮诺葡萄品种的称呼。

White Zinfandel白仙粉黛　加利福尼亚州出产的一种酒体轻盈且口感微甜的桃红葡萄酒，由仙粉黛酿制而成。

Wild yeast野生酵母　也称为天然酵母或固有酵母。一种类型的酵母先于其他而存在于葡萄园或酒厂的自然环境中，可以直接转换葡萄醪中的糖分，无须酿酒师的介入。

Winemaker酿酒师　帮助葡萄和葡萄汁转化成葡萄酒的人。

Winery酒厂　生产葡萄酒的物质场所，有时是负责生产的法人实体，出于法律和税务目的的记录在案的地址。

Yeasts酵母　单细胞微生物，能将葡萄汁中的糖分转化为乙醇和二氧化碳。

Yeasty酵母味　类似生面团的香气或风味，有时能从葡萄酒中发现。

Yield产量　特定葡萄园葡萄藤生产力的比例。

索引

酒名后面的字母分别代表以下含义：

（r）红葡萄酒；（w）白葡萄酒；（rs）桃红葡萄酒；（s）起泡葡萄酒；（f）强化葡萄酒；（d）甜酒

作者简介

总编辑吉姆·戈登（Jim Gordon）带领这支活力四射的作者团队，同时他也负责撰写葡萄的特色、葡萄酒的乐趣、葡萄酒的说明和加利福尼亚地区的门多西诺和湖区的酒款。吉姆拥有25年的葡萄酒职业生涯，曾担任《葡萄酒鉴赏家》的总编辑，他还是加利福尼亚《葡萄酒和酒庄》杂志的编辑。

莎拉·艾布特MW（Sarah Abbott MW）撰写了勃艮第伯恩丘的酒款。她是葡萄酒事务公司"漩涡"的创始人，也是葡萄酒进口咨询和国际葡萄酒比赛的评委。
www.swirl-me.co.uk
Twitter:SarahAbbottMW

简·安森（Jane Anson）撰写了波尔多、普罗旺斯、科西嘉和法国地区餐酒的相关内容。
www.newbordeaux.com

安德鲁·巴罗（Andrew Barrow）负责撰写法国阿尔萨斯产区和澳大利亚的酒款。
www.spittoon.biz
Twitter:@wine_scribbler

劳拉·丹尼尔（Laurie Daniel）撰写加利福尼亚海岸产区的酒款。她以圣克鲁斯山为基础，从1993年开始定期撰写与葡萄酒有关的内容。
Twitter:com / Idwine

玛丽·杜威（Mary Dowey）撰写法国南罗讷河谷产区的酒款。20多年来，她为一系列出版物撰写葡萄酒、食物文章。
www.marydowey.com
www.provencefoodandwine.com

麦克·邓恩（Mike Dunne）撰写了加利福尼亚内陆产区的酒款。40多年来，他专为葡萄酒行业撰稿。
www.ayearinwine.com

莎拉·简·埃文斯MW（Sarah Jane Evans MW）是位作家兼播音员，撰写了西班牙的内容。她是英国广播公司《美食杂志》的副主编和《美食写作指南》的董事。
www.sarahjaneevans.co.uk

凯瑟琳·法利斯MS(Catherine Fallis MS)撰写了勃艮第夏隆内丘产区和马贡地区产区的酒款，还有德国的相关内容以及"美食和葡萄酒"的说明。
www.planetgrape.com

杰弗里·林登玛思（Jeffrey Lindenmuth）撰写了新西兰、纽约州和美国亚特兰大中部各州的酒款。

迈克尔·弗朗茨（Michael Franz）撰写了法国南罗讷河谷产区以及华盛顿州、俄勒冈州、智利和阿根廷产区的酒款。
www.winereviewonline.com

道格·弗罗斯特MS，MW（Doug Frost MS,MW）是美国腹地和美国中南部各州产区酒款的作者。
www.dougfrost.com Twitter:winedogboy

杰米·古德（Jamie Goode）撰写了澳大利亚、新西兰和葡萄牙等章节。杰米起初是一位科学编辑，他是最早拥有葡萄酒博客的人之一，著有《酒风楼》。
www.wineanorak.com

苏珊·科斯切娃（Susan Kostrzewa）撰写了南非部分。

皮特·林（Peter Liem）撰写了香槟的相关内容，他是唯一一位专业英文葡萄酒作者，近期居住在香槟地区。
www,.champagneguide.net

温克·洛奇（Wink Lorch）是位葡萄酒作家、教育家和编辑，他撰写法国侏罗山和萨瓦产区的酒款。
www.winetravelguides.com

格雷格·洛夫（Greg Love）撰写了勃艮第地区子产区的酒款。格雷格喜欢撰写葡萄酒评论，他把时间和精力投入到了解葡萄园、酿酒师以及葡萄园主和他们的酿酒风格上。
www.burgundylover.co.uk

皮特·米萨姆（Peter Mitham）凭借数十年品鉴北美葡萄酒的经验，撰写了加拿大的酒款。

沃尔夫冈·韦伯（Wolfgang Weber）撰写了意大利的内容。他是《葡萄酒和烈酒》的前主编和意大利葡萄酒评论家。
hettp://spume.wordpress.com

黛博拉·帕克（Deborah Parker Wong）撰写了加利福尼亚地区纳帕谷、卡内罗斯、索诺玛和马林产区的酒款。
www.examiner.com(consumer drinks column)